Mathematik

Band II

SOFTFRUTTI verlag

FOS 12

P. Bohnenberger / W. Olmscheid:
Mathematik Band II,
FOS 12
ISBN 978-3-942896-28-3

Bezeichnungen

$\mathbb{N}$ = Menge der natürlichen Zahlen $= \{0, 1, 2, 3, \ldots\}$

$\mathbb{Z}$ = Menge der ganzen Zahlen $= \{0, 1, -1, 2, -2, \ldots\}$

$\mathbb{Q}$ = Menge der rationalen Zahlen

$\mathbb{R}$ = Menge der reellen Zahlen

$\mathbb{N}^* = \{1, 2, 3, \ldots\}$

$\mathbb{Z}^* = \mathbb{Z} \setminus \{0\}$

$\mathbb{Q}^* = \mathbb{Q} \setminus \{0\}$

$\mathbb{R}^* = \mathbb{R} \setminus \{0\}$

$\mathbb{R}^+ =]0\,;+\infty[$

$\mathbb{R}_0^+ = [0\,;+\infty[$

* Aufgabe mit erhöhtem Schwierigkeitsgrad oder Arbeitsaufwand

Der Einsatz eines elektronischen Hilfsmittels wird empfohlen.

Die Datei kann auf **www.softfrutti.de** unter **Materialien** geladen werden.

www.softfrutti.de

Inhaltsverzeichnis

9

Ganzrationale Funktionen

9.1 Definition ganzrationaler Funktionen

Im Folgenden werden neben linearen und quadratischen Funktionen auch solche betrachtet, bei denen die Variable in der dritten, vierten oder auch in einer noch höheren Potenz auftritt.

Ganzrationale Funktion

Seien $n \in \mathbb{N}$ und $a_0, a_1, \dots, a_{n-1}, a_n \in \mathbb{R}$ mit $a_n \neq 0$. Eine Funktion

$$f: \mathbb{R} \to \mathbb{R}, x \mapsto a_n x^n + a_{n-1} x^{n-1} + \dots + a_1 x + a_0$$

heißt **ganzrationale Funktion** oder **Polynom n-ten Grades**.

Die Zahlen a_0, a_1, … , a_n heißen die Koeffizienten. Für die Definitionsmenge einer ganzrationalen Funktion gilt $D = \mathbb{R}$.

Die **konstanten Funktionen** $x \mapsto a_0$ und $a_0 \neq 0$ sind ganzrationale Funktionen nullten Grades. Der **Nullfunktion** $x \mapsto 0$ ordnet man keinen Grad zu.

Beispiele (Polynome und Nichtpolynome)

a) $p_3(x) = \frac{2}{3}x^3 - 2x + 5$ ist ein Polynom dritten Grades.

b) $p_1(x) = 4x + 15$ ist ein Polynom ersten Grades.

c) $p_0(x) = -4$ ist ein Polynom nullten Grades.

d) $f(x) = x^2 + \sqrt{x}$ ist kein Polynom (wegen des Wurzelterms).

e) $h(x) = \frac{-2}{x^2} + 3$ ist kein Polynom (wegen des Bruchterms).

Aufgaben

1. Entscheiden Sie, welche der Funktionen ganzrationale Funktionen sind. Geben Sie gegebenenfalls den Grad an.

a) $f(x) = 5 - 3x$ b) $f(x) = 0{,}5 \cdot (5x - 1)$ c) $f(x) = x^5 + \frac{1}{3}x - 2$

d) $f(x) = 1$ e) $f(x) = \frac{3}{x}$ f) $f(x) = \frac{x}{3}$

g) $f(x) = -x^2 - \frac{1}{x}$ h) $f(x) = 3 - 6x^3 - x^5$ i) $f(x) = \frac{1}{x^2+1}$

9.2 Symmetriekriterium für ganzrationale Funktionen

Bei ganzrationalen Funktionen lässt sich bereits durch einen Blick auf den Funktionsterm auf ein mögliches Symmetrieverhalten des Graphen schließen.

$f(x) = -x^4 + 2x^2 + 1{,}5$

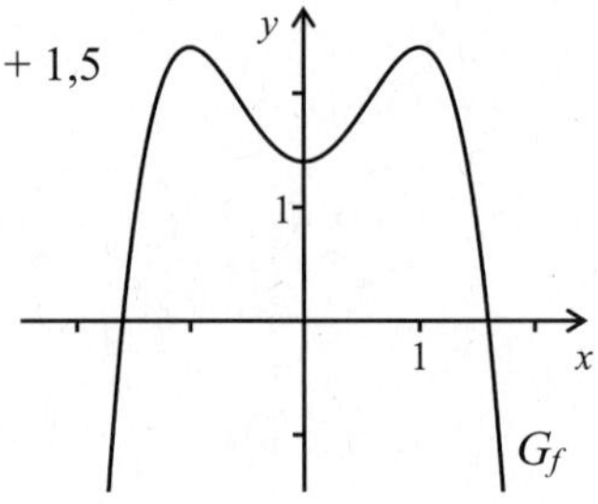

Symmetrie zur y-Achse

$g(x) = -x^3 + 2x$

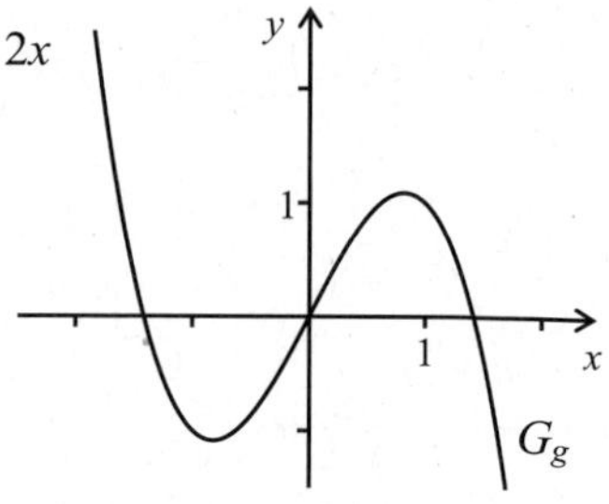

Symmetrie zum Ursprung

- Treten nur x-Potenzen mit geraden Exponenten und eventuell auch ein absolutes Glied a_0 auf, dann hat das Vorzeichen von x keinen Einfluss auf den Funktionswert. Es gilt stets $f(-x) = f(x)$.
- Treten dagegen nur x-Potenzen mit ungeraden Exponenten auf und ist $a_0 = 0$, so ist die Bedingung $f(-x) = -f(x)$ stets erfüllt.

Symmetriekriterium für ganzrationale Funktionen
Der Graph einer ganzrationalen Funktion
$f: \mathbb{R} \to \mathbb{R}, x \mapsto a_n x^n + a_{n-1} x^{n-1} + \ldots + a_1 x + a_0$ ist genau dann

- symmetrisch zur y-Achse, wenn ihr Funktionsterm nur x-Potenzen mit geraden Exponenten und eventuell auch ein absolutes Glied a_0 enthält,
- symmetrisch zum Ursprung, wenn ihr Funktionsterm nur x-Potenzen mit ungeraden Exponenten enthält und $a_0 = 0$ ist

Treten in einem ganzrationalen Funktionsterm sowohl gerade als auch ungerade Exponenten auf, so liegt keine der einfachen Symmetrien vor.

Beispiele (Anwenden des Symmetriekriteriums)

a) $f: \mathbb{R} \to \mathbb{R}, f(x) = -3x^4 + 2x^2 - 7$
Symmetrie zur y-Achse, da nur gerade Exponenten auftreten.

b) $f: \mathbb{R} \to \mathbb{R}, f(x) = -2x^5 + x$
Symmetrie zum Ursprung, da nur ungerade Exponenten auftreten und kein absolutes Glied.

c) $f: \mathbb{R} \to \mathbb{R}, f(x) = -5x^4 + 2x - 7$
Weder Symmetrie zur y-Achse noch zum Ursprung, da sowohl gerade als auch ungerade Exponenten auftreten.

Aufgaben

2. Im Folgenden sind die Graphen von Potenzfunktionen $x \mapsto x^n$ dargestellt. Geben Sie das jeweilige Symmetrieverhalten an. Formulieren Sie eine allgemeine Regel.

a) $x \mapsto x^2$

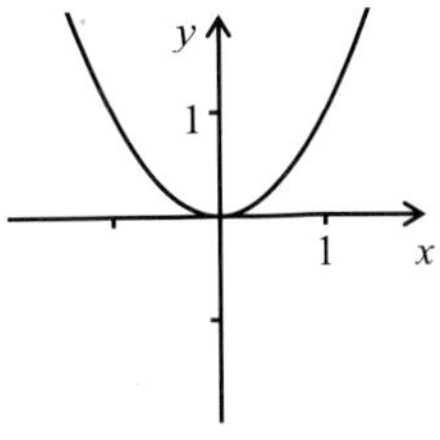

b) $x \mapsto x^3$

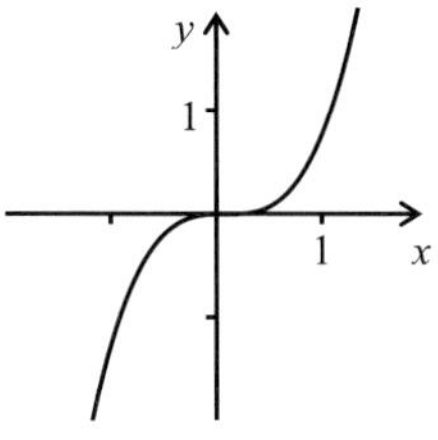

c) $x \mapsto x^4$

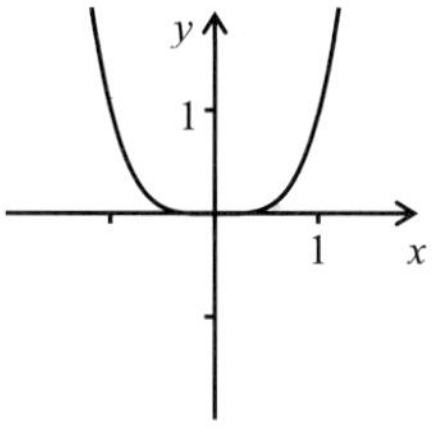

d) $x \mapsto x^5$

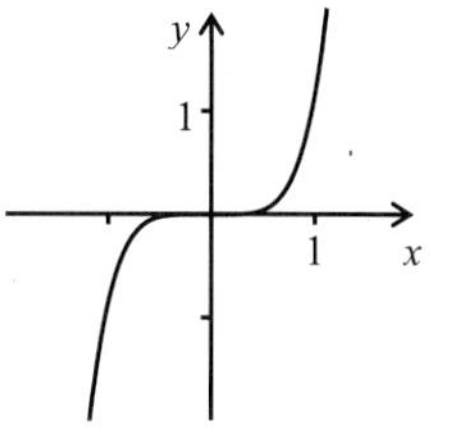

3. Entscheiden Sie anhand des Funktionsterms, ob der Graph der Funktion f symmetrisch ist. Geben Sie gegebenenfalls die Art der Symmetrie an.

a) $f(x) = x^4 - 3x^2 + 7$ b) $f(x) = x^5 - 7x$ c) $f(x) = x^3 - 4x^2 + 1$

d) $f(x) = 1 - x^4$ e) $f(x) = x^5 - 1$ f) $f(x) = x^5 - 6x^2 - 3$

4. Entscheiden Sie anhand des Funktionsterms, ob der Graph der Funktion f symmetrisch ist. Formen Sie den Funktionsterm bei Bedarf um.
Geben Sie gegebenenfalls die Art der Symmetrie an.

a) $f(x) = 3x^6 - x^2 + \sqrt{7}$ b) $f(x) = (x-1)^2$

c) $f(x) = -(x-4)\cdot(x+4)$ d) $f(x) = (x-2)\cdot(x+3)$

e) $f(x) = x^5 - x^3 + 1$ f) $f(x) = x\cdot(x^5 - 3x^3 - 4x)$

5. Gegeben sind Funktionen mit den Gleichungen

$$f(x) = -x^4 + 3x^2 + 1 \quad , \quad g(x) = -x^3 + 3x^2 \quad \text{und} \quad h(x) = x^3 - 3x\,.$$

Ordnen Sie den Graphen die richtige Funktionsgleichung zu. Begründen Sie Ihre Entscheidung.

a)

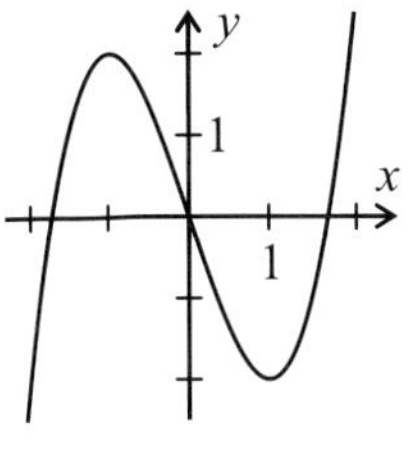

b)

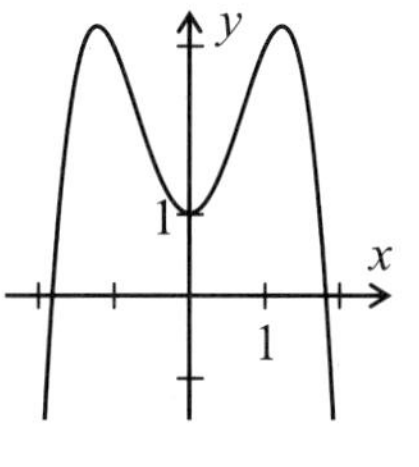

c)

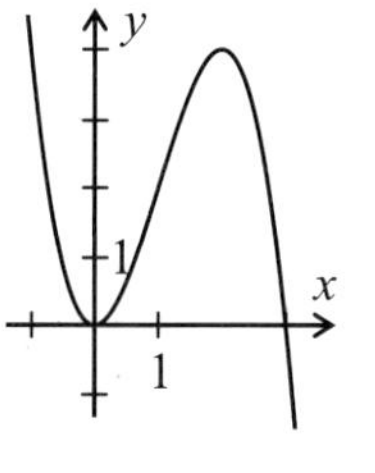

9.3 Verhalten im Unendlichen

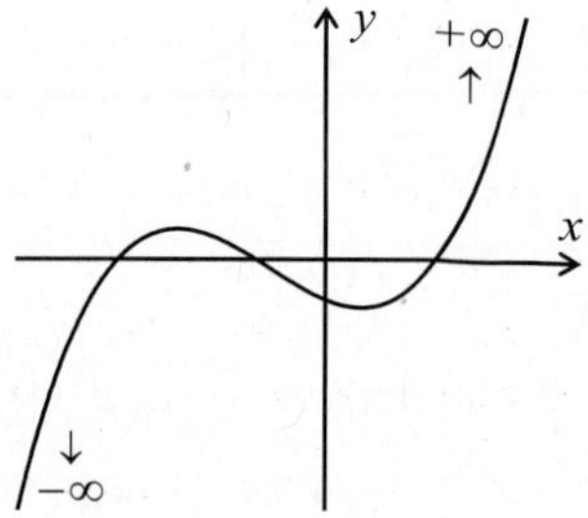

Bei der Untersuchung ganzrationaler Funktionen ist auch das Verhalten der Funktionswerte für $x \to -\infty$ und für $x \to +\infty$ von Interesse.
Bei dem abgebildeten Funktionsgraphen werden die Funktionswerte für $x \to +\infty$ sehr groß, für $x \to -\infty$ werden sie sehr klein. Man sagt, dass die Funktionswerte gegen $+\infty$ bzw. gegen $-\infty$ streben.
Man spricht dabei von **uneigentlichen Grenzwerten.**
Für die Funktion in der Abbildung verwendet man folgende Schreibweisen:

$$f(x) \xrightarrow[x\to-\infty]{} -\infty \qquad \text{und} \qquad f(x) \xrightarrow[x\to+\infty]{} +\infty$$

oder in Grenzwertschreibweise: $\lim\limits_{x\to-\infty} f(x) = -\infty$ und $\lim\limits_{x\to+\infty} f(x) = +\infty$.

Wir suchen nach einer einfachen Möglichkeit, bei ganzrationalen Funktionen die uneigentlichen Grenzwerte anhand des Funktionsterms zu bestimmen. Hierzu betrachten wir als Sonderfälle zunächst die Potenzfunktionen.

Uneigentliche Grenzwerte bei Potenzfunktionen

In folgenden Abbildungen sind die Möglichkeiten für das Grenzwertverhalten von Potenzfunktionen mit positiven Exponenten wiedergegeben.

gerader Exponent		ungerader Exponent	
$f(x) = x^2$ $g(x) = x^4$	$f(x) = -x^2$ $g(x) = -x^4$	$f(x) = x^3$ $g(x) = x^5$	$f(x) = -x^3$ $g(x) = -x^5$
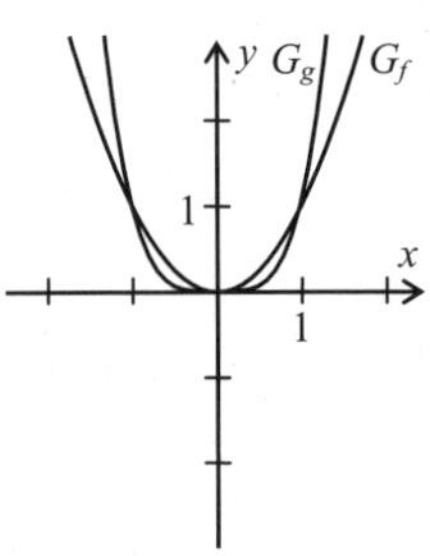	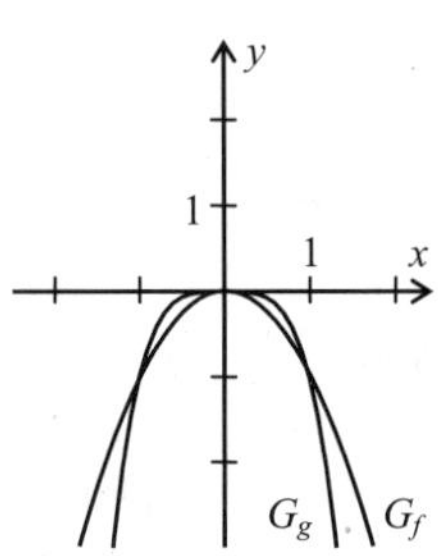	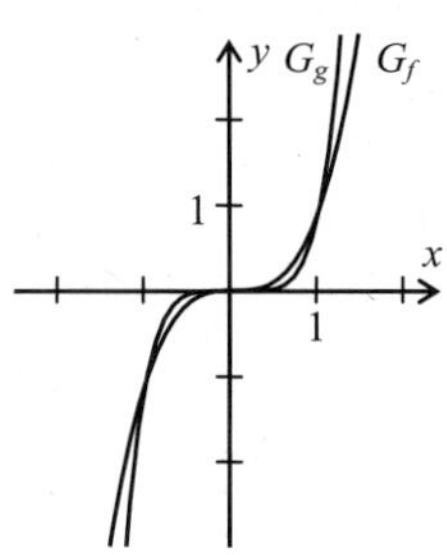	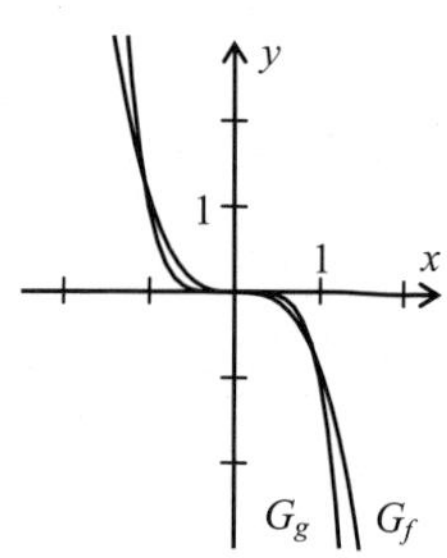
$\lim\limits_{x\to-\infty} f(x) = \lim\limits_{x\to-\infty} g(x)$ $= +\infty$	$\lim\limits_{x\to-\infty} f(x) = \lim\limits_{x\to-\infty} g(x)$ $= -\infty$	$\lim\limits_{x\to-\infty} f(x) = \lim\limits_{x\to-\infty} g(x)$ $= -\infty$	$\lim\limits_{x\to-\infty} f(x) = \lim\limits_{x\to-\infty} g(x)$ $= +\infty$
$\lim\limits_{x\to+\infty} f(x) = \lim\limits_{x\to+\infty} g(x)$ $= +\infty$	$\lim\limits_{x\to+\infty} f(x) = \lim\limits_{x\to+\infty} g(x)$ $= -\infty$	$\lim\limits_{x\to+\infty} f(x) = \lim\limits_{x\to+\infty} g(x)$ $= +\infty$	$\lim\limits_{x\to+\infty} f(x) = \lim\limits_{x\to+\infty} g(x)$ $= -\infty$

An den Graphen erkennt man, dass das Grenzwertverhalten davon abhängt, ob der Exponent der Potenzfunktion gerade oder ungerade ist. Ein zusätzliches Minuszeichen bewirkt eine Spiegelung des Graphen an der x-Achse.

Uneigentliche Grenzwerte bei ganzrationalen Funktionen

Die uneigentlichen Grenzwerte für $x \to \pm\infty$ einer ganzrationalen Funktion

$$f: \mathbb{R} \to \mathbb{R}, x \mapsto a_n x^n + a_{n-1} x^{n-1} + \ldots + a_1 x + a_0 \text{ mit } a_n \neq 0$$

lassen sich direkt am Funktionsterm ablesen. Eine allgemeine Regel kann durch die folgende Überlegung gewonnen werden.

Grenzwertbetrachtung bei ganzrationalen Funktionen für $x \to \pm\infty$

Wir klammern dazu im Funktionsterm die höchste Potenz x^n ($x \neq 0$) zusammen mit dem Koeffizienten $a_n \neq 0$ aus:

$$f(x) = a_n x^n + a_{n-1} x^{n-1} + a_{n-2} x^{n-2} + \ldots + a_1 x + a_0$$

$$= a_n x^n \cdot \underbrace{\Big(\underbrace{1}_{\to 1} + \underbrace{\frac{a_{n-1}}{a_n} \cdot \frac{1}{x}}_{\to 0} + \underbrace{\frac{a_{n-2}}{a_n} \cdot \frac{1}{x^2}}_{\to 0} + \ldots + \underbrace{\frac{a_1}{a_n} \cdot \frac{1}{x^{n-1}}}_{\to 0} + \underbrace{\frac{a_0}{a_n} \cdot \frac{1}{x^n}}_{\to 0} \Big)}_{\to 1 \text{ für } x \to \pm\infty} \quad \text{für } x \to \pm\infty$$

Das Grenzwertverhalten von f für $x \to \pm\infty$ wird nur durch den Term $a_n x^n$ bestimmt. Es ergibt sich in beiden Fällen ein **uneigentlicher** Grenzwert.

Uneigentliche Grenzwerte ganzrationaler Funktionen für $x \to \pm\infty$

Eine ganzrationale Funktion

$$f: \mathbb{R} \to \mathbb{R}, x \mapsto a_n x^n + a_{n-1} x^{n-1} + \ldots + a_1 x + a_0 \text{ mit } a_n \neq 0$$

hat für $x \to \pm\infty$ dieselben uneigentlichen Grenzwerte wie die Potenzfunktion

$$p: \mathbb{R} \to \mathbb{R}, x \mapsto a_n x^n.$$

Es gilt: also: $\lim\limits_{x \to \pm\infty} f(x) = \lim\limits_{x \to \pm\infty} a_n x^n$.

Kurz: Jede ganzrationale Funktion verhält sich für $x \to \pm\infty$ wie das Glied mit der höchsten x-Potenz.

Zur Bestimmung des Grenzwertverhaltens einer ganzrationalen Funktion im Unendlichen sind also nur die beiden folgenden Punkte zu beachten:

- die Grenzwerte $\lim\limits_{x \to -\infty} x^n$ und $\lim\limits_{x \to +\infty} x^n$ der höchsten Potenz der Variablen x

  und
- das Vorzeichen des zugehörigen Koeffizient a_n.

Die folgende Tabelle gibt einen systematischen Überblick über das Verhalten ganzrationaler Funktionen für $x \to \pm\infty$ in Abhängigkeit von n und a_n.

$n \in \mathbb{N}^*$ $a_n \in \mathbb{R}$	gerade $a_n > 0$	gerade $a_n < 0$	ungerade $a_n > 0$	ungerade $a_n < 0$
Beispiel	$f(x)=\frac{1}{2}x^4 - x^2$	$f(x)=-x^2-x$	$f(x)=\frac{1}{4}x^5 - x$	$f(x)=-x^3+x^2+1$
	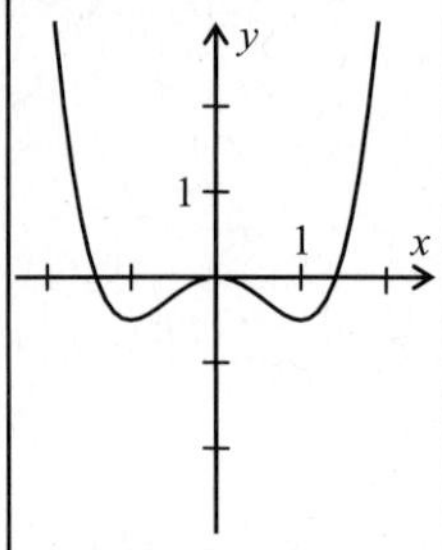	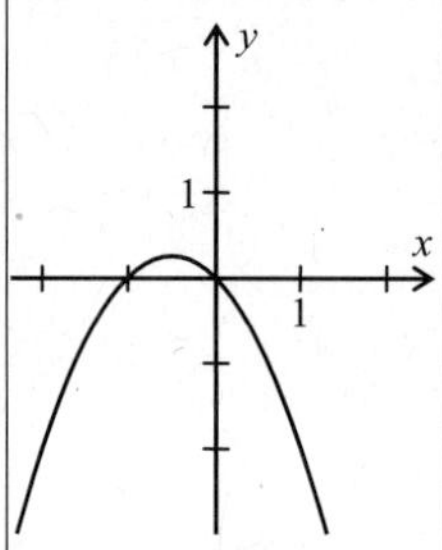	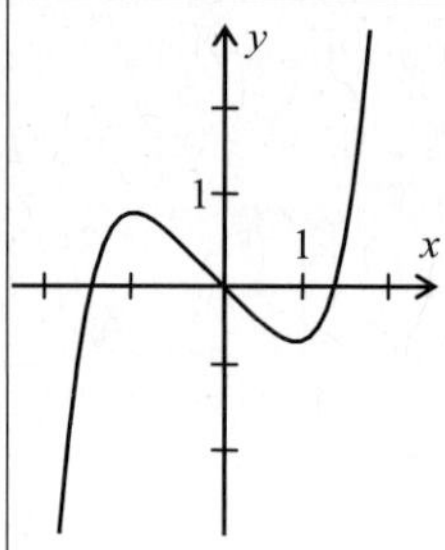	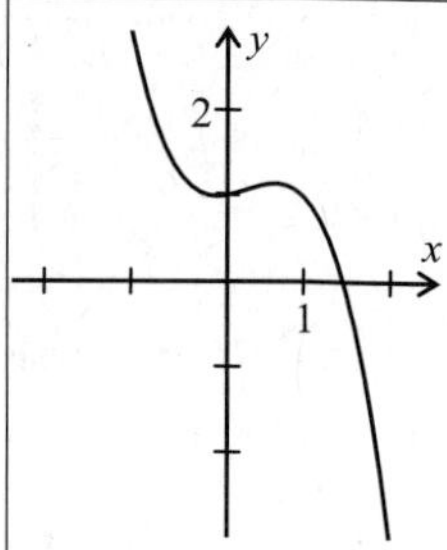
$\lim\limits_{x\to-\infty} f(x)$	$+\infty$	$-\infty$	$-\infty$	$+\infty$
$\lim\limits_{x\to+\infty} f(x)$	$+\infty$	$-\infty$	$+\infty$	$-\infty$
Verhalten wie	x^4	$-x^2$	x^5	$-x^3$

Beispiele (Bestimmen von Grenzwerten für $x \to \pm\infty$)

a) $f(x) = 3x^4 + 2x^3 - 1$

Grenzwerte: $\lim\limits_{x\to\pm\infty} f(x) = \lim\limits_{x\to\pm\infty} (3x^4 + 2x^3 - 1) = \lim\limits_{x\to\pm\infty} (x^4) = +\infty$

b) $f(x) = 2x^5 + x^4 + 5$

Grenzwerte: $\lim\limits_{x\to\pm\infty} f(x) = \lim\limits_{x\to\pm\infty} (2x^5 + x^4 + 5) = \lim\limits_{x\to\pm\infty} (x^5) = \pm\infty$

c) $f(x) = -3x^4 + 2x^2 - 7$

Grenzwerte: $\lim\limits_{x\to\pm\infty} f(x) = \lim\limits_{x\to\pm\infty} (-3x^4 + 2x^2 - 7) = \lim\limits_{x\to\pm\infty} (-x^4) = -\infty$

d) $f(x) = -4x^3 + 2x - 7$

Grenzwerte: $\lim\limits_{x\to\pm\infty} f(x) = \lim\limits_{x\to\pm\infty} (-4x^3 + 2x - 7) = \lim\limits_{x\to\pm\infty} (-x^3) = \mp\infty$

Es gibt auch Funktionen, die für $x \to +\infty$ bzw. für $x \to -\infty$ keinen Grenzwert besitzen.

Die Sinusfunktion ist ein Beispiel für eine solche Funktion. Sie hat weder für $x \to -\infty$ noch für $x \to +\infty$ einen Grenzwert (auch keinen uneigentlichen).

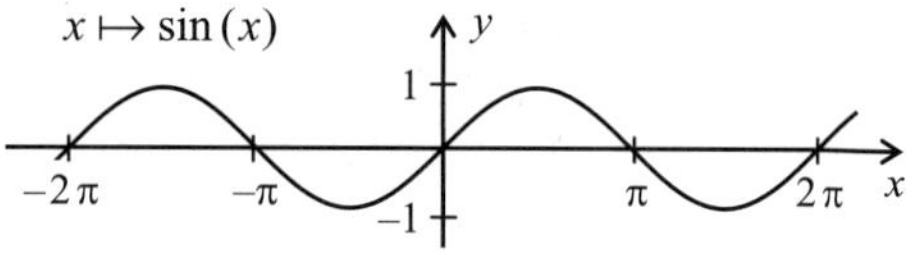

Aufgaben

6. Lesen Sie die Grenzwerte der Funktion f für $x \to \pm\infty$ an den abgebildeten Graphen ab. Notieren Sie diese in der Grenzwertschreibweise.

a) b) c)

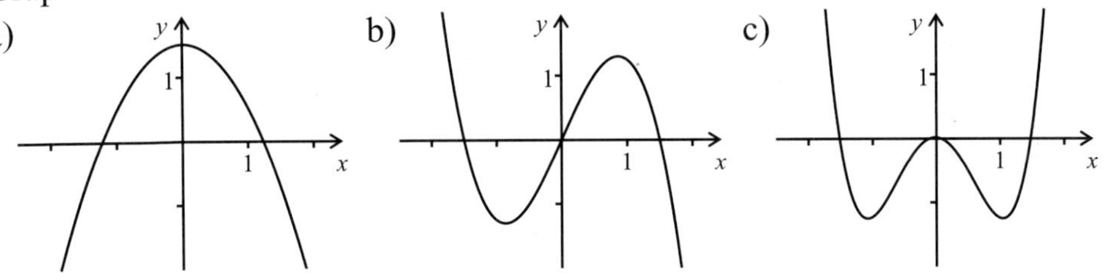

7. Bestimmen Sie die uneigentlichen Grenzwerte der Funktion f für $x \to \pm\infty$.

a) $f(x) = 3x^3 - x + 5$
b) $f(x) = -2x^4 - x^2 + 5x$
c) $f(x) = -5x^2 - x$
d) $f(x) = 2x^5 - x^3 + 3x$
e) $f(x) = -4x - 3x^2 + x^5$
f) $f(x) = -2x^2 - x^3 + 7x$

8. Ordnen Sie den Funktionsgraphen die richtige Funktion zu. Begründen Sie Ihre Antwort mit möglichst vielen Argumenten, darunter auch eine Grenzwertbetrachtung. Bestimmen Sie zur Kontrolle auch den y-Achsenabschnitt.

a) b)

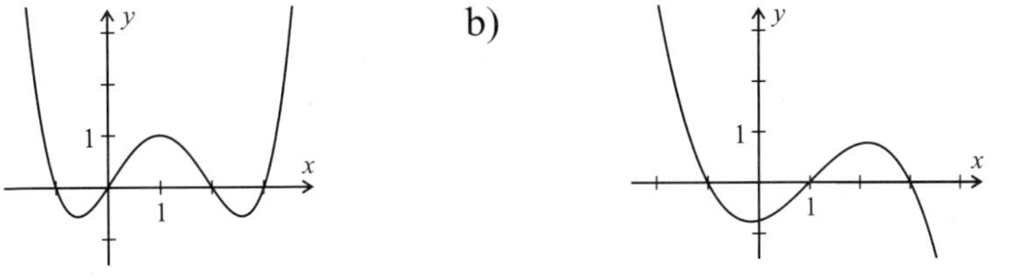

c) d)

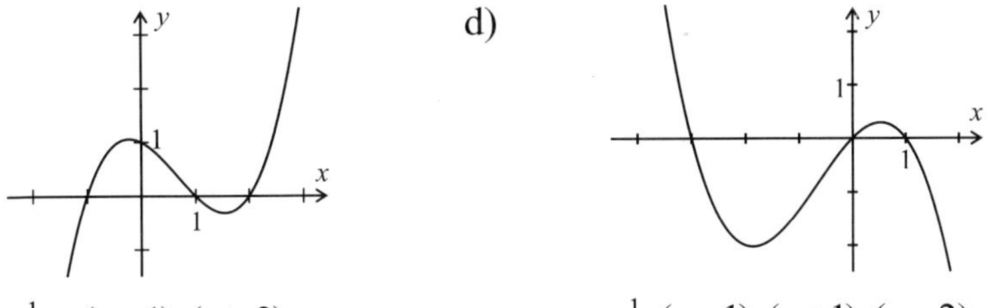

$f: x \mapsto -\frac{1}{3}x \cdot (x-1) \cdot (x+3)$ $g: x \mapsto \frac{1}{2} \cdot (x-1) \cdot (x+1) \cdot (x-2)$

$h: x \mapsto -\frac{1}{4} \cdot (x+1) \cdot (x-1) \cdot (x-3)$ $k: x \mapsto \frac{1}{4}x \cdot (x-2) \cdot (x+1) \cdot (x-3)$

9. Geben Sie einen möglichen Term einer ganzrationalen Funktion f mit den folgenden Eigenschaften an.

a) Grad $n = 4$; Grenzwerte $\lim\limits_{x \to \pm\infty} f(x) = -\infty$; Ordinatenabschnitt –2

b) Grad $n = 3$; Grenzwerte $\lim\limits_{x \to \pm\infty} f(x) = \mp\infty$; G_f geht durch den Ursprung

9.4 Nullstellenbestimmung

Eine ganzrationale Funktion n-ten Grades kann höchstens n reelle Nullstellen besitzen. Diese wichtige Aussage ist durchaus plausibel, jedoch keineswegs einfach beweisbar. Sie wird auch als **Hauptsatz der Algebra** bezeichnet.

Für Polynome dritten Grades gibt es zwar eine Lösungsformel wie zur Bestimmung der Nullstellen bei quadratischen Funktionen. Die entsprechende Formel ist allerdings sehr kompliziert und für praktische Berechnungen kaum geeignet.

Zur Bestimmung der Nullstellen ganzrationaler Funktionen dritten oder höheren Grades greift man in der Praxis meist auf Näherungsverfahren zurück. In bestimmten Ausnahmefällen ist das Nullstellenproblem mit dem Verfahren der **Polynomdivision** oder mit Hilfe des **Hornerschemas**[1] lösbar. Das Ziel ist jeweils die Faktorisierung des Funktionsterms.

Liegt der Funktionsterm in faktorisierter Form vor, so lassen sich die Nullstellen direkt ablesen. Man macht dabei von der **Nullproduktregel** Gebrauch:

„Ein Produkt ist Null, wenn mindestens einer seiner Faktoren Null ist.“

Nachfolgend soll anhand konkreter Beispiele die entsprechende Vorgehensweise erläutert werden.

Nullstellenbestimmung durch Faktorisierung

Vielfach gelingt die Faktorisierung eines Funktionsterms schon durch eine Termumformung. Die hierbei auftretenden Rechentechniken sind das Ausklammern eines Terms sowie die Anwendung einer binomischen Formel und des Satzes von Vieta.

Beispiel (Faktorisierung durch eine Termumformung)

Betrachtet wird die Funktion f mit der Gleichung $f(x) = x^3 - x^2 - 6x$. Eine Faktorisierung ergibt sich durch folgende Umformungen:

$$\begin{aligned} f(x) &= x^3 - x^2 - 6x \\ &= x \cdot (x^2 - x - 6) && \text{(Ausklammern des Faktors } x\text{)} \\ &= x \cdot (x+2) \cdot (x-3) && \text{(Anwendung des Satzes von Vieta)} \end{aligned}$$

Aus der faktorisierten Darstellung lassen sich unmittelbar die Nullstellen $x_1 = 0$, $x_2 = -2$ und $x_3 = 3$ ablesen.

Die Schnittpunkte mit der x-Achse sind somit: $N_1(0 \mid 0)$, $N_2(-2 \mid 0)$, $N_3(3 \mid 0)$.

[1] Das Verfahren der Polynomdivision und das Hornerschema werden im Anhang 2 beschrieben. Dort ist auch eine Zusammenfassung der bereits in Band I besprochenen Verfahren zur Nullstellenbestimmung zu finden.

Nullstellenbestimmung mithilfe einer Polynomdivision oder des Hornerschemas

Ist die Faktorisierung eines Funktionsterms nicht auf einfache Art möglich, so versucht man, eine ganzzahlige Nullstelle x_0 zu raten und den Faktor $(x - x_0)$ abzuspalten.
Das nachstehende Beispiel zeigt zum Vergleich die Vorgehensweise mithilfe einer Polynomdivision sowie die Anwendung des Hornerschemas.

Beispiel (Faktorisierung durch Polynomdivision oder Hornerschema)

Betrachtet wird die Funktion *f* mit der Gleichung $f(x) = x^3 - 3x^2 - x + 3$.

Als Nullstelle lässt sich $x_0 = 1$ raten.

- *Polynomdivision*: Linearfaktor $(x - 1)$ abspalten

$$
\begin{array}{l}
(x^3 - 3x^2 - x + 3):(x-1) = x^2 - 2x - 3 \\
\underline{-(x^3 - \ \ x^2)} \\
\quad -2x^2 - x \\
\quad \underline{-(-2x^2 + 2x)} \\
\qquad\quad -3x + 3 \\
\qquad\quad \underline{-(-3x + 3)} \\
\qquad\qquad 0
\end{array}
$$

Der Restterm lässt sich mithilfe des Satzes von Vieta weiter faktorisieren:

$$x^2 - 2x - 3 = (x - 3) \cdot (x + 1)$$

Die Polynomdivision geht auf. Dies muss bei einer korrekt geratenen Nullstelle auch der Fall sein.

Damit ergibt sich insgesamt die Faktorisierung:

$$f(x) = (x - 1) \cdot (x^2 - 2x - 3) = (x - 1) \cdot (x - 3) \cdot (x + 1)$$

Die Schnittpunkte mit der *x*-Achse sind: $N_1(1 \mid 0)$, $N_2(3 \mid 0)$, $N_3(-1 \mid 0)$.

- *Anwendung des Hornerschemas*

Gegeben ist das Polynom 3. Grades $f(x) = x^3 - 3x^2 - x + 3$.

Gesucht ist für $x_0 = 1$ ein Polynom P_2 vom Grad 2 und eine Zahl r_0, so dass die Darstellung gilt: $f(x) = (x-1)\,P_2(x) + r_0$.

Hornerschema:

	1	−3	−1	3
$x_0 = 1$		+ $1 \cdot 1$	+ $1 \cdot (-2)$	+ $1 \cdot (-3)$
	1	−2	−3	0
	↑ b_2	↑ b_1	↑ b_0	↑ r_0

Für den Rest ergibt sich $r_0 = 0$. Dies muss bei einer korrekt geratenen Nullstelle auch so sein.

Damit erhält man in Übereinstimmung mit der Polynomdivision die Faktorisierung: $f(x) = (x-1)\cdot(x^2 - 2x - 3) + 0 = (x - 1) \cdot (x - 3) \cdot (x + 1)$.

(Die Faktorisierung des zweiten Faktors ergibt sich wie oben geschildert.)

Aufgaben

10. Bestimmen Sie die Nullstellen durch Faktorisierung des Funktionsterms.
    a) $f(x)=x^2-16$ b) $f(x)=x^2-7x$ c) $f(x)=x^2-2x-3$
    d) $f(x)=x^2-x-6$ e) $f(x)=x^2-25$ f) $f(x)=x^2-x$

11. Bestimmen Sie die Nullstellen durch Faktorisierung des Funktionsterms. Klammern Sie dabei auch einen Zahlenfaktor und gegebenenfalls ein Minuszeichen aus.
    a) $f(x)=2x^2-18$ b) $f(x)=-3x^2+9x$
    c) $f(x)=-5x^2+125$ d) $f(x)=3x^2+3x-18$
    e) $f(x)=-4x^2+16$ f) $f(x)=-5x^2-25x+30$

12. Ordnen Sie dem Funktionsterm durch Überprüfen der Nullstellen den richtigen Graphen zu.
    a) $f(x)=-2x^2+2$ b) $f(x)=-2x^2+4x$ c) $f(x)=-x^2+x+2$

①
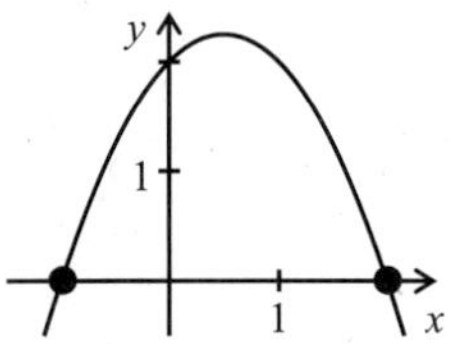

②
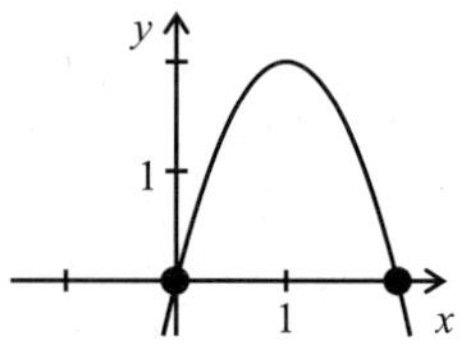

③
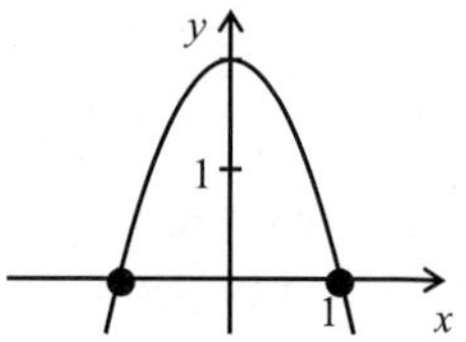

13. Bestätigen Sie die Lage der Nullstellen durch Faktorisierung des Funktionsterms und bestimmen Sie das Grenzwertverhalten für $x \to \pm\infty$.
    a) $f(x)=-\frac{1}{2}x^2+2$ b) $f(x)=-\frac{1}{2}x^3+2x$ c) $f(x)=\frac{1}{2}x^3-\frac{1}{2}x^2-x$

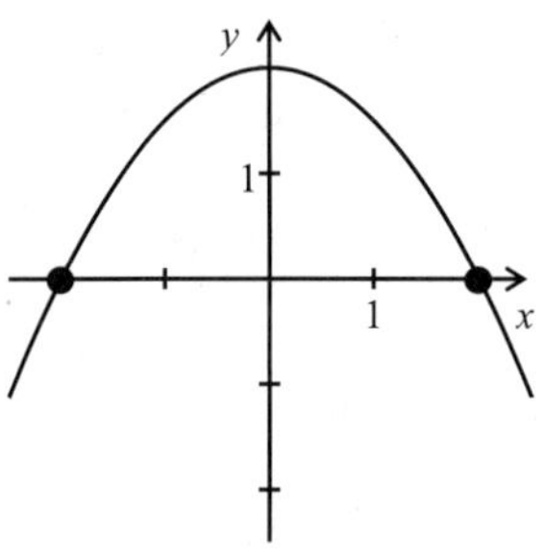

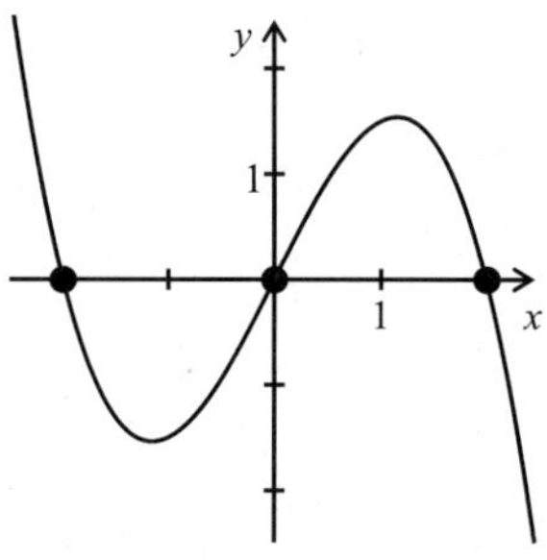

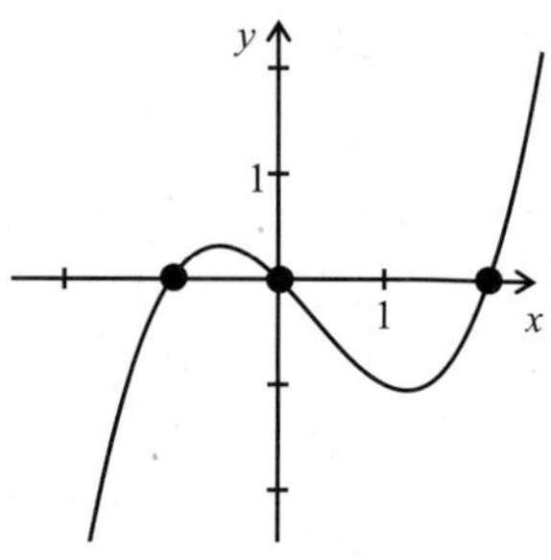

14. Bestimmen Sie die Nullstellen mithilfe einer Polynomdivision.
    a) $f(x)=x^3+2x^2-x-2$ b) $f(x)=x^3-2x^2-5x+6$

15. Bestimmen Sie die Nullstellen bei Verwendung des Hornerschemas.
    a) $f(x)=x^3-2x^2-x+2$ b) $f(x)=x^3+3x^2-4x-12$

9.5 Vielfachheit von Nullstellen

Ist x_0 eine Nullstelle einer ganzrationalen Funktion f, so tritt in der Faktorisierung des Funktionsterms der Linearfaktor $(x - x_0)$ auf, in manchen Fällen sogar mehrfach. Allgemein definiert man:

Vielfachheit einer Nullstelle
Sei f eine ganzrationale Funktion.
Die Zahl x_0 heißt ***k*-fache Nullstelle** von f, wenn f die Darstellung

$$f(x) = (x - x_0)^k \cdot g(x)$$

hat, wobei g eine ganzrationale Funktion mit $g(x_0) \neq 0$ ist und $k \in \mathbb{N}^*$.
Die Zahl k heißt **Vielfachheit** der Nullstelle.

Beispiel (Vielfachheit von Nullstellen ablesen)
Die ganzrationale Funktion f mit $f(x) = (x+3)^2 \cdot (x-2)^3 \cdot (x-5)$ besitzt die Nullstellen –3, 2 und 5. Dabei ist

- $x = -3$ eine zweifache Nullstelle von f,
- $x = 2$ eine dreifache Nullstelle von f,
- $x = 5$ eine einfache Nullstelle von f.

Bei der Berechnung von Nullstellen kann es vorkommen, dass eine Nullstelle auch mehrfach vorkommt. Man gibt die Nullstellen dann zusammen mit ihrer Vielfachheit an.

Beispiel (Nullstellen samt Vielfachheit bestimmen)
Betrachtet wird die ganzrationale Funktion f mit $f(x) = x^4 - 4x^3 + 5x^2 - 2x$. Zur Nullstellenbestimmung versuchen wir den Funktionsterm zu faktorisieren.

- *Ausklammern eines Faktors x*
  Es gilt: $f(x) = x \cdot (x^3 - 4x^2 + 5x - 2)$ mit $g(x) = x^3 - 4x^2 + 5x - 2$.
- *Nullstelle raten und Linearfaktor abspalten*
  Für die Funktion g lässt sich die Nullstelle 1 raten. Der zugehörige Linearfaktor $(x-1)$ kann z.B. mit einer Polynomdivision abgespalten werden.
  Es folgt: $f(x) = x \cdot (x-1) \cdot (x^2 - 3x + 2)$.

$$\begin{array}{l} (x^3 - 4x^2 + 5x - 2) : (x-1) = x^2 - 3x + 2 \\ \underline{-(x^3 - x^2)} \\ \quad -3x^2 + 5x \\ \quad \underline{-(-3x^2 + 3x)} \\ \qquad\quad 2x - 2 \\ \qquad\quad \underline{-(2x-2)} \\ \qquad\qquad 0 \end{array}$$

- *Faktorisierung mit dem Satz von Vieta*
  Der quadratische Restterm lässt sich schließlich noch weiter mithilfe des Satzes von Vieta faktorisieren: $x^2 - 3x + 2 = (x-1) \cdot (x-2)$.

Insgesamt folgt: $f(x) = x \cdot (x-1) \cdot (x-1) \cdot (x-2) = x \cdot (x-1)^2 \cdot (x-2)$
Damit ergeben sich als Nullstellen:
$x_1 = 0$ (einfach) ; $x_2 = 1$ (doppelt) ; $x_3 = 2$ (einfach).

Die Vielfachheit einer Nullstelle hat Auswirkungen auf den lokalen Verlauf des zugehörigen Funktionsgraphen. Im Folgenden sind die wichtigsten Fälle einfacher, doppelter und dreifacher Nullstellen beispielhaft dargestellt.

- **Einfache Nullstellen**
  An einer einfachen Nullstelle schneidet der Funktionsgraph die x-Achse. Dies ist bei linearen Funktionen immer der Fall, kann aber auch bei ganzrationalen Funktionen höheren Grades auftreten.

$f(x) = 2x - 4 = 2\cdot(x-2)$

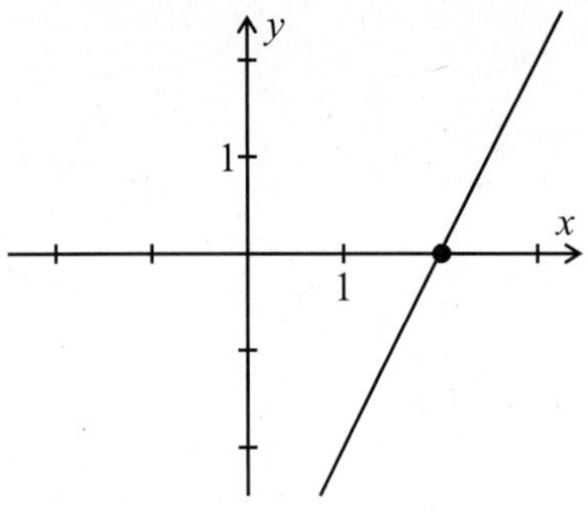

G_f schneidet die x-Achse an der Stelle 2.

$f(x) = x^2 - x - 2 = (x-2)\cdot(x+1)$

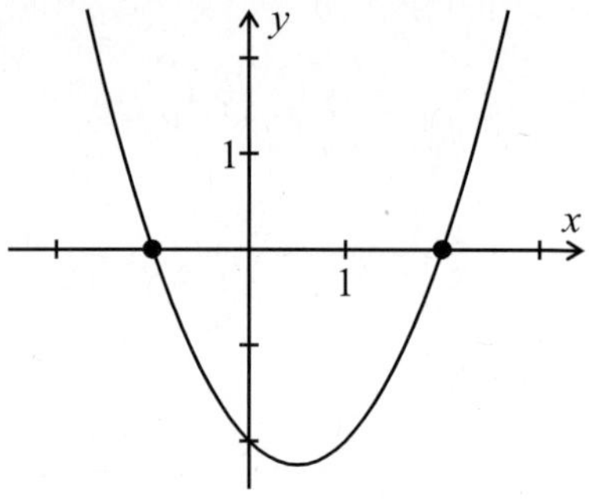

G_f schneidet die x-Achse an den Stellen −1 und 2.

- **Doppelte Nullstellen**
  An einer doppelten Nullstelle berührt der Funktionsgraph die x-Achse. Dies ist z.B. im Scheitelpunkt von Parabeln der Fall.

$f(x) = x^2$

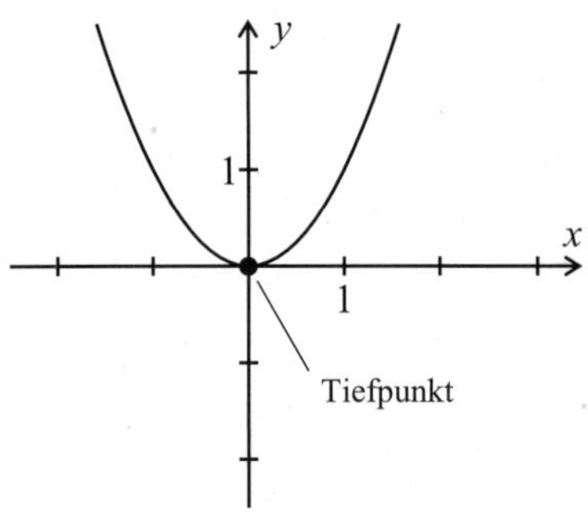

G_f berührt die x-Achse an der Stelle 0.

$f(x) = -(x-1)^2$

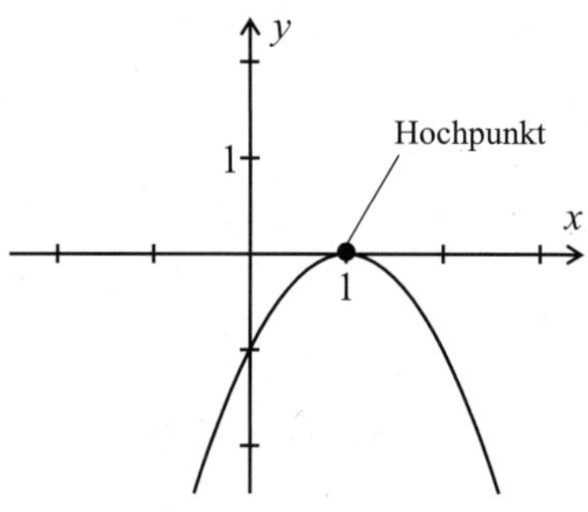

G_f berührt die x-Achse an der Stelle 1.

- **Dreifache Nullstellen**
  An einer dreifachen Nullstelle besitzt der Funktionsgraph eine Sattelstelle, wie sie von der Potenzfunktion $f(x) = x^3$ bekannt ist.

$f(x) = x^3$

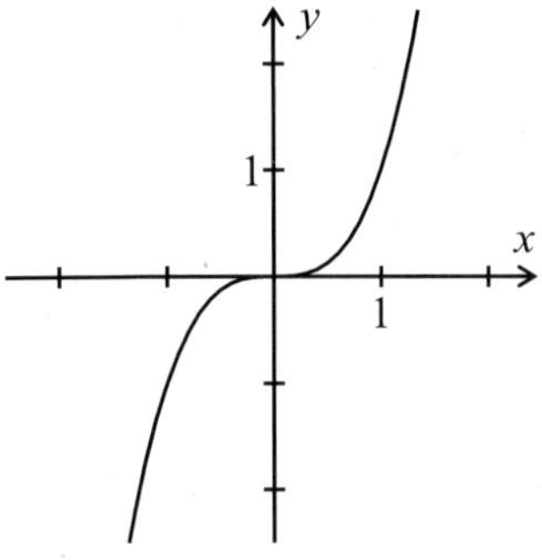

G_f hat eine Sattelstelle an der Stelle 0.

$f(x) = -(x-1)^3$

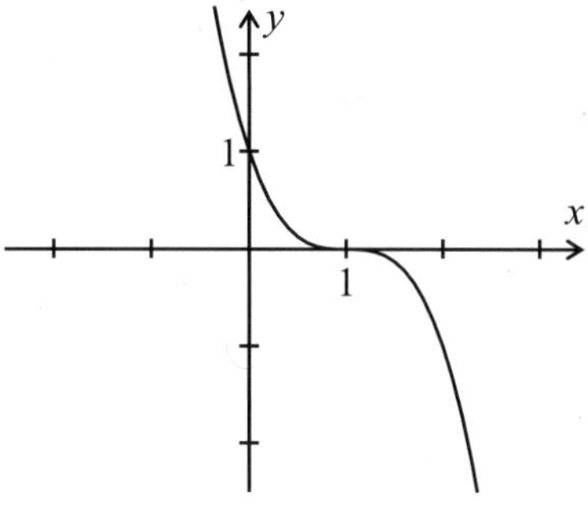

G_f hat eine Sattelstelle an der Stelle 1.

Einfache, doppelte und dreifache Nullstellen haben für die Graphen ganzrationaler Funktionen besondere Bedeutungen. Die obigen Ergebnisse lassen sich folgendermaßen zusammenfassen.

Verhalten ganzrationaler Funktionsgraphen an Nullstellen

(1) An einer einfachen Nullstelle schneidet der Graph die x-Achse. Es tritt ein Vorzeichenwechsel von f auf (→ Schnittpunkt).

(2) An einer doppelten Nullstelle berührt der Graph die x-Achse. Es liegt dabei kein Vorzeichenwechsel von f vor (→ Extrempunkt).

(3) An einer dreifachen Nullstelle liegt eine Sattelstelle vor. Es tritt ein Vorzeichenwechsel von f auf (→ Sattelpunkt).

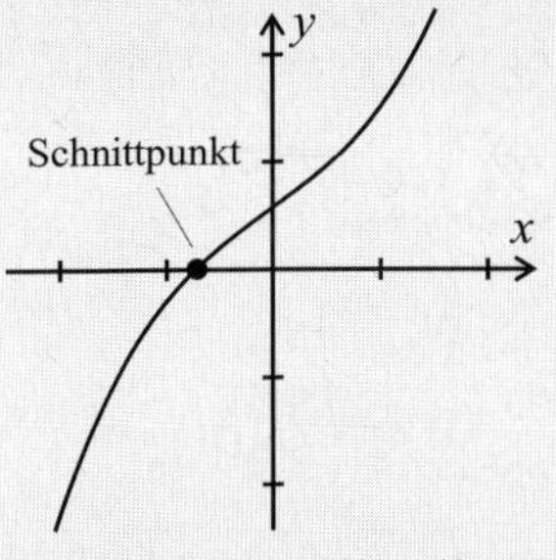

Einfache Nullstelle
(wie $y = x$)

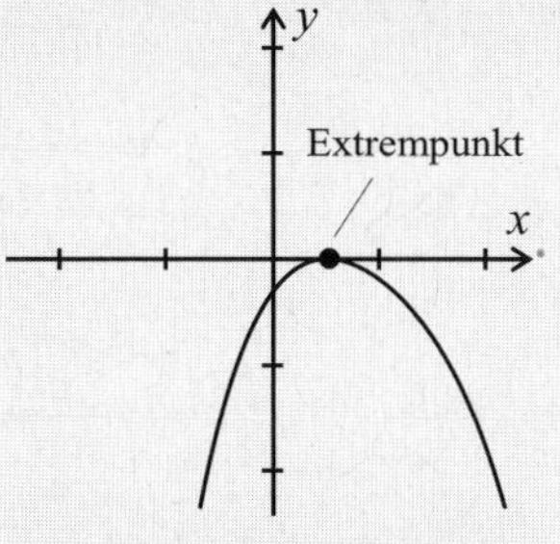

Doppelte Nullstelle
(wie $y = x^2$)

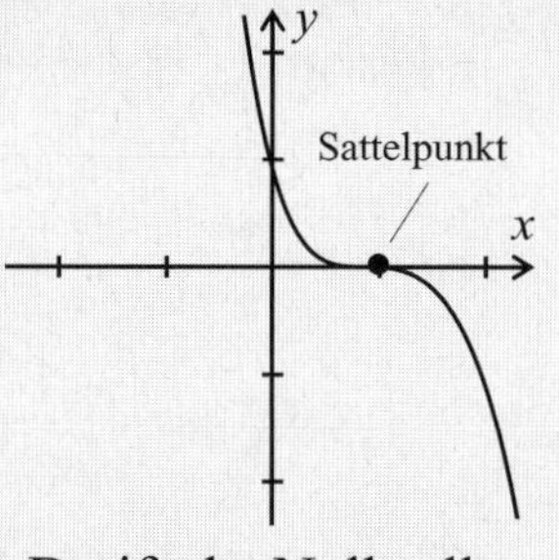

Dreifache Nullstelle
(wie $y = x^3$)

Aufgaben

16. Bestimmen Sie die Nullstellen der Funktion f mit ihren Vielfachheiten sowie den Ordinatenabschnitt. Charakterisieren Sie die Art der Nullstellen.

a) $f(x) = x^2 \cdot (x+2)$ b) $f(x) = -(x+1)\cdot(x-1)^2$

c) $f(x) = x^3 \cdot (x+2)$ d) $f(x) = -x^2 \cdot (x-2{,}5)^2$

e) $f(x) = (x+2)\cdot(x+1)\cdot(x-1)^2$ f) $f(x) = (x+1)^3 \cdot (x-1)^2$

17. Faktorisieren Sie den Funktionsterms und geben Sie die Nullstellen zusammen mit ihren Vielfachheiten an. Bestimmen Sie das Vorzeichenverhalten.

a) $f(x) = x^2 + 4x + 4$ b) $f(x) = -x^2 + 6x - 9$

c) $f(x) = x^3 - 2x^2 + x$ d) $f(x) = -x^3 + 8x^2 - 16x$

e) $f(x) = x^4 - 10x^3 + 25x^2$ f) $f(x) = -2x^4 + 2x^2$

g) $f(x) = 2x^5 - 4x^4 - 6x^3$ h) $f(x) = -x^5 + 4x^4 - 4x^3$

18. Bestimmen Sie die Nullstellen. Raten Sie zunächst eine Nullstelle.

a) $f(x) = x^3 - 2x^2 + 2x - 1$ b) $f(x) = x^4 - 2x^3 + 2x - 1$

19. Lesen Sie aus der Zeichnung die minimale Vielfachheit der Nullstellen ab.

a)

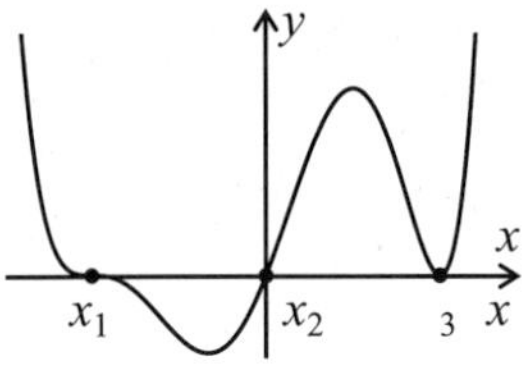

b)

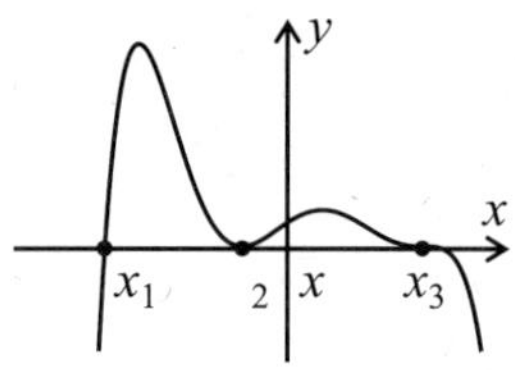

20. Welcher der Graphen in der Abbildung gehört zur Funktion mit der Gleichung

$$f(x) = -x\cdot(x+2)^2?$$

Geben Sie für Ihre Entscheidung eine Begründung an.

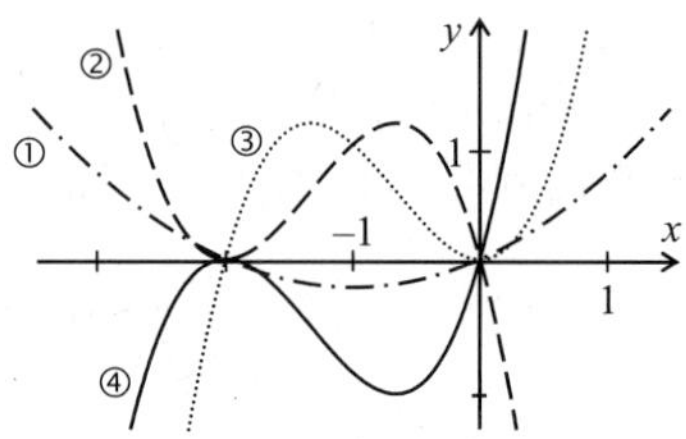

21. Geben Sie jeweils eine möglichst einfache ganzrationale Funktion f an, die folgende Eigenschaften besitzt:

a) f hat eine doppelte Nullstelle bei –2.

b) f hat in $(4\,|\,0)$ einen Sattelpunkt.

c) f hat einfache Nullstellen bei –2, 1 und 4.

d) f hat eine einfache Nullstelle bei –3 und eine doppelte bei 3.

e) f berührt bei 4 die x-Achse und schneidet sie bei –1,5.

9.6 Skizzieren von Graphen ganzrationaler Funktionen

Sind die Grenzwerte für $x \to \pm\infty$ und die Nullstellen (z.B. durch Faktorisierung des Funktionsterms) einer ganzrationalen Funktion bekannt, so kann man sich sehr schnell einen Überblick über den Verlauf des Graphen verschaffen.

Wir verdeutlichen dies am Beispiel der Funktion f mit $f(x) = x^6 + 3x^5 - 4x^3$.

1. Schritt: Faktorisieren des Funktionsterms

$$f(x) = x^6 + 3x^5 - 4x^3 = x^3 \cdot (x^3 + 3x^2 - 4) = x^3 \cdot (x-1) \cdot (x+2)^2$$

(Auf die Zerlegung $x^3 + 3x^2 - 4 = (x-1) \cdot (x+2)^2$ gehen wir hier nicht näher ein.)

2. Schritt: Bestimmung der Nullstellen samt ihrer Vielfachheit

- –2 ist doppelte Nullstelle → Der Graph berührt die x-Achse. (kein Vorzeichenwechsel von f)
- 0 ist dreifache Nullstelle → Der Graph hat einen Sattelpunkt. (Vorzeichenwechsel von f)
- 1 ist einfache Nullstelle → Der Graph schneidet die x-Achse. (Vorzeichenwechsel von f)

3. Schritt: Erstellen eines Vorzeichendiagramms

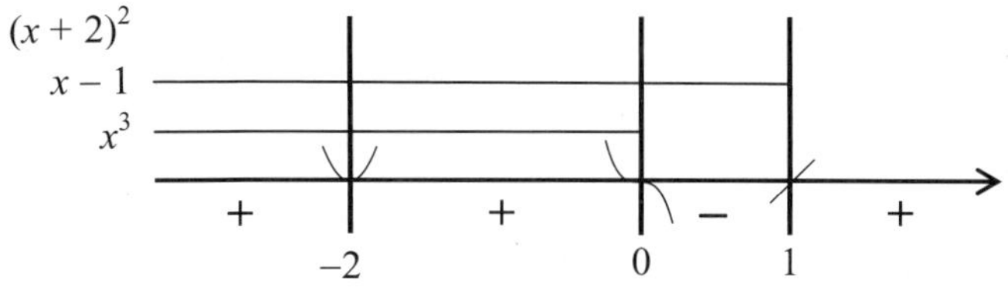

4. Schritt: Angabe der Grenzwerte für $x \to \pm\infty$

Es gilt: $\lim\limits_{x \to -\infty} f(x) = \lim\limits_{x \to -\infty} x^6 = +\infty$.

Dieser Grenzwert liefert den „Anfang“ des Funktionsgraphen.

Zur Kontrolle gilt für den Grenzwert $x \to +\infty$: $\lim\limits_{x \to +\infty} f(x) = \lim\limits_{x \to +\infty} x^6 = +\infty$.

5. Schritt: Skizzieren des Funktionsgraphen

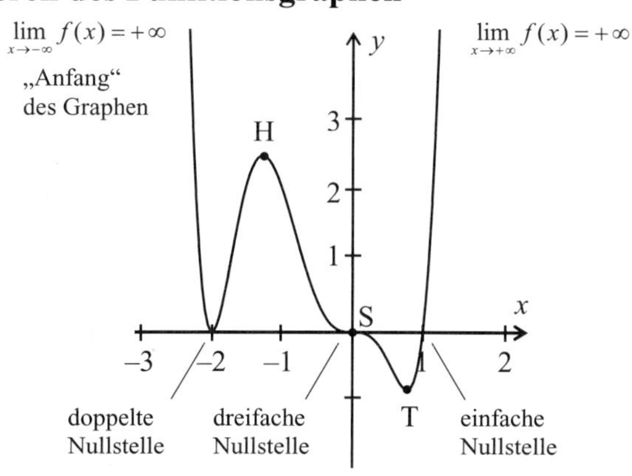

In der Skizze sind die markanten Punkte zwischen den Nullstellen mit H und T gekennzeichnet. Man bezeichnet sie als Hoch- und Tiefpunkt des Graphen. Eine Skizze liefert in der Regel nur eine ungefähre Information über ihre Lage. Benötigt man exakte Kenntnisse über die Lage dieser Punkte, so muss man zu den Mitteln der Differenzialrechnung greifen, die erst in den folgenden Abschnitten bereitgestellt werden.
Für einen groben Überblick über den Verlauf des Funktionsgraphen ist dies allerdings auch nicht unbedingt notwendig.

Beispiel 1

Wir wollen den Graphen der Funktion f mit $f(x) = x^3 + x^2 - 2x$ skizzieren.

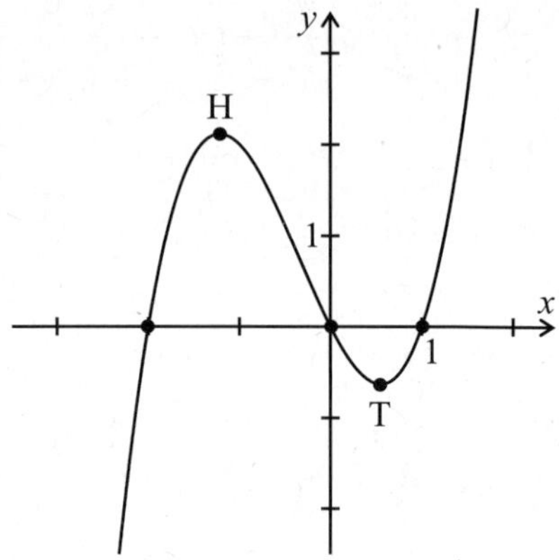

1. *Faktorisierung des Funktionsterms*:

$$\begin{aligned} f(x) &= x^3 + x^2 - 2x \\ &= x \cdot (x^2 + x - 2) \\ &= x \cdot (x+2) \cdot (x-1) \end{aligned}$$

2. *Nullstellen*: –2; 0 und 1 (alle einfach)
3. *Vorzeichendiagramm*:

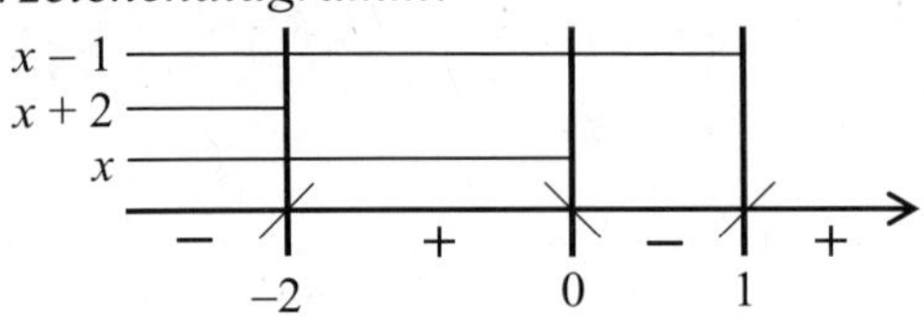

4. *Grenzwerte*: $\lim\limits_{x \to \pm\infty} f(x) = \lim\limits_{x \to \pm\infty} x^3 = \pm\infty$

Beispiel 2

Wir wollen den Graphen der Funktion f mit $f(x) = -x^3 + x^2$ skizzieren.

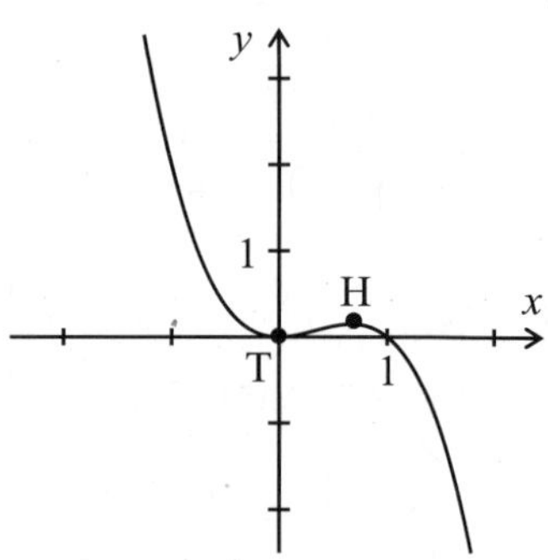

An der doppelten Nullstelle berührt der Funktionsgraph die x-Achse.

1. *Faktorisierung des Funktionsterms*:

$$f(x) = -x^3 + x^2 = -x^2 \cdot (x-1)$$

2. *Nullstellen*: 1 (einfach) und 0 (doppelt)
3. *Vorzeichendiagramm*:

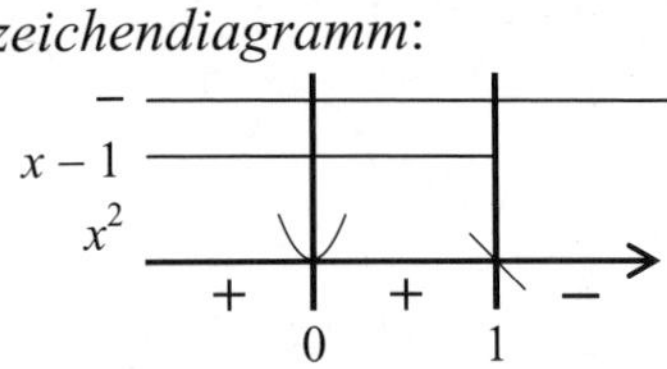

4. *Grenzwerte*: $\lim\limits_{x \to \pm\infty} f(x) = \lim\limits_{x \to \pm\infty} (-x^3) = \mp\infty$

Beispiel 3

Wir wollen den Graphen der Funktion f mit $f(x) = -x^4 + 2x^3$ skizzieren.

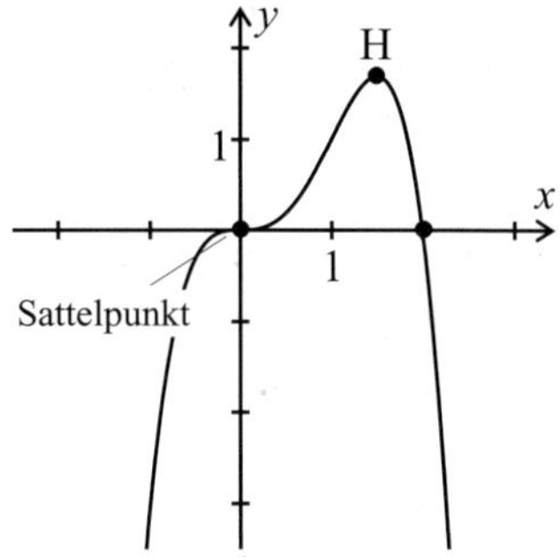

An der dreifachen Nullstelle liegt ein Sattelpunkt vor.

1. *Faktorisierung des Funktionsterms*:
$$f(x) = -x^4 + 2x^3 = -x^3 \cdot (x-2)$$
2. *Nullstellen*: 2 (einfach) und 0 (dreifach)
3. *Vorzeichendiagramm*:

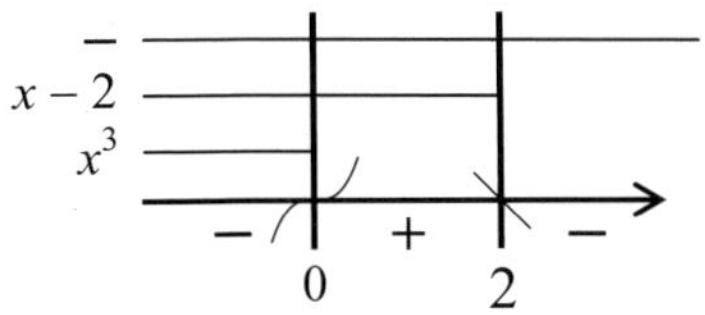

4. *Grenzwerte*: $\lim_{x\to\pm\infty} f(x) = \lim_{x\to\pm\infty}(-x^4) = -\infty$

An der dreifachen Nullstelle liegt ein Sattelpunkt vor.

Aufgaben

22. Faktorisieren Sie den Funktionsterm und skizzieren Sie den Graphen.
    a) $f(x) = x^3 - x$
    b) $f(x) = -x^4 + 3x^2$
    c) $f(x) = x^4 + x^3 - 2x^2$
    d) $f(x) = x^3 + 6x^2 + 9x$
    e) $f(x) = x^4 - 4x^3 + 4x^2$

23. Faktorisieren Sie den Funktionsterm der ganzrationalen Funktion f. Erstellen Sie ein Vorzeichendiagramm, geben Sie die Grenzwerte für $x \to \pm\infty$ an und fertigen Sie mit diesen Informationen eine Skizze des Funktionsgraphen an.
    a) $f(x) = x^3 - 9x$
    b) $f(x) = -x^3 + 4x^2 - 4x$
    c) $f(x) = x^3 + x^2 - 6x$
    d) $f(x) = -x^4 - 3x^3$
    e) $f(x) = -(x-2)^3 \cdot (x^2 + 2x + 1)$
    f) $f(x) = x^4 - 6x^2 + 8$
    g) $f(x) = (1-x)^3 \cdot (x^2 + 4x + 4)$
    h) $f(x) = -\frac{1}{3}x^5 + x^4$

    Arbeitsblätter 9.6.1

24. Ermitteln Sie anhand des Graphen – ohne große Rechnung – einen möglichen Funktionsterm. Beachten Sie das Grenzverhalten für $x \to \pm\infty$.

    a)

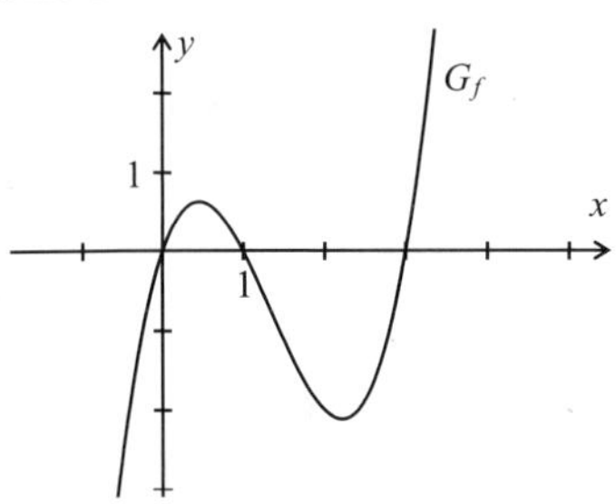

    b)

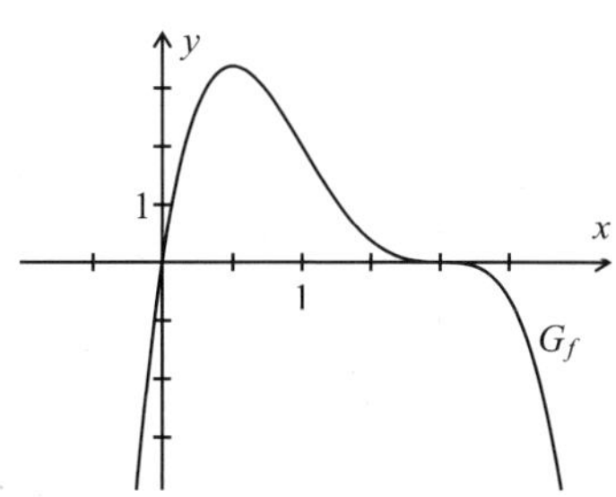

25. Ermitteln Sie zu den Graphen einen möglichen Funktionsterm.

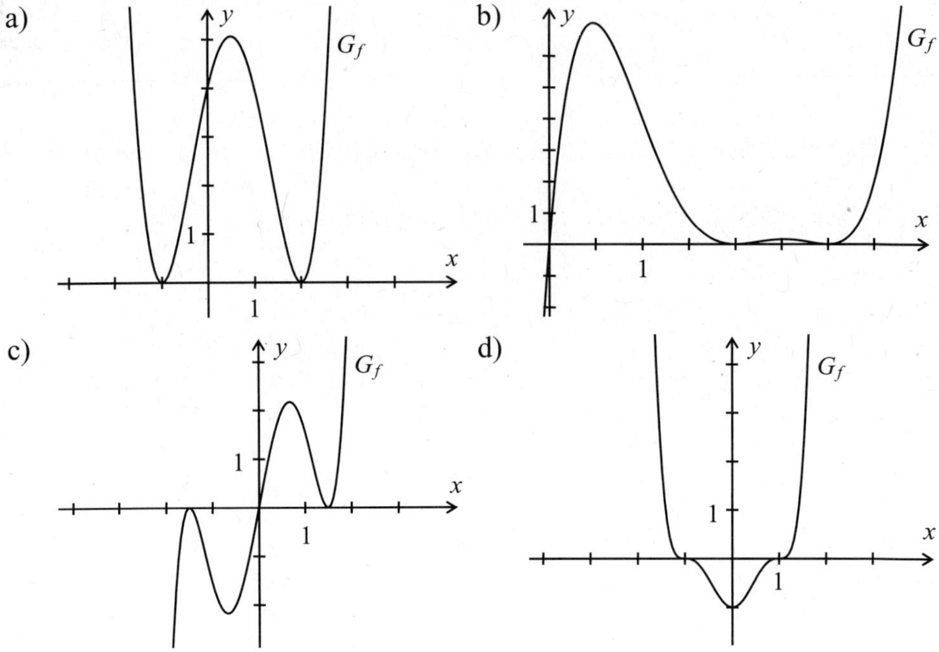

26. Bestimmen Sie die Nullstellen der Funktion mithilfe einer Polynomdivision oder durch Verwendung des Hornerschemas.
Skizzieren Sie den Graphen über der Definitionsmenge $\mathbb{R}$.

a) $f(x) = x^3 + 3x^2 - x - 3$ b) $f(x) = x^4 + x^3 - 3x^2 - x + 2$

27. Die Graphen gehören zu Funktionen mit den Nullstellen –2, 1 und 3.

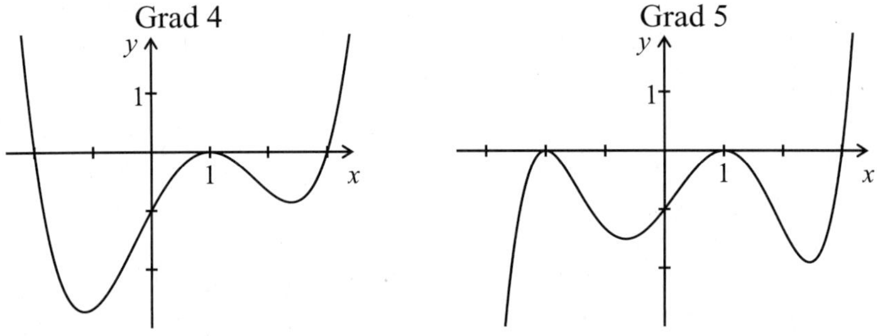

a) Welche Vielfachheiten besitzen die Nullstellen –2, 1 und 3 jeweils? Wie wirkt sich die Vielfachheit auf den Verlauf des Graphen aus?
b) Bestimmen Sie jeweils eine Funktionsgleichung zu den Graphen. Achten Sie dabei auch auf die Korrektheit des Ordinatenabschnitts.
c) Geben Sie für den Grad 4 und den Grad 5 jeweils zwei weitere Funktionen an, die die Nullstellen –2, 1 und 3 besitzen und skizzieren Sie die Graphen.

10

Grenzwert und Stetigkeit

10.1 Intuitiver Grenzwertbegriff für $x \to x_0$

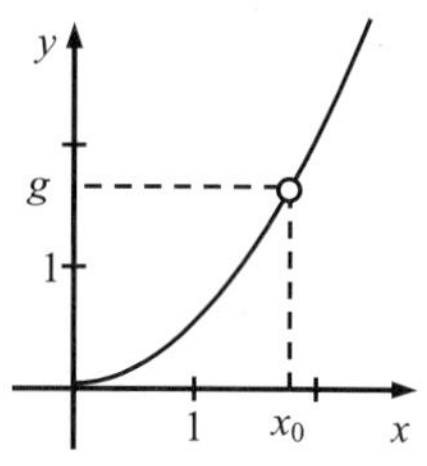

Im Kapitel *Ganzrationale Funktionen* wurden Grenzwerte von Funktionen für $x \to -\infty$ und für $x \to +\infty$ betrachtet. Die Grenzwerte, die dort vorkamen, nennt man **uneigentlich**, da diese Art von Funktionen für $x \to \pm\infty$ über alle Schranken wachsen.

In diesem Kapitel wird das Problem behandelt, wie sich die Funktionswerte verhalten, wenn sich die x-Werte einer Zahl x_0 nähern.

Diese Betrachtung ist sinnvoll, wenn eine Funktion an einer Stelle x_0 nicht definiert ist und man sich das Verhalten der Funktionswerte in der Nähe einer solchen Stelle ansehen will.

Wir betrachten als Beispiel die Funktion

$$f(x) = \begin{cases} x+2 & \text{, wenn } x<1 \\ 2x+1 & \text{, wenn } x>1 \end{cases} \quad \text{mit } D = \mathbb{R} \setminus \{1\}.$$

Die Funktion ist an der Stelle 1 nicht definiert. Es stellt sich die Frage, wie sich die Funktionswerte bei Annäherung an die Definitionslücke 1 verhalten.

Als erste Information können einige Werte in der Nähe von 1 berechnet werden.

x	0,9	0,99	0,999	0,9999	1	1,0001	1,001	1,01	1,1
$x+2$, wenn $x<1$ $2x+1$, wenn $x>1$	2,8	2,98	2,998	2,9998	/	3,0002	3,002	3,02	3,2

Aus der Tabelle und auch aus dem Schaubild lässt sich vermuten:

$$f(x) \to 3 \text{ für } x \to 1 .$$

Diese Vermutung gilt unabhängig davon, ob die Annäherung von links oder rechts erfolgt.

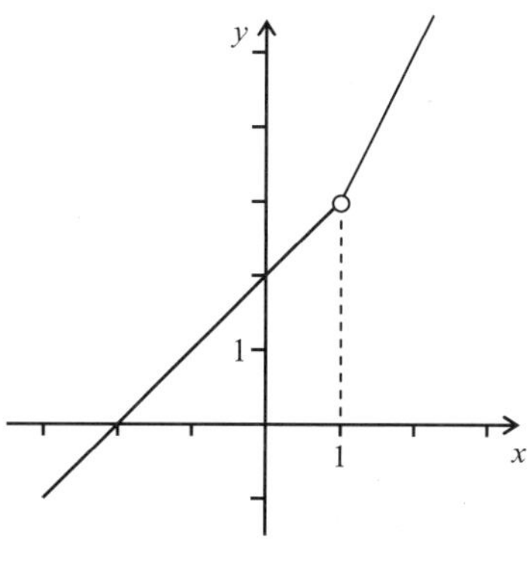

Man sagt, dass die Funktion f für $x \to 1$ den Grenzwert 3 besitzt.

Hierfür verwendet man die Schreibweise: $\lim_{x \to 1} f(x) = 3$.

Allgemein lässt sich diese anschauliche Vorstellung des Grenzwerts wie folgt formulieren.

Intuitiver Grenzwertbegriff für x gegen x_0

Die Zahl g heißt **Grenzwert von f für $x \to x_0$**, wenn sich die Funktionswerte $f(x)$ beliebig wenig von g unterscheiden, sobald x nur nahe genug bei x_0 liegt.

Schreibweise: $\lim_{x \to x_0} f(x) = g$.

Das folgende Beispiel zeigt, dass der Grenzwert an einer Stelle x_0 nicht immer existiert.

Beispiel (Sprungschanze)

Wir betrachten den Graphen der abschnittsweise definierten Funktion

$$f(x) = \begin{cases} \frac{1}{3}(x-3)^2 + 2 & \text{, wenn } x \leq 3 \\ -\frac{1}{10}(x-3)^2 + 1 & \text{, wenn } x > 3 \end{cases}$$ [1].

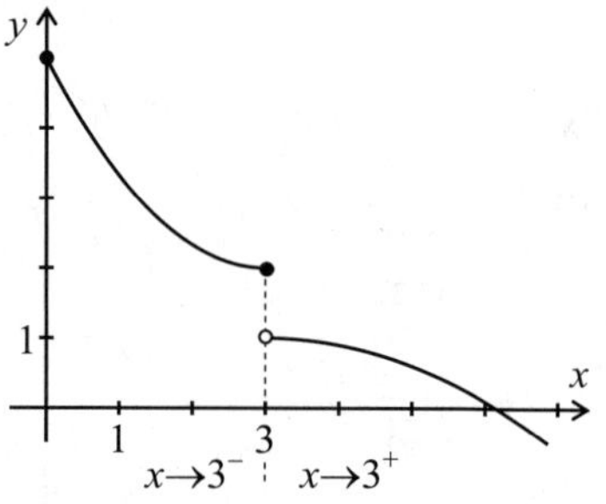

Der Graph kann (sehr vereinfacht) als Profil einer Skisprungschanze gedeutet werden. Nicht nur aus sportlicher Sicht ist das Verhalten der Funktionswerte in der Nähe der Nahtstelle 3 interessant.

- Nähert man sich der Stelle 3 von links ($x \to 3^-$), dann nähern sich die Funktionswerte der Zahl 2.
- Nähert man sich der Stelle 3 dagegen von rechts ($x \to 3^+$), so nähern sich die Funktionswerte der Zahl 1.

Die Annäherungen an die Stelle 3 sind verschieden. Für die Stelle 3 lässt sich daher kein (einheitlicher) Grenzwert angeben. Insbesondere auch aus sportlicher Sicht kann man hier von einer Sprungstelle sprechen.

Das Beispiel zeigt, dass es durchaus auch sinnvoll sein kann, das Verhalten der Funktionswerte getrennt zu untersuchen, je nachdem, ob man sich der betrachteten Stelle x_0 von links oder von rechts nähert.

[1] Im gewählten Beispiel gehört die Stelle 3 zur Definitionsmenge. Der zugehörige Funktionswert ist 2. In der Darstellung im Koordinatensystem wird dies durch das Symbol „•“ angedeutet.

10.2 Einseitige Grenzwerte für $x \to x_0$

Die Grenzwerte bei der Annäherung von links oder von rechts an eine Stelle x_0 nennt man **einseitige Grenzwerte**.

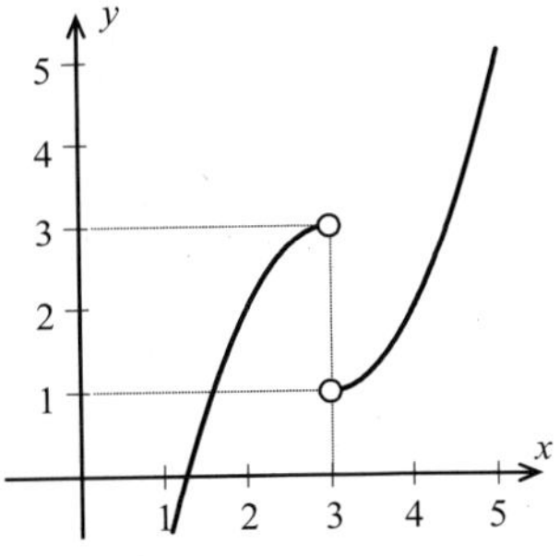

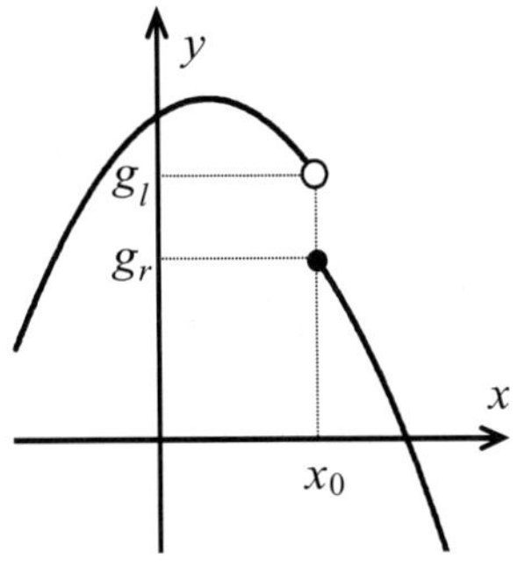

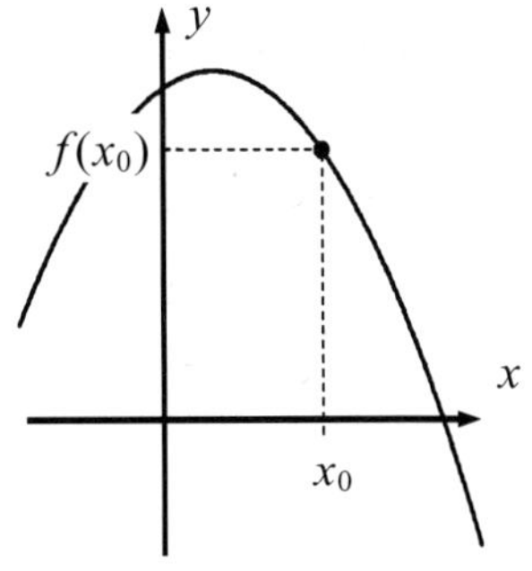

Schreibweisen: $\lim\limits_{x \to x_0^-} f(x)$ **linksseitiger Grenzwert** von f an der Stelle x_0,

$\lim\limits_{x \to x_0^+} f(x)$ **rechtsseitiger Grenzwert** von f an der Stelle x_0.

Aus den obigen Abbildungen lassen sich anschaulich die einseitigen Grenzwerte an der Stelle x_0 ablesen.

- $\lim\limits_{x \to 3^-} f(x) = 3$
- $\lim\limits_{x \to 3^+} f(x) = 1$

An der Stelle 3 ist kein Funktionswert erklärt.

Es existiert kein Grenzwert.

- $\lim\limits_{x \to x_0^-} f(x) = g_l$
- $\lim\limits_{x \to x_0^+} f(x) = g_r$
- $f(x_0) = g_r$

An der Stelle x_0 stimmt der rechtsseitige Grenzwert mit dem Funktionswert überein, aber nicht mit dem linksseitigen.

- $\lim\limits_{x \to x_0^-} f(x) = f(x_0)$
- $\lim\limits_{x \to x_0^+} f(x) = f(x_0)$

An der Stelle x_0 stimmen der links- und der rechtsseitige Grenzwert mit dem Funktionswert überein.

Zwischen den einseitigen Grenzwerten und dem Grenzwert einer Funktion besteht der folgende Zusammenhang.

Satz über einseitige Grenzwerte

Wenn bei einer Funktion f die einseitigen Grenzwerte für $x \to x_0$ existieren und gleich sind, dann hat die Funktion für $x \to x_0$ einen Grenzwert und es gilt:

$$\lim_{x \to x_0} f(x) = \lim_{x \to x_0^+} f(x) = \lim_{x \to x_0^-} f(x)$$

Die folgenden Beispiele sollen den Zusammenhang zwischen Grenzwert und einseitigen Grenzwerten auf anschaulicher Ebene weiter erläutern.

Beispiel (Sprungschanze)

Von Interesse ist das Verhalten der Funktionswerte an der kritischen Stelle 5.

Es gilt: $\lim\limits_{x \to 5^-} f(x) = 10{,}8$

$\lim\limits_{x \to 5^+} f(x) = 10{,}0$

Diese beiden einseitigen Grenzwerte sind verschieden.

Der Grenzwert $\lim\limits_{x \to 5} f(x)$ existiert nicht.

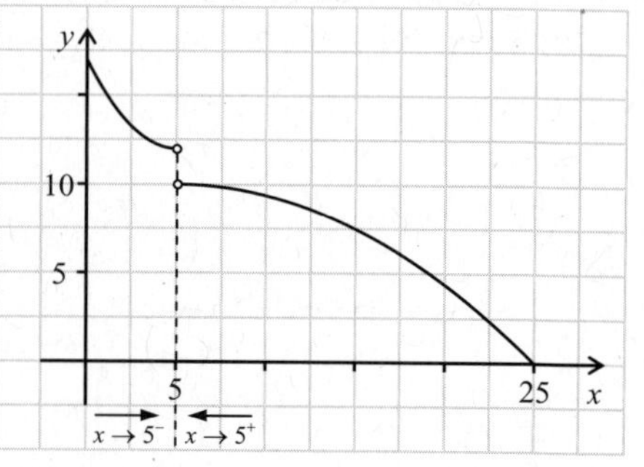

An der Stelle 5 liegt eine Definitionslücke vor. Für die Stelle 5 ist kein Funktionswert erklärt.

Beispiel (Bergprofil)

Von Interesse ist das Verhalten der Funktionswerte an der kritischen Stelle 10.

Es gilt: $\lim\limits_{x \to 10^-} f(x) = 1500$

$\lim\limits_{x \to 10^+} f(x) = 1500$

Diese beiden einseitigen Grenzwerte stimmen überein.

Der Grenzwert für die Stelle 10 existiert.

Es gilt: $\lim\limits_{x \to 10} f(x) = 1500$

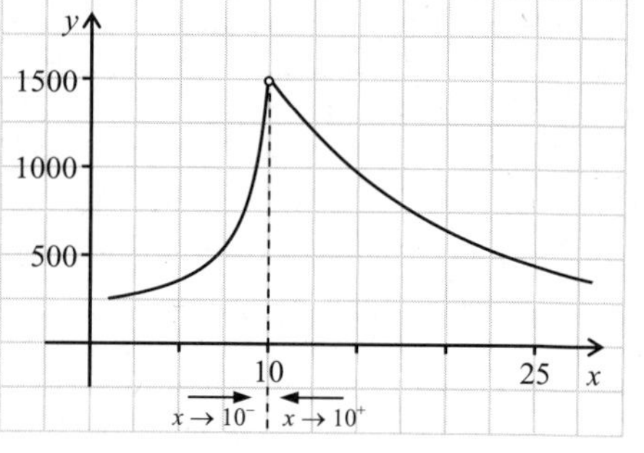

Zu beachten ist, dass auch hier für die Stelle 10 kein Funktionswert erklärt ist. Es liegt wiederum eine Definitionslücke vor.

Beispiel (Notenskala mit 20 Punkten)

Ab wann gibt es die Note 2?

Interessant ist die kritische Stelle 15.

Es gilt: $\lim\limits_{x \to 15^-} f(x) = 3$

$\lim\limits_{x \to 15^+} f(x) = 2$

Diese beiden einseitigen Grenzwerte stimmen nicht überein.

Für die Stelle 15 existiert zwar kein Grenzwert, jedoch der Funktionswert $f(15) = 2$.

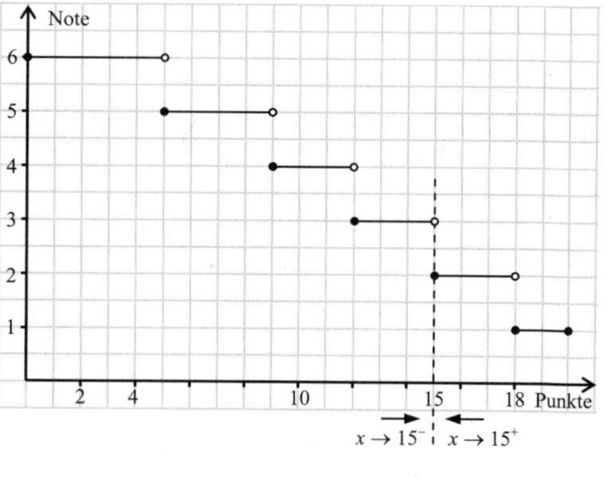

Aufgaben

1. Lesen Sie am Graphen der Funktion f die einseitigen Grenzwerte für $x \to x_0$ ab. Entscheiden Sie, ob an der Stelle x_0 ein Grenzwert existiert. Lesen Sie gegebenenfalls auch den Funktionswert ab.

a) $x_0 = 1$

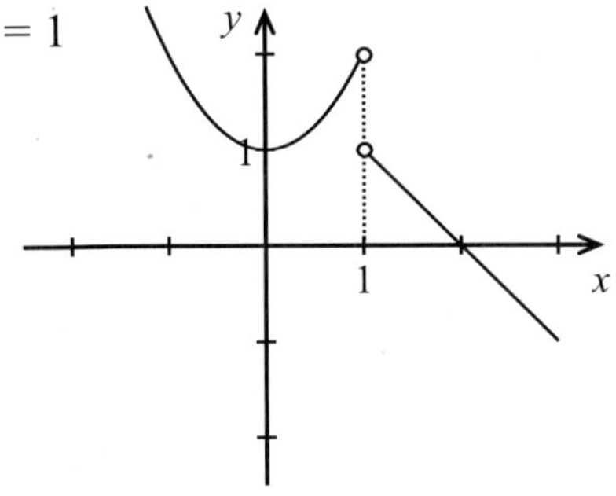

b) $x_0 = -1$

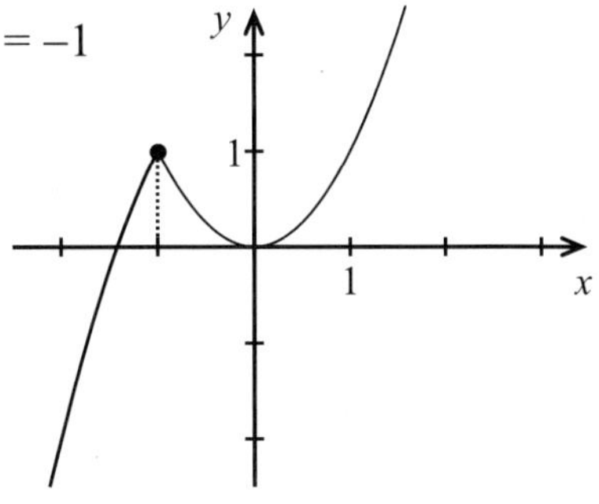

c) $x_0 = 0$

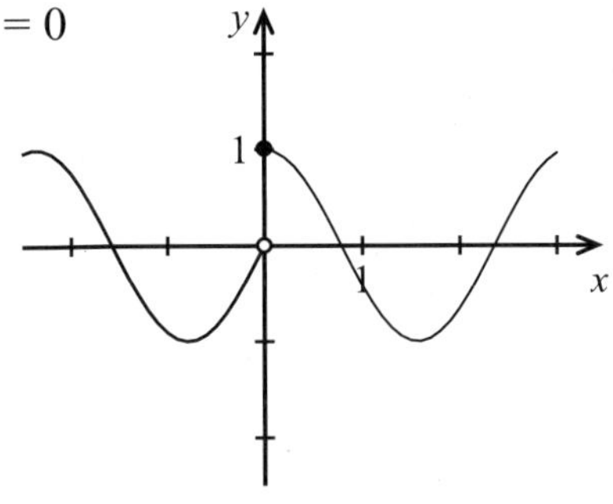

d) $x_0 = 1$

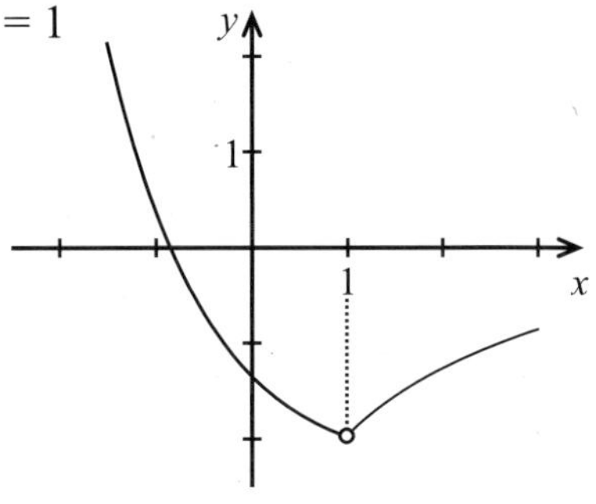

2. Gegeben ist eine abschnittsweise definierte Funktion f.
   - Zeichnen Sie den Graphen von f und lesen Sie aus der Zeichnung die einseitigen Grenzwerte an der Nahtstelle ab.
   - Entscheiden Sie, ob an der Nahtstelle x_0 der Grenzwert $\lim\limits_{x \to x_0} f(x)$ existiert
   - Vergleichen Sie die Werte mit dem Funktionswert an der Stelle.

a) $f(x) = \begin{cases} 1 & \text{, wenn } x \le 2 \\ x-2 & \text{, wenn } x > 2 \end{cases}$

b) $f(x) = \begin{cases} -2x & \text{, wenn } x \le -1 \\ -\frac{1}{2}x + \frac{3}{2} & \text{, wenn } x > -1 \end{cases}$

c) $f(x) = \begin{cases} (x+1)^2 & \text{, wenn } x < 0 \\ 2 & \text{, wenn } x = 0 \\ (x-1)^2 & \text{, wenn } x > 0 \end{cases}$

d) $f(x) = \begin{cases} -(x-1)^2 + 2 & \text{, wenn } x < 1 \\ 1 & \text{, wenn } x = 1 \\ x-1 & \text{, wenn } x > 1 \end{cases}$

10.3 Grundlegende Grenzwerte und Grenzwertsätze

Grenzwerte grundlegender Funktionen für $x \to x_0$

Für einige grundlegende Funktionen, die als Bausteine komplexerer Funktionen dienen können, können wir den Grenzwert an einer Stelle x_0 der Anschauung entnehmen.

① **Konstante Funktion $f(x) = c$**
mit $c \in \mathbb{R}$ und $D = \mathbb{R}$.

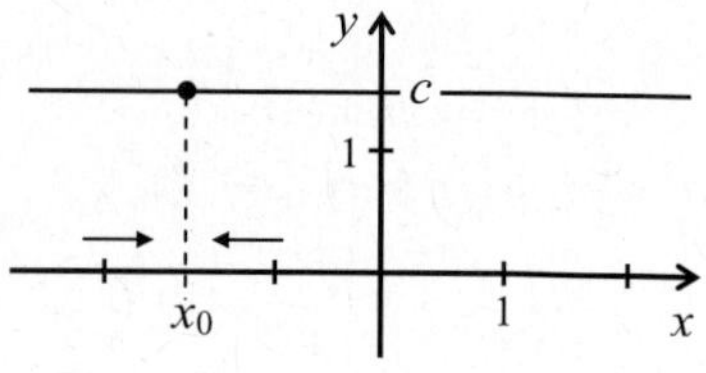

Für die konstante Funktion gilt für jedes $x_0 \in \mathbb{R}$:

$$\lim_{x \to x_0} f(x) = c = f(x_0) .$$

Grenzwert und Funktionswert stimmen überein.

② **Identische Funktion $f(x) = x$**
mit $D = \mathbb{R}$.

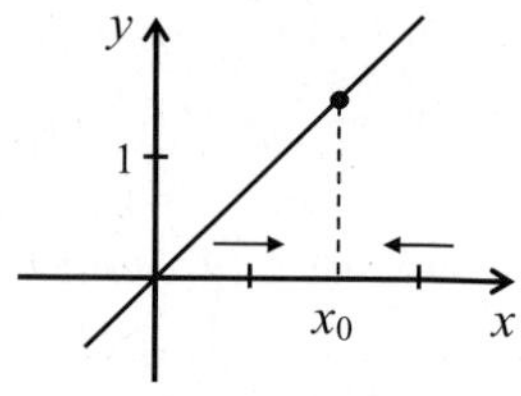

Aus der Zeichnung kann man entnehmen, dass für die identische Funktion für jedes $x_0 \in \mathbb{R}$ gilt:

$$\lim_{x \to x_0} f(x) = x_0 = f(x_0) .$$

Auch in diesem Fall stimmen Grenzwert und Funktionswert überein.

③ **Betragsfunktion $f(x) = |x|$**
mit $D = \mathbb{R}$.

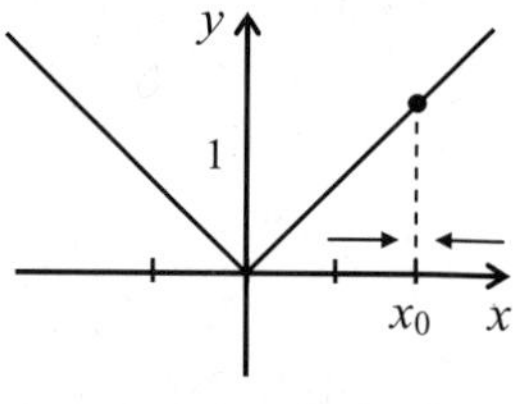

Gemäß der Zeichnung gilt auch für die Betragsfunktion für jedes $x_0 \in \mathbb{R}$:

$$\lim_{x \to x_0} f(x) = |x_0| = f(x_0) .$$

Auch in diesem Fall stimmen an jeder Stelle Grenzwert und Funktionswert überein. Dies gilt insbesondere auch für die Stelle 0.

④ **Kehrwertfunktion $f(x) = \frac{1}{x}$**
mit $D = \mathbb{R}^*$.

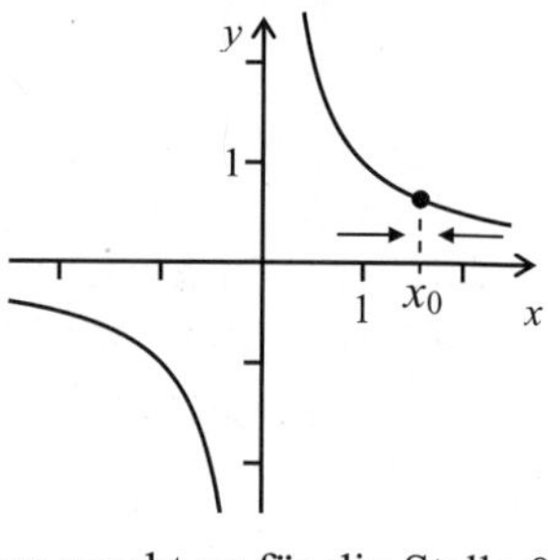

Aus der Zeichnung ergibt sich, dass auch bei der Kehrwertfunktion für jedes $x_0 \neq 0$ gilt:

$$\lim_{x \to x_0} f(x) = \frac{1}{x_0} = f(x_0) .$$

(Die Kehrwertfunktion ist an der Stelle 0 nicht definiert. Daher macht es für die Stelle 0 nur Sinn, die einseitigen Grenzwerte zu betrachten.)

Grenzwertsätze

Es stellt sich die Frage, ob es eine Möglichkeit gibt, den Grenzwert einer Funktion direkt an Hand des Funktionsterms zu bestimmen. Bei Grenzwertuntersuchungen versucht man in der Regel, eine gegebene Funktion in Teilfunktionen zu zerlegen, von denen der Grenzwert bekannt ist.
Für derartige Untersuchungen sind Regeln wichtig, die eine Beziehung zwischen Funktionen und ihren Grenzwerten beschreiben.

Grenzwertsätze

Haben f und g für $x \to x_0$ einen Grenzwert, so auch $f+g$, $f-g$, $\alpha \cdot f$, $f \cdot g$ und $\frac{f}{g}$ *), und es gilt:

- $\lim\limits_{x \to x_0} (f \pm g)(x) = \lim\limits_{x \to x_0} f(x) \pm \lim\limits_{x \to x_0} g(x)$
- $\lim\limits_{x \to x_0} (\alpha \cdot f)(x) = \alpha \cdot \lim\limits_{x \to x_0} f(x)$
- $\lim\limits_{x \to x_0} (f \cdot g)(x) = \lim\limits_{x \to x_0} f(x) \cdot \lim\limits_{x \to x_0} g(x)$
- $\lim\limits_{x \to x_0} \left(\frac{f}{g}\right)(x) = \frac{\lim\limits_{x \to x_0} f(x)}{\lim\limits_{x \to x_0} g(x)}$ *).

*) Zusätzliche Voraussetzung beim Quotienten: $\lim\limits_{x \to x_0} g(x) \neq 0$.

Aufgaben

3. Bestimmen Sie die Grenzwerte unter Verwendung der grundlegenden Grenzwerte.

a) $\lim\limits_{x \to 2} (x)$ b) $\lim\limits_{x \to \sqrt{2}} (5)$ c) $\lim\limits_{x \to -2} |x|$

d) $\lim\limits_{x \to -1} \frac{1}{x}$ e) $\lim\limits_{x \to -1} (x)$ f) $\lim\limits_{x \to 0} |x|$

4. Bestimmen Sie die Grenzwerte unter Verwendung der grundlegenden Grenzwerte und der Grenzwertsätze.

a) $\lim\limits_{x \to 2} (x-5)$ b) $\lim\limits_{x \to -3} (|x|-3)$ c) $\lim\limits_{x \to -4} (x+4)$

d) $\lim\limits_{x \to -1} (\frac{1}{x}-x)$ e) $\lim\limits_{x \to 0} (x+\sqrt{3})$ f) $\lim\limits_{x \to 1} (\frac{3}{x}-2x)$

Anwendung auf ganzrationale Funktionen

Mit Hilfe der Grenzwertsätze lassen sich die Grenzwerte ganzrationaler Funktionen an einer Stelle des Definitionsbereichs recht einfach berechnen.

Für den Grenzwert der identischen Funktion $f\colon \mathbb{R} \to \mathbb{R}$, $x \mapsto x$ wurde bereits für jede Stelle x_0 der Definitionsmenge $\lim\limits_{x\to x_0} x = x_0$ nachgewiesen.

Mit Hilfe des Produktsatzes für Grenzwerte erhält man:

$$\lim_{x\to x_0} x^2 = \left(\lim_{x\to x_0} x\right)\cdot\left(\lim_{x\to x_0} x\right) = x_0 \cdot x_0 = x_0^2 \;.$$

Durch wiederholtes Anwenden der Produktregel folgt $\lim\limits_{x\to x_0} x^n = x_0^n$ für $n \in \mathbb{N}^*$.

Mithilfe der Summen- und Faktorregel für Grenzwerte lässt sich dies auf ganzrationale Funktionen $f\colon \mathbb{R} \to \mathbb{R}$, $x \mapsto a_n x^n + a_{n-1} x^{n-1} + \ldots + a_1 x + a_0$ verallgemeinern:

$$\lim_{x\to x_0} f(x) = f(x_0) = a_n x_0^n + a_{n-1} x_0^{n-1} + \ldots + a_1 x_0 + a_0 \;.$$

Aus den Grenzwertsätzen ergibt sich somit eine besonders einfache Eigenschaft ganzrationaler Funktionen bezüglich ihres Grenzwertverhaltens.

Grenzwertsatz für ganzrationale Funktionen

Ist f mit $f(x) = a_n x^n + a_{n-1} x^{n-1} + \ldots + a_1 x + a_0$ eine ganzrationale Funktion, so besitzt f für jedes $x_0 \in \mathbb{R}$ für $x \to x_0$ einen Grenzwert und es gilt dabei

$$\lim_{x\to x_0} f(x) = f(x_0) \;.$$

Bei ganzrationalen Funktionen stimmt an jeder Stelle der Definitionsmenge der Grenzwert für $x \to x_0$ mit dem Funktionswert $f(x_0)$ überein.

Beispiel (Anwendung des Grenzwertsatzes)

Für die ganzrationale Funktion f mit $f(x) = -x^4 + 3x^3 + 2$ gilt:

$$\lim_{x\to -1} f(x) = \lim_{x\to -1} (-x^4 + 3x^3 + 2) = -(-1)^4 + 3\cdot(-1)^3 + 2 = -2 = f(-1) \;.$$

Aufgabe

5. Wenden Sie den Grenzwertsatz für ganzrationale Funktionen an.

a) $\lim\limits_{x\to\sqrt{2}} \left(x^3 - 3x^2 - x + 6\right)$ b) $\lim\limits_{x\to -1} \left(x^3 - 3x + 1\right)$

c) $\lim\limits_{x\to -1} \left(-2x^4 + 3x^3 - 2x + 1\right)$ d) $\lim\limits_{x\to 2} \left[\left(x^3 - 6\right)\cdot\left(x^2 - x - 5\right)\right]$

Grenzwerte an Nahtstellen abschnittsweise definierter Funktionen

Bei abschnittsweise definierten Funktionen muss das Grenzwertverhalten an der Nahtstelle gesondert untersucht werden. Hier ist der Grenzwertsatz für ganzrationale Funktionen nicht direkt anwendbar.

Beispiel (Grenzwertverhalten an einer Nahtstelle)

Betrachtet wird die abschnittsweise definierte Funktion

$$f(x)=\begin{cases} x & \text{, wenn } x<1 \\ 2x-1 & \text{, wenn } x>1 \end{cases} \quad \text{mit } D=\mathbb{R}\setminus\{1\}.$$

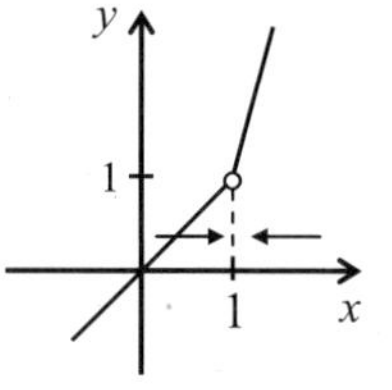

Für die einseitigen Grenzwerte ergibt sich:

- $\lim\limits_{x\to 1^-} f(x)=\lim\limits_{x\to 1^-}(x)=1$
- $\lim\limits_{x\to 1^+} f(x)=\lim\limits_{x\to 1^+}(2x-1)=1$

(Berechnung nach dem Grenzwertsatz für ganzrationale Funktionen)

Es gilt also: $\lim\limits_{x\to 1^-}(x)=\lim\limits_{x\to 1^+}(2x-1)=\lim\limits_{x\to 1} f(x)=1$.

Für die Annäherung an jede Stelle $x_0 \neq 1$ gilt der Grenzwertsatz.

Die Untersuchung des Grenzwertverhaltens ist auch dann sinnvoll, wenn an der Nahtstelle ein Funktionswert erklärt ist.

Beispiel (Grenzwertverhalten an einer Nahtstelle)

Betrachtet wird die abschnittsweise definierte Funktion

$$f(x)=\begin{cases} -\frac{1}{2}x+3 & \text{, wenn } x<2 \\ x^2-4x+5 & \text{, wenn } x\geq 2 \end{cases} \quad \text{mit } D=\mathbb{R}.$$

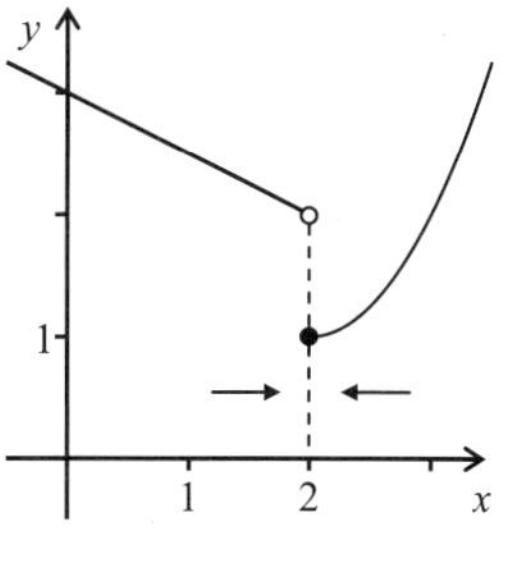

Für die einseitigen Grenzwerte ergibt sich:

- $\lim\limits_{x\to 2^-} f(x)=\lim\limits_{x\to 2^-}(-\frac{1}{2}x+3)=2$
- $\lim\limits_{x\to 2^+} f(x)=\lim\limits_{x\to 2^+}(x^2-4x+5)=1$

(Grenzwertsatz für ganzrationale Funktionen)

Die einseitigen Grenzwerte stimmen nicht überein. Die Funktion f besitzt daher an der Stelle keinen Grenzwert.
In diesem Fall ist allerdings an der Nahstelle ein Funktionswert erklärt.

Aufgabe

6. Zeichnen Sie den Graphen der abschnittsweise definierten Funktion.

   Bestimmen Sie rechnerisch die Grenzwerte für die Annäherung an die Nahtstelle. Vergleichen Sie den Grenzwert gegebenenfalls mit dem Funktionswert an der Stelle.

   a) $f(x)=\begin{cases} 2 & \text{, wenn } x<0 \\ 2-x & \text{, wenn } x\geq 0 \end{cases}$ b) $f(x)=\begin{cases} -2x+1 & \text{, wenn } x<1 \\ 0{,}5x-1{,}5 & \text{, wenn } x>1 \end{cases}$

Grenzwerte an Definitionslücken

Bei gebrochenen Funktionstermen können Definitionslücken auftreten. Solche Definitionslücken liegen an Stellen vor, für die der Nennerterm den Wert 0 annimmt. Auch hier kann eine Grenzwertuntersuchung sinnvoll sein.

Beispiel (Grenzwertverhalten an einer Definitionslücke)

Betrachtet wird die gebrochene Funktion

$$f(x)=\frac{x^2-9}{x-3} \quad \text{mit} \quad D=\mathbb{R}\setminus\{3\}.$$

Die Funktion f ist an der Stelle 3 nicht definiert, da das Nennerpolynom für diese Stelle den Wert 0 annimmt. Zu beachten ist dabei aber, dass auch das Zählerpolynom an der Stelle 3 den Wert 0 annimmt.

Der Funktionsterm lässt sich im vorliegenden Fall faktorisieren und vereinfachen:

$$f(x)=\frac{x^2-9}{x-3}=\frac{(x-3)\cdot(x+3)}{x-3}\underbrace{=}_{x\neq 3}x+3\ .$$

Auf den gekürzten Term ist der Grenzwertsatz für ganzrationale Funktionen anwendbar. Es ergibt sich:

$$\lim_{x\to 3} f(x)=\lim_{x\to 3}(x+3)=3+3=6\ .$$

Hiervon zu unterscheiden ist das Grenzwertverhalten der Kehrwertfunktion $f(x)=\frac{1}{x}$ an der Definitionslücke 0.

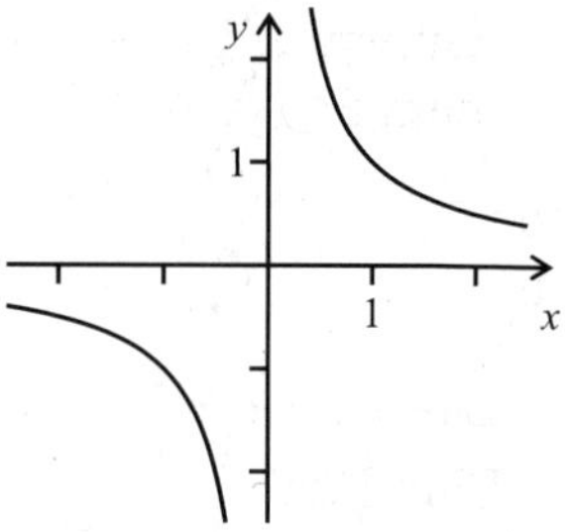

Es handelt sich um uneigentliche Grenzwerte.

Dabei gilt: $\lim\limits_{x\to 0^-}\frac{1}{x}=-\infty$

$$\lim_{x\to 0^+}\frac{1}{x}=\infty$$

Aufgabe

7. Bestimmen Sie die Grenzwerte der gebrochenen Funktionen durch Faktorisieren und Kürzen des Funktionsterms

a) $\lim\limits_{x\to 3}\frac{x^2-6x+9}{x-3}$

b) $\lim\limits_{x\to 5}\frac{x^2-25}{x-5}$

c) $\lim\limits_{x\to 1}\frac{x^2-x}{x-1}$

d) $\lim\limits_{x\to 2}\frac{x^2-4}{x-2}$

10.4 Lokale Stetigkeit

Es soll jene Eigenschaft einer Funktion untersucht werden, die sich darin ausdrückt, dass sich ihr Graph (über einem Intervall) „in einem Zug“, also ohne Absetzen zeichnen lässt.

Ein solcher Graph ist nicht sprunghaft, sondern **stetig**.

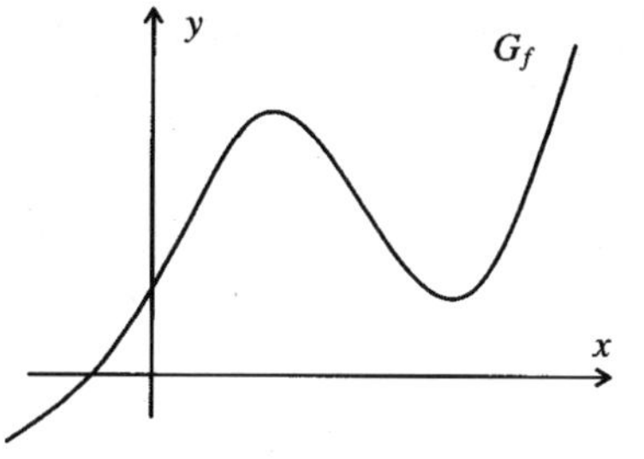

Diese anschauliche Vorstellung von der Stetigkeit bedarf einer mathematischen Präzisierung. Welche Eigenschaften die Stetigkeit einer Funktion ausmachen, erkennt man am besten an der Unstetigkeit einer Funktion.

1. Es macht nur Sinn, an solchen Stellen von Stetigkeit oder Unstetigkeit zu reden, die auch zum Definitionsbereich der Funktion gehören.
2. f ist an der Stelle $x_2 \in D$ unstetig, da kein Grenzwert an der Stelle x_2 existiert.
3. f ist ebenfalls an der Stelle $x_1 \in D$ unstetig. An der Stelle x_1 existiert zwar der Grenzwert, dieser stimmt aber nicht mit dem Funktionswert $f(x_1)$ überein.

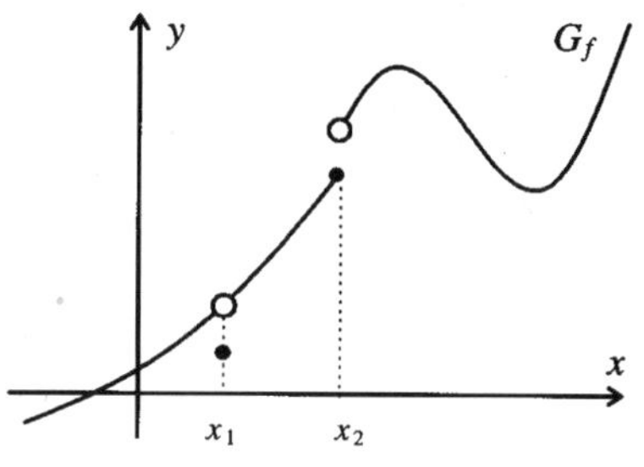

Vom intuitiven Standpunkt aus präzisieren diese Forderungen mathematisch den anschaulichen Begriff „nicht sprunghaft“.

Lokale Stetigkeit einer Funktion

Eine Funktion f heißt **stetig an der Stelle** $\boldsymbol{x_0 \in D_f}$, wenn der Grenzwert $\lim\limits_{x \to x_0} f(x)$ existiert und gleich dem Funktionswert ist:

$$\lim_{x \to x_0} f(x) = f(x_0)$$

Wir greifen unter diesem Aspekt noch einmal Beispiele auf, die schon im Rahmen der Grenzwertuntersuchungen betrachtet wurden.

Beispiel (Sprungschanze)

Die kritische Stelle 3 gehört zur Definitionsmenge.

Für die Stelle 3 ist der Funktionswert $f(3) = 2$ erklärt.

Der Grenzwert $\lim\limits_{x \to 3} f(x)$ existiert allerdings nicht.

Die Funktion f ist an der Stelle 3 unstetig. Der Graph hat dort einen Sprung.

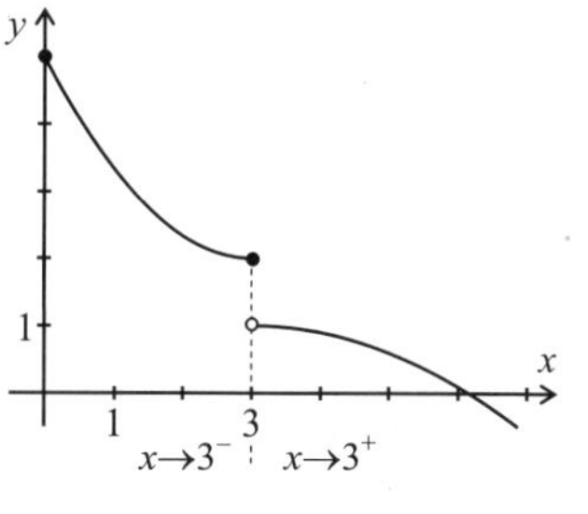

Beispiel (Bergprofil)

Von Interesse ist das Verhalten der Funktionswerte an der kritischen Stelle 10.

Hier existiert ein Grenzwert: $\lim\limits_{x\to 10} f(x) = 1500$.

Für die Stelle 10 ist allerdings kein Funktionswert erklärt.

In diesem Fall macht es keinen Sinn von Stetigkeit oder Unstetigkeit zu sprechen.

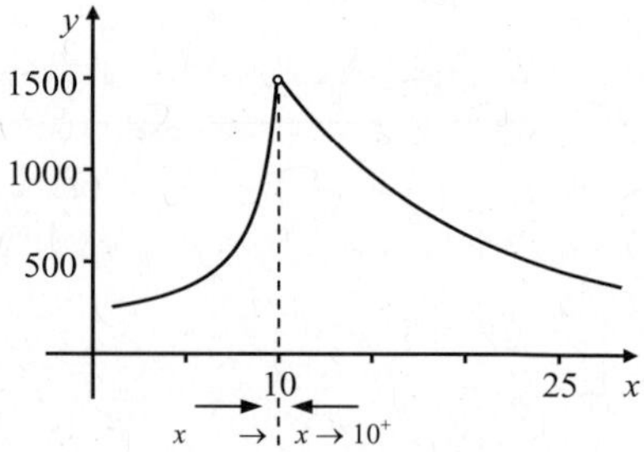

Wir untersuchen ausgewählte Funktionen auf Stetigkeit an einer kritischen Stelle.

① **Betragsfunktion**

Die Betragsfunktion

$$f(x) = |x| \text{ mit } D = \mathbb{R}$$

ist an der Stelle 0 stetig, denn es gilt:

$$\lim_{x\to 0^-} f(x) = \lim_{x\to 0^+} f(x) = 0 = f(0)\,.$$

Die einseitigen Grenzwerte existieren und sind gleich dem Funktionswert.

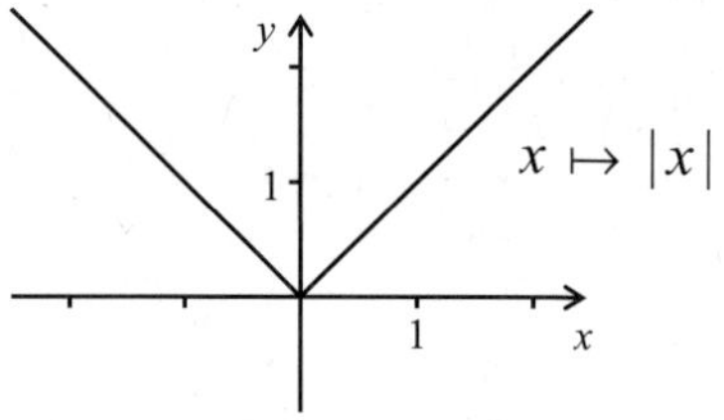

Die Tatsache, dass der Graph an der Stelle 0 eine „*Spitze*" besitzt, ist für die Frage der Stetigkeit nicht von Bedeutung.

② **Abschnittsweise definierte Funktion**

Die abschnittsweise definierte Funktion

$$f(x) = \begin{cases} x+2 & \text{, falls } x<0 \\ -x & \text{, falls } x \ge 0 \end{cases} \quad \text{mit } D = \mathbb{R}$$

ist an der Stelle 0 unstetig.

An der Stelle 0 ist zwar ein Funktionswert erklärt, der Grenzwert existiert jedoch nicht:

$$\lim_{x\to 0-} f(x) = 2 \text{ , aber } \lim_{x\to 0+} f(x) = 0\,.$$

Der Graph hat an der Stelle 0 einen Sprung.

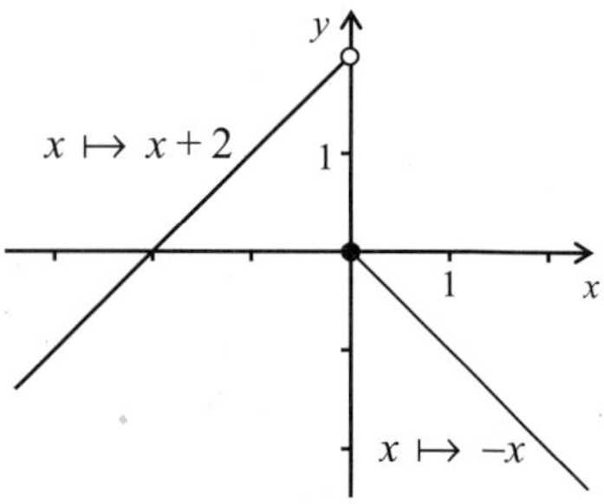

③ **Kehrwertfunktion**

Für die Kehrwertfunktion

$$f(x) = \tfrac{1}{x} \text{ mit } D = \mathbb{R}^*$$

ist es sinnlos, nach der Stetigkeit oder Unstetigkeit an der Stelle 0 zu fragen

Gehört eine Stelle nicht zum Definitionsbereich einer Funktion, so macht die Frage nach der Stetigkeit oder Unstetigkeit an dieser Stelle keinen Sinn.

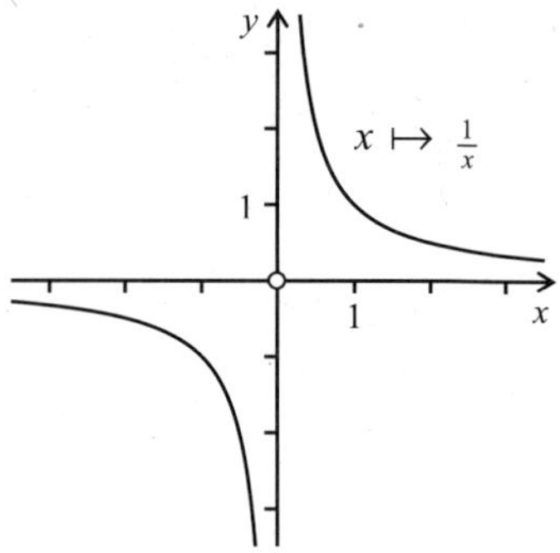

Aufgaben

8. Gegeben ist der Graph einer Funktion *f*. Entscheiden Sie an Hand der Zeichnung, ob *f* an der Stelle x_0 stetig ist.

a) 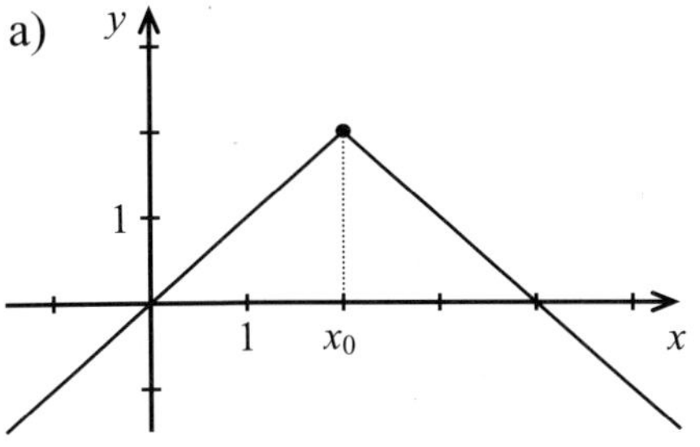

b) 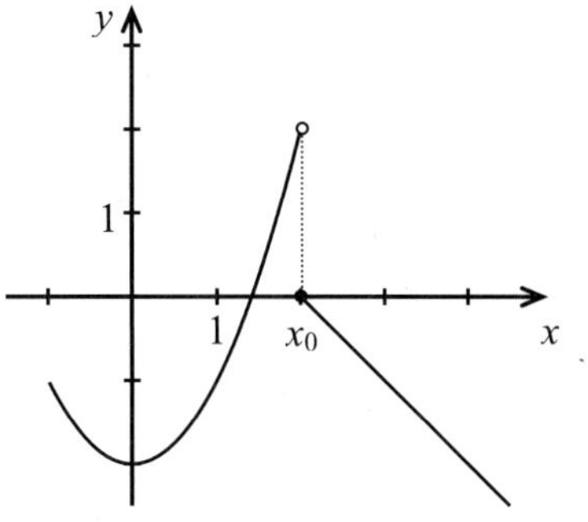

9. Gegeben ist der Graph einer Funktion *f* und eine Stelle x_0. Prüfen Sie anhand der Zeichnung, ob *f* an der Stelle x_0 stetig ist.

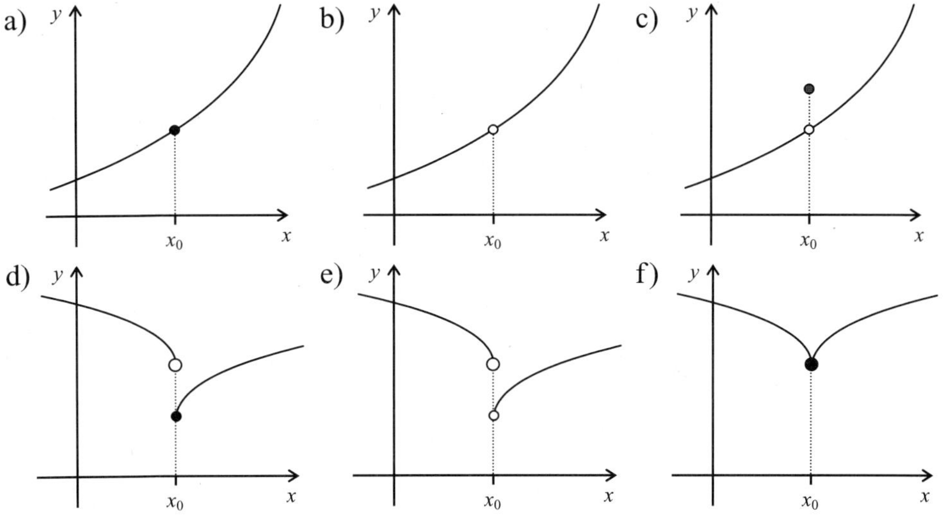

10. Gegeben ist die Funktion $f: x \mapsto \begin{cases} 2x+1 & \text{, falls } x<1 \\ -x+4 & \text{, falls } x \geq 1 \end{cases}$ mit $D = \mathbb{R}$.

   a) Zeichnen Sie den Graphen der Funktion *f*.
   b) Bestimmen Sie die einseitigen Grenzwerte an der Stelle 1.
   c) Entscheiden Sie, ob *f* an der Stelle 1 stetig ist.

11. Untersuchen Sie, ob $f: x \mapsto \begin{cases} 5-3x, & \text{wenn } x<1 \\ 0 & \text{, wenn } x=1 \\ 3x-1, & \text{wenn } x>1 \end{cases}$ an der Nahtstelle stetig ist.

10.5 Stetigkeit über einem Intervall

Globale Stetigkeit

Bisher haben wir Stetigkeit nur als eine lokale Eigenschaft einer Funktion kennen gelernt. Die von uns betrachteten Funktionen sind aber nicht nur an einzelnen Stellen, sondern an fast allen Stellen ihrer Definitionsmenge stetig.
Der Begriff der Stetigkeit kann erweitert werden.

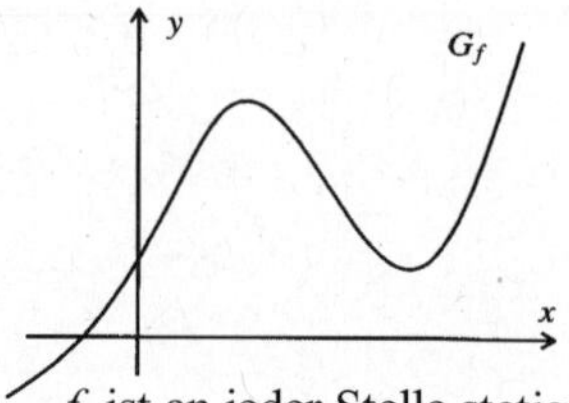

f ist an jeder Stelle stetig.

Globale Stetigkeit
Eine Funktion f heißt **stetig in einer Menge $M \subset D_f$**, wenn f an jeder Stelle $x \in M$ stetig ist. f ist **nicht stetig in $M \subset D_f$**, wenn f an mindestens einer Stelle $x \in M$ nicht stetig ist.

In Abschnitt 10.3 wurde nachgewiesen, dass für eine ganzrationale Funktion f der Grenzwert für $x \to x_0$ an jeder Stelle $x_0 \in D_f$ mit dem Funktionswert $f(x_0)$ übereinstimmt. Eine ganzrationale Funktion f ist somit an jeder Stelle $x_0 \in D_f$ stetig.

Globale Stetigkeit ganzrationaler Funktionen
Eine ganzrationale Funktion ist an jeder Stelle ihres Definitionsbereichs stetig.

Stetigkeit in einem Intervall

Stetige Funktionen, die auf abgeschlossenen Intervallen definiert sind, besitzen ganz besondere Eigenschaften, die für viele Anwendungen sehr bedeutsam sind.

Bei einem abgeschlossenen Intervall $[a\,;\,b]$ ist die Annäherung an das Intervallende a nur von rechts, an das Intervallende b nur von links sinnvoll.

Stimmt an der Stelle a der rechtsseitige Grenzwert mit dem Funktionswert $f(a)$ überein, so bezeichnet man die Funktion f in a als **rechtsseitig stetig**, entsprechend in b als **linksseitig stetig**.

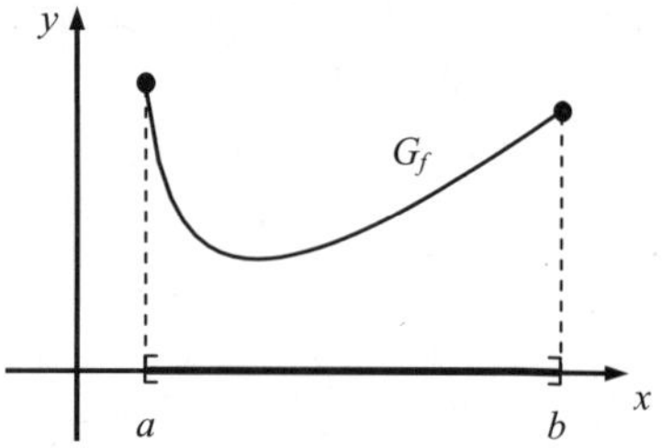

Stetigkeit über einem Intervall
Eine Funktion $f\colon D_f \to \mathbb{R}$ heißt stetig im **offenen Intervall** $]a\,;\,b[\; \subset D_f$, wenn sie an jeder Stelle $x \in\;]a\,;\,b[$ stetig ist.

Sie heißt im **abgeschlossenen Intervall** $[a\,;\,b] \subset D_f$ stetig, wenn sie im Intervall $]a\,;\,b[$ stetig und an der Randstelle a rechtsseitig bzw. an der Randstelle b linksseitig stetig ist.

Für die Stetigkeit einer über einem Intervall definierten Funktion gibt es eine anschauliche Vorstellung, die auf alle von uns betrachteten Funktionen zutrifft und vielfach sehr hilfreich sein kann:

Der Graph einer über einem Intervall definierten stetigen Funktion verläuft ohne Sprünge. Man kann ihn ohne abzusetzen, also „in einem Zuge“ durchzeichnen.

Stetigkeitssätze

Der Grenzwert einer Funktion an einer Stelle $x_0 \in D_f$ und die Stetigkeit von f an der Stelle x_0 hängen eng zusammen. Daher folgen aus den Grenzwertsätzen für Funktionen entsprechende Aussagen über stetige Funktionen.

Stetigkeitssätze

Sind die Funktionen f und g in einer Menge M stetig, so sind $f+g$, $f-g$, $\alpha \cdot f$ und $f \cdot g$ in M, sowie $\frac{f}{g}$ in $M \setminus \{x \mid g(x)=0\}$ stetig.

Zusammenfassend lässt sich über die Stetigkeit wichtiger Funktionsklassen feststellen.

Wichtige Klassen stetiger Funktionen

- Jede *ganzrationale Funktion* ist in $\mathbb{R}$ stetig.

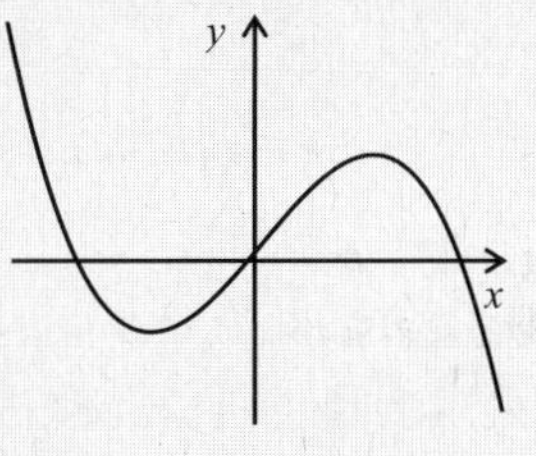

- Jede *Hyperbelfunktion* ist in ihrer Definitionsmenge stetig.

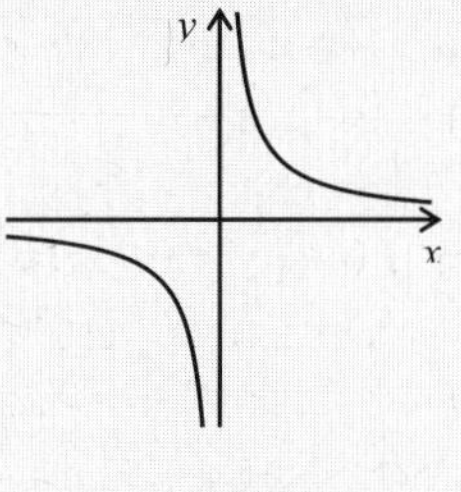

- Die *Betragsfunktion* ist in $\mathbb{R}$ stetig.

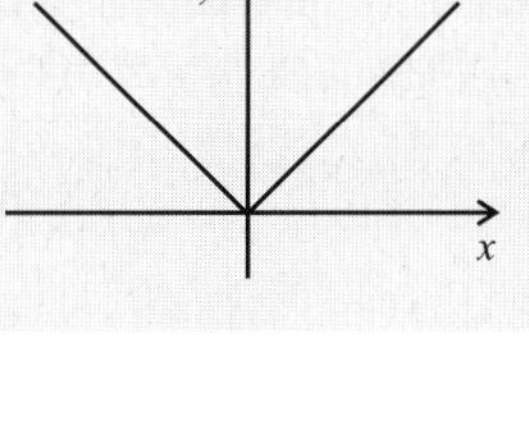

Aufgaben

12. Gegeben ist der Graph einer Funktion f. Entscheiden Sie an Hand der Zeichnung, ob f über der gesamten Definitionsmenge stetig ist.

a)

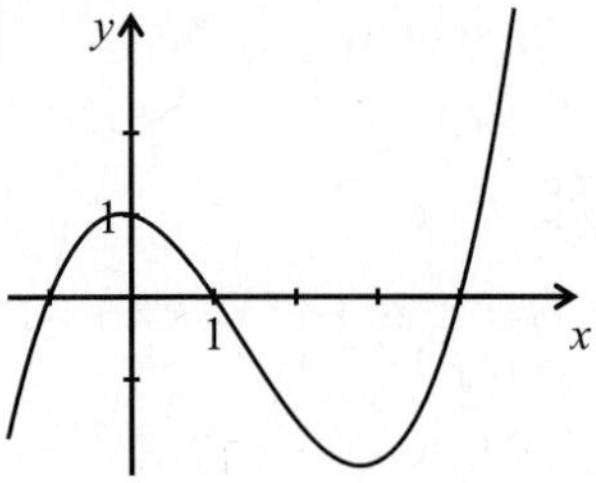

b)

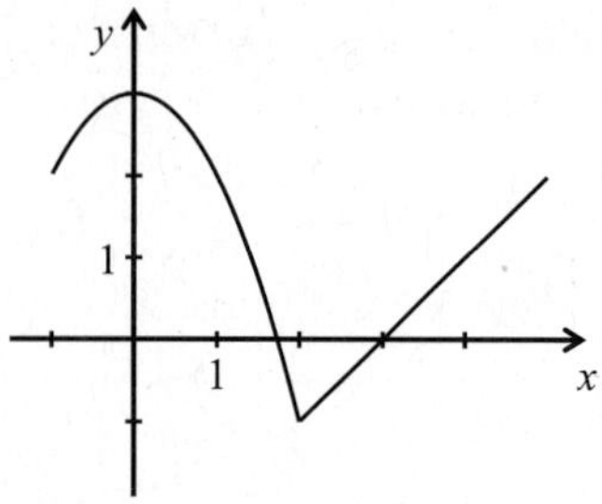

13. Untersuchen Sie an Hand der Graphen, ob die dargestellten Funktionen im Intervall $[a\ ,\ b]$ und an der Stelle x_0 stetig sind.
Begründen Sie ihre Entscheidung.

a)

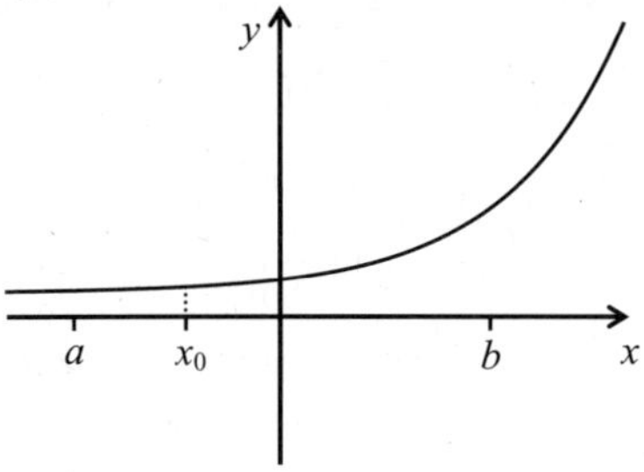

b)

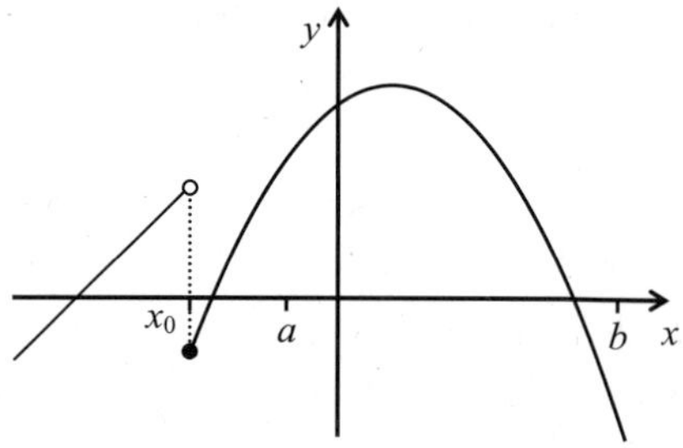

c)

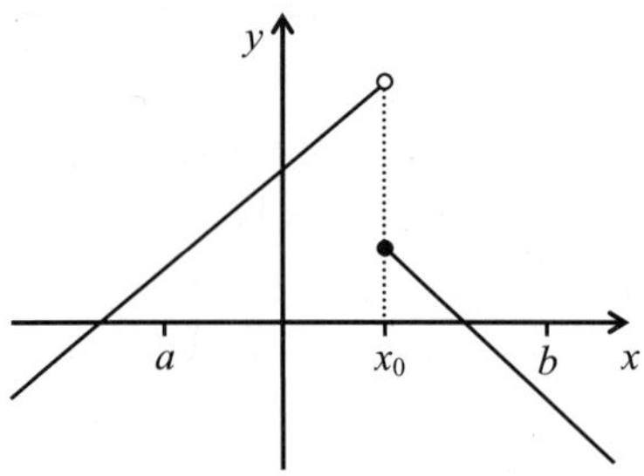

d)

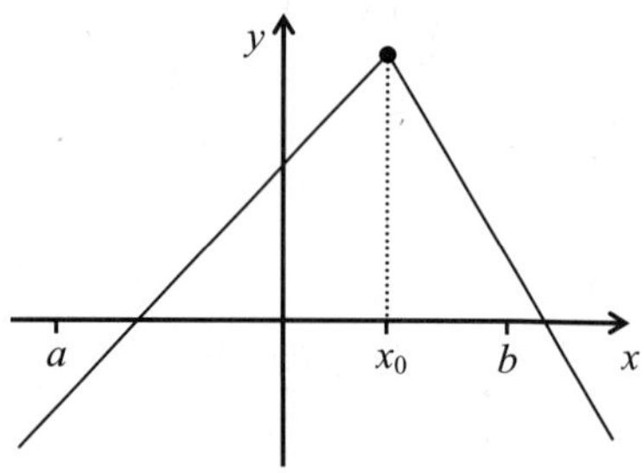

14.* Jemand behauptet:

„Der Graph einer stetigen Funktion ist stets eine zusammenhängende Linie.“

a) Sie sind sicherlich damit nicht einverstanden.

Geben Sie ein Beispiel für eine stetige Funktion an, deren Graph keine zusammenhängende Linie ist.

b) Unter welcher Voraussetzung ist die obige Aussage richtig?

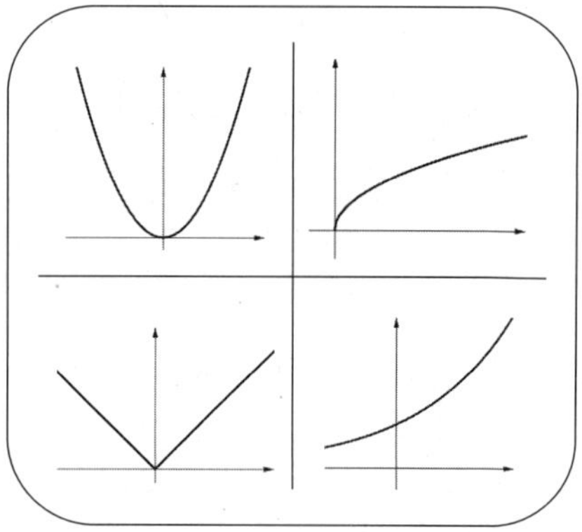

10.6 Sätze über stetige Funktionen

Die Stetigkeit ist für eine Funktion eine wesentliche Eigenschaft. Für Funktionen, die zusätzlich über einem Intervall definiert sind, ergeben sich weitere interessante Eigenschaften, die anschaulich zwar unmittelbar einleuchtend, deren Nachweise allerdings mathematisch schwierig sind.

Der Zwischenwertsatz

Eine erste Eigenschaft stetiger Funktionen ist eine Aussage über ihre „Lückenlosigkeit“.

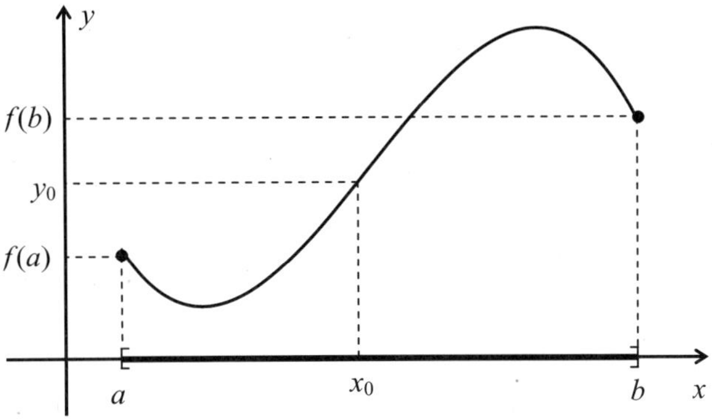

Die Funktion f sei über dem Intervall $[a\ ;\ b]$ definiert und dort stetig. Dann kommt jede Zahl y_0 zwischen den Funktionswerten $f(a)$ und $f(b)$ mindestens einmal als Funktionswert vor.

Zwischenwertsatz
Ist die Funktion f im abgeschlossenen Intervall $[a\ ;\ b]$ stetig und gilt dabei $f(a) \neq f(b)$, so ist jede Zahl zwischen $f(a)$ und $f(b)$ Funktionswert von f.

Beispiel (Anwendung des Zwischenwertsatzes)

Gegeben ist die Funktion

$$f(x) = x^3 - 3x + 3 \text{ mit } D = [0\ ;\ 2]\ .$$

Es gilt: $f(0) = 3$ und $f(2) = 5$.

Nach dem Zwischenwertsatz kommt jede Zahl zwischen 3 und 5 als Funktionswert vor, z.B. auch die Zahl 3,5.

Die Berechnung des zugehörigen x-Werts

$$f(x) = 3{,}5 \;\Leftrightarrow\; x^3 - 3x + 3 = 3{,}5$$

ist allerdings nicht elementar durchführbar.

Der Zwischenwertsatz macht hier jedoch keine Aussage darüber, ob z.B. die Zahl 2 Funktionswert einer Stelle x im Intervall $[0\ ;\ 2]$ ist.

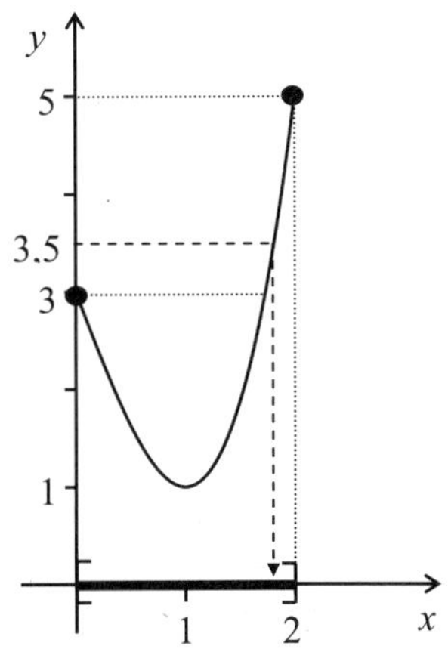

Geometrisch kann der Zwischenwertsatz für eine Funktion $f\colon [a\ ;\ b] \to \mathbb{R}$ auch wie folgt formuliert werden.

Gilt

$$f(a) < y_0 < f(b)\,,$$

so schneidet die Parallele zur x-Achse mit der Gleichung $y = y_0$ den Funktionsgraphen G_f mindestens einmal.

Im Bild rechts gibt es sogar 3 Schnittpunkte über dem Intervall $[a\ ;\ b]$.

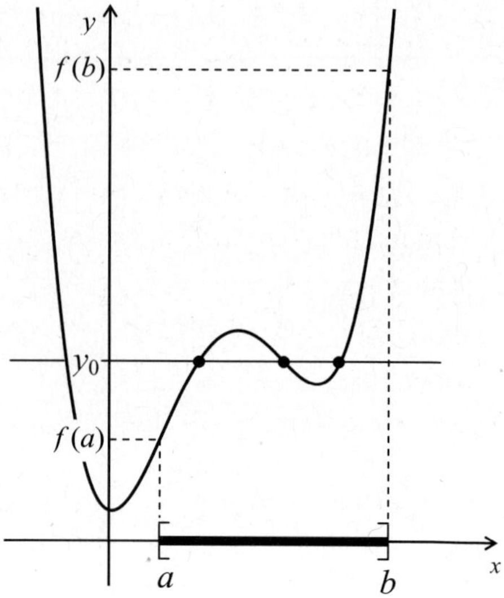

Der Zwischenwertsatz ist analog auch für den Fall anwendbar, dass

$$f(b) < y_0 < f(a)$$

gilt.

Die Aussage des Zwischenwertsatzes trifft im Allgemeinen nicht zu, wenn man auf die Voraussetzung der Stetigkeit der betrachteten Funktion verzichtet.

Im Bild rechts ist z. B. die Zahl 3 kein Funktionswert der dargestellten Funktion.

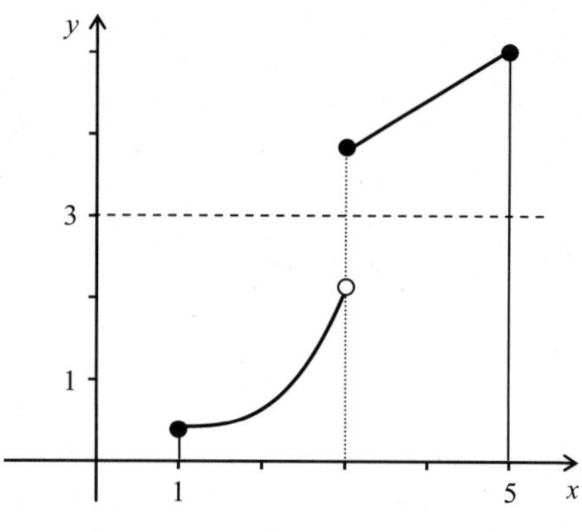

Aufgaben

15. Gegeben ist die Funktion $f(x) = x^3 + x^2 - 1$ mit $D = \mathbb{R}$.
    Weisen Sie nach, dass die Funktion f über dem Intervall $[-2\ ;\ 2]$ den Funktionswert 5 annimmt.

16. Gegeben ist die Funktion $f(x) = -x^3 + 2x^2 - 2$ mit $D = \mathbb{R}$.
    Weisen Sie nach, dass die Funktion f über dem Intervall $[-1\ ;\ 1]$ den Funktionswert 0 annimmt.

Der Nullstellensatz

Ein wichtiger Sonderfall des Zwischenwertsatzes ergibt sich, wenn die Funktionswerte an den Grenzen des Definitionsintervalls verschiedene Vorzeichen besitzen.

Nullstellensatz

Ist die Funktion f im abgeschlossenen Intervall $[a\,;b]$ stetig und haben die Funktionswerte $f(a)$ und $f(b)$ verschiedene Vorzeichen, so hat f in dem offenen Intervall $]a\,;b[$ mindestens eine Nullstelle.

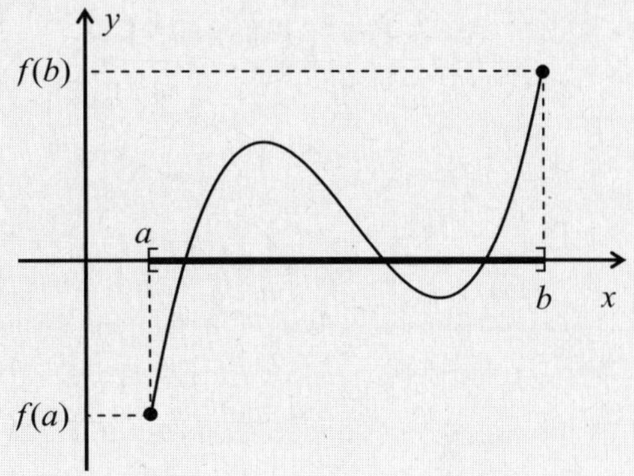

Der Nullstellensatz gilt nicht, wenn f in $[a\,;\,b]$ nicht stetig ist, bzw. wenn die Definitionsmenge der Funktion kein abgeschlossenes Intervall ist.

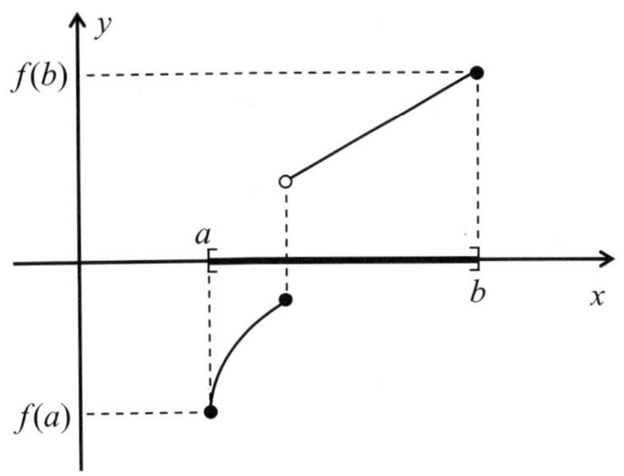

Die Funktion f ist nicht stetig im Intervall $[a\,;b]$.

Obwohl $f(a)$ und $f(b)$ unterschiedliche Vorzeichen haben, besitzt f keine Nullstelle in $]a\,;b[$.

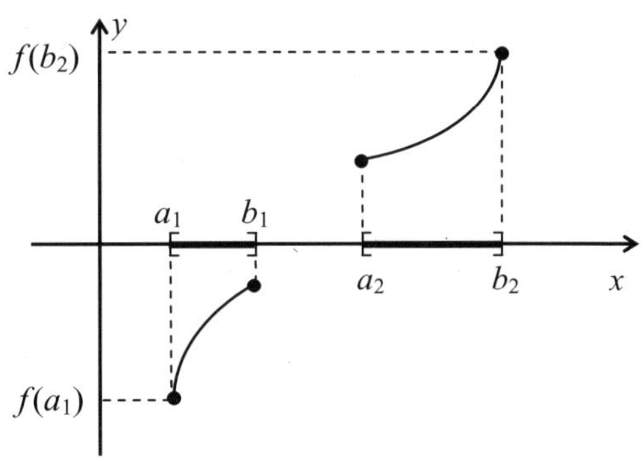

Die Funktion f ist stetig in der Definitionsmenge $D = [a_1\,;\,b_1] \cup [a_2\,;\,b_2]$ und hat unterschiedliche Vorzeichen in $f(a_1)$ und $f(b_2)$.

Dennoch besitzt f keine Nullstelle in der Definitionsmenge D. Der Grund dafür ist, dass D kein abgeschlossenes Intervall ist.

Beispiel (Anwendung des Nullstellensatzes)

Gegeben ist die Funktion

$$f: x \mapsto x^3 - 2x - 2 \text{ mit } D = \mathbb{R}.$$

Die Funktion ist stetig in $\mathbb{R}$, also auch in jedem abgeschlossenen Intervall.

Es gilt: $f(1) = -3$ und $f(2) = 2$.

Nach dem Nullstellensatz besitzt die Funktion f in dem offenen Intervall $]1\,;\,2[$ mindestens eine Nullstelle.

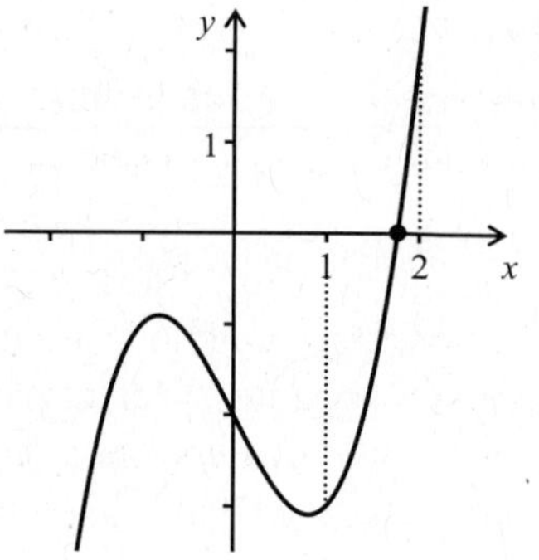

Die Berechnung der Nullstelle führt zu der Gleichung

$$f(x) = 0 \Leftrightarrow x^3 - 2x - 2 = 0,$$

für die wir kein exaktes Lösungsverfahren zur Verfügung haben. Im nächsten Abschnitt wird ein Verfahren angesprochen, mit dessen Hilfe aber eine Näherungslösung berechnet werden kann.

Aufgaben

17. Beweisen Sie mit Hilfe des Nullstellensatzes, dass die Funktion in dem angegebenen Intervall mindestens eine Nullstelle besitzt.

    a) $f(x) = x^3 - 5$ im Intervall $I = [1\,;\,2]$

    b) $f(x) = 3 - \frac{2}{x^2}$ im Intervall $I = [\frac{1}{2}\,;\,1]$

18.* Zeigen Sie, dass die Funktion $f: x \mapsto x^4 - 2x - 1$ mit $D = \mathbb{R}$ mindestens zwei Nullstellen hat.

19.* Begründen Sie, dass jede ganzrationale Funktion dritten Grades mindestens eine Nullstelle besitzt.

20.* Begründen Sie, dass der Nullstellensatz ohne die Voraussetzung „f ist stetig in $[a\,;\,b]$." nicht gilt.

21.* Was ist an folgendem „Beweis" falsch?

    Die Kehrwertfunktion $f: x \mapsto \frac{1}{x}$ ist in $\mathbb{R} \setminus \{0\}$ stetig.

    $f(-1)$ und $f(1)$ haben verschiedene Vorzeichen.

    Nach dem Nullstellensatz hat die Funktion f in $[-1\,;\,1]$ eine Nullstelle.

Das Intervallhalbierungsverfahren

Der Nullstellensatz dient bei stetigen Funktionen nicht nur zum Nachweis der Existenz von Nullstellen. Er kann auch zur näherungsweisen Berechnung einer Nullstelle (mit Vorzeichenwechsel) verwendet werden.

Will man eine beliebige Funktion f auf Nullstellen untersuchen, so benötigt man ein Intervall $[a\ ;\ b]$ als Startintervall, in dem die Funktionswerte an den Stellen a und b verschiedene Vorzeichen haben. Dieses Startintervall kann man z. B. durch Aufstellen einer Wertetabelle finden. Alternativ dazu kann man sich auch von einem *Funktionenplotter* den Graphen der Funktion zeichnen lassen und ein geeignetes Startintervall ablesen.

Beim Intervallhalbierungsverfahren geht man davon aus, dass nach Halbierung eines Intervalls das Teilintervall, in dem ein Vorzeichenwechsel auftritt, die gesuchte Nullstelle enthalten muss. Es wird zur Fortsetzung des Verfahrens verwendet. Man wählt folgende Vorgehensweise:

1. Berechnen Sie als erste Näherung die Mitte
$$m = \frac{1}{2} \cdot (a + b)$$
des Startintervalls $[a\ ;\ b]$.

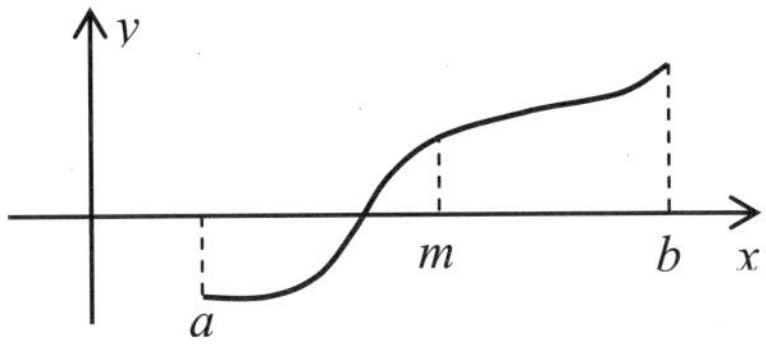

2. Ist diese Näherung noch nicht gut genug, so wiederholen Sie den ersten Schritt mit dem Teilintervall $[a\ ;\ m]$ oder $[m\ ;\ b]$, dessen Funktionswerte an den Endpunkten verschiedene Vorzeichen besitzen [1].

Beispiel (Anwendung des Intervallhalbierungsverfahrens)

Gegeben ist die Funktion $f(x) = x^3 + x - 1$ mit $D = \mathbb{R}$.

Die Funktion ist stetig in $\mathbb{R}$, also auch in jedem abgeschlossenen Intervall.

Wegen $f(0) = -1$ und $f(1) = 1$ liegt eine Nullstelle im Intervall $[0\ ;\ 1]$.

Die Tabelle zeigt die Ausgabe eines Tabellenkalkulationsprogramms.

Die Werte von m nähern sich der gesuchten Nullstelle an.

Nach 9 Iterationsschritten erhält man die Näherungslösung $x \approx 0{,}68$.

	A	B	C	D	E
1	**Intervallhalbierungverfahren**				
2					
3	$f(x) =$	x^3+x-1	f(0) = -1	f(1) = 1	
4					
5	Intervall	*a*	*b*	*m*	*f(m)*
6	1	0	1	0,5	-0,375
7	2	0,5	1	0,75	0,171875
8	3	0,5	0,75	0,625	-0,130859375
9	4	0,625	0,75	0,6875	0,012451172
10	5	0,625	0,6875	0,65625	-0,061126709
11	6	0,65625	0,6875	0,671875	-0,024829865
12	7	0,671875	0,6875	0,6796875	-0,006313801
13	8	0,6796875	0,6875	0,68359375	0,003037393
14	9	0,6796875	0,68359375	0,681640625	-0,001646005

Aufgaben

22. Ermitteln Sie mit Hilfe des Intervallhalbierungsverfahrens Nullstellen folgender Funktionen. Führen Sie mindestens drei Iterationsschritte durch.

a) $f(x) = x^3 + 2x - 1$ b) $f(x) = x^3 - x + 33$ c) $f(x) = x^3 - 2x - 5$

[1] Ein solches Verfahren heißt Iteration: mit jedem Schritt werden Ergebnisse des vorherigen Schritts verbessert.

Der Extremwertsatz

Für stetige, über einem abgeschlossenen Intervall definierte Funktionen ist die Existenz eines Minimums und Maximums gesichert.

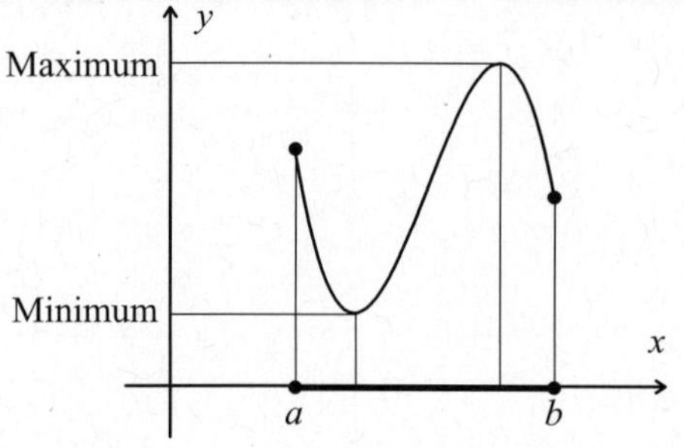

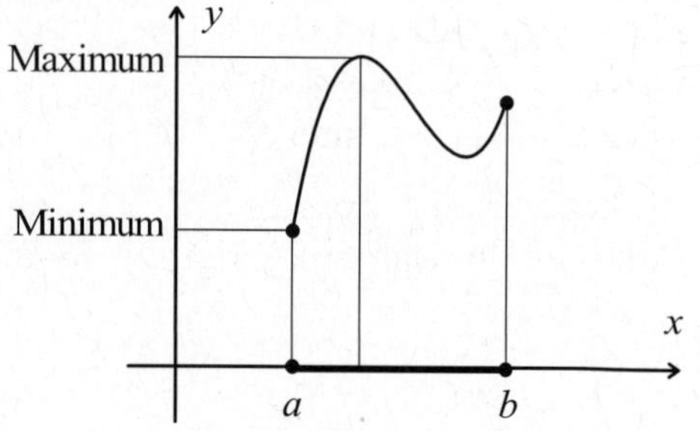

Der größte bzw. kleinste Funktionswert kann durchaus auch an einer Randstelle liegen. Man spricht dann von einem **Randminimum** bzw. **Randmaximum**.

Satz vom Minimum und Maximum

Jede in einem abgeschlossenen Intervall definierte stetige Funktion hat einen kleinsten und einen größten Funktionswert.

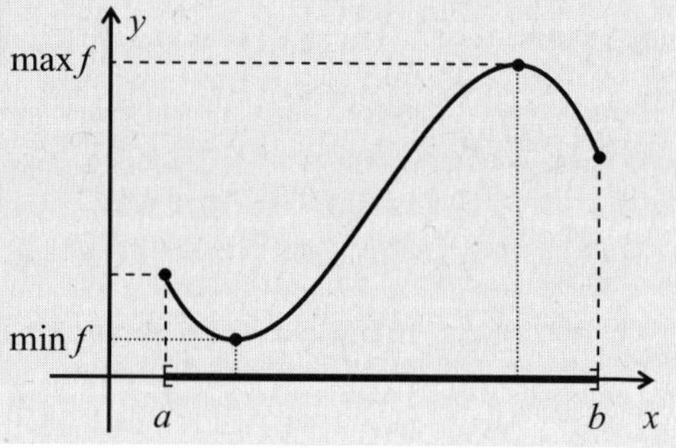

Ist eine Funktion auf einem offenen Intervall stetig, so muss sie dort kein Maximum oder Minimum besitzen.

Die Funktion

$$f: x \mapsto \frac{1}{x} \quad \text{mit } D =]0\,;\infty[$$

ist über der Definitionsmenge]0 ; ∞[stetig. Da es sich bei]0 ; ∞[um ein offenes Intervall handelt, sind die Voraussetzungen des Satzes nicht erfüllt. Ein kleinster und größter Funktionswert sind nicht garantiert und auch nicht vorhanden.

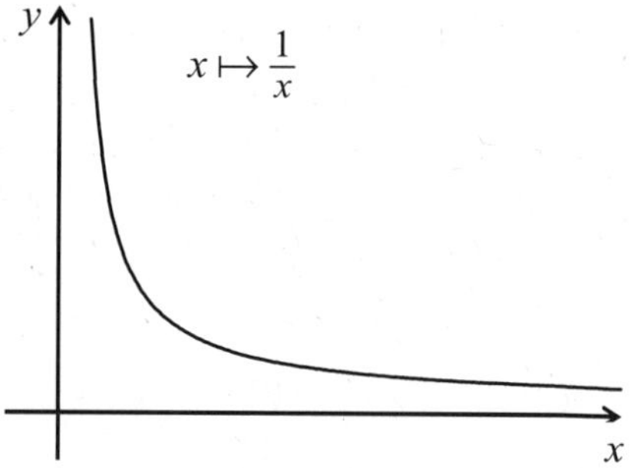

Beispiel (Anwendung des Satzes vom Minimum und Maximum)

Gegeben ist die Funktion

$f: x \mapsto x^2 + 1$ mit $D = [-0{,}5\,;\,1]$.

Für die Funktion f ist ein kleinster und ein größter Funktionswert garantiert, da f in dem abgeschlossenen Intervall $[-0{,}5\,;\,1]$ stetig ist.

Zu beachten ist, dass es sich bei dem Maximum um ein Randmaximum handelt.

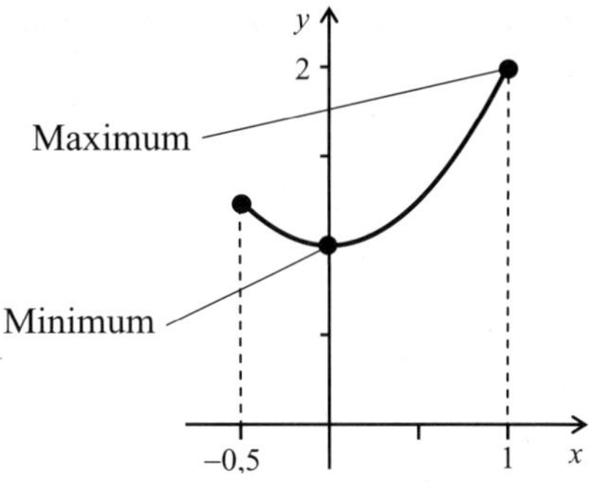

Aufgaben

23. Lesen Sie aus der Zeichnung die Definitionsmenge ab und bestimmen Sie das Maximum und das Minimum der Funktionen f und g.

Welcher Unterschied besteht zwischen den beiden Funktionen bezüglich der Lage der Extrema?

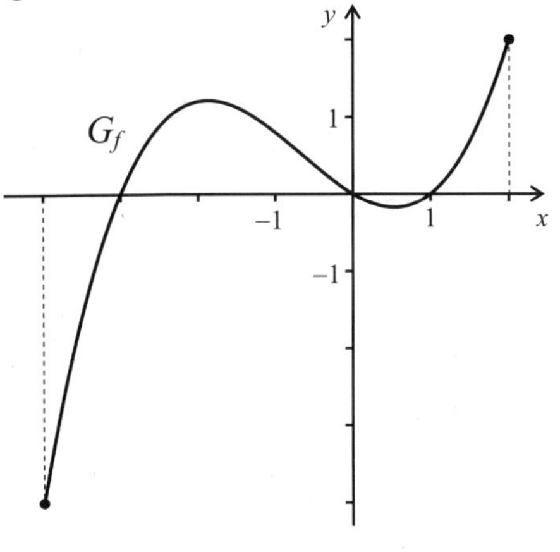

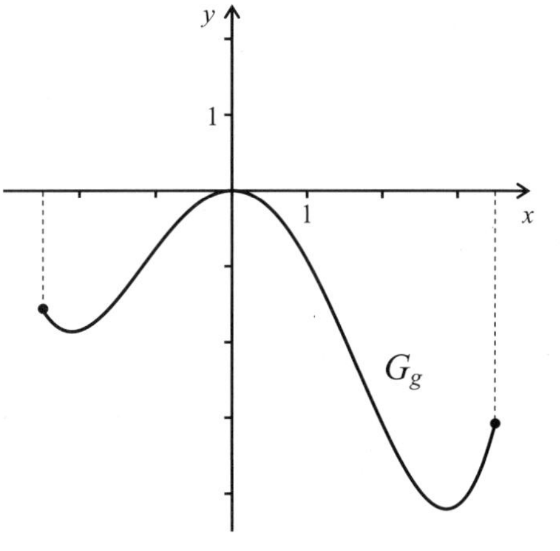

24. Begründen Sie, dass die Funktion f über dem angegebenen Intervall ein Maximum und ein Minimum besitzt. Geben Sie das Maximum und das Minimum an. Fertigen Sie zunächst eine Skizze an.

a) $f: [0\,,2] \to \mathbb{R}$, $x \mapsto 2 - x$

b) $f: [0\,,3] \to \mathbb{R}$, $x \mapsto (x-1)^2 - 2$

c) $f: [-2\,,4] \to \mathbb{R}$, $x \mapsto (x+1)\cdot(x-3)$

d) $f: [-2\,,4] \to \mathbb{R}$, $x \mapsto -x^2 - x + 2$

Aufgaben zum Nachdenken und Argumentieren

1 Bestimmen Sie anhand des Graphen die Grenzwerte für $x \to -\infty$ und $x \to +\infty$ sowie die einseitigen Grenzwerte für $x \to x_0$. Um welche Art von Stelle handelt es sich bei x_0 (Definitionslücke, Stetigkeitsstelle oder Unstetigkeitsstelle)?

a)

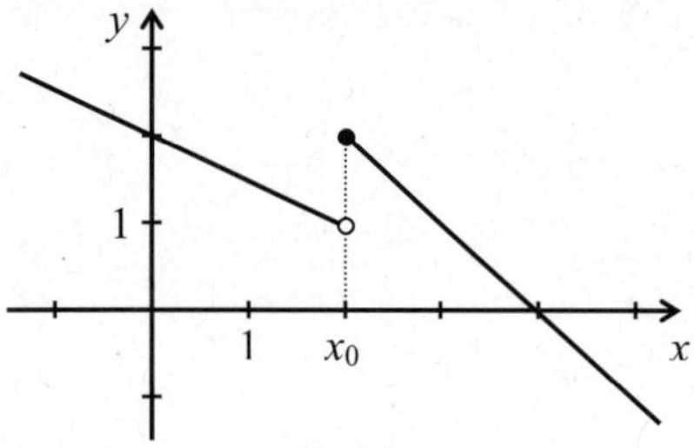

b)

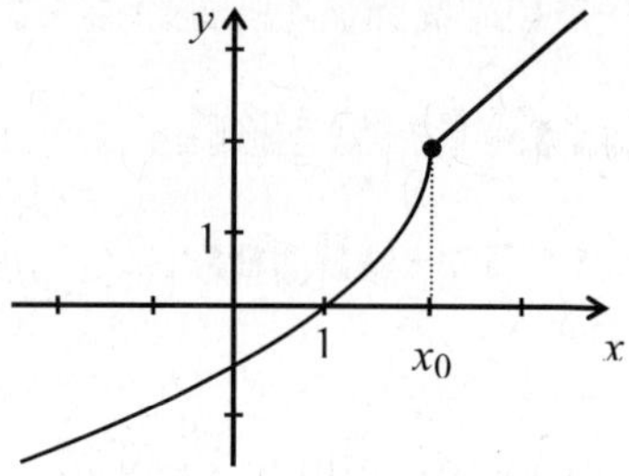

c)

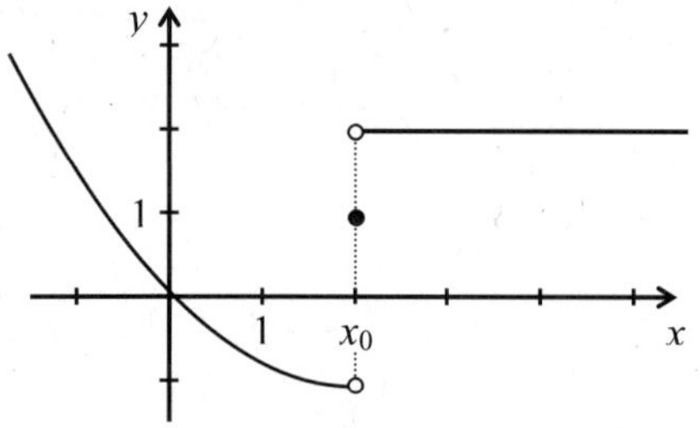

d)

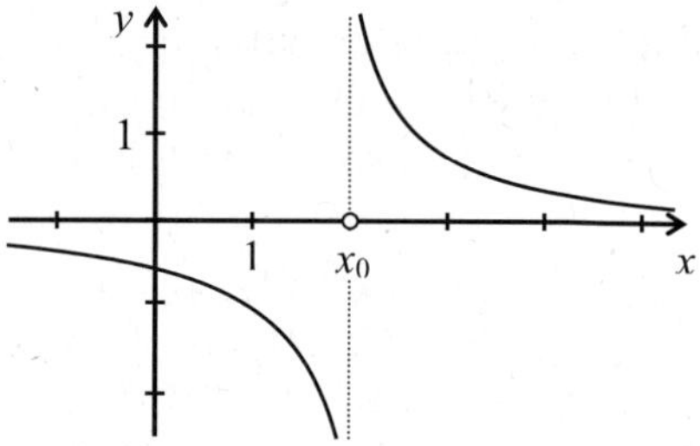

2 Bestimmen Sie anhand des Graphen die Grenzwerte für $x \to -\infty$ und $x \to +\infty$. Entscheiden Sie, ob f über der gesamten Definitionsmenge stetig ist. Besitzt die Funktion ein Minimum bzw. Minimum? Lesen Sie das Minimum bzw. Maximum gegebenenfalls aus der Abbildung ab.

a)

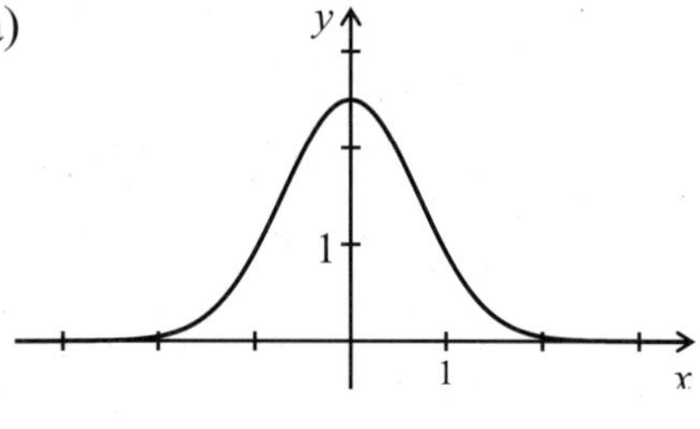

b)

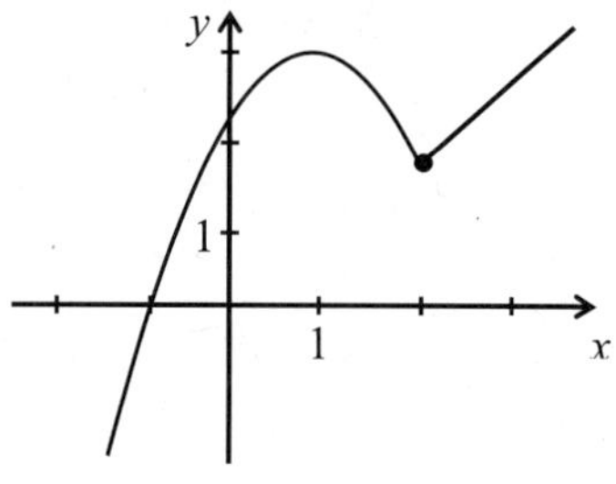

c)

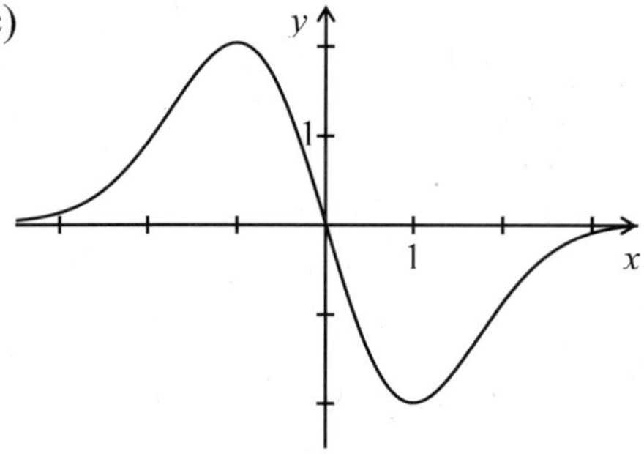

d)

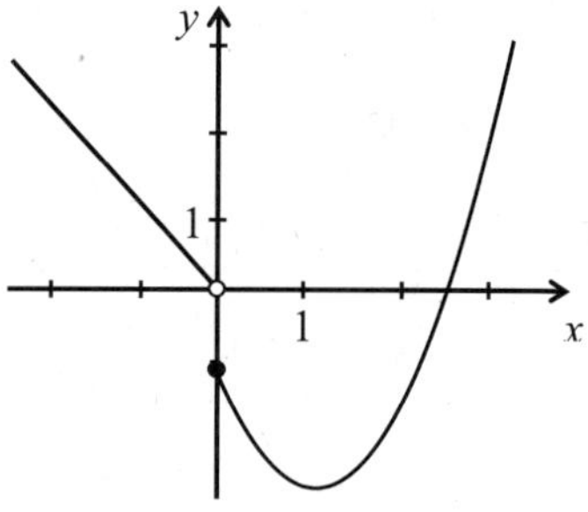

11

Differenzlation ganzrationaler Funktionen

11.1 Verallgemeinerung des Steigungsbegriffs

Steigung von Geraden

Die Problemstellung der Differenzialrechnung besteht darin, die Steigung eines Funktionsgraphen an einer Stelle zu bestimmen. Dabei spielen Geraden eine wichtige Rolle. Daher sind im Folgenden wesentliche Eigenschaften von Geraden noch einmal zusammengestellt.

Geradengleichungen

- Die **Steigung *m*** einer Geraden gibt an, um wie viel sich y ändert, wenn x um 1 wächst.
  Sind $P(x_1 \mid y_1)$ und $Q(x_2 \mid y_2)$ mit $x_1 \neq x_2$ zwei verschiedene Punkte der Geraden, so lässt sich ihre Steigung berechnen mit der Formel
  $$m = \frac{y_2 - y_1}{x_2 - x_1} \quad \textbf{(Steigungsformel)}.$$
- Die Gerade mit der Steigung m durch den Punkt $(x_0 \mid y_0)$ hat die Gleichung
  $$y = m \cdot (x - x_0) + y_0 \quad \textbf{(Punktsteigungsform)}.$$

Beispiel (Gerade durch zwei Punkte)

Gesucht ist eine Gleichung der Geraden durch $P(-1 \mid 3)$ und $Q(2 \mid -2)$.

- Nach der Steigungsformel ergibt sich:
  $$m = \frac{y_2 - y_1}{x_2 - x_1} = \frac{(-2) - 3}{2 - (-1)} = -\frac{5}{3}.$$
- Mit diesem Wert und z.B. den Koordinaten von $P(-1 \mid 3)$ ergibt sich aus der Punktsteigungsformel die Geradengleichung:
  $$\begin{aligned} y &= m \cdot (x - x_0) + y_0 \\ &= -\frac{5}{3} \cdot (x - (-1)) + 3 = -\frac{5}{3}x - \frac{5}{3} + 3 = -\frac{5}{3}x + \frac{4}{3} \end{aligned}$$

Der Differenzenquotient

Die Steigung ist bei Geraden überall gleich. Bei gekrümmten Kurven kann man zunächst nicht von einer Steigung sprechen.

Um das Steigungsverhalten eines gekrümmten Funktionsgraphen zumindest grob zu beschreiben, können wir ihn durch einen Sehnenzug annähern.

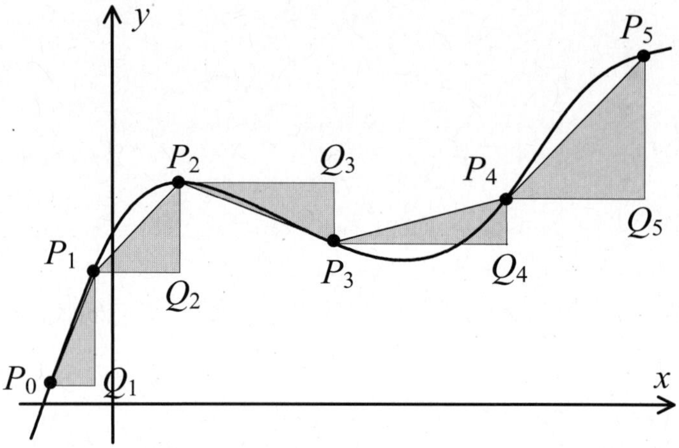

Durch eine Reihe von Kurvenpunkten P_0, P_1, P_2 usw. entstehen Steigungsdreiecke

$$P_0P_1Q_1 \ , \ P_1P_2Q_2 \ , \ P_2P_3Q_3 \quad \text{usw.}.$$

In den Steigungsdreiecken kann man die Steigungen der Sekanten P_0P_1 , P_1P_2 , P_2P_3 usw. berechnen.

Einem Abschnitt eines Funktionsgraphen kann als Steigung näherungsweise die Steigung der zugehörigen Sekante zugeordnet werden.

Differenzenquotient

Die Steigung der Sekante AB, also die Zahl

$$\frac{f(b)-f(a)}{b-a}$$

heißt **mittlere Steigung** des Graphen von f im Intervall $[a\,;b]$.

Der Quotient $\frac{f(b)-f(a)}{b-a}$ heißt **Differenzenquotient** zwischen a und b.

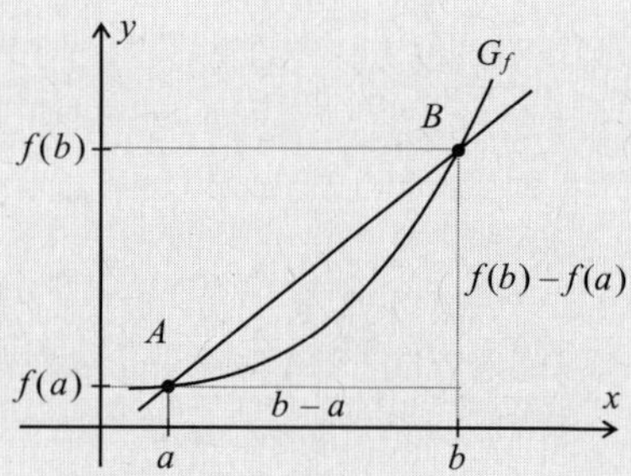

Die mittleren Steigungen vermitteln nur ein grobes Bild vom Verhalten der Kurve. Die Annäherung wird aber bei wachsender Zahl der Teilpunkte immer besser. Man kann dann die Steigung des Graphen immer genauer durch die Steigungen der Sekanten beschreiben.

Aufgaben

1. Bestimmen Sie die Steigung der Geraden g aus dem Schaubild.

a) 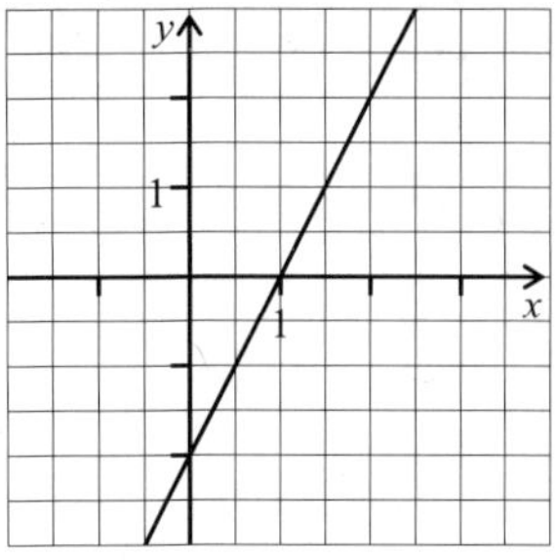

b) 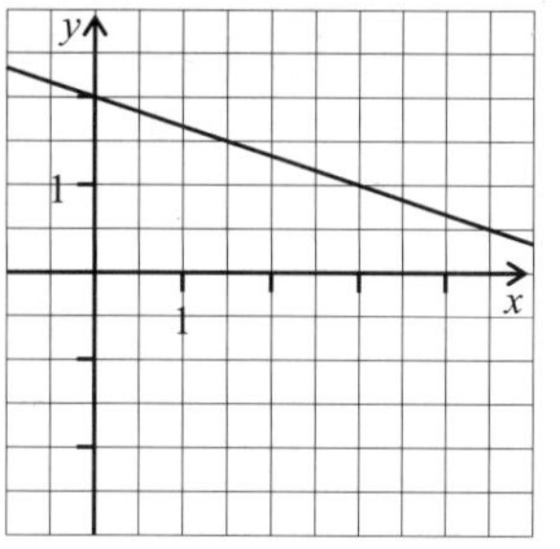

2. Bestimmen Sie die Steigung der Geraden g.
   a) g verläuft parallel zur x-Achse.
   b) g ist die 2.Winkelhalbierende des Koordinatensystems.
   c) g geht durch die Punkte $(4|-3)$ und $(-3|-5)$.
   d) g hat die Gleichung $3x - 4y = 8$.

3. Zeichnen Sie den Graphen von f und berechnen Sie seine mittlere Steigung im Intervall I.
   a) $f(x) = x^3$; $I = [1;2]$
   b) $f(x) = \frac{1}{x}$; $I = [\frac{1}{2};1]$
   c) $f(x) = \sqrt{x}$; $I = [0;4]$

4. Legen Sie eine Tabelle an und berechnen Sie die mittlere Steigung der Normalparabel mit der Gleichung $f(x) = x^2$ in den angegebenen Intervallen.
   Was fällt Ihnen dabei auf?

Intervall	mittlere Steigung
[1 ; 2]	?
[1 ; 1,5]	?
[1 ; 1,1]	?
[1 ; 1,01]	?
[1 ; 1,001]	?

Intervall	mittlere Steigung
[0,5 ; 1]	?
[0,8 ; 1]	?
[0,9 ; 1]	?
[0,95 ; 1]	?
[0,999 ; 1]	?

11.2 Berechnung von Steigungen

Steigung eines Funktionsgraphen in einem Punkt

Die Steigung einer Geraden hat überall den gleichen Wert. Bei gekrümmten Kurven ist dies offensichtlich nicht der Fall. Man kann nur von der Steigung in einem Punkt sprechen.

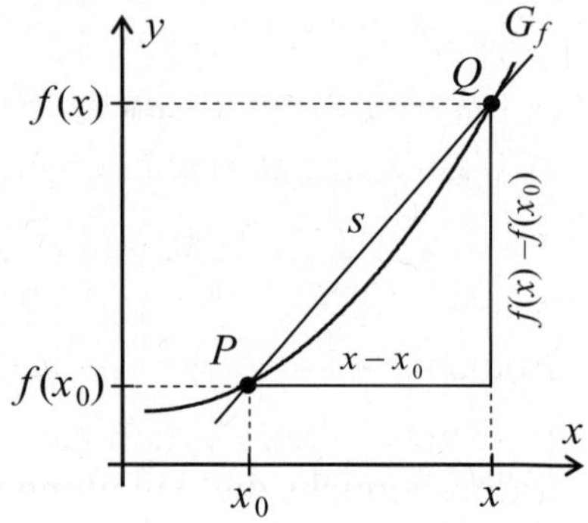

Es stellt sich also die Frage, was man bei einer Funktion $f(x)$ mit $D = \mathbb{R}$ unter der Steigung im Punkt $P(x_0 \mid f(x_0))$ verstehen soll.

Es scheint vernünftig, diese Fragestellung auf eine Gerade zurückzuführen und als Steigung im Punkt P die Steigung der zugehörigen Tangente zu wählen.

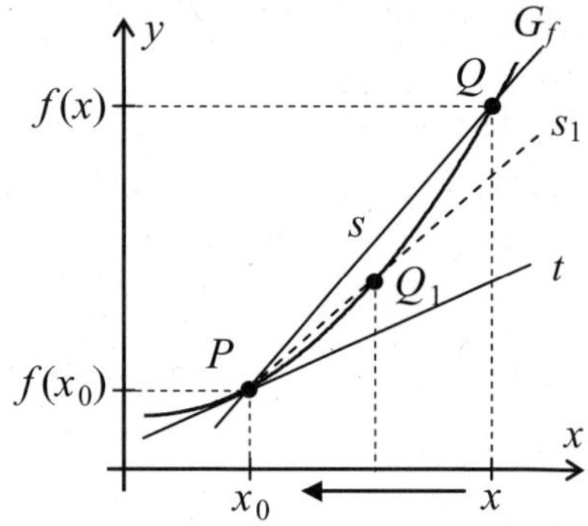

Zur Berechnung der gesuchten Tangentensteigung wählt man auf G_f einen von P verschiedenen Hilfspunkt $Q(x \mid f(x))$.

Der Punkt Q kann dabei auch links von P liegen, d. h. es darf auch $x < x_0$ gelten.

Die Sekante s durch P und Q hat die Steigung

$$m_s = \frac{f(x) - f(x_0)}{x - x_0} .$$

Wandert man auf G_f mit dem Punkt Q immer mehr auf den Punkt P zu, so geht die Sekante in die Tangente über. Im Grenzfall $x \to x_0$ ergibt sich für die Steigung der Tangenten:

$$m_t = \lim_{x \to x_0} \frac{f(x) - f(x_0)}{x - x_0} = f'(x_0) .$$

Differenzialquotient

Der Grenzwert $\lim\limits_{x \to x_0} \dfrac{f(x) - f(x_0)}{x - x_0} = f'(x_0)$ heißt **Differenzialquotient** oder **Ableitung** von f an der Stelle x_0 und wird mit $f'(x_0)$ bezeichnet.

Anschaulich gibt $f'(x_0)$ die Steigung des Graphen von f an der Stelle x_0 an.

Steigung von grundlegenden Funktionen an einer Stelle x_0

Häufig interessiert man sich für die Steigung eines Funktionsgraphen an mehreren Stellen. Man berechnet dazu den Differenzialquotienten an einer allgemeinen Stelle x_0 und wertet dann das Ergebnis aus.

① **Ableitung der konstanten Funktion** $f(x) = c$ mit $c \in \mathbb{R}$

Für die konstante Funktion ergibt sich:

$$\lim_{x \to x_0} \frac{f(x) - f(x_0)}{x - x_0} = \lim_{x \to x_0} \frac{c - c}{x - x_0} = \lim_{x \to x_0} \frac{0}{x - x_0} = \lim_{x \to x_0} 0 = 0 .$$

Ergebnis: $f'(x_0) = 0$

Eine konstante Funktion hat an jeder Stelle des Definitionsbereichs die Ableitung 0.
Dies entspricht unserer anschaulichen Vorstellung. Der Graph ist eine Parallele zur x-Achse mit der Steigung Null.

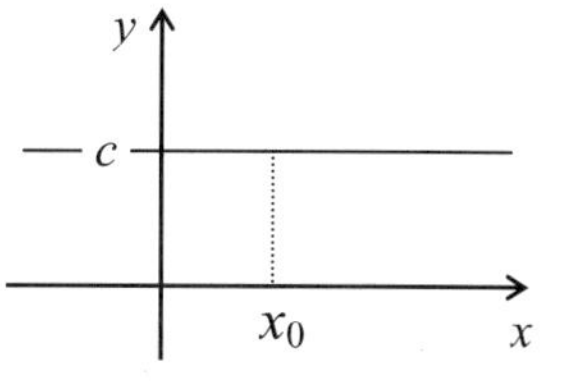

② **Ableitung der identischen Funktion** $f(x) = x$

Für den Differenzialquotienten an der Stelle $x_0 \in \mathbb{R}$ gilt:

$$\lim_{x \to x_0} \frac{f(x) - f(x_0)}{x - x_0} = \lim_{x \to x_0} \frac{x - x_0}{x - x_0} = \lim_{x \to x_0} (1) = 1 .$$

Ergebnis: $f'(x_0) = 1$

Auch dieses Ergebnis steht im Einklang mit unseren bisherigen Kenntnissen. Der Graph der identischen Funktion ist die 1. Winkelhalbierende. Sie besitzt die konstante Steigung 1.

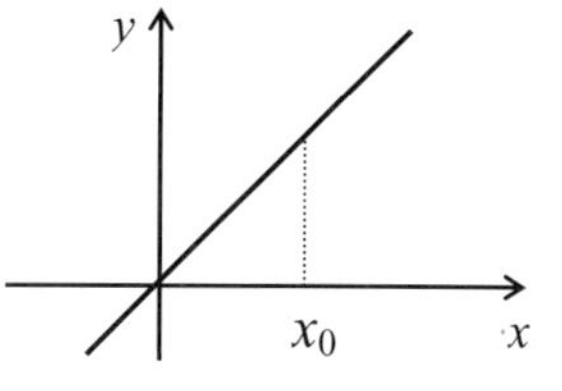

③ **Ableitung der Quadratfunktion** $f(x) = x^2$

Für den Differenzenquotienten an der Stelle $x_0 \in \mathbb{R}$ gilt:

$$\frac{f(x) - f(x_0)}{x - x_0} = \frac{x^2 - x_0^2}{x - x_0} = \frac{(x - x_0) \cdot (x + x_0)}{x - x_0} = x + x_0$$

Für den Differenzialquotienten ergibt sich damit:

$$\lim_{x \to x_0} \frac{f(x) - f(x_0)}{x - x_0} = \lim_{x \to x_0} (x + x_0) = x_0 + x_0 = 2x_0$$

Ergebnis: $f'(x_0) = 2x_0$.

Die Normalparabel besitzt als gekrümmte Linie keine konstante Steigung.

Der Steigungswert ist abhängig von der betrachteten Stelle x_0.

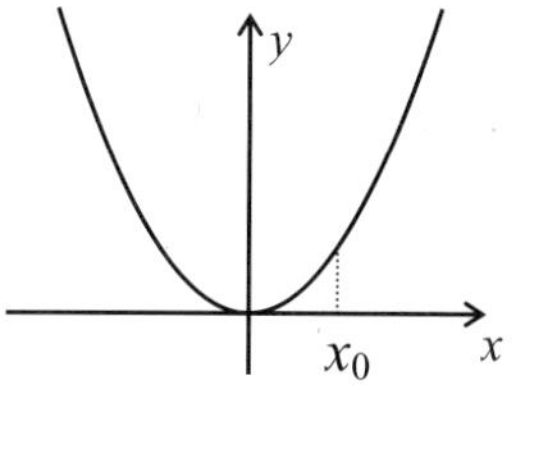

④ **Ableitung der Potenzfunktion** $f(x) = x^n$ mit $n \in \mathbb{N}$ (ohne Nachweis)

- *Ableitung der Quadratfunktion*
  Für die Quadratfunktion $f(x) = x^2$ haben wir nachgewiesen:
  → Zu $f(x) = x^2$ gehört die Ableitung: $f'(x_0) = 2x_0 = 2x_0^1$.
- *Ableitung der Kubikfunktion*
  Für die Ableitung der Kubikfunktion $f(x) = x^3$ erhält man durch eine entsprechende Rechnung:
  → Zu $f(x) = x^3$ gehört die Ableitung: $f'(x_0) = 3x_0^2$.
- *Ableitung der allgemeinen Potenzfunktion*
  Man kann nachweisen, dass sich diese Ergebnisse sinngemäß auf die Potenzfunktionen $f(x) = x^n$ verallgemeinern lassen:

→ Zu $f(x) = x^n$ gehört die Ableitung: $f'(x_0) = n \cdot x_0^{n-1}$.

Die bisherigen Ergebnisse lassen sich in folgender Tabelle zusammenfassen:

Funktion		Ableitung
Konstante Funktion:	$f(x) = c$	$f'(x_0) = 0$
Identische Funktion:	$f(x) = x$	$f'(x_0) = 1$
Quadratfunktion:	$f(x) = x^2$	$f'(x_0) = 2x_0$
Potenzfunktion:	$f(x) = x^n$	$f'(x_0) = n \cdot x_0^{n-1}$

Aufgaben

5. Berechnen Sie die Steigung von G_f an der Stelle x_0.

   a) $f(x) = x$; $x_0 = -3$
   b) $f(x) = -3$; $x_0 = 2$
   c) $f(x) = x^2$; $x_0 = -1$
   d) $f(x) = x^2$; $x_0 = 5$

6. Bestimmen Sie die Ableitung $f'(x_0)$ für eine Stelle x_0.

   a) $f(x) = x^5$
   b) $f(x) = x^7$
   c) $f(x) = x^9$
   d) $f(x) = x^{12}$
   e) $f(x) = x^1$
   f) $f(x) = x^0$

7. Geben Sie allgemein die Ableitung der Potenzfunktionen an und bestimmen Sie die Steigung des Funktionsgraphen an der Stelle x_0.

   a) $f(x) = x^3$; $x_0 = -3$
   b) $f(x) = x^4$; $x_0 = -2$
   c) $f(x) = x^5$; $x_0 = 1$
   d) $f(x) = x^{10}$; $x_0 = -1$

11.3 Differenzierbarkeit

Die Existenz und den Wert des Grenzwerts $\lim\limits_{x \to x_0} \dfrac{f(x) - f(x_0)}{x - x_0}$ haben wir bisher geometrisch interpretiert als

- Steigung von G_f im Punkt $P(x_0 \mid f(x_0))$,
- Steigung der Tangente an G_f im Punkt $P(x_0 \mid f(x_0))$.

Dieser Grenzwert muss jedoch nicht an jeder Stelle der Definitionsmenge existieren. Am Beispiel der Betragsfunktion

$$f : x \mapsto |x| = \begin{cases} x & \text{, wenn } x \geq 0 \\ -x & \text{, wenn } x < 0 \end{cases} \quad \text{mit } D = \mathbb{R}$$

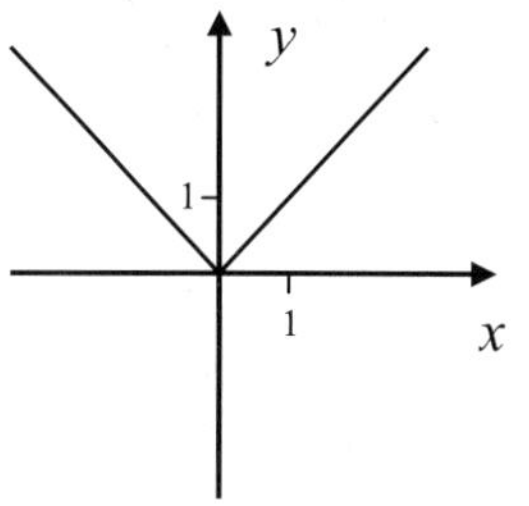

kann man sich dies anschaulich klar machen.

Es gilt: $f'(x) = 1$ für $x > 0$ und $f'(x) = -1$ für $x < 0$.

An der Stelle 0 kann dem Graphen der Betragsfunktion jedoch keine eindeutige Steigung zugeordnet werden.

Der Differenzialquotient an der Stelle 0 existiert nicht.

Die Existenz des Grenzwertes des Differenzenquotienten wird daher als eine charakteristische Eigenschaft der Funktion f an einer Stelle $x_0 \in D_f$ erklärt. Man führt dafür einen eigenen Begriff ein.

Lokale Differenzierbarkeit
Die Funktion f heißt **differenzierbar an der Stelle $x_0 \in D_f$**, wenn der Differenzialquotient $\lim\limits_{x \to x_0} \dfrac{f(x) - f(x_0)}{x - x_0}$ existiert.

Er wird **Ableitung** von f an Stelle x_0 genannt und mit $f'(x_0)$ bezeichnet.

Für die Ableitung $f'(x_0)$ einer Funktion f an einer Stelle x_0 verwendet man auch die folgenden Schreibweisen:

$$\left.\frac{\mathrm{d}y}{\mathrm{d}x}\right|_{x=x_0}$$ (gelesen: dy nach dx an der Stelle x_0)

oder $$\frac{\mathrm{d}f}{\mathrm{d}x}(x_0) \; .$$

Diese Schreibweise und auch der Name „Differenzialrechnung“ gehen auf den deutschen Mathematiker Gottfried Wilhelm LEIBNIZ (1646 - 1716) zurück.

LEIBNIZ entwickelte zeitgleich, jedoch unabhängig von Isaac NEWTON (1643 - 1727) wichtige Grundlagen zu diesem Gebiet der Mathematik.

G. W. LEIBNIZ

Isaac NEWTON

Die leibnizsche Schreibweise $\frac{\mathrm{d}y}{\mathrm{d}x}$ deutet an, dass es sich bei der Ableitung um einen Quotienten von Differenzialen handelt.

Diese Schreibweise ist vor allem von Vorteil, wenn ein Funktionsterm mehrere Variablen enthält und erkennbar sein soll, nach welcher der Variablen differenziert werden soll. Das Symbol „d*x*" wird später auch bei der Integralrechnung auftreten.

Ist *f* eine Funktion der Zeit, so wird in der Physik in der Regel die Variable *t* verwendet und die Ableitung von *f* an einer Stelle t_0 mit $\dot{f}(t_0)$ bezeichnet.

Aufgaben

8. Wir betrachten die Funktion

$$f: x \mapsto \begin{cases} x, & \text{wenn } x \leq 0 \\ 1, & \text{wenn } x > 0 \end{cases} \quad \text{mit } D = \mathbb{R}.$$

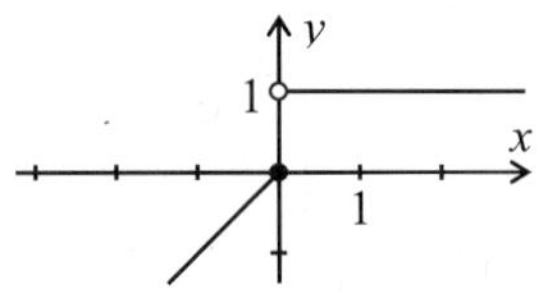

a) Begründen Sie anschaulich an Hand des Graphen, dass die Funktion *f* an der Stelle 0 nicht differenzierbar ist.

b) Entnehmen Sie der Anschauung $f'(x_0)$ für $x_0 \neq 0$.

9. An welchen Stellen besitzt der dargestellte Funktionsgraph keine eindeutig bestimmte Tangente? Begründen Sie Ihre Antwort.

a)

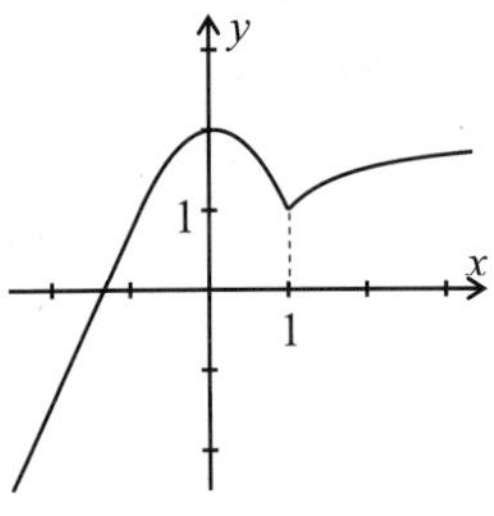

b)

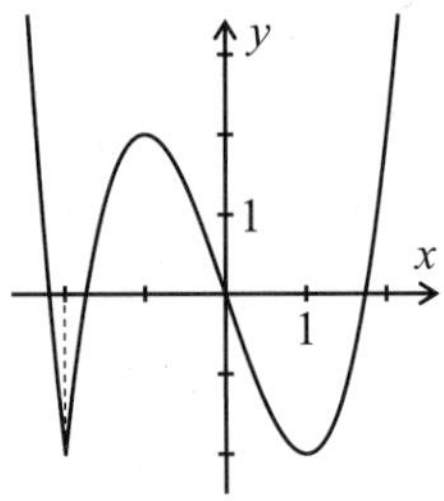

c)

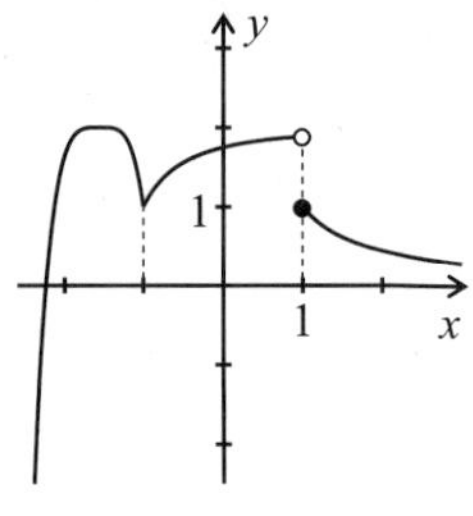

11.4 Definition der Ableitungsfunktion

Ordnet man allen Stellen einer Funktion, in denen diese auch differenzierbar ist, den Ableitungs- oder Steigungswert zu, so erhält man wiederum eine Funktion, die Ableitungsfunktion.

Ableitungsfunktion

Die Menge aller Stellen, an denen eine Funktion f differenzierbar ist, heißt **Differenzierbarkeitsmenge** D' von f.

Die Funktion $f': D' \to \mathbb{R}, x \mapsto f'(x)$ heißt **Ableitungsfunktion** von f oder kurz **Ableitung** von f

Den Übergang von einer Funktion f zur Ableitungsfunktion f' bezeichnet man

- als Bildung der Ableitung von f
- oder kürzer als Ableiten
- oder auch Differenzieren der Funktion f.

Die Ergebnisse des letzten Abschnitts für die dort betrachteten Grundfunktionen lassen sich mit dem Begriff der Ableitungsfunktion zusammenfassen.

Ableitungsfunktion einiger Grundfunktionen

- Die konstante Funktion $f(x) = c$
- die identische Funktion $f(x) = x$
- die Quadratfunktion $f(x) = x^2$
- die Potenzfunktion $f(x) = x^n$ mit $n \in \mathbb{N}$,

sind in ihrer gesamten Definitionsmenge differenzierbar. Dabei gilt:

$f(x) = c$	$f(x) = x$	$f(x) = x^2$	$f(x) = x^n$
$f'(x) = 0$	$f'(x) = 1$	$f'(x) = 2x$	$f'(x) = n \cdot x^{n-1}$

Aufgabe

10. Bestimmen Sie die Ableitungsfunktion.

a) $f(x) = x$ b) $f(x) = x^3$ c) $f(x) = -1$

d) $f(x) = -\frac{1}{3}$ e) $f(x) = x^2$ f) $f(x) = x^0$

g) $f(x) = x^5$ h) $f(x) = \sqrt{2}$ i) $f(x) = x^{11}$

j) $f(x) = 0$ k) $f(x) = x^7$ l) $f(x) = -x$

11.5 Einfache Ableitungsregeln

Bisher haben wir für einige grundlegende Funktionen die zugehörigen Ableitungen als Grenzwert des Differenzenquotienten bestimmt.

Zahlreiche weitere Funktionen kann man sich aus diesen Grundfunktionen durch Verknüpfung mit Hilfe der Grundrechenarten aufgebaut denken.

Ähnlich wie bei den Grenzwerten sind Regeln hilfreich, die es gestatten, die Ableitungen von Funktionen auf die Ableitungen ihrer „Bausteine" zurückzuführen.

Faktorregel

Häufig steht vor einem Funktionsterm, dessen Ableitung bekannt ist, ein Zahlenfaktor, wie z. B. bei $f(x) = -3x^4$. Für solche Fälle gilt die Faktorregel.

Faktorregel (FR)

Ist die Funktion $f\colon D \to \mathbb{R}$ an der Stelle $x \in D$ differenzierbar und ist $\alpha \in \mathbb{R}$, so ist auch die Funktion $\alpha \cdot f$ an der Stelle $x \in D$ differenzierbar und es gilt

$$(\alpha \cdot f(x))' = \alpha \cdot f'(x).$$

Kurz: Ein konstanter Faktor bleibt beim Ableiten erhalten.

Beispiel (Anwenden der Faktorregel)

Für $f(x) = -3x^4$ gilt gemäß der Faktorregel:

$$f'(x) = (-3x^4)' \underset{\text{FR}}{=} (-3) \cdot (x^4)' = (-3) \cdot 4x^3 = -12x^3.$$

Summenregel

Für Summen (und auch Differenzen) von Funktionen gilt die Summenregel.

Summenregel (SR)

Sind die Funktionen $f\colon D \to \mathbb{R}$ und $g\colon D \to \mathbb{R}$ an der Stelle $x \in D$ differenzierbar, dann sind auch die Funktionen $f + g$ sowie $f - g$ an der Stelle $x \in D$ differenzierbar und es gilt

$$(f \pm g)'(x) = f'(x) \pm g'(x).$$

Kurz: Summen und Differenzen von Funktionen werden gliedweise abgeleitet.

Beispiel (Anwenden der Summenregel)

Für $f(x) = x^4 + x^3 + 2$ gilt nach der Summenregel:

$$f'(x) \underset{\text{SR}}{=} 4x^3 + 3x^2 + 0 = 4x^3 + 3x^2.$$

Ableitung ganzrationaler Funktionen

Mithilfe von Potenz-, Summen- und Faktorregel lassen sich die Ableitungen ganzrationaler Funktionen berechnen.

Ableitung ganzrationaler Funktionen
Eine ganzrationale Funktion

$$f: \mathbb{R} \to \mathbb{R},\, x \mapsto a_n x^n + a_{n-1} x^{n-1} + \ldots + a_1 x + a_0$$

ist in ihrer gesamten Definitionsmenge $\mathbb{R}$ differenzierbar.
Für ihre Ableitung gilt

$$f'(x) = n \cdot a_n x^{n-1} + (n-1) \cdot a_{n-1} x^{n-2} + \ldots + a_1 .$$

Aufgaben

11. Leiten Sie mit Hilfe der Faktor- und der Regel für Potenzfunktionen ab.
a) $f(x) = 4x^3$ b) $f(x) = 5x^3$ c) $f(x) = -x^6$
d) $f(x) = -3x^5$ e) $f(x) = -\frac{3}{4}x^2$ f) $f(x) = -\sqrt{2} \cdot x^7$
g) $f(x) = -3 \cdot \pi^3$ h) $f(x) = \frac{1}{3}x^6$ i) $f(x) = \left(\frac{x}{2}\right)^2$

12. Bestimmen Sie die Steigung des Funktionsgraphen von f an der Stelle x_0.
a) $f(x) = 4x^3$ $x_0 = -1$ b) $f(x) = -3x^4$ $x_0 = 0$
c) $f(x) = -\frac{1}{5}x^5$ $x_0 = 2$ d) $f(x) = -5$ $x_0 = 5$

13. Leiten Sie unter Verwendung der Summen- und Faktorregel ab.
a) $f(x) = x^3 + x^2$ b) $f(x) = x^4 - x$ c) $f(x) = 8 + x^5$
d) $f(x) = 9 - 5x$ e) $f(x) = 3x^2 - 2x$ f) $f(x) = 5x^2 - 5$
g) $f(x) = \frac{1}{2}x^2 + 3x$ h) $f(x) = 2x^3 - \frac{1}{2}x^4$ i) $f(x) = \frac{1}{3}x^2 + 2x^5$
j) $f(x) = 4x^2 - 2x + 5$ k) $f(x) = 1 - x + x^4$ l) $f(x) = 2 - 3x^5 - 2x$

14. Leiten Sie ab. Formen Sie dazu zunächst den Funktionsterm geeignet um.
a) $f(x) = 0{,}5 \cdot (6 - x)$ b) $f(x) = x \cdot (2 - x)$
c) $f(x) = (1 - x)^2$ d) $f(x) = (x - 1)^2$
e) $f(x) = (x + 1) \cdot (x - 3)$ f) $f(x) = x \cdot (x + 2) \cdot (x - 2)$

15. Wo steckt der Fehler?
a) $f(x) = \frac{1}{4}x^4 - x^3 + 1$ b) $f(x) = \frac{1}{3}x^3 + x - 1$ c) $f(x) = x \cdot (\frac{1}{2}x^2 - x)$
$f'(x) = x^3 - x^2 + 1$ $f'(x) = x^2 + 1 - 1 = x^2$ $f'(x) = 1 \cdot (x + 1)$

16. An welchen Stellen hat der Graph der Funktionen die Steigung 0?

a) $f(x) = -x^2 + 4x$ b) $f(x) = -\frac{1}{3}x^3 + x$

c) $f(x) = x^3 - 9x^2 + 27x$ d) $f(x) = 2x^3 - 3x^2 - 36x$

17. Leiten Sie ab.

a) $f(x) = x^3 + x^2 + x$ b) $f(x) = x^3 + 5x - 7$

c) $f(x) = x^4 - x^3 - x$ d) $f(x) = 3x^5 - 2x^4 - 3x$

e) $f(x) = 2 + 6x - \frac{1}{2}x^2 - \frac{1}{3}x^3$ f) $f(x) = \frac{3}{2}x^4 - \frac{1}{6}x^3 + \frac{2}{3}x^2 - \frac{1}{2}x + 3$

18. Berechnen Sie die Ableitung.
Formen Sie - sofern notwendig - zunächst den Funktionsterm um.

a) $f(x) = \frac{1}{3} \cdot (2 + 6x - 5x^3)$ b) $f(x) = \frac{1}{12} \cdot (7 + 6x^2 - 4x^3 + 6x^4)$

c) $f(x) = x \cdot (x + 2) \cdot (x - 1)$ d) $f(x) = (x^2 + 2) \cdot (x^2 - 2)$

e) $f(x) = \left(1 - \frac{1}{2}x\right)^2$ f) $f(x) = (x^2 - 3)^2$

g) $f(x) = \dfrac{x^3 - 2}{3} - \dfrac{1 - x^5}{5}$ h) $f(x) = \dfrac{x^4 + x^2 - 7}{4}$

19. Berechnen Sie die Steigung von G_f an der Stelle –2.

a) $f(x) = x^3 + 7x - 5$ b) $f(x) = -\frac{1}{2}x^4 - x^3 + 3x^2 + 8x$

c) $f(x) = x^4 + 3x - 2$ d) $f(x) = \frac{3}{7} \cdot (x^3 - 1)^2$

20. Die Abbildung zeigt den Graphen von

$$f(x) = \frac{1}{6}x^3 - \frac{3}{2}x^2 + \frac{5}{2}x + 5.$$

Bestimmen Sie die Steigung von G_f in den markierten Punkten.

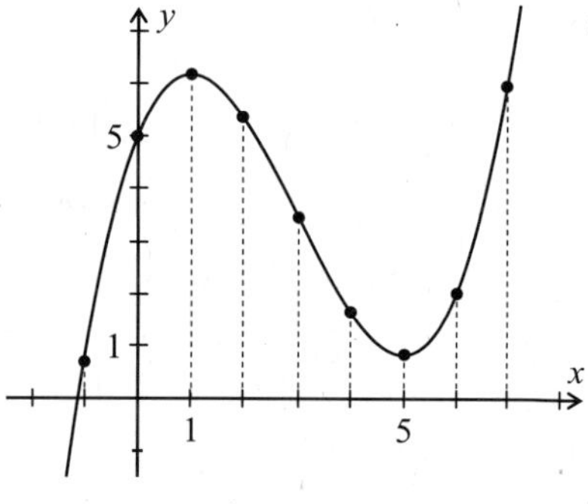

21. An welchen Stellen hat

a) $f(x) = 3x^2 - 4x + 1$ die Ableitung 0?

b) $f(x) = 2x^3 + \frac{1}{2}x^2 + x - 5$ die Ableitung 2?

c) $f(x) = 2x^3 - 3x^2$ die Ableitung 12?

d) $f(x) = \frac{1}{3}x^3 + x$ die Ableitung 0?

Anwendung auf quadratische Funktionen

Gegeben ist die quadratische Funktion $f: \mathbb{R} \to \mathbb{R},\ x \mapsto ax^2 + bx + c$ mit $a \neq 0$.

Die zugehörigen Parabeln lassen sich mit Hilfe ihres Scheitelpunkts, eines weiteren Punkts (z. B. des Schnittpunkts mit der y-Achse) und ihrer Öffnungsrichtung hinreichend genau zeichnen.

Beispiel (Scheitelpunktsbestimmung)

Betrachtet wird die quadratische Funktion $f(x) = -\frac{2}{3}x^2 - 2x + 1$.

Im Scheitelpunkt der zugehörigen Parabel liegt eine waagerechte Tangente vor. Die Ableitung an der Scheitelstelle muss daher Null sein.

- x-Koordinate des Scheitels:
  $$f'(x) = 0 \iff -\tfrac{4}{3}x - 2 = 0 \iff x = -\tfrac{3}{2}$$
- y-Koordinate des Scheitels:
  $$f(-\tfrac{3}{2}) = -\tfrac{2}{3}\cdot(-\tfrac{3}{2})^2 - 2\cdot(-\tfrac{3}{2}) + 1 = \tfrac{5}{2}$$
  Scheitelpunkt $S(-1{,}5 \mid 2{,}5)$
- Ordinatenabschnitt: $f(0) = 1$
- Öffnung der Parabel: nach unten.
- Graph von f:

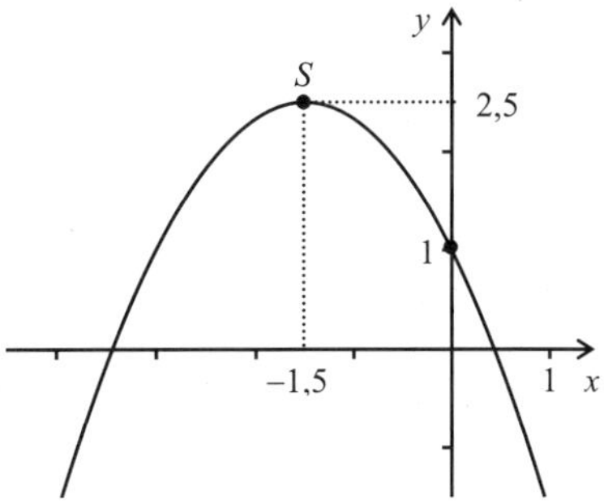

Aufgaben

22. Zeichnen Sie den Graphen von f. Bestimmen Sie den Scheitelpunkt mit Hilfe der Differenzialrechnung.

a) $f(x) = 3x^2 - 6x - 2$ b) $f(x) = -\frac{1}{3}x^2 + 2x + 1$

c) $f(x) = \frac{2}{5}x^2 + 2x + \frac{1}{2}$ d) $f(x) = \frac{1}{2}x^2 - 2x + \frac{5}{2}$

23. Bestimmen Sie den Scheitelpunkt.

a) $f(x) = 2x^2 + 4x$ b) $f(x) = x^2 - 6x + 4$

c) $f(x) = -\frac{1}{2}x^2 + x + 4$ d) $f(x) = -\frac{2}{3}x^2 - \frac{4}{3}x - \frac{8}{3}$

11.6 Zusammenhang zwischen den Graphen von Funktion und Ableitungsfunktion

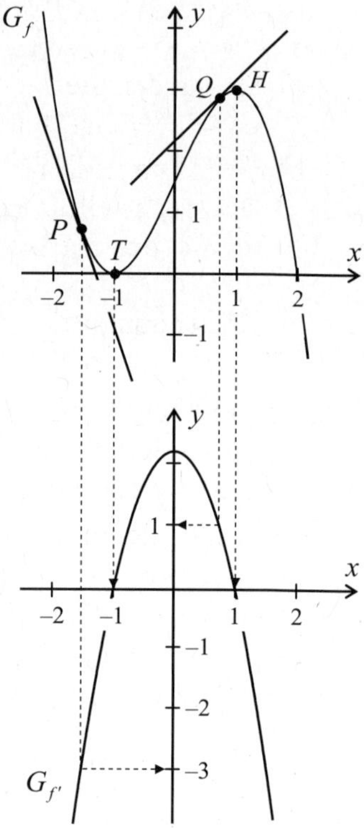

Die Ableitung $f'(x)$ gibt anschaulich die Steigung des Funktionsgraphen G_f an der Stelle x an.
In den Abbildungen rechts sind der Funktionsgraph G_f sowie der Graph $G_{f'}$ der Ableitungsfunktion gezeichnet.
Aus dem Graphen von f' lässt sich die Steigung in Punkten von G_f ablesen:

- Zu P gehört die Steigung –3.
  Der Funktionsgraph ist fallend im Punkt P.
- Zu Q gehört die Steigung 1.
  Der Funktionsgraph ist wachsend im Punkt Q.

Die Punkte T und H sind für den Verlauf des Funktionsgraphen charakteristisch. In ihnen besitzt der Funktionsgraph die Steigung null.

- In T wechselt der Kurvenverlauf von fallend in wachsend.
- In H wechselt der Kurvenverlauf von wachsend in fallend.

Aufgaben

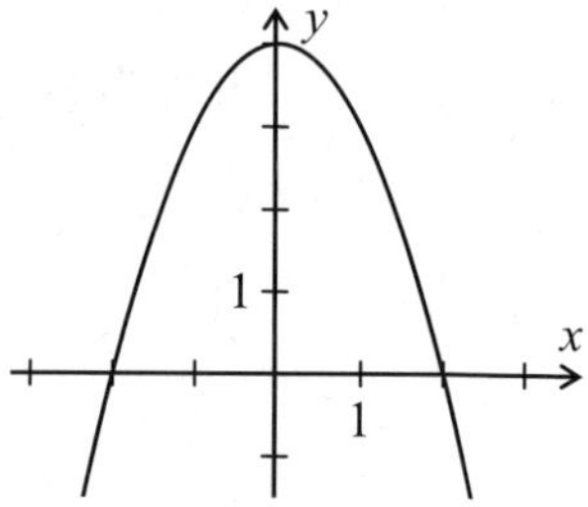

24. Die Abbildung rechts zeigt den Graphen einer quadratischen Funktion f.
    a) Bestimmen Sie aus der Abbildung eine Funktionsgleichung für f.
    b) Bestimmen Sie je eine Gleichung der unten abgebildeten Funktionen.
    Welche ist die Ableitungsfunktion von f?

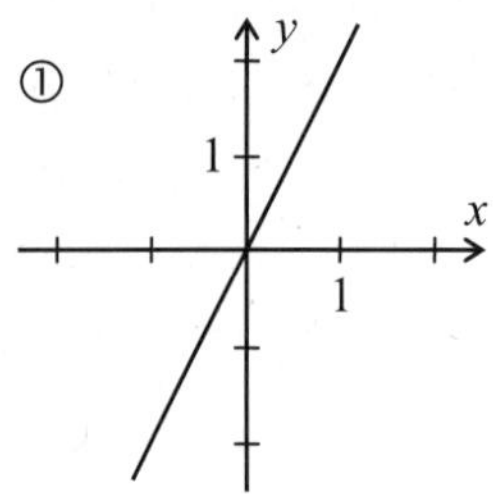

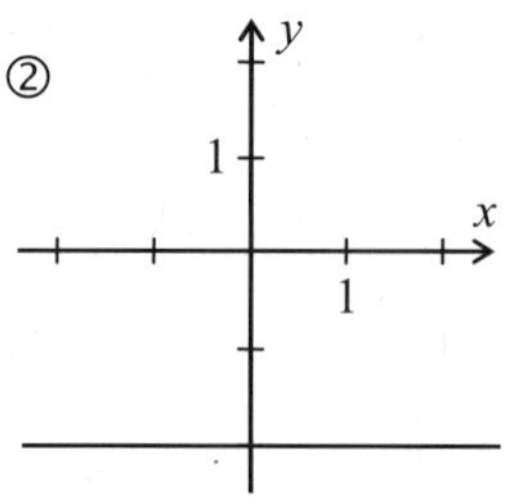

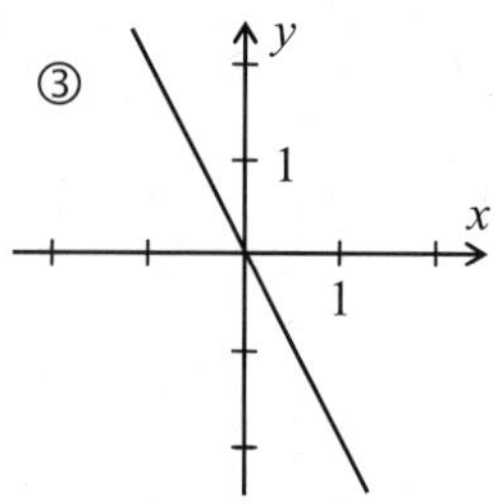

25. In der Abbildung rechts ist der Graph zu einer der drei Funktionen dargestellt:

$$f(x) = x^3 - 3x,$$
$$g(x) = x^3 + 3x^2 - 1,$$
$$h(x) = 3x^2 - x^3.$$

a) Begründen Sie, zu welcher dieser Funktionen der Graph gehört.

b) Berechnen Sie die Ableitungsfunktion der dargestellten Funktion und skizzieren Sie den zugehörigen Graphen.

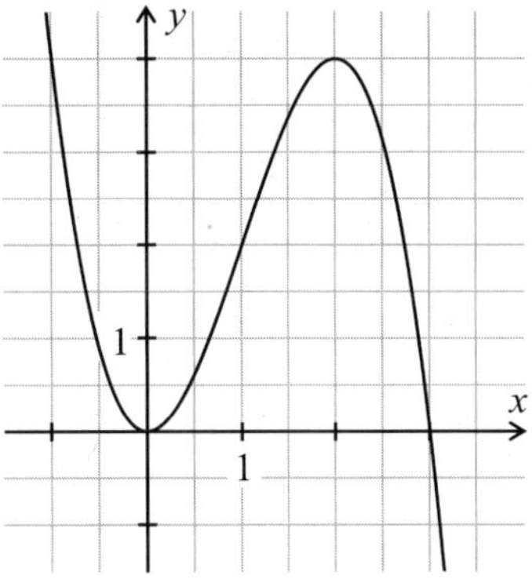

26. Die Abbildung zeigt die Graphen einer Funktion f und der zugehörigen Ableitungsfunktion f'.

Beschreiben Sie die Besonderheiten im Verlauf des Graphen von f in den gekennzeichneten Punkten.

Geben Sie deren Auswirkung auf die Ableitungsfunktion f' an.

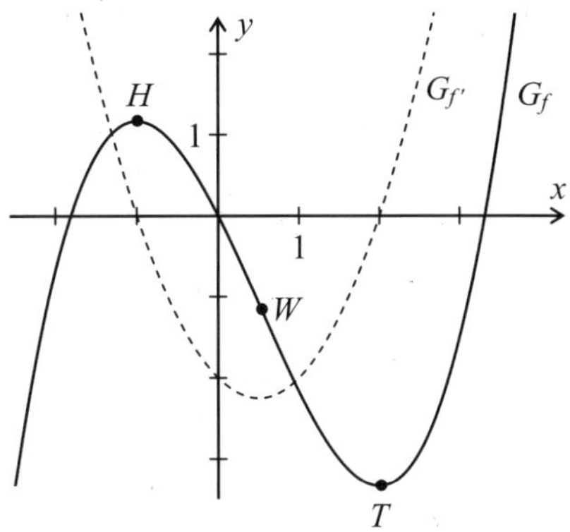

27. In den Abbildungen a) bis d) sind die Graphen von Funktionen dargestellt. Die Abbildungen ① bis ④ zeigen die Graphen der zugehörigen Ableitungsfunktionen, allerdings in falscher Reihenfolge.
Welche Graphen gehören zusammen?

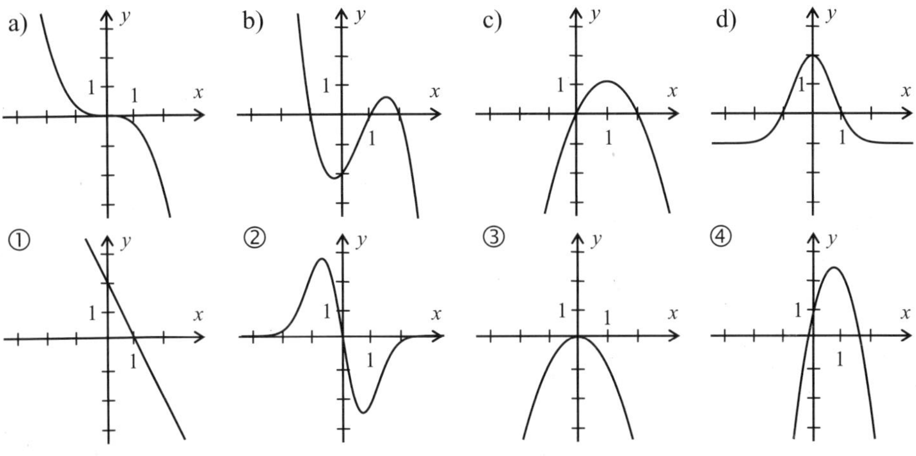

11.7 Beschreibung von Änderungsraten

Deutung der Ableitung als lokale Änderungsrate

In Sachzusammenhängen wird die Ableitung einer Funktion zusammen mit der zugehörigen Einheit auch als **momentane Änderungsrate** gedeutet.

Die wichtigsten Begriffe sind in einer Übersicht einander gegenübergestellt.

Begriff im Sachzusammenhang	**Mittlere (globale) Änderungsrate**	**Momentane (lokale) Änderungsrate**
Bezug	Intervall $[x_0\,;x_1]$	Stelle x_0
graphische Darstellung	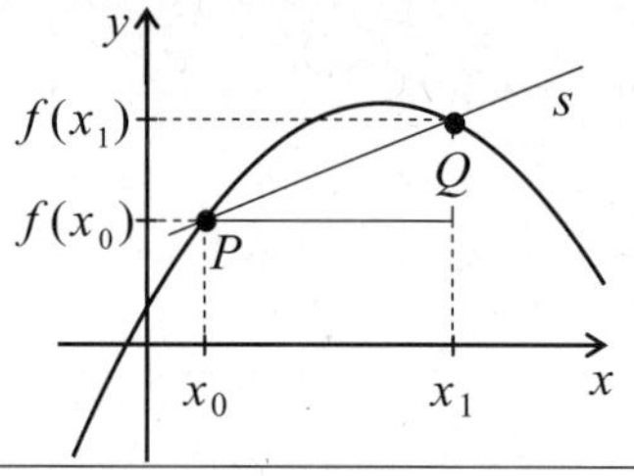	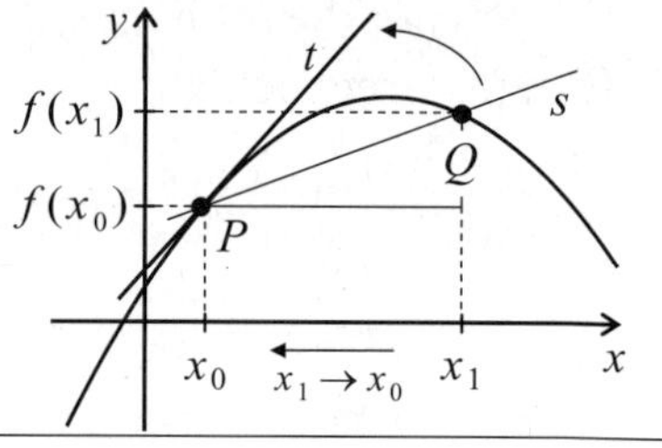
Berechnung	$\overline{m}=\frac{f(x_1)-f(x_0)}{x_1-x_0}$	$f'(x_0)=\lim\limits_{x_1\to x_0}\left(\frac{f(x_1)-f(x_0)}{x_1-x_0}\right)$
Mathemat. Begriffe	Differenzenquotient Steigung der Sekante s	Ableitung, Differenzialquotient Steigung der Tangente t
Bedeutung	Angabe, wie schnell sich die Funktionswerte im Intervall $[x_0\,;x_1]$ ändern	Angabe, wie schnell sich der Funktionswert an der Stelle x_0 ändert

Beispiel (Pflanzenwachstum)

Bei der Beobachtung des Wachstums einer Pflanze entstand der folgende Funktionsgraph:

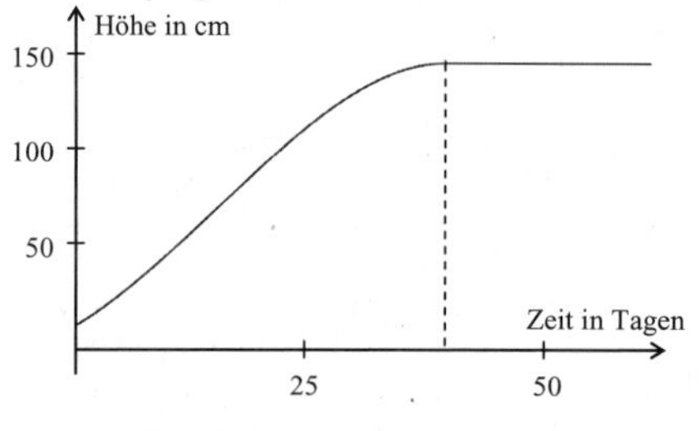

Für die Wachstumsphase wurde als Funktionsgleichung ermittelt:

$h(t)=-\frac{1}{360}\cdot t^3+\frac{2}{15}\cdot t^2+\frac{8}{3}\cdot t+5$ (h in cm und t in d).

a) *Pflanzenhöhe nach 10 Tagen*

Zu berechnen ist der Funktionswert von h für die Zeit $t=10$:

$$h(10)=-\frac{1}{360}\cdot 10^3+\frac{2}{15}\cdot 10^2+\frac{8}{3}\cdot 10+5\approx 42{,}2\,.$$

Die Pflanze ist nach 10 Tagen auf eine Höhe von etwa 42,2 cm angewachsen.

b) *Mittlere Wachstumsgeschwindigkeit in den ersten zehn Tagen*
Gesucht ist die mittlere Änderungsrate im Zeitintervall $[0;10]$:

$$\frac{h(10)-h(0)}{10-0}=\frac{42,2-5}{10}=3,72 \quad (\text{in cm/d}).$$

Die Wachstumsgeschwindigkeit in den ersten 10 Tagen beträgt 3,72 cm / Tag.

c) *Mittlere Wachstumsgeschwindigkeit für den zehnten Tag*
Gesucht ist die mittlere Änderungsrate im Zeitintervall $[9;10]$:

$$\frac{h(10)-h(9)}{10-9}=\frac{42,2-37,8}{1}=4,4 \quad (\text{in cm/d}).$$

Die mittlere Wachstumsgeschwindigkeit für den 10. Tag beträgt 4,4 cm / Tag.

d) *Momentane Wachstumsgeschwindigkeit am Ende des zehnten Tages*
Gesucht ist die momentane Änderungsrate zum Zeitpunkt $t = 10$.
Hierzu berechnen wir die Ableitung von h: $h'(t)=-\frac{1}{120}\cdot t^2+\frac{4}{15}\cdot t+\frac{8}{3}$.

Zu berechnen ist der Wert von h' für die Zeit $t=10$:

$$h'(10)=-\frac{1}{120}\cdot 10^2+\frac{4}{15}\cdot 10+\frac{8}{3}=4,50 \quad (\text{in cm/d}).$$

Die momentane Wachstumsgeschwindigkeit am Ende des 10. Tages beträgt 4,50 cm / Tag.

Aufgaben

28. Das Profil des berühmten Schlussanstiegs der Tour de France-Etappe in Richtung Alpe d'Huez ist in der Abbildung rechts zu sehen.

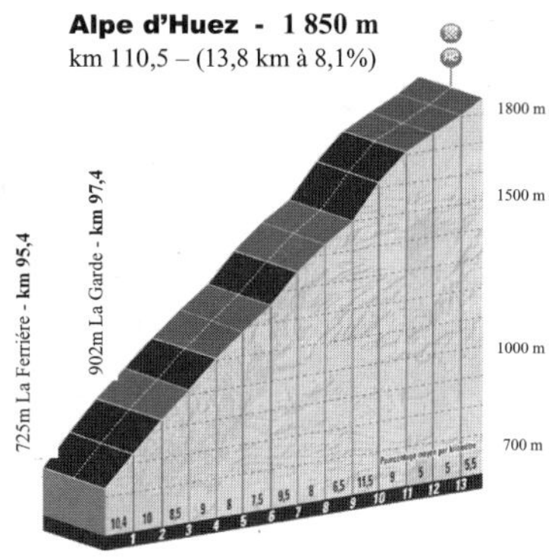

a) Was bedeutet die Angabe 8,1 %? Wie ergibt sich diese Prozentangabe rechnerisch?
b) Überprüfen Sie die Prozentangabe für das steilste Teilstück des Anstiegs.
c) Weshalb lässt sich die absolut steilste Stelle nicht exakt angeben?

(Eine vergrößerte Abbildung des Profils befindet sich in Anhang A4.)

29. Der Wasserstand eines Stausees wird innerhalb der ersten sieben Apriltage näherungsweise durch folgende Funktion beschrieben:

$h(t)=t^3-14t^2+47t+43$ (t: Zeit in Tagen, h: Höhe des Wasserstands in Meter).

a) Berechnen Sie die Höhe des Wasserstands zum Beginn des ersten Tages.
b) Berechnen Sie die mittlere Änderung des Wasserstands zwischen dem Beginn des ersten Tages und dem Beginn des vierten Tages.
c) Berechnen Sie die Wasserstandsänderung in der Mitte des vierten Tages.

Empirische Funktionen

In Alltagssituationen treten auch Funktionen auf, die nicht durch eine formelmäßige Rechenvorschrift definiert sind. Solche empirischen Funktionen sind definiert durch Messwerte, zu denen kein formelmäßiger Zusammenhang bekannt ist. Nachstehend ist eine derartige empirische Funktionen grafisch dargestellt.

Deutscher Aktienindex DAX (XETRA)

Zeitraum:

Januar 2016 bis Dezember 2016

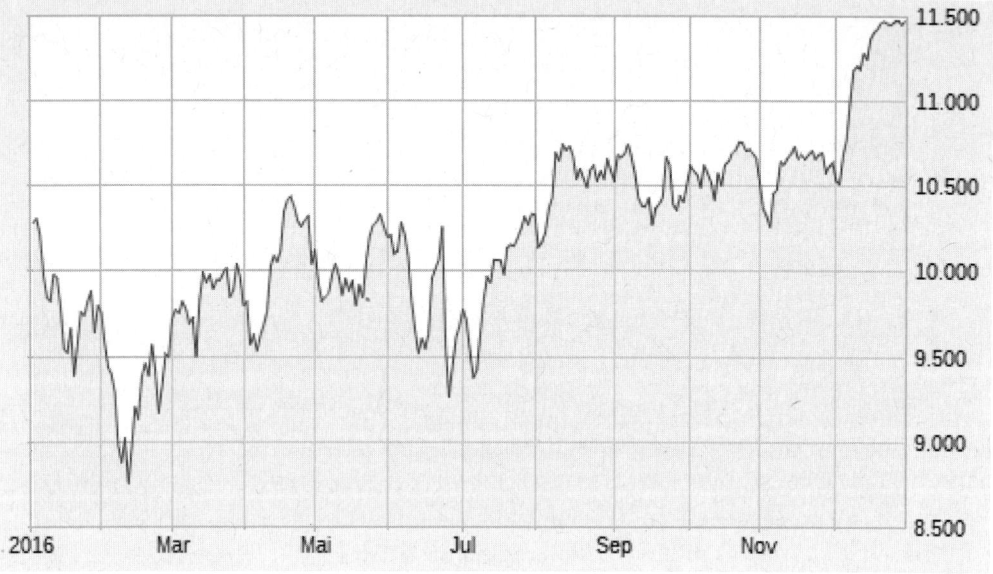

Aufgabe

30. Betrachten Sie das obige Diagramm zur Entwicklung des deutschen Aktienindex. Entnehmen Sie die benötigten Daten im Rahmen der Ablesegenauigkeit aus dem Diagramm.
    a) Bestimmen Sie die monatliche Änderung des Index für den Monat Dezember.
    b) Wie groß ist die mittlere monatliche Änderung des Index über das gesamte Jahr gesehen?
    c) Ziehen Sie einen Vergleich zum Absturz in der ersten Hälfte des Monats Februar.

Ableitung physikalischer Größen

Wir betrachten ein Auto, das sich auf einer geradlinigen Bahn bewegt und aus dem Stand anfährt.

Für die mittlere Geschwindigkeit des Autos im Zeitintervall $[t_0\,;t]$ gilt:

$$\bar{v} = \frac{\Delta s}{\Delta t} = \frac{s(t)-s(t_0)}{t-t_0}.$$

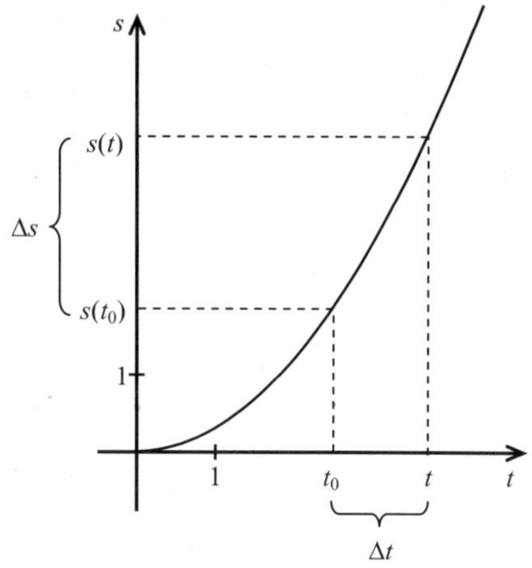

Dabei sind $s(t)$ und $s(t_0)$ die Ortskoordinaten des Autos zu den Zeitpunkten t und t_0. Δs stellt den in der Zeitspanne Δt zurückgelegten Weg dar.

Zur Momentangeschwindigkeit $v(t_0)$ gelangt man, indem man zu immer kleineren Zeitabständen Δt übergeht.

Dies bedeutet theoretisch $\Delta t \to 0$ und entspricht dem Übergang vom Differenzenquotienten zum Differenzialquotienten mit $t \to t_0$:

$$v(t_0) = \lim_{t\to t_0} \frac{s(t)-s(t_0)}{t-t_0} = \dot{s}(t_0)\ .$$

Die Momentangeschwindigkeit ist somit die Ableitung der Orts-Zeit-Funktion $t \mapsto s(t)$ nach der Zeit t. Um kenntlich zu machen, dass es sich um eine Ableitung nach der Zeit t handelt, verwendet man in der Physik hierfür die Schreibweise $\dot{s}$ (gelesen: „s Punkt").

(Die reale Messung der Momentangeschwindigkeit ist nicht unproblematisch, da sich beliebig kleine Zeitintervalle in der Praxis nicht realisieren lassen.)

Für die mittlere Beschleunigung des Autos im Zeitintervall $[t_0\,;t]$ gilt:

$$\bar{a} = \frac{\Delta v}{\Delta t} = \frac{v(t)-v(t_0)}{t-t_0}\ .$$

Dabei sind $v(t)$ und $v(t_0)$ die Momentangeschwindigkeiten des Autos zu den Zeitpunkten t und t_0. Δv gibt die Geschwindigkeitsänderung in der Zeitspanne Δt an.

Die Momentanbeschleunigung $a(t_0)$ zum Zeitpunkt t_0 erhält man wiederum durch den Grenzübergang $\Delta t \to 0$, also $t \to t_0$:

$$a(t_0) = \lim_{t\to t_0} \frac{v(t)-v(t_0)}{t-t_0} = \dot{v}(t_0)\ .$$

Die Momentanbeschleunigung ist demnach die Ableitung der Geschwindigkeits-Zeit-Funktion $t \mapsto v(t)$ nach der Zeit t.

Aufgaben

31. Galileo soll die Fallgesetze in Wirklichkeit durch Überlegung und nicht - wie vielfach überliefert - durch Versuche am schiefen Turm von Pisa gewonnen haben.
Die Orts-Zeit-Funktion des freien Falls lautet
$s(t) = \frac{1}{2}gt^2$ (t: Zeit in Sekunden,
s: zurückgelegter Weg in Meter),
wobei hier für die Erdbeschleunigung der Wert $g \approx 10\,m/s^2$ genommen werden soll.

a) Wie weit ist ein Körper 3 Sekunden nach dem Loslassen gefallen?
b) Wie weit fällt der Körper während der 3. Sekunde der Bewegung?
c) Bestimmen Sie das Geschwindigkeits-Zeit-Gesetz.
d) Welche Geschwindigkeit besitzt ein Körper zu den Zeitpunkten $t_1 = 1{,}5$ und $t_2 = 2$?

32. Ein Körper wird zum Zeitpunkt $0s$ mit einer Anfangsgeschwindigkeit v_0 nach oben geworfen.
Die Orts-Zeit-Funktion für diesen senkrechten Wurf lautet
$s(t) = -\frac{1}{2}gt^2 + v_0 \cdot t$ (t: Zeit in Sekunden,
s: zurückgelegter Weg in Meter),
wobei $g \approx 10\,m/s^2$ die Erdbeschleunigung ist und die Anfangsgeschwindigkeit den Wert $v_0 = 30\,m/s$ besitzt.

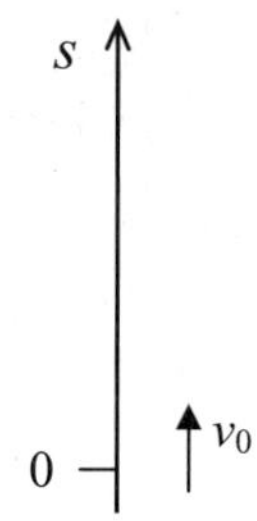

a) In welcher Höhe befindet sich ein nach oben geworfener Körper zum Zeitpunkt $t = 2s$?
b) Welche Geschwindigkeit hat der Körper zum Zeitpunkt $t = 3s$?
c) Berechnen Sie die Höhe, in der sich die Bewegungsrichtung umkehrt.
d) Nach welcher Zeit hat der Körper den Ausgangspunkt wieder erreicht?

33. Die Ableitung physikalischer Größen tritt auch in folgenden Beispielen auf:
- Leistung: $P(t) = \dot{W}(t)$,
- Kraft: $F(t) = \dot{p}(t)$,
- el. Stromstärke: $I(t) = \dot{Q}(t)$.

Informieren Sie sich durch ein Literaturstudium oder eine Internetrecherche über die vorkommenden physikalischen Größen.

34.* Verkehrssünder?

Neulich benötigte Gustav für eine 2,5 km lange Ortsdurchfahrt genau 180 Sekunden. Die Auswertung des elektronischen Fahrtenbuches, das die Fahrzeit und die zurückgelegte Wegstrecke speichert, hat folgende Weg-Zeit-Funktion ergeben:

$$s(t) = \frac{1}{18}\cdot t^3 - \frac{1}{3}\cdot t^2 + \frac{4}{3}\cdot t \,. \quad (t\text{: Zeit in min} \; ; \; s\text{: Weg in km})$$

Die Abbildung zeigt das zugehörige Weg-Zeit-Diagramm.

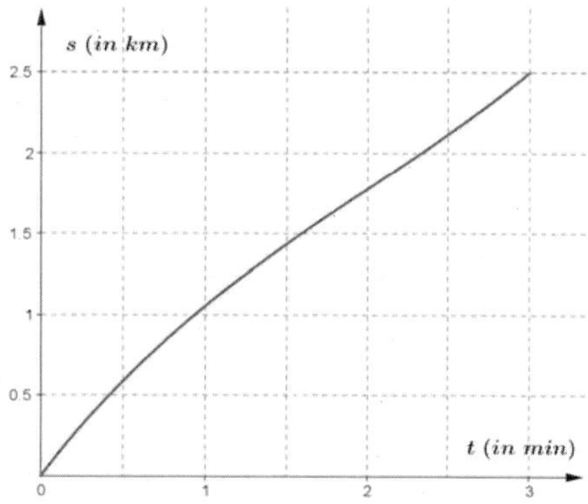

a) Gustav behauptet, er habe die innerörtliche Geschwindigkeitsbegrenzung eingehalten. Wie kommt er zu dieser Aussage?

b) Wie müsste das Weg-Zeit-Diagramm aussehen, wenn Gustav korrekt gefahren wäre?

c) Wie groß war Gustavs Geschwindigkeit am Ortsanfang und am Ortsende?

d) Wie lange dauerte es, bis Gustav die Geschwindigkeit auf 50km/h verringert hatte?

e) Lesen Sie aus dem Weg-Zeit-Diagramm den Zeitpunkt ab, zu dem Gustavs Geschwindigkeit am geringsten war. Wie groß war diese Geschwindigkeit?

f) 500 m hinter dem Ortseingang stand eine Radarkontrolle. Muss Gustav mit einem Bußgeldbescheid rechnen?

35. Die Bevölkerung von Neudorf hat sich seit 1970 näherungsweise gemäß

$$N(t) = 2\cdot t^2 + 120\cdot t + 5000$$

entwickelt. $N(t)$ ist die Einwohnerzahl zum Zeitpunkt t, t ist die Zeitspanne seit dem 01.01.1970 in Jahren gemessen.

a) Welche Einwohnerzahlen ergeben sich an den Stichtagen 01.01.1990 und 01.07.2000 ?

b) Wie groß ist die mittlere Änderungsrate der Einwohnerzahl im ersten Jahrzehnt?

c) Wie groß ist die momentane Änderungsrate zum Beginn des Jahres 1980?

36. Bei einer chemischen Reaktion A + B $\rightarrow$ C + D sind die Konzentrationen der beteiligten Stoffe Funktionen der Zeit. Sei z. B. $t \mapsto c(t)$ die Konzentration des Stoffes A. Betrachten Sie das Zeitintervall $[t_0 \; ; \; t]$ und erläutern Sie die chemische Bedeutung folgender Größen:

a) $c(t) - c(t_0)$, b) $\dfrac{c(t) - c(t_0)}{t - t_0}$, c) $\lim\limits_{t \to t_0} \dfrac{c(t) - c(t_0)}{t - t_0}$.

37. Bringt man Zink in Salzsäure, so entsteht Wasserstoff. Mit $V(t)$ bezeichnen wir die Menge des Wasserstoffs, der von Versuchsbeginn (Zeitpunkt 0s) bis zum Zeitpunkt t entstanden ist.
Die Tabelle enthält Messwerte.

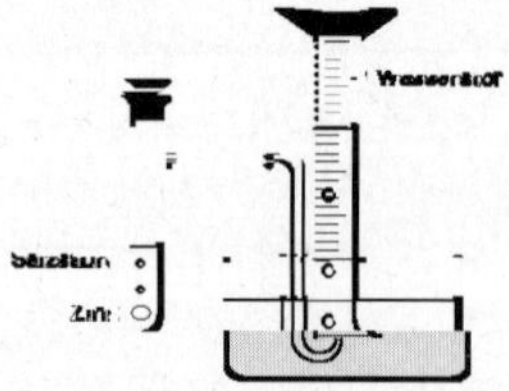

t (in s)	2	4	6	8	10	12	14	16
V (in ml)	21,0	32,2	38,2	41,4	43,1	44,0	44,5	44,7

a) Berechnen Sie die **Änderung** von V und die **mittlere Änderungsrate** von V im Zeitintervall [2s ; 6s].

b) Jemand behauptet: „Die mittlere Änderungsrate von V in dem Zeitintervall [4s ; 8s] beträgt 2,3 ml/s.
Bestätigen Sie diese Aussage und erläutern Sie die Bedeutung der Größe in dem gegebenen Sachzusammenhang.

c) Nachstehende Abbildung zeigt den Graphen der Funktion $t \mapsto V(t)$.
Welche geometrische Bedeutung hat die mittlere Änderungsrate von V im Intervall [2s ; 6s]?

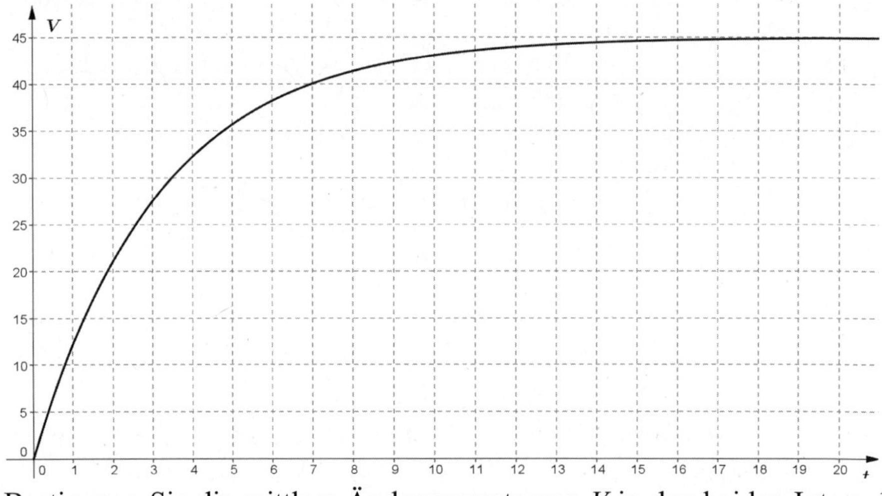

d) Bestimmen Sie die mittlere Änderungsrate von V in den beiden Intervallen [2s ; 5s] und [2s ; 3s].

e) Was versteht man unter der **momentanen Änderungsrate** von V zum Zeitpunkt 2s?
Bestimmen Sie einen Näherungswert für diese momentane Änderungsrate.

f) Wie groß ungefähr ist die momentane Änderungsrate des H_2-Volumens zum Zeitpunkt 8s?

g) Wie verhält sich die momentane Änderungsrate von V mit wachsender Versuchsdauer?

h) Zum Zeitpunkt 10s beträgt die momentane Änderungsrate des H_2-Volumens 0,61 ml/s. Was bedeutet das?

38. Ein Metallstab von 100 cm Länge wird an seinen Enden durch Wärmekontakt mit zwei Wärmereservoirs ständig auf den Temperaturen 100°C und 20°C gehalten.

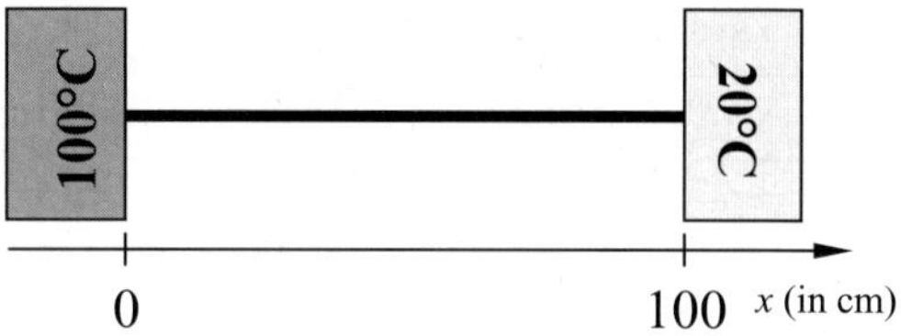

Die Abbildung zeigt, wie sich die Temperatur $T(x)$ nach hinreichend langer Zeit längs des Stabes verteilt.

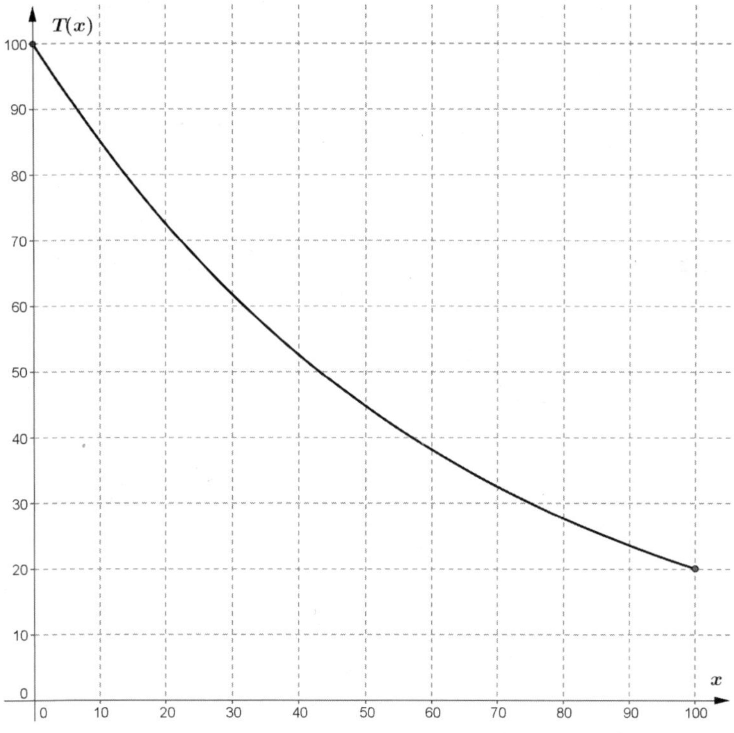

a) Bestätigen Sie, dass das **durchschnittliche Temperaturgefälle** im Intervall $[20\,\text{cm}; 30\,\text{cm}]$ ungefähr $-1{,}1\frac{\text{K}}{\text{cm}}$ beträgt.

Hinweis: Temperaturdifferenzen werden in K (Kelvin) angegeben.

b) Bestimmen Sie das durchschnittliche Temperaturgefälle in dem Intervall $[40\,\text{cm}; 70\,\text{cm}]$.

c) Bestimmen Sie das **lokale Temperaturgefälle** an den angegebenen Stellen.

Stelle	10 cm	50 cm	90 cm
lokales Temperaturgefälle			

39. **Kostenfunktion**

Bei der Herstellung einer Ware entstehen Kosten (Kosten für Rohstoffe, Betriebskosten für Maschinen, Lohnkosten usw.). Zu jeder hergestellten Warenmenge x (gemessen z. B. in Stück, t, m^3, ...) gehört ein bestimmter Kostenbetrag $k(x)$. Die Funktion $x \mapsto k(x)$ heißt **Kostenfunktion**.

Gegeben ist eine Kostenfunktion k mit

$$k(x) = x^3 - 15x^2 + 80x + 500 \text{ (in €)}.$$

Kapazitätsgrenze: $x_{\text{max}} = 12$ ME (ME = Mengeneinheiten).

Die Abbildung zeigt den Graphen der Kostenfunktion.

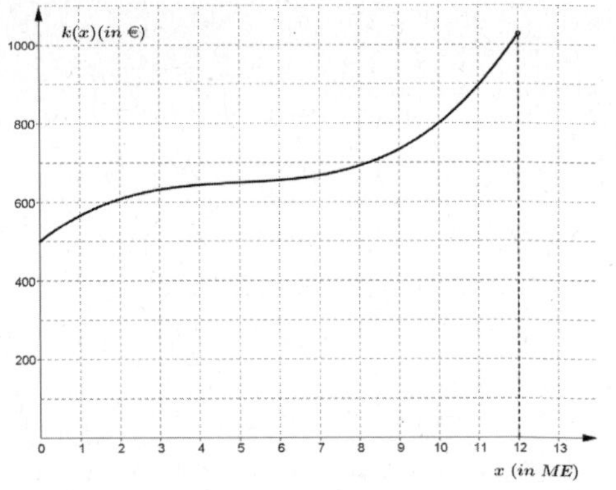

a) Welche Kosten entstehen bei der Produktion von 3 ME?

b) Wie hoch sind die Kosten je ME bei der Produktion von 3 ME (8 ME)?

c) Die Produktion wird von 2 ME auf 5 ME gesteigert. Um wie viel nehmen dabei im Mittel die Kosten für jede mehr produzierte Mengeneinheit zu?

d) Berechnen Sie ebenso die mittlere Änderungsrate der Kosten bei einer Erhöhung von 4 ME auf 7 ME, von 7 ME auf 10 ME, von 10 ME auf 12 ME.

e) In welchem Bereich ist es besonders günstig die Produktion zu erhöhen? Versuche diesen Bereich mit Hilfe des Begriffs **Ableitung** zu beschreiben. Die Ableitung k' nennt man in der Wirtschaftstheorie **Grenzkosten**.

11.8 Weitere Ableitungsregeln

Die Produktregel

Man könnte vermuten, dass sich Produkte von Funktionen faktorweise ableiten lassen, analog zu Summen und Differenzen. Folgende Vorbetrachtung widerlegt diese Vermutung:

- Für $f(x)=x^3$ wissen wir nach der Potenzregel, dass $f'(x)=3x^2$ ist.
- Schreibt man jedoch $f(x)=x\cdot x^2$ als Produkt und leitet faktorweise ab, so ergibt sich $1\cdot(2x)=2x$ als Ableitung und nicht $3x^2$.

Diese Vorbetrachtung zeigt, dass es für das Produkt von Funktionen keine entsprechende Ableitungsregel wie bei der Summe von Funktionen gibt.

Für das Ableiten eines Produkts zweier Funktionen gilt folgende Regel, auf deren Nachweis wir verzichten wollen.

Produktregel (PR)

Sind die Funktionen u und v an der Stelle x differenzierbar, so ist auch das Produkt $u\cdot v$ an der Stelle x differenzierbar und es gilt:

$$(u\cdot v)'(x)=u'(x)\cdot v(x)+u(x)\cdot v'(x).$$

Beispiel (Anwendung der Produktregel)

$$((\underbrace{1+x^3}_{u(x)})\cdot(\underbrace{2-x^2}_{v(x)}))'=\underbrace{3x^2}_{u'(x)}\cdot(\underbrace{2-x^2}_{v(x)})+(\underbrace{1+x^3}_{u(x)})\cdot(\underbrace{-2x}_{v'(x)})$$
$$=6x^2-3x^4-2x-2x^4$$
$$=-5x^4+6x^2-2x$$

Merkregel:
$(u\cdot v)'=u'\cdot v+u\cdot v'$

Aufgaben

40. Leiten Sie gemäß der Produktregel ab. Machen Sie anschließend die Probe, indem Sie den Funktionsterm zuerst ausmultiplizieren und dann ableiten.
    a) $f(x)=(x-4)\cdot(x+2)$ b) $f(x)=(1-x)\cdot(5+2x)$

41. Bilden Sie die Ableitung.
    a) $f(x)=(3x^2+2)\cdot(x^3-10x)$ b) $f(x)=(x+2)^2$
    c) $f(x)=(2x-3)\cdot(x^2+4x)+4$ d) $f(x)=(x^2-2)^2$

42. Bilden Sie die Ableitung.
    a) $f(x)=(x^2-2)\cdot(x^3+1)$ b) $f(x)=(1-x)\cdot(x^3+x-1)$

Die Quotientenregel

Wir suchen eine Ableitungsregel für Quotientenfunktionen der Form $f(x)=\frac{u(x)}{v(x)}$.

Wie im Fall eines Produkts, kann man nicht erwarten, dass die Ableitung gleich dem Quotienten der Ableitungen von Zähler und Nenner ist.

Man kann dies schon am Beispiel der Kehrwertfunktion $f(x)=\frac{1}{x}$ erkennen:

- Hier gilt $f'(x)=-\frac{1}{x^2}$.
- Dagegen wäre die Ableitung der Zählerfunktion $u'(x)=0$, die der Nennerfunktion $v'(x)=1$.

Für das Ableiten eines Quotienten zweier Funktionen gilt folgende Regel:

Quotientenregel (QR)

Sind die Funktionen u und v an der Stelle x differenzierbar und gilt dabei $v(x)\neq 0$, so ist auch der Quotient $\frac{u}{v}$ an der Stelle x differenzierbar und es gilt für die Ableitung:

$$\left(\frac{u}{v}\right)'(x)=\frac{v(x)\cdot u'(x)-u(x)\cdot v'(x)}{\left(v(x)\right)^2}.$$

Beispiel (Anwendung der Quotientenregel)

Bei $f(x)=\frac{4x}{3x^2+2}$ ist die

- Zählerfunktion $u(x)=4x$ mit $u'(x)=4$,
- Nennerfunktion $v(x)=3x^2+2$ mit $v'(x)=6x$.

Die Quotientenregel ergibt:

$$f'(x)=\frac{\overbrace{(3x^2+2)}^{v(x)}\cdot\overbrace{4}^{u'(x)}-\overbrace{4x}^{u(x)}\cdot\overbrace{6x}^{v'(x)}}{\underbrace{(3x^2+2)^2}_{(v(x))^2}}=\frac{12x^2+8-24x^2}{(3x^2+2)^2}$$

$$=\frac{-12x^2+8}{(3x^2+2)^2}$$

Kurzform:

$$\left(\frac{u}{v}\right)'=\frac{v\cdot u'-u\cdot v'}{v^2}$$

Merkregel:

NAZ minus ZAN

Nenner · Ableitung Zähler
minus
Zähler · Ableitung Nenner

Aufgabe

43. Differenzieren Sie mithilfe der Quotientenregel.

a) $f(x)=\frac{x}{x+1}$ b) $f(x)=\frac{3x}{x-1}$ c) $f(x)=\frac{x}{x-1}$

d) $f(x)=\frac{x+1}{x-1}$ e) $f(x)=\frac{x^2+4}{x-2}$) $f(x)=$f$\frac{x+1}{x^2-2}$

Die Kettenregel

Wir versuchen, anhand eines Beispiels, eine Regel für die Ableitung verketteter Funktionen zu gewinnen. Wir betrachten als einfacheres Beispiel die Funktion f mit $f(x) = (x^4 + 1)^2$, da sich in diesem Fall die Verkettung mit rechnerisch vertretbarem Aufwand auflösen lässt.

Die Funktion $f: x \mapsto (x^4 + 1)^2$ kann man sich als Verkettung folgender Teilfunktionen aufgebaut denken:

innere Funktion: $h(x) = x^4 + 1$ mit $h'(x) = 4x^3$

äußere Funktion: $g(x) = x^2$ mit $g'(x) = 2x$

Wir formen den Funktionsterm von f mithilfe der 1. binomischen Formel um:

$$f(x) = (x^4+1)^2 = (x^4)^2 + 2 \cdot x^4 \cdot 1 + 1^2 = x^8 + 2x^4 + 1.$$

Nun können wir die Ableitung von f nach schon bekannten Regeln bilden:

$$f'(x) = 8x^7 + 8x^3.$$

Um eine Regel zu erkennen, formen wir den Ableitungsterm so um, dass dabei die Ableitungen der Teilfunktionen der Verkettung sichtbar werden:

$$f'(x) = 8x^3 \cdot (x^4+1) = \underbrace{2 \cdot (x^4+1)}_{g'(h(x))} \cdot \underbrace{4x^3}_{h'(x)}.$$

Die Regel für das Ableiten verketteter Funktionen wird als **Kettenregel** bezeichnet (auf den Beweis dieser Regel soll verzichtet werden).

Kettenregel (KR)
Ist die Funktion h an einer Stelle x und die Funktion g an der Stelle $h(x)$ differenzierbar, so ist auch die Verkettung $g \circ h$ an der Stelle x differenzierbar und es gilt dabei:

$$(g \circ h)'(x) = g'(h(x)) \cdot h'(x) .$$

Für $g \circ h$ ist g die **äußere** und h die **innere** Funktion. Die Kettenregel kann mit diesen Begriffen wie folgt verbal formuliert werden:

$$(g \circ h)'(x) \;=\; g'(h(x)) \;\cdot\; h'(x)$$

$(g \circ h)'(x)$ ↑	$g'(h(x))$ ↑	$h'(x)$ ↑
Ableitung der Gesamtfunktion	äußere Ableitung	innere Ableitung

Man kann sich daher die Kettenregel auch unter folgender Abkürzung merken:

„Äußere Ableitung mal innere Ableitung“.

Beispiel (Anwenden der Kettenregel)

Wir betrachten die Funktion mit der Gleichung $f(x)=(x^4+1)^7$ auf. Wir sind nun in der Lage, die Ableitung ohne Auflösung der Verkettung mithilfe der Kettenregel zu bilden:

- äußere Funktion: $g(x)=x^7$,
- innere Funktion: $h(x)=x^4+1$.

Für die Ableitung ergibt sich:

$$f'(x) = g'(h(x))\cdot h'(x) = \underbrace{7\cdot(x^4+1)^6}_{\text{äußere Ableitung}} \cdot \underbrace{4x^3}_{\text{innere Ableitung}} = 28x^3\cdot(x^4+1)^6.$$

Die Anwendung der Kettenregel ergibt als weiteren Vorteil, dass der Ableitungsterm bereits in faktorisierter Form vorliegt. Dies ist für weitere Anwendungen oftmals günstig.

Aufgaben

44. Leiten Sie mithilfe der Kettenregel ab.

a) $f(x)=(5x+2)^4$ b) $f(x)=(3-x)^3$ c) $f(x)=(2-x^2)^3$

d) $f(x)=(x-2)^5$ e) $f(x)=(1-x)^6$ f) $f(x)=(1-\frac{1}{3}x^3)^4$

g) $f(x)=(\frac{1}{2}-2x)^5$ h) $f(x)=(\frac{1}{x}-1)^3$ i) $f(x)=(5-\frac{1}{x})^4$

45. Leiten Sie zunächst mithilfe der Kettenregel und dann ein zweites Mal ohne Verwendung der Kettenregel ab. Vergleichen Sie die Ergebnisse.

a) $f(x)=(5-2x)^2$ b) $f(x)=(x^4)^3$ c) $f(x)=(1-x)^3$

46. Leiten Sie ab. Finden Sie selbst die zutreffende Regel.

a) $f(x)=2x+2$ b) $f(x)=(5-2x)^4$ c) $f(x)=3x^4-2x^2-1$

d) $f(x)=x\cdot(x-1)^7$ e) $f(x)=5$ f) $f(x)=(1-\frac{1}{2}x^4)^5$

g) $f(x)=\frac{x+5}{x-3}$ h) $f(x)=(2-x)^5$ i) $f(x)=\frac{x+1}{x}$

47. Leiten Sie ab.

a) $f(x)=(x-1)\cdot(x+1)$ b) $f(x)=\frac{1}{4}\pi^4$ c) $f(x)=0{,}25\cdot(x^4-1)$

d) $f(x)=\frac{x+5}{x^2-1}$ e) $f(x)=\frac{1}{4}(x^2-5)^3$ f) $f(x)=\frac{x^2-x}{x}$

g) $f(x)=(\frac{1}{2}-5x)^3$ h) $f(x)=(2-x)\cdot(1+2x)$ i) $f(x)=\frac{x^2+5}{x^2-x}$

11.9 Höhere Ableitungen

Viele Funktionen können mehrfach, manche sogar unendlich oft abgeleitet (differenziert) werden.

Ist die Ableitungsfunktion f' einer differenzierbaren Funktion wiederum differenzierbar, so schreibt man für die zugehörige Ableitungsfunktion $(f')'$ kurz f'' (gelesen: „f zwei Strich“) und bezeichnet sie als zweite Ableitung der Funktion f.

Entsprechend lassen sich **höhere Ableitungen** bilden:

$f''(x) = (f'(x))'$ zweite Ableitung von f,

$f'''(x) = (f''(x))'$ dritte Ableitung von f,

$f^{(4)}(x) = (f'''(x))'$ vierte Ableitung von f.

Die n-te Ableitung der Funktion f bezeichnet man allgemein mit $f^{(n)}$.

Beispiel (Berechnung höherer Ableitungen)

Für die Funktion $f(x) = x^4 - 3x^3 - 5$ erhält man die höheren Ableitungen:

$$f'(x) = 4x^3 - 9x^2 \quad ; \quad f''(x) = 12x^2 - 18x \quad ; \quad f'''(x) = 24x - 18 \ .$$

Aufgaben

48. Leiten Sie zweimal ab.

a) $f(x) = 3 - 2x$ b) $f(x) = x^3 - 7x^2 + 1$ c) $f(x) = 3x^2 - 5x - 4$

d) $f(x) = 5x^6 - 7x^3 + x$ e) $f(x) = 8x^6 - 9x^5 + x^3$ f) $f(x) = \frac{1}{2}x^5 - \frac{5}{2}x^3 + \frac{1}{5}x$

49. Bilden Sie so oft die Ableitung der Funktion f, bis die Ableitungsfunktion eine konstante Funktion ist.

a) $f(x) = 3x^2 - 2x$ b) $f(x) = 3x^3 - 3x^2 + 5x$

c) $f(x) = \sqrt{2} \cdot x^3 - 11x^2 + 1$ d) $f(x) = -\frac{1}{2}x^3 - \frac{5}{2}x^2 - \frac{1}{7}x$

50. Ein PKW bewegt sich im Zeitintervall [0h ; 4h] nach dem Orts-Zeit-Gesetz:

$$s(t) = 10\,t^4 - 80\,t^3 + 160\,t^2 \quad (t: \text{Zeit in h} \ ; \ s: \text{Weg in km}).$$

a) Berechnen Sie die Geschwindigkeitsfunktion $v(t)$ und die Beschleunigungsfunktion $a(t)$.

b) Zeichnen Sie die Graphen von $s(t)$ und $v(t)$ und $a(t)$ in ein gemeinsames Koordinatensystem.

c) Lesen Sie die maximale Entfernung des Fahrzeugs vom Ausgangspunkt sowie seine maximale Geschwindigkeit ab.

11.10 Tangente und Normale

Gleichung von Tangente und Normale

Mithilfe der Ableitung f' einer differenzierbaren Funktion f kann man im Punkt $B(x_0|f(x_0))$ des Funktionsgraphen die Tangentensteigung bestimmen und damit die Gleichung der Tangente angeben.

Die Punktsteigungsgleichung einer Geraden lässt sich auf den Fall der Tangente übertragen:

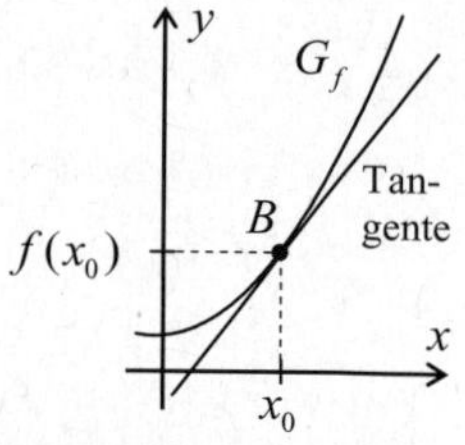

$$\begin{array}{ccccccc} y & = m & \cdot & (x - x_0) & + & y_0 \\ & \downarrow & & \downarrow & & \downarrow \\ & f'(x_0) & & x_0 & & f(x_0) \end{array}$$

Allgemeine Tangentengleichung an einem Punkt eines Graphen

Es sei f an der Stelle x_0 differenzierbar. Die Tangente t an den Graphen von f im Berührpunkt $B(x_0|f(x_0))$ hat die Gleichung:

$$t\colon y = f'(x_0) \cdot (x - x_0) + f(x_0).$$

Beispiel (Tangente bei der Quadratfunktion)

Die Quadratfunktion $f(x) = x^2$ besitzt die Ableitungsfunktion $f'(x) = 2x$.

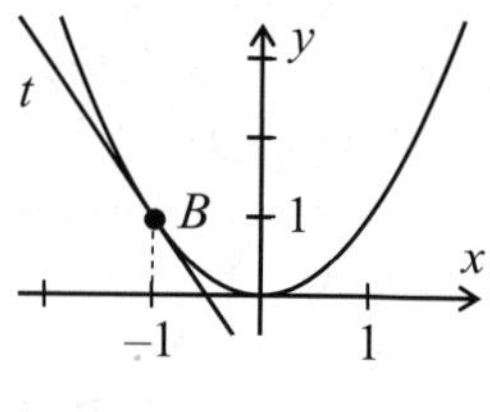

Für die Stelle $x_0 = -1$ ergibt sich:

$f'(-1) = 2 \cdot (-1) = -2$ und $f(-1) = (-1)^2 = 1$.

Die Tangente an der Stelle $x_0 = -1$ hat die Gleichung:

$y = f'(-1) \cdot (x - (-1)) + f(-1) = -2 \cdot (x + 1) + 1 = -2x - 1$, also $t\colon y = -2x - 1$.

Die Normale n in einem Punkt $B(x_0|f(x_0))$ eines Funktionsgraphen ist die zur Tangente t senkrechte Gerade durch den Punkt B. Zwischen Normalensteigung m_n und Tangentensteigung m_t besteht der Zusammenhang:

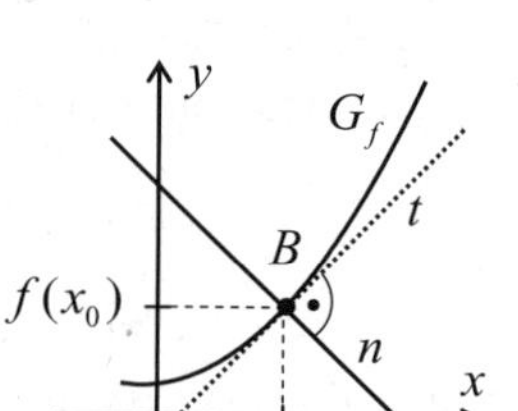

$$m_n \cdot m_t = -1 \Leftrightarrow m_n = -\frac{1}{m_t} = -\frac{1}{f'(x_0)}.$$

Damit ergibt sich aus der allgemeinen Tangentengleichung:

Allgemeine Normalengleichung an einem Punkt eines Graphen

Es sei f an der Stelle x_0 differenzierbar. Die Normale n an den Graphen von f im Punkt $B(x_0|f(x_0))$ hat die Gleichung:

$$n\colon y = -\frac{1}{f'(x_0)} \cdot (x - x_0) + f(x_0) \quad (\text{mit } f'(x_0) \neq 0).$$

Beispiel (Normale bei der Kubikfunktion)

Die Kubikfunktion $f(x) = x^3$ besitzt die Ableitungsfunktion $f'(x) = 3x^2$.

Für die Stelle $x_0 = 1$ ergibt sich:

$f'(1) = 3 \cdot 1^2 = 3$ und $f(1) = 1^3 = 1$.

Die Normale an der Stelle $x_0 = 1$ hat die Gleichung:

$$n: y = -\frac{1}{f'(1)} \cdot (x-1) + f(1) = -\frac{1}{3} \cdot (x-1) + 1 = -\frac{1}{3}x + \frac{4}{3}.$$

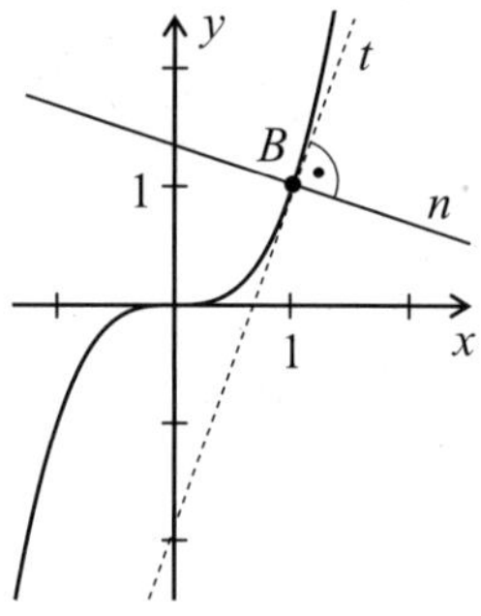

Aufgaben

51. Bestimmen Sie für die Funktion $f(x) = x^4$ eine Gleichung der Tangente an den Graphen von f an der Stelle $x_0 = -2$.

52. Zeichnen Sie den Graphen der Funktion $f(x) = x^2 - 2x$ und die Tangente an den Graphen für die Stelle $x_0 = 2$.
Ermitteln Sie eine Gleichung der gezeichneten Tangente.

53. Was für eine Tangente hat der Graph von $f(x) = \sqrt{x}$ an der Stelle 0?
Fertigen Sie eine Zeichnung an und geben Sie eine Gleichung für die Tangente an.

54. Gegeben ist die Funktion f mit der Gleichung $f(x) = x^3 - 2x^2 + 3$.
Untersuchen Sie, welche der folgenden Geraden die Tangente an den Graphen von f an der Stelle $x_0 = 2$ ist.
Kommt eine der Geraden als Normale an der Stelle $x_0 = 2$ infrage?
a) $y = 4x + 3$ b) $y = -4x + 1$ c) $y = 4x - 3$ d) $y = -\frac{1}{4}x + \frac{7}{2}$

55. Bestimmen Sie eine Gleichung der Tangenten an den Graphen der Funktion mit der Gleichung $f(x) = -x^3 + 2x^2 - 2$ an der Stelle $x_0 = 2$.

56. Gegeben ist die Funktion $f(x) = \frac{1}{3}x^3$.
Bestimmen Sie eine Gleichung der Normalen an G_f an der Stelle $x_0 = -1$.
Zeichnen Sie den Graphen samt Tangente und Normale.

57. Geben Sie für die Funktion $f(x) = (x - x_0)^2$ eine Gleichung der Normalen an der Stelle x_0 an.

Berühren und senkrechtes Schneiden

Den beiden Sonderfällen $m_2 = m_1$ und $m_2 \cdot m_1 = -1$ für die Steigung zweier Funktionsgraphen an einer Stelle x_0 kommt eine besondere geometrische Bedeutung zu.

Berühren

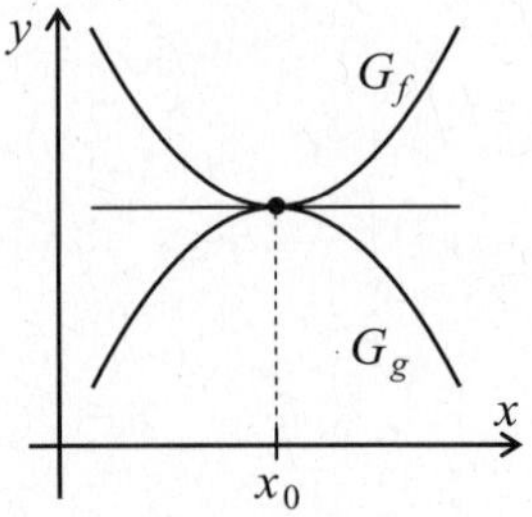

$m_2 = g'(x_0) = f'(x_0) = m_1$

Die Funktionsgraphen besitzen an der Stelle x_0 eine gemeinsame Tangente.

Senkrechtes Schneiden

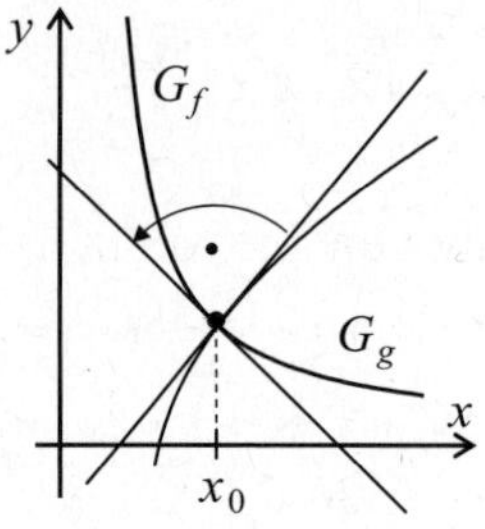

$m_2 \cdot m_1 = g'(x_0) \cdot f'(x_0) = -1$

Die Tangenten an der Stelle x_0 stehen senkrecht aufeinander.

Berühren und senkrechtes Schneiden von Funktionsgraphen

Die Graphen zweier Funktionen f und g

(1) **berühren** sich an der Stelle x_0, wenn gilt:

$$f(x_0) = g(x_0) \text{ und } f'(x_0) = g'(x_0),$$

(2) **schneiden sich rechtwinklig** an der Stelle x_0, wenn gilt:

$$f(x_0) = g(x_0) \text{ und } f'(x_0) \cdot g'(x_0) = -1.$$

Beispiel (Untersuchen auf Berühren oder senkrechtes Schneiden)

Gegeben sind die Parabeln mit den Gleichungen

$f(x) = -x^2 + \frac{1}{4}$ und $g(x) = \frac{1}{4}x^2 - 1$.

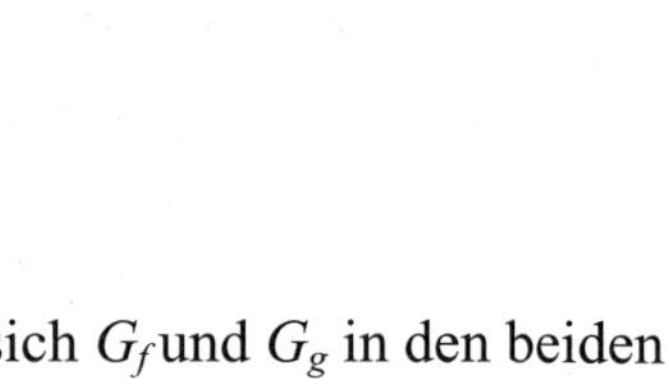

Berechnung der Schnittstellen

$f(x) = g(x) \Leftrightarrow -x^2 + \frac{1}{4} = \frac{1}{4}x^2 - 1 \Leftrightarrow -\frac{5}{4}x^2 = -\frac{5}{4}$

$\Leftrightarrow x^2 = 1 \Leftrightarrow x = -1 \vee x = 1$

Ableitungen

$f'(x) = -2x$ mit $f'(-1) = 2$ und $f'(1) = -2$

$g'(x) = \frac{1}{2}x$ mit $g'(-1) = -\frac{1}{2}$ und $g'(1) = \frac{1}{2}$

Senkrechtes Schneiden

Wegen $f'(-1) \cdot g'(-1) = f'(1) \cdot g'(1) = -1$ schneiden sich G_f und G_g in den beiden Schnittstellen jeweils senkrecht.

Berühren

Wegen $f'(-1) \neq g'(-1)$ und $f'(1) \neq g'(1)$ liegen keine Berührstellen vor.

Aufgaben

58. Untersuchen Sie, ob sich die Graphen von f und g an der Stelle x_0 berühren oder senkrecht schneiden.
   a) $f(x)=x^2+3$; $g(x)=-x^2+4x+1$; $x_0=1$
   b) $f(x)=x^3+x^2-3$; $g(x)=x^2+4x$; $x_0=-1$

59. Untersuchen Sie, ob sich die Graphen der beiden Funktionen $f\colon x \mapsto -2-x^2$ und $g\colon x \mapsto 4x+x^2$ berühren.

60. Die Abbildung zeigt die Graphen der Funktionen f und g mit
   $f(x)=-\frac{1}{5}x^3+x^2$ und
   $g(x)=-\frac{1}{2}x^2+\frac{12}{5}x+\frac{8}{5}$.
   a) Berechnen Sie die gemeinsamen Punkte der beiden Graphen.
   b) Begründen Sie, dass sich die beiden Graphen im Punkt B berühren.

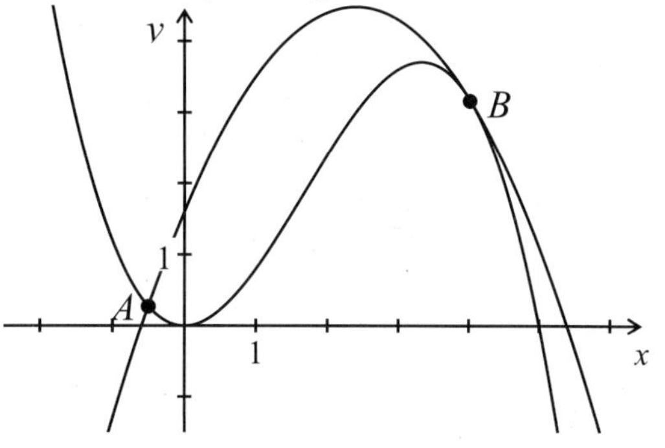

61.* Die Abbildung zeigt die Graphen der Funktionen
   $f\colon x \mapsto x^3-x+1$ und
   $g\colon x \mapsto \frac{1}{8}\cdot(3x^3-5x^2-3x+13)$.
   a) Welcher Graph gehört zur Funktion f?
   b) Berechnen Sie die Koordinaten der gemeinsamen Punkte von G_f und G_g.
   c) In einem gemeinsamen Punkt können sich zwei Graphen berühren oder schneiden, insbesondere rechtwinklig. Prüfen Sie rechnerisch, welcher Fall in A bzw. B jeweils vorliegt.

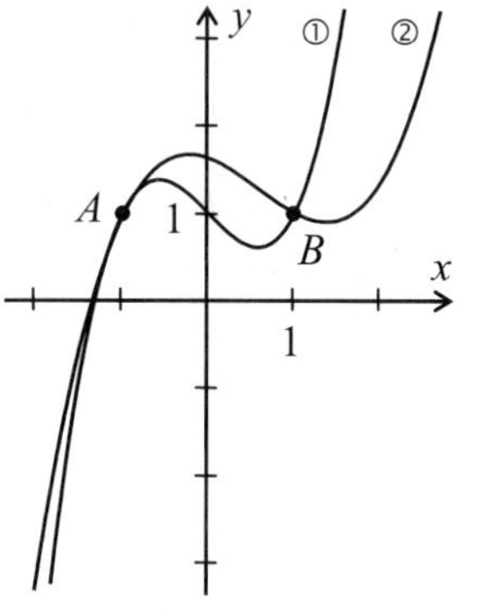

11.11 Stetigkeit und Differenzierbarkeit

Für Funktionen, die über *einem Intervall* definiert sind, gibt es grobe, aber sehr nützliche Veranschaulichungen der Begriffe stetig und differenzierbar.

Stetigkeit

Eine Funktion ist stetig, wenn man ihren Graphen in einem Zuge, also ohne Absetzen, durchzeichnen kann.
(Es darf keine Sprungstelle auftreten.)

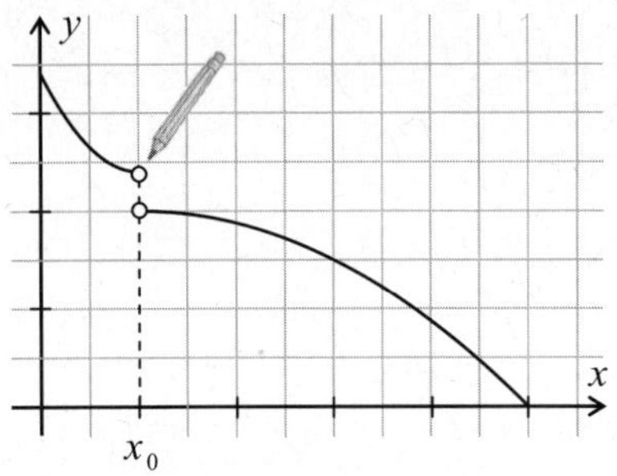

nicht stetig an der Stelle x_0

Differenzierbarkeit

Eine Funktion ist differenzierbar, wenn man ihren Graphen in einem Zuge durchzeichnen kann und dabei kein „Knick“, keine „Spitze“ und keine vertikale Tangente auftritt.

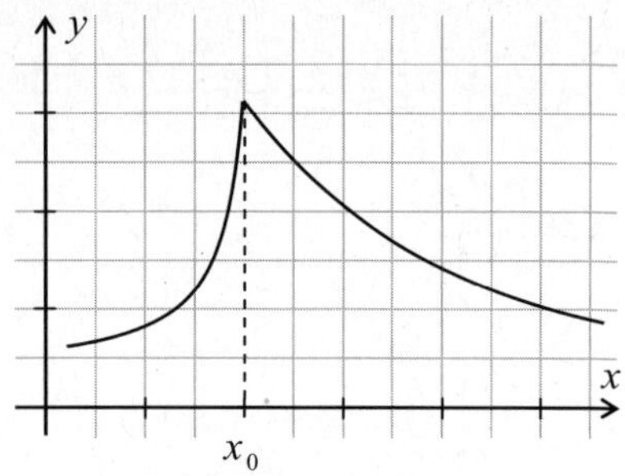

an der Stelle x_0
nicht differenzierbar

Beispiel (Betragsfunktion)

Die Betragsfunktion $f: \mathbb{R} \to \mathbb{R}, x \mapsto |x|$ ist

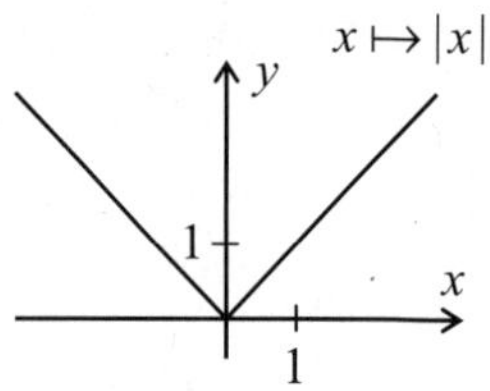

- stetig in ihrer gesamten Definitionsmenge $\mathbb{R}$,
- differenzierbar an allen Stellen $x \neq 0$,
- nicht differenzierbar an der Stelle 0.
  Man erkennt dies anschaulich daran, dass der Graph im Ursprung eine Spitze besitzt.

Beispiel (Wurzelfunktion)

Die Wurzelfunktion $f: \mathbb{R}_0^+ \to \mathbb{R}, x \mapsto \sqrt{x}$ ist

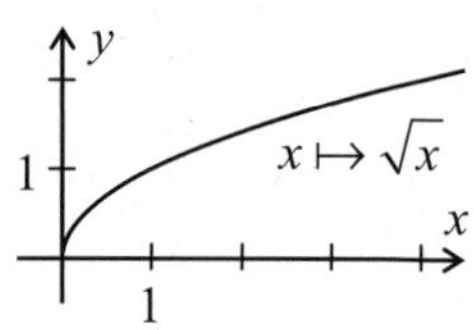

- stetig in ihrer gesamten Definitionsmenge $\mathbb{R}_0^+$,
- differenzierbar an allen Stellen $x \neq 0$,
- nicht differenzierbar an der Stelle 0.

  Man erkennt dies anschaulich daran, dass der Graph im Ursprung eine vertikale Tangente besitzt.

Man kann aber umgekehrt die Frage stellen, ob vielleicht aus der Differenzierbarkeit einer Funktion an einer Stelle x_0 die Stetigkeit an dieser Stelle folgt.

Man kann nachweisen, dass sich diese Frage positiv beantworten lässt.

Zusammenhang zwischen Stetigkeit und Differenzierbarkeit

Ist eine Funktion an einer Stelle differenzierbar, dann ist sie dort auch stetig.

In Kurzform lautet der Zusammenhang zwischen Stetigkeit und Differenzierbarkeit einer Funktion:

Differenzierbarkeit bei x_0
$\Downarrow$
Stetigkeit bei x_0

Mit jeder Aussage gilt zugleich auch ihre **Kontraposition**:

Keine Stetigkeit bei x_0
$\Downarrow$
Keine Differenzierbarkeit bei x_0

Die Differenzierbarkeit ist eine „stärkere“ Eigenschaft einer Funktion als die Stetigkeit.

Für diesen Sachverhalt verwendet man auch die nebenstehende Sprechweise:

Die Stetigkeit ist für die Differenzierbarkeit eine notwendige, aber keine hinreichende Bedingung.

Am Graphen einer in einem Intervall definierten Funktion kann man anschaulich die Stellen ablesen, an denen eine Funktion nicht differenzierbar ist.

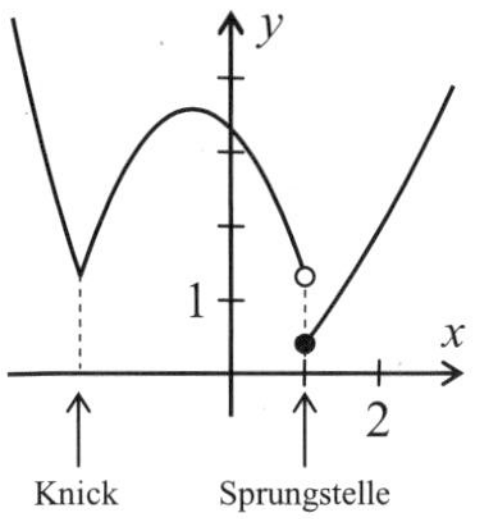

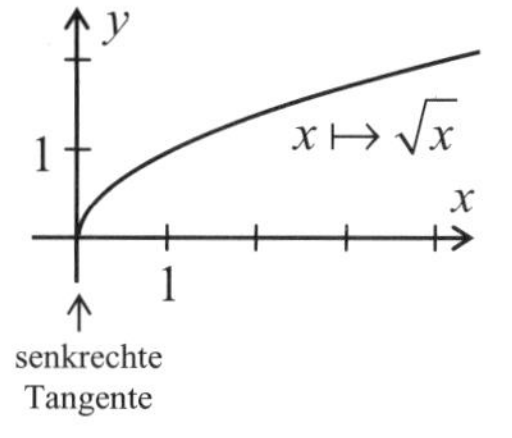

Stellen, an denen eine Funktion nicht differenzierbar ist, sind:

- alle Unstetigkeitsstellen (Sprungstellen),
- alle Stellen, an denen der Graph eine „Ecke“ oder einen „Knick“ besitzt,
- alle Stellen, an denen der Graph eine senkrechte Tangente hat.

Aufgaben

62. Entscheiden Sie anhand der Graphen, welche der Eigenschaften Stetigkeit und Differenzierbarkeit an den gekennzeichneten Stellen vorliegen.

a)

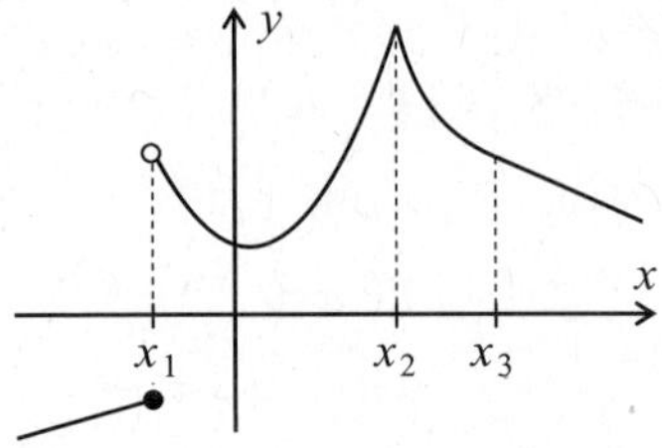

b)

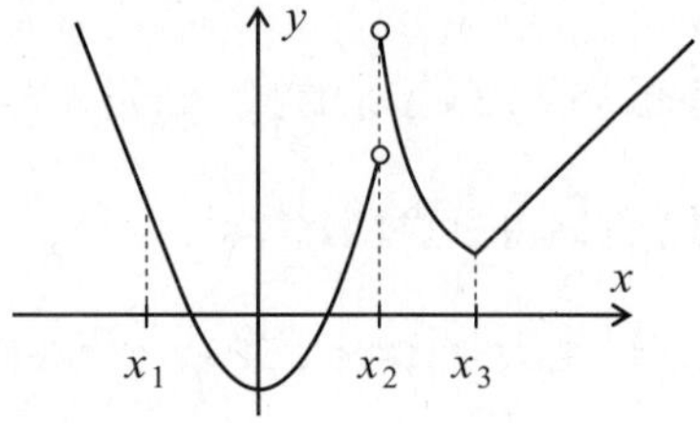

63. Für einen Snowboard-Sprungwettbewerb wird eine Rampe präpariert. Die Teilnehmer starten von einer waagrechten Plattform (AB), gleiten ab B durch die Rampe (BC) und beginnen den Sprung im Punkt C. Die Bahnkurve des Sprunges entspricht annähernd einer Parabel.

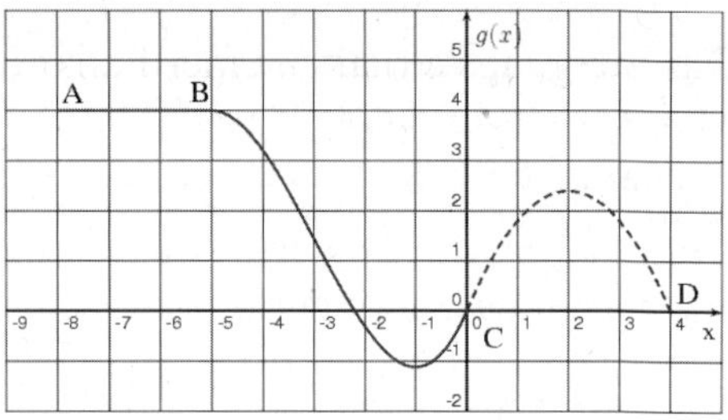

Die Kurve wird beschrieben durch die abschnittsweise definierte Funktion g. Begründen Sie rechnerisch, dass die Übergänge stetig und glatt erfolgen.

$$g(x)=\begin{cases} 4 & \text{für } -8\le x<-5 \\ \frac{4}{25}(x^3+9x^2+15x) & \text{für } -5\le x\le 0 \\ -\frac{3}{5}x^2+\frac{12}{5}x & \text{für } 0<x\le 4 \end{cases}$$

64.* Beim Bau einer Erdölpipeline muss zwischen zwei geradlinig verlaufenden Teilstücken eine Verbindung gebaut werden.

In einem geeigneten Koordinatensystem lassen sich die beiden Teilstücke darstellen durch Geraden mit den Gleichungen

$g\colon y=\frac{1}{4}x$ für $x\le 0$ bzw.

$h\colon y=2x-13$ für $x\ge 5$.

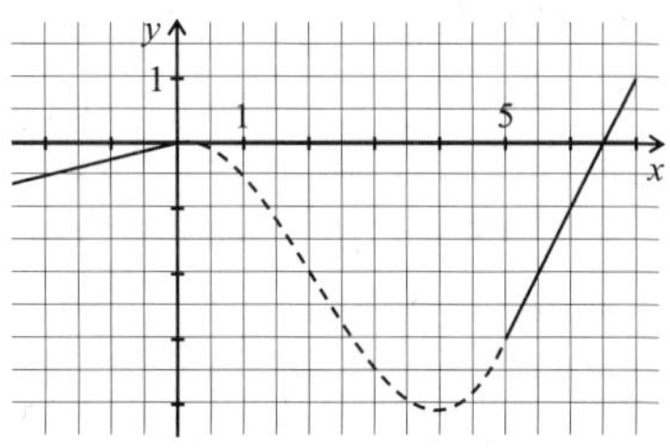

Die Teilstücke sollen verbunden werden. Geben Sie eine ganzrationale Funktion 3. Grades an, sodass die Pipelines knickfrei ineinander übergehen.

65. Welche der folgenden Aussagen sind wahr, welche falsch? Begründen Sie die Aussage oder widerlegen Sie sie durch Angabe eines Gegenbeispiels.

a) Eine Funktion, die in x_0 nicht definiert ist, kann dort aber stetig sein.

b) Eine Funktion, die in x_0 differenzierbar ist, kann dort unstetig sein.

c) Eine Funktion, die in x_0 unstetig ist, kann dort differenzierbar sein.

d) Ist eine Funktion in x_0 differenzierbar, so kann ihr Graph an der Stelle x_0 keinen Sprung haben.

12

Diskussion ganzrationaler Funktionen

12.1 Monotoniekriterium

Monotonieeigenschaft

Das Steigungsverhalten einer Funktion ist prägend für den Verlauf ihres Graphen. Man spricht in diesem Zusammenhang auch vom Monotonieverhalten des Funktionsgraphen.

Die folgenden Bilder zeigen die Graphen einer streng monoton wachsenden und einer streng monoton fallenden Funktion.

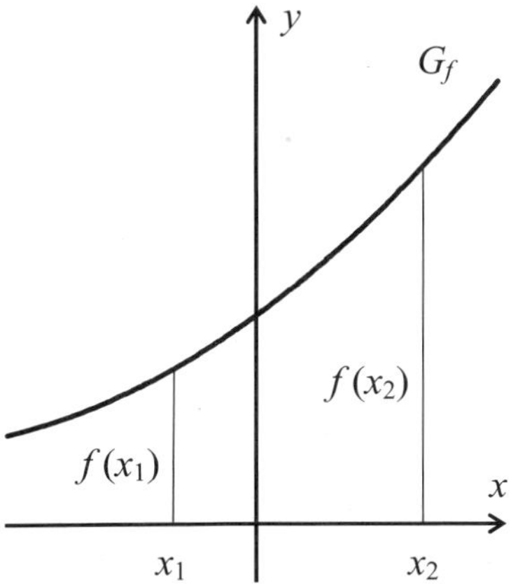

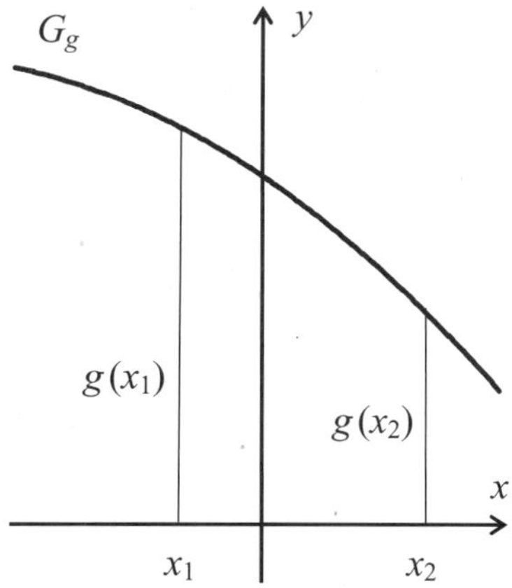

Die Funktion f ist
streng monoton wachsend[1].

Bei ihr werden mit wachsendem x auch die Funktionswerte größer:

- Für alle $x_1, x_2 \in D$ gilt:

  $$x_1 < x_2 \quad \Rightarrow \quad f(x_1) < f(x_2) \; .$$

Die Funktion g ist
streng monoton fallend.

Bei ihr hingegen werden mit wachsendem x die Funktionswerte kleiner:

- Für alle $x_1, x_2 \in D$ gilt:

  $$x_1 < x_2 \quad \Rightarrow \quad g(x_1) > g(x_2) \; .$$

---

[1] Eine ausführliche Beschreibung des Monotonieverhaltens von Funktionen kann im Anhang A3 nachgelesen werden.

Monotoniekriterium

Da das Arbeiten mit Ungleichungen in der Regel mühsam ist, wäre ein rechnerisch einfacheres Verfahren zum Monotonienachweis wünschenswert.

Beispiel (Monotonie bei einer linearen Funktion)
Die lineare Funktion $f(x) = 2x + 1$ ist in der gesamten Definitionsmenge $\mathbb{R}$ streng monoton wachsend.
Für die Ableitung gilt: $f'(x) = 2 > 0$ für alle $x \in \mathbb{R}$.
Sie ist in der gesamten Definitionsmenge positiv.

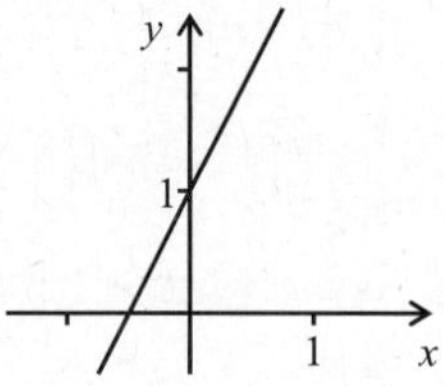

Beispiel (Monotonie bei der Quadratfunktion)
Die Quadratfunktion $g(x) = x^2$ ist in $\mathbb{R}_0^+$ streng monoton wachsend.
Für alle $x \in \mathbb{R}^+$ gilt: $g'(x) = 2x > 0$.

Die Quadratfunktion g ist jedoch in $\mathbb{R}_0^-$ streng monoton fallend.
Für alle $x \in \mathbb{R}^-$ gilt: $g'(x) = 2x < 0$.

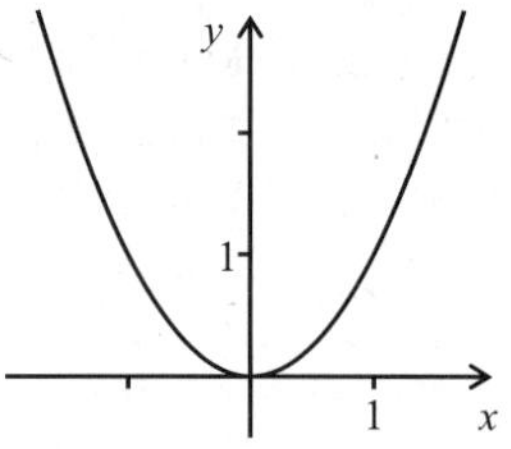

Diese Beispiele legen die Vermutung nahe, dass das Vorzeichen der Ableitungsfunktion f' über das Monotonieverhalten der Funktion f Aufschluss gibt:

- in den Bereichen, in denen f' positiv ist, ist f streng monoton wachsend,
- in den Bereichen, in denen f' negativ ist, ist f streng monoton fallend.

Beispiel (Monotonie bei der Kehrwertfunktion)
Für die Kehrwertfunktion $h(x) = \frac{1}{x}$ mit $D = \mathbb{R}^*$ gilt:

$h'(x) = -\frac{1}{x^2} < 0$ für alle $x \in \mathbb{R}^*$.

Analog zu den obigen Beispielen könnte man vermuten, dass h über $\mathbb{R}^*$ streng monoton fallend ist.

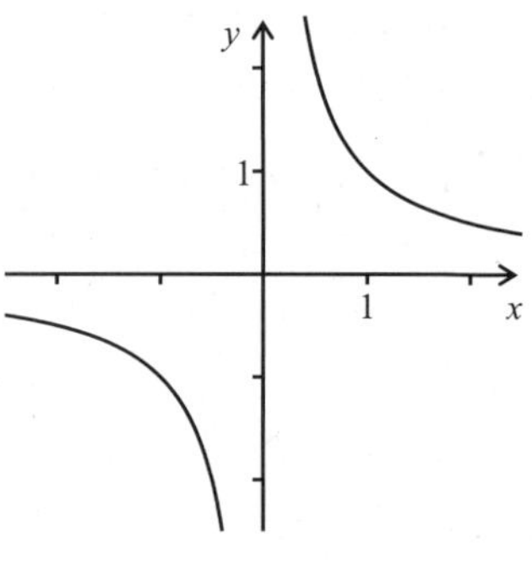

Betrachtet man jedoch die Stellen

$x_1 = -1$ mit $h(x_1) = -1$ und

$x_2 = 1$ mit $h(x_2) = 1$,

so gilt: $x_1 < x_2$, aber $h(x_1) < h(x_2)$.

Die Funktion h ist also auf der gesamten Definitionsmenge $\mathbb{R}^*$ nicht streng monoton fallend, wohl aber auf den Teilintervallen $\mathbb{R}^-$ und $\mathbb{R}^+$.

Die Vermutung schlägt bei der Kehrwertfunktion fehl, da sie an der Stelle 0 eine Definitionslücke besitzt, ihre Definitionsmenge also kein Intervall ist.

Nur auf Intervallen kann mit den Mitteln der Differenzialrechnung von dem Vorzeichen der ersten Ableitung einer Funktion f auf das Monotonieverhalten geschlossen werden.

Monotoniekriterium

Die Funktion f sei im Intervall I stetig und im Innern von I differenzierbar. Dann gilt:

- Ist $f'(x) > 0$ im Innern von I, so ist f **streng monoton wachsend** in I.
- Ist $f'(x) < 0$ im Innern von I, so ist f **streng monoton fallend** in I.
- Ist $f'(x) = 0$ im Innern von I, so ist f **konstant** in I.

Das Monotoniekriterium darf nicht in umgekehrter Richtung gelesen werden: eine Funktion kann auch dann streng monoton sein, wenn an einer einzelnen Stelle der Definitionsmenge die Ableitung Null ist.

Beispiel (Monotonie bei der Kubikfunktion)

Die Potenzfunktion $f(x) = x^3$ dritten Grades ist in der gesamten Definitionsmenge $\mathbb{R}$ streng monoton wachsend.

Es gilt: $f'(x) = 3x^2 > 0$ für alle $x \in \mathbb{R}^*$,

aber $f'(0) = 0$.

Eine streng monoton wachsende Funktion muss also nicht notwendigerweise überall eine positive Ableitung besitzen.

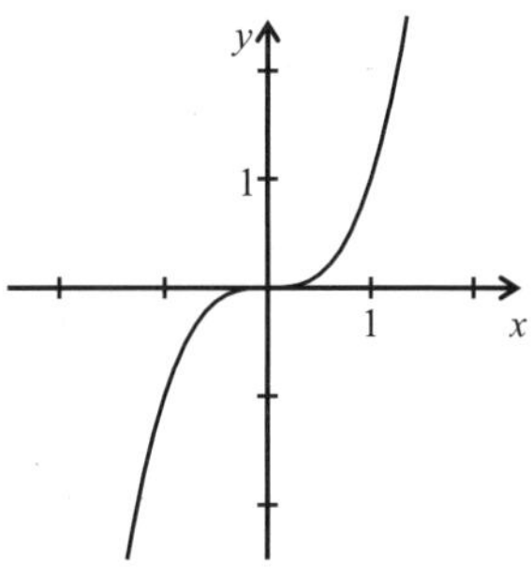

Das folgende Beispiel zeigt die Vorgehensweise zum Monotonienachweis mit Hilfe des Monotoniekriteriums.

Beispiel (Anwendung des Monotoniekriteriums)

Betrachtet wird die Funktion

$$f(x) = x^2 - 4x \quad \text{mit } D =]-\infty\,;\,2]\,.$$

Es gilt:

$$f'(x) = 2x - 4 = 2(x-2) < 0 \quad \text{für alle}]-\infty\,;\,2[.$$

Daraus folgt:

f ist streng monoton fallend in $]-\infty\,;\,2]$.

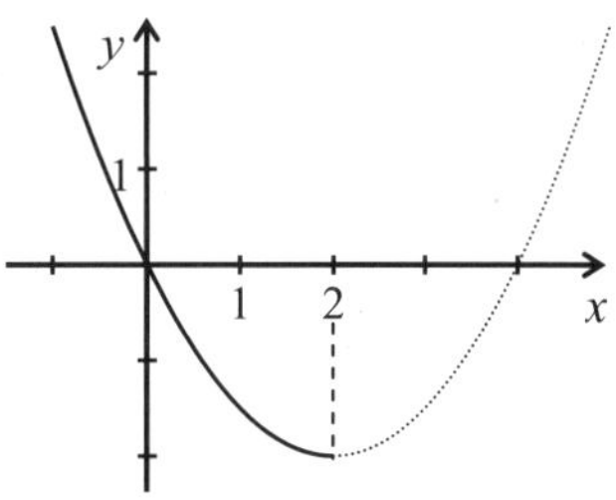

Aufgabe

1. Weisen Sie nach, dass die Funktion über dem Intervall I streng monoton ist.

   a) $f(x) = x^2 - 2x + 1$ mit $I =]-\infty\,;\,1]$ b) $f(x) = x^3 + x$ mit $I = \mathbb{R}$

Bestimmung von Monotonieintervallen

Am nebenstehenden Funktionsgraphen erkennt man:

Die Funktion f ist weder streng monoton wachsend noch streng monoton fallend.

Zerlegt man die Definitionsmenge aber in passende Intervalle, so ist die Funktion f über diesen Intervallen jeweils streng monoton. Es gilt:

- f ist über $]-\infty\,;x_1]$ streng monoton wachsend,
- f ist über $[x_1\,;x_2]$ streng monoton fallend,
- f ist über $[x_2\,;\infty[$ streng monoton wachsend.

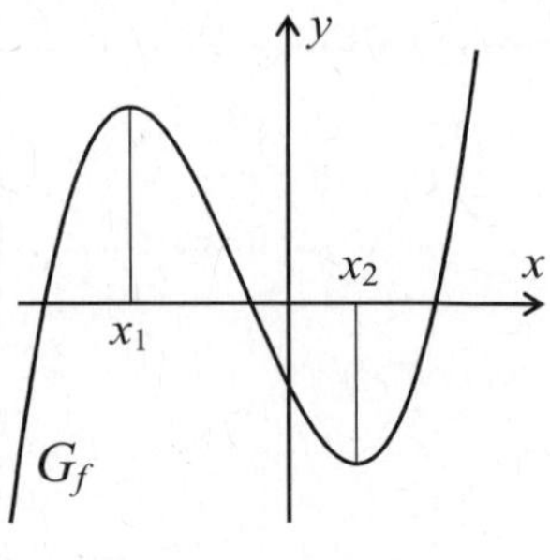

Ein Intervall $I \subset D$ nennt man **Monotonieintervall** einer Funktion $f: D \to \mathbb{R}$, wenn f in I entweder streng monoton wachsend oder fallend ist.

Mit Hilfe des Monotoniekriteriums lassen sich die Monotonieintervalle einer Funktion auch rechnerisch bestimmen.

Beispiel (Bestimmung von Monotonieintervallen)

Gesucht sind die Monotonieintervalle von $f(x) = \frac{1}{3}x^3 - \frac{1}{2}x^2 - 2x$.

- Ableitung: $f'(x) = x^2 - x - 2 = (x+1)\cdot(x-2)$.
- Die Ableitung ist stetig, kann also nur an ihren Nullstellen das Vorzeichen ändern. Nullstellen von f': -1 und 2 .
- Vorzeichendiagramm für f'

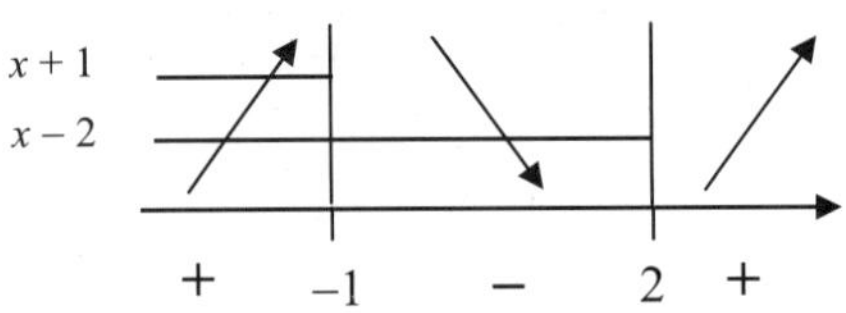

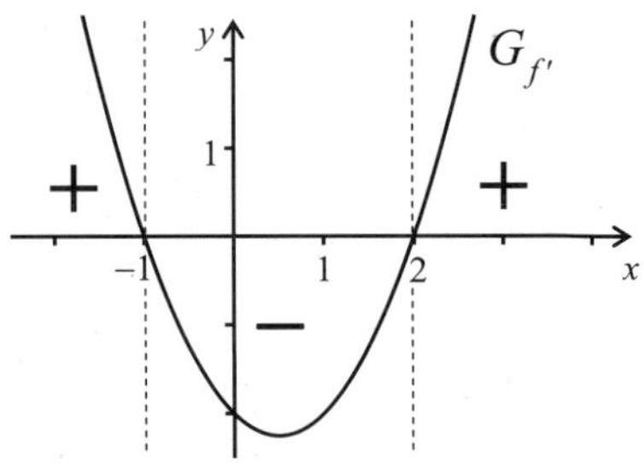

- Ergebnis:

  f ist in

  $]-\infty\,;-1]$ streng monoton wachsend,

  $[-1\,;2]$ streng monoton fallend,

  $[2\,;\infty[$ streng monoton wachsend.

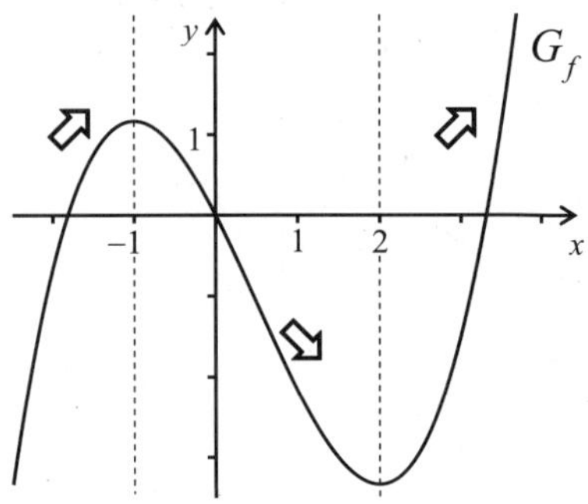

Aufgaben

2. Lesen Sie anhand des Graphen die Monotonieintervalle ab.

a)

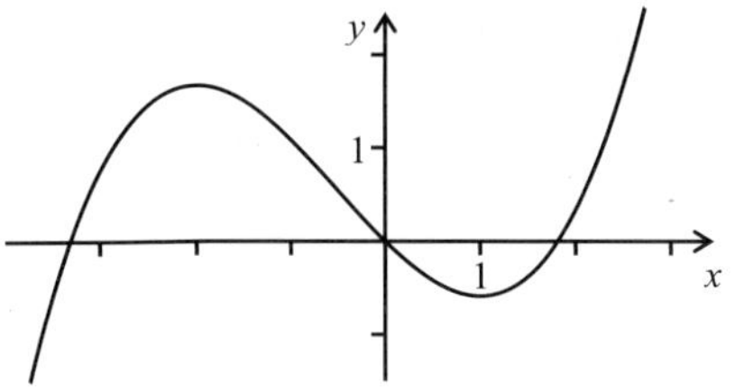

b)

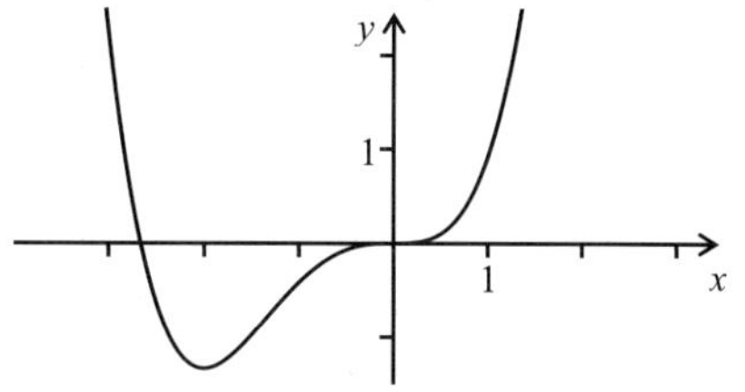

c)

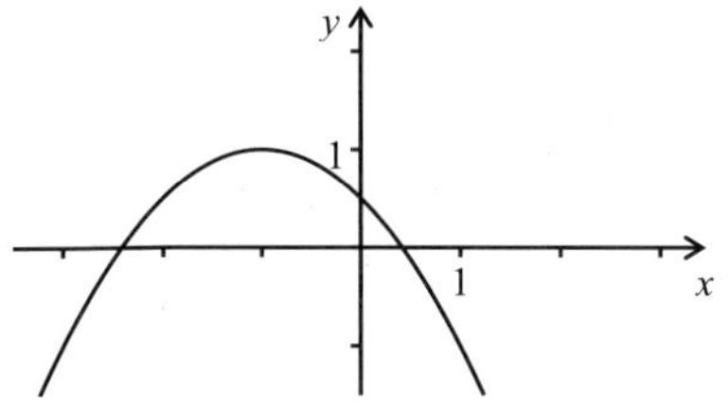

d)

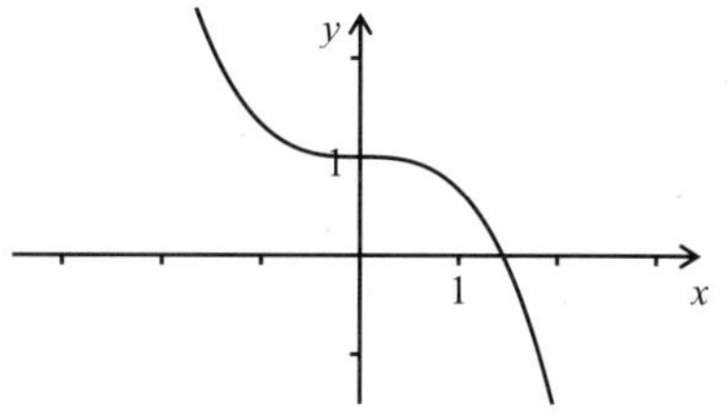

3. Bestimmen Sie die Monotonieintervalle.

a) $f(x)=x^2-16$

b) $f(x)=-2x^2+4x$

c) $f(x)=-x^3+2x^2-4x$

d) $f(x)=\frac{1}{3}x^3-\frac{3}{2}x^2-4x+3$

e) $f(x)=\frac{1}{3}x^3+2x^2+3x-2$

f) $f(x)=x^3+\frac{3}{2}x^2-6x+3$

g) $f(x)=x^4-x^3$

h) $f(x)=\frac{1}{2}x^4-2x^2-1$

4. Die Abbildung zeigt den Graphen der **Ableitung** $f':[-1;4]\rightarrow\mathbb{R}$ einer Funktion *f*.
Lesen Sie daraus die Monotonieintervalle von f' und von *f* ab.

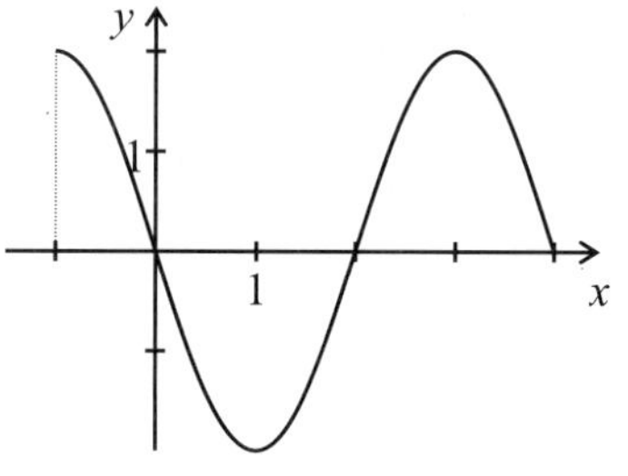

5. Gegeben ist der Graph der Ableitung einer Funktion f: $\mathbb{R}\rightarrow\mathbb{R}$.
Lesen Sie daraus das Monotonieverhalten der Funktion ab.

a)

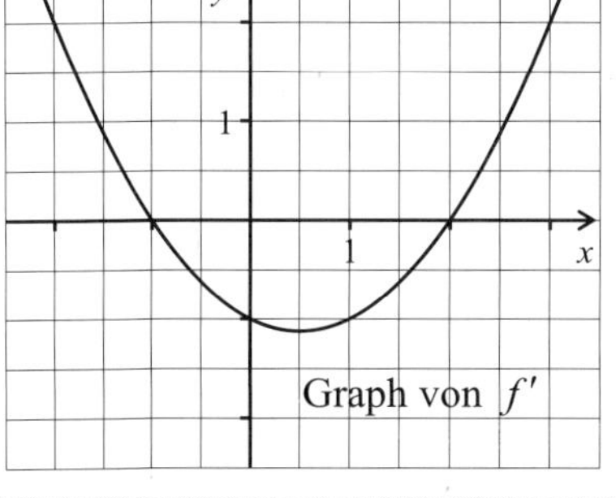

b)

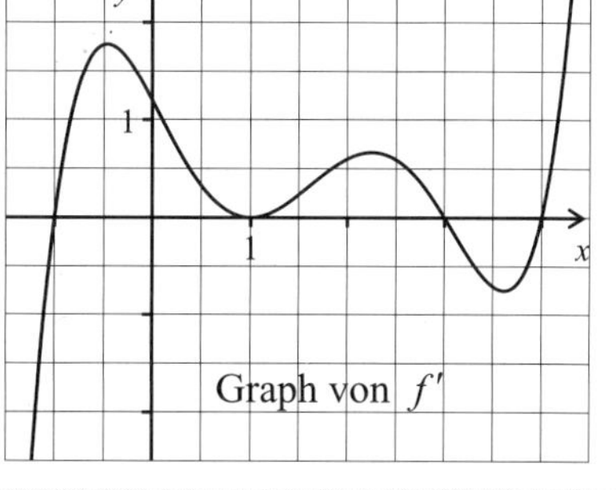

12.2 Krümmungskriterium

Krümmungseigenschaft

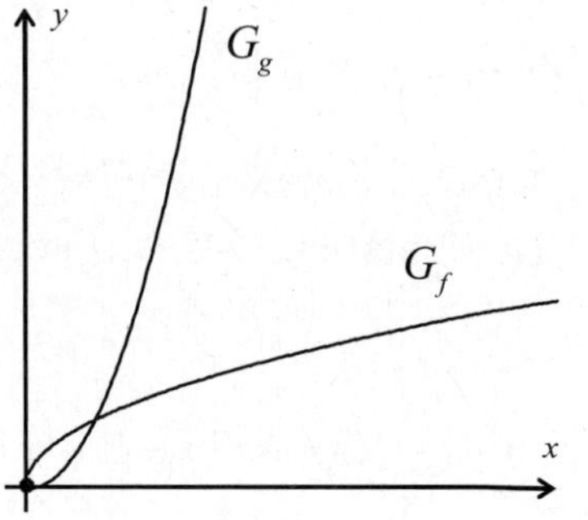

Wir betrachten die Graphen der Funktionen

- $f\colon \mathbb{R}_0^+ \to \mathbb{R}\,,\ x \mapsto \sqrt{x}\ ,$
- $g\colon \mathbb{R}_0^+ \to \mathbb{R}\,,\ x \mapsto x^2\,.$

Beide Funktionen sind in $\mathbb{R}_0^+$ streng monoton wachsend, sie unterscheiden sich allerdings in ihrem Krümmungsverhalten.

- Der Graph von *f* ist eine Rechtskurve.
- Der Graph von *g* ist eine Linkskurve.

In den folgenden Schaubildern sind an einigen Stellen Tangenten an die Graphen gezeichnet.

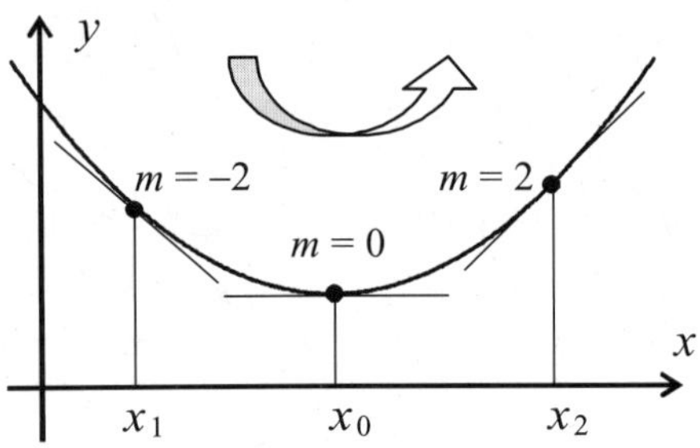

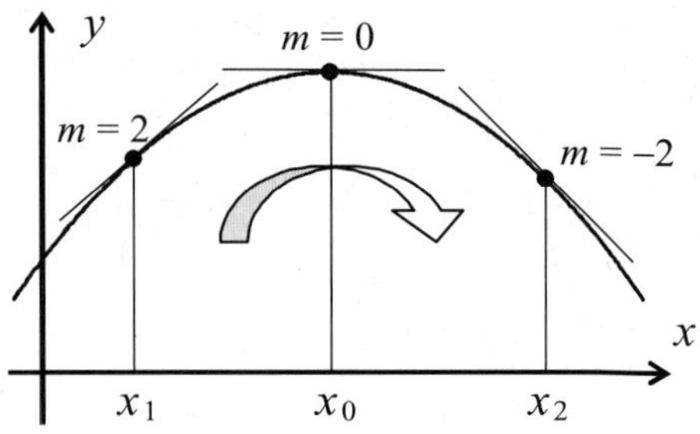

Linkskurve
G_f ist linksgekrümmt.

Rechtskurve
G_f ist rechtsgekrümmt.

Man erkennt, dass die Steigung der Tangenten beim Durchlaufen der Graphen in Richtung wachsender *x*-Werte bei einer

Linkskurve ständig zunimmt. | Rechtskurve ständig abnimmt.

Dies führt zu folgender Definition.

Krümmung eines Funktionsgraphen
Die Funktion *f* sei im Intervall *I* stetig und im Innern von *I* differenzierbar.

- G_f heißt **linksgekrümmt in *I***, wenn f' im Innern von *I* streng monoton wächst.
- G_f heißt **rechtsgekrümmt in *I***, wenn f' im Innern von *I* streng monoton fällt.

Krümmungskriterium

Wenn eine Funktion über einem Intervall I stetig und im Innern von I zweimal differenzierbar ist, lässt sich das Monotoniekriterium auf die Ableitungsfunktion f' anwenden. Dabei wird ausgenützt, dass die zweite Ableitung f'' die Steigung des Graphen von f' angibt.

Krümmungskriterium

Die Funktion f sei im Intervall I stetig und im Innern von I zweimal differenzierbar. Dann gilt:

- Ist $f''(x) > 0$ im Innern von I, so ist G_f **linksgekrümmt** in I.
- Ist $f''(x) < 0$ im Innern von I, so ist G_f **rechtsgekrümmt** in I.

Das Krümmungskriterium darf ebenfalls nicht in umgekehrter Richtung gelesen werden: eine Funktion kann auch dann links- oder rechtsgekrümmt sein, wenn an einer einzelnen Stelle der Definitionsmenge die zweite Ableitung Null ist.

Beispiel (Krümmung bei einer Potenzfunktion)

Für die Potenzfunktion $f(x) = x^4$ vierten Grades gilt $f'(x) = 4x^3$. f' ist in $\mathbb{R}$ streng monoton wachsend, G_f ist somit linksgekrümmt.

Es gilt jedoch:

$$f''(x) = 12x^2 > 0 \text{ für alle } x \in \mathbb{R}^*,$$

$$\text{aber } f''(0) = 0.$$

Eine Funktion mit einem linksgekrümmten Funktionsgraphen muss also nicht notwendigerweise überall eine positive zweite Ableitung besitzen.

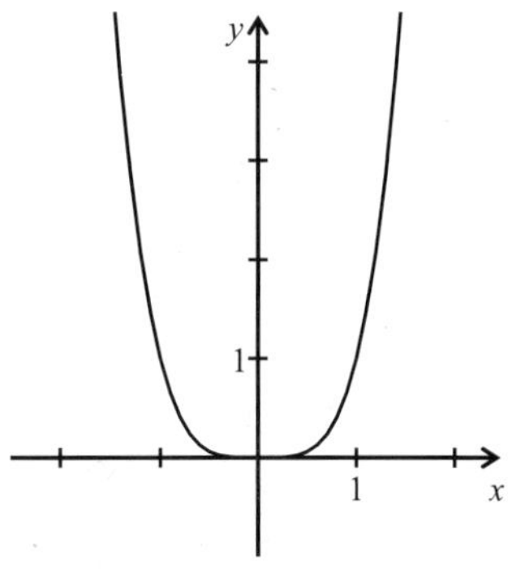

Mit Hilfe des Krümmungskriteriums lässt sich das Krümmungsverhalten einer Funktion untersuchen.

Beispiel (Anwendung des Krümmungskriteriums)

Betrachtet wird die Funktion

$$f(x) = x^3 + 3x^2 + x + 2 \quad \text{mit } D = [-1\,;\infty[\,.$$

f ist in $[-1;\infty[$ stetig und in $]-1;\infty[$ zweimal differenzierbar. Es gilt:

$$f'(x) = 3x^2 + 6x + 1\,,\quad f''(x) = 6x + 6 = 6\cdot(x+1)\,.$$

Für alle $x \in]-1;\infty[$ gilt: $f''(x) > 0$.

Daraus folgt: G_f ist linksgekrümmt in $[-1;\infty[$.

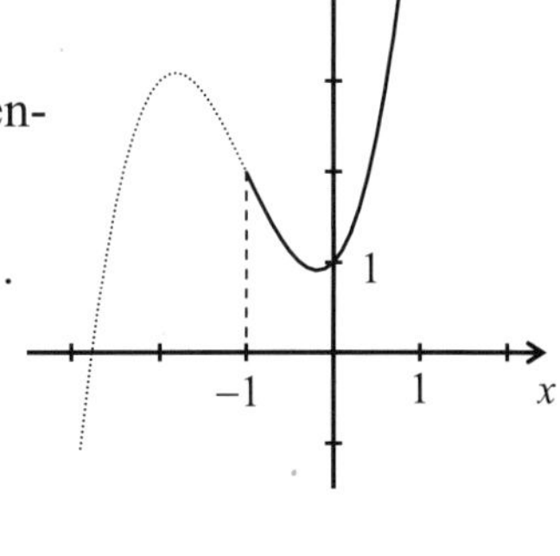

Bestimmung von Krümmungsintervallen

Wie im Fall der Monotonie bezeichnet man ein Intervall $I \subset D$ als **Krümmungsintervall** einer Funktion $f: D \to \mathbb{R}$, wenn G_f in I entweder links- oder rechtsgekrümmt ist. Die Krümmungsintervalle lassen sich durch eine Vorzeichenbetrachtung bestimmen.

Beispiel (Bestimmung von Krümmungsintervallen)

Gesucht sind die Krümmungsintervalle von $f(x) = \frac{1}{48}x^4 - \frac{1}{12}x^3 - \frac{3}{8}x^2 + \frac{3}{2}x + \frac{1}{4}$.

- Ableitungen: $f'(x) = \frac{1}{12}x^3 - \frac{1}{4}x^2 - \frac{3}{4}x + \frac{3}{2}$

  $f''(x) = \frac{1}{4}x^2 - \frac{1}{2}x - \frac{3}{4}$

  $= \frac{1}{4}(x^2 - 2x - 3)$.

- Die 2. Ableitung ist stetig. Sie kann also nur an ihren Nullstellen das Vorzeichen ändern.

  Nullstellen von f'':

  $x^2 - 2x - 3 = 0 \Leftrightarrow (x+1)\cdot(x-3) = 0$

  $\Leftrightarrow x = -1 \lor x = 3$.

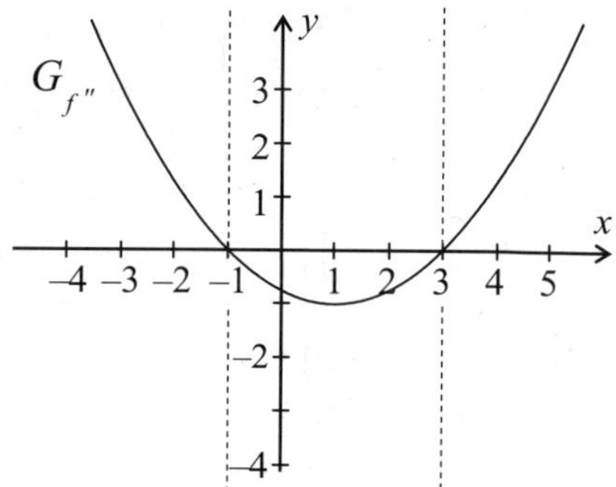

- Vorzeichendiagramm für f''

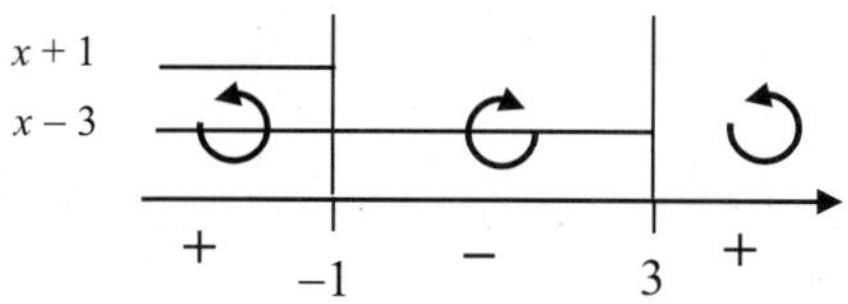

- Ergebnis:

  G_f ist in

  $]-\infty\,;-1]$ linksgekrümmt,

  $[-1\,;3]$ rechtsgekrümmt,

  $[3\,;\infty[$ linksgekrümmt.

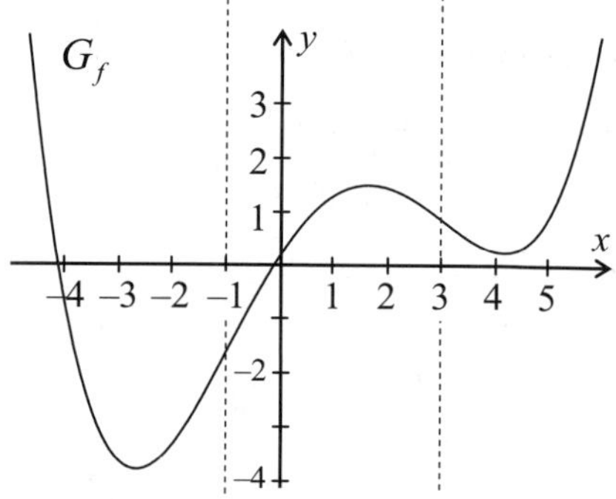

Aufgaben

6. Lesen Sie am Graphen die Krümmung ab.
   Bestätigen Sie Ihr Ergebnis durch eine Rechnung.

   a) $f(x) = \frac{1}{2}x^2 + x - \frac{1}{2}$

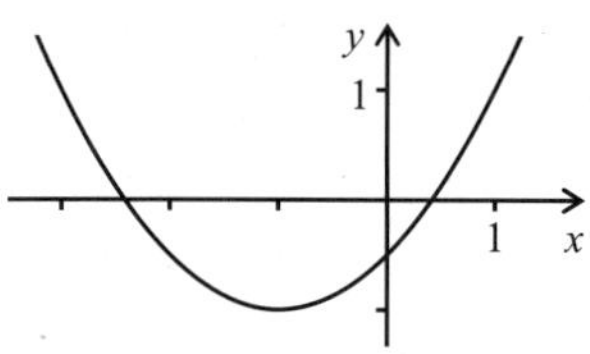

   b) $f(x) = -\frac{1}{3}x^2 + \frac{2}{3}x + \frac{1}{3}$

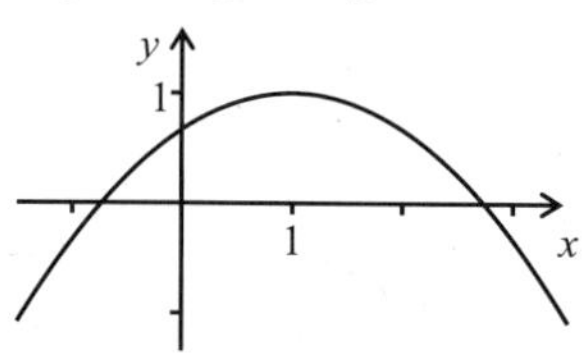

7. Bestimmen Sie rechnerisch die Krümmungsintervalle der abgebildeten Graphen.

   a) $f(x)=\frac{1}{2}x^3-\frac{5}{2}x^2+x+2$

   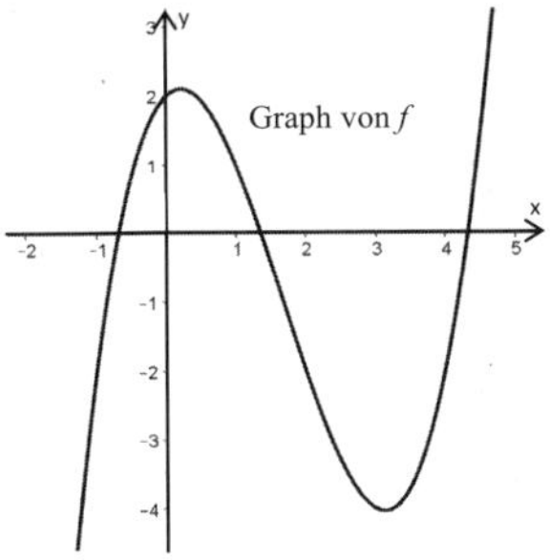

   b) $g(x)=-\frac{1}{10}x^4+\frac{6}{5}x^2+1$

   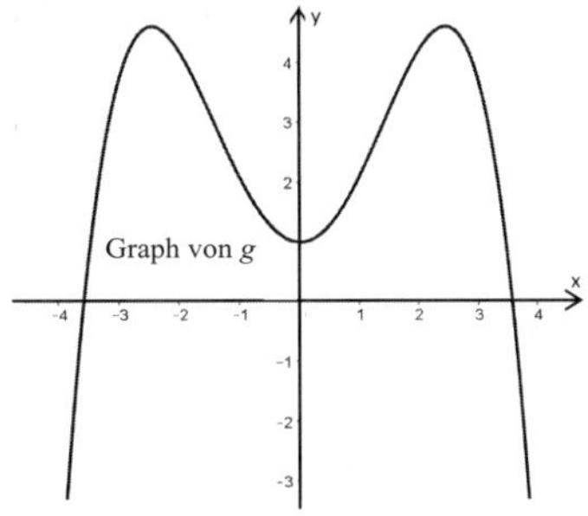

8. Berechnen Sie die Krümmungsintervalle.

   a) $f(x)=x^3-3x^2+x+3$
   b) $f(x)=-x^4+12x^2+5$
   c) $f(x)=\frac{1}{2}x^4-2x^3-9x^2+5$
   d) $f(x)=x^4-4x^3+1$
   e) $f(x)=\frac{1}{2}x^4-x^3-6x^2$
   f) $f(x)=\frac{1}{20}x^5-\frac{8}{3}x^3$

9. Die nebenstehende Abbildung zeigt den Graphen der Ableitung f' einer über der Menge $\mathbb{R}$ definierten Funktion f.

   Bestimmen Sie anhand der Zeichnung

   - das Monotonieverhalten von f,
   - das Krümmungsverhalten von G_f.

   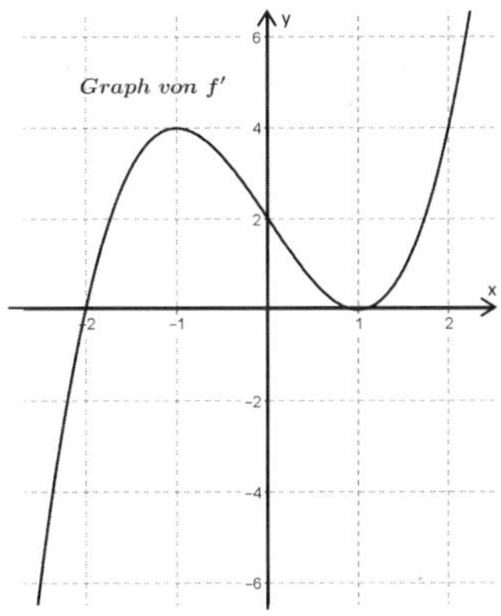

10. a) Zeichnen Sie Funktionsgraphen, deren Steigung
    - mit wachsendem x zunimmt,
    - mit wachsendem x abnimmt,
    - konstant ist.

    b) Wie wirkt sich die Monotonie der Ableitung auf den Verlauf des Graphen aus?

12.3 Extremwerte

Globale Extremwerte

Um einen ersten Überblick über den Verlauf eines Funktionsgraphen zu gewinnen, genügt es in vielen Fällen, einige markante Punkte des Graphen zu betrachten. Hierzu gehören neben den Schnittpunkten mit den Koordinatenachsen auch die Stellen, an denen die Funktion einen kleinsten oder größten Funktionswert annimmt.

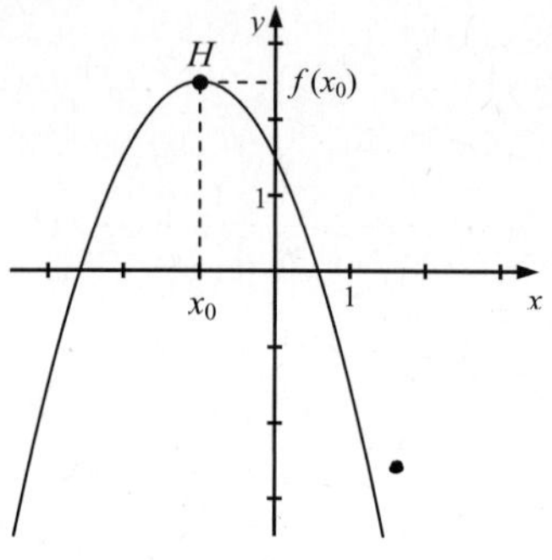

Die Funktion besitzt an der Stelle x_0 den größten Funktionswert.

Der Punkt $H(x_0 \mid f(x_0))$ heißt **Hochpunkt**.

Die Funktion f besitzt in diesem Fall jedoch keinen kleinsten Funktionswert.

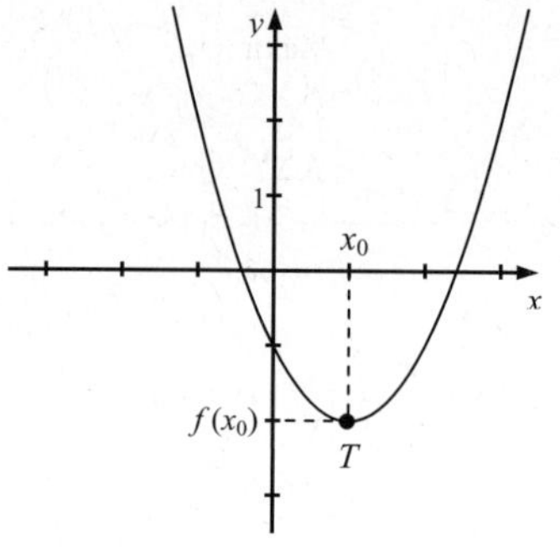

Die Funktion besitzt an der Stelle x_0 den kleinsten Funktionswert.

Der Punkt $T(x_0 \mid f(x_0))$ heißt **Tiefpunkt**.

Die Funktion f besitzt in diesem Fall jedoch keinen größten Funktionswert.

Maximum und Minimum

Sei $f: D \to \mathbb{R}$ eine Funktion: Eine Stelle $x_0 \in D$ heißt

- **Maximumstelle von *f***, wenn für alle $x \in D$ gilt:

$$f(x) \leq f(x_0) ,$$

- **Minimumstelle von *f***, wenn für alle $x \in D$ gilt:

$$f(x) \geq f(x_0) ,$$

Der Funktionswert $f(x_0)$ heißt **(globales)**[1] **Maximum** bzw. **(globales) Minimum** von f.

Wenn man offen lassen will, ob es sich um eine Maximumstelle oder um eine Minimumstelle handelt, so verwendet man als Oberbegriff auch die Bezeichnung **Extremstelle**. Der zugehörige Funktionswert heißt dann **Extremwert** oder **Extremum**.

[1] Statt des Begriffs „global" ist auch der Begriff „absolut" gebräuchlich.

Lokale Extremwerte

In vielen Fällen betrachtet man bei der Frage nach Extremwerten nicht die gesamte Definitionsmenge, sondern lediglich eine Umgebung einer Stelle.

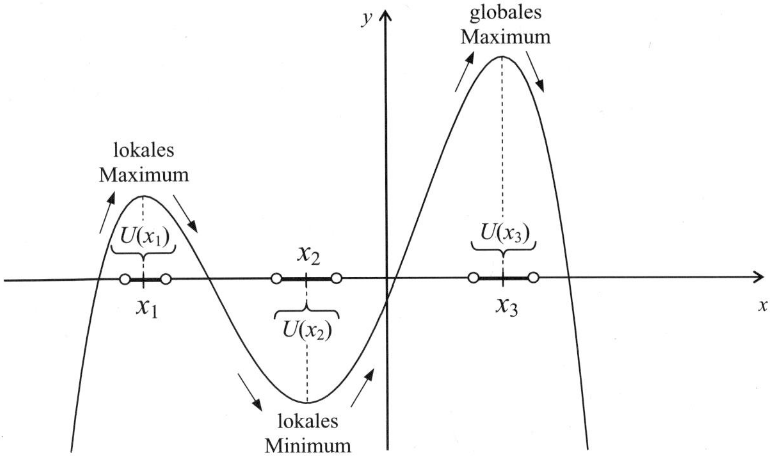

Man kann nur sagen, dass der Funktionswert $f(x_1)$ ein Maximum darstellt, wenn man sich auf eine passend gewählte Umgebung von x_1 beschränkt. Man spricht daher von einer **lokalen**[1] **Maximumstelle.**

Die Stelle x_2 ist entsprechend eine **lokale Minimumstelle.** Bei der Stelle x_3 handelt es sich um die **globale Maximumstelle.**

Lokales Maximum und Minimum

Sei $f: D \to \mathbb{R}$ eine Funktion: Eine Stelle $x_0 \in D$ heißt

- **lokale Maximumstelle von *f*,** wenn es eine Umgebung $U(x_0)$ gibt, so dass für alle $x \in U(x_0) \cap D$ gilt:
$$f(x) \leq f(x_0) ,$$
- **lokale Minimumstelle von *f*,** wenn es eine Umgebung $U(x_0)$ gibt, so dass für alle $x \in U(x_0) \cap D$ gilt:
$$f(x) \geq f(x_0) .$$

Hierbei ist zu beachten:

- Globale Extremstellen sind zugleich lokale Extremstellen.
- Eine Funktion kann in einem Intervall mehrere lokale Maxima oder Minima haben, sie kann dort aber nur ein globales Maximum oder Minimum besitzen.
- In Extrempunkten ändert eine Funktion ihr Monotonieverhalten.

[1] Statt des Begriffs „lokal“ ist auch der Begriff „relativ“ gebräuchlich.

Notwendige Bedingung für lokale Extremwerte

Es stellt sich die Frage, wie man die Extremstellen bei differenzierbaren Funktionen bestimmen kann.

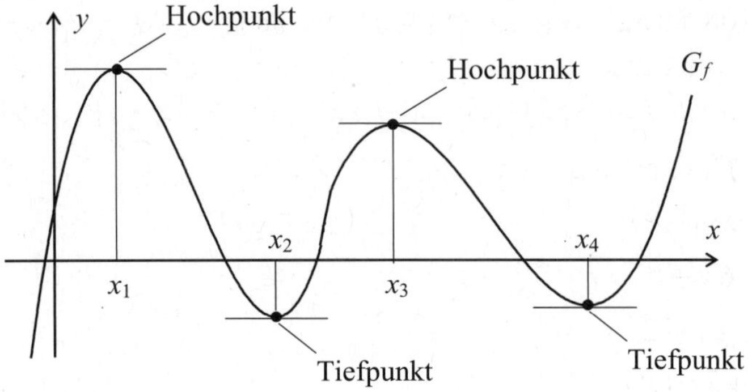

Die Stellen x_1, x_2, x_3 und x_4 sind lokale Extremstellen. Die Tangenten verlaufen dort waagerecht, haben also die Steigung 0. Damit hat auch die Ableitung f' an diesen Stellen jeweils den Wert 0.

Diese Vermutung ist die Vorraussetzung für das Vorhandensein lokaler Extremstellen.

Notwendige Bedingung für lokale Extremstellen

Eine Funktion $f: D \to \mathbb{R}$ sei in einer Umgebung von x_0 differenzierbar.

Wenn x_0 lokale Extremstelle von f ist, dann gilt $f'(x_0) = 0$.

Hierbei ist zu beachten:

- Es handelt sich um eine notwendige Bedingung für das Vorhandensein lokaler Extremstellen. Mit dieser Bedingung lässt sich die Menge der möglichen Extremstellen aus der Differenzierbarkeitsmenge D' finden.
- Die Umkehrung gilt nicht, d.h. $f'(x_0) = 0$ ist keine hinreichende Bedingung für eine lokale Extremstelle x_0.
  Dies sieht man am Beispiel der Funktion
  $$f: \mathbb{R} \to \mathbb{R}, x \mapsto x^3.$$
  Es gilt: $f'(x) = 3x^2$ und $f'(0) = 0$.
  0 ist allerdings keine lokale Extremstelle von f.

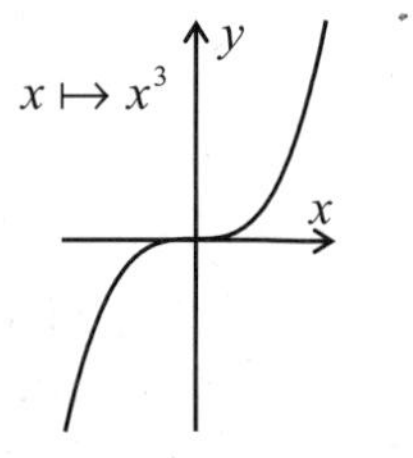

- Die Bedingung $f'(x_0) = 0$ ist **notwendig**, aber **nicht hinreichend** für das Vorhandensein von lokalen Extremstellen. Dies bedeutet:
  Die Nullstellen von f' sind mögliche Extremstellen. Man weiß aber nicht, ob sie auch tatsächlich Extremstellen sind; allerdings kommen aber auch keine anderen Stellen als Extremstellen infrage.

Für differenzierbare Funktionen, die in abgeschlossenen Intervallen definiert sind, lassen sich mithilfe der Differenzialrechnung die globalen Extremwerte bestimmen.

Beispiel (Bestimmung des globalen Minimums und Maximums)

Wir betrachten die Funktion

$$f:[-3\,;3]\to\mathbb{R},\, x\mapsto 2x^3+3x^2-12x-5.$$

- Ableitung: $f'(x) = 6x^2+6x-12$
- Nullstellen von f':

$$6x^2+6x-12=0$$
$$\Leftrightarrow 6\cdot(x^2+x-2)=0$$
$$\Leftrightarrow 6\cdot(x+2)\cdot(x-1)=0$$
$$\Leftrightarrow x=-2 \vee x=1.$$

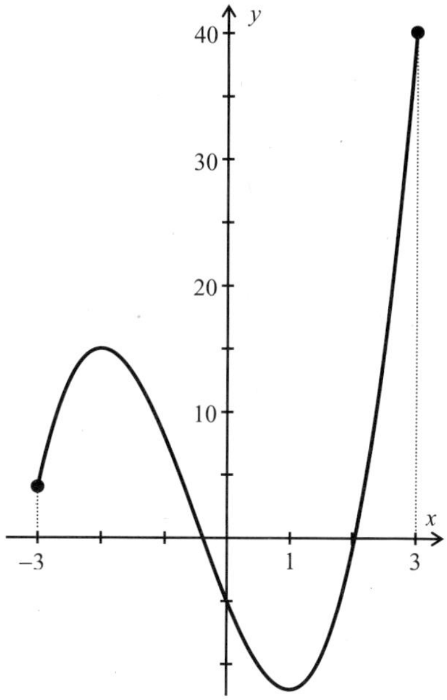

- Als Extremstellen kommen nur die Nullstellen von f' und die Randstellen von D infrage, also die Stellen −3, −2, 1 und 3.
- Die zugehörigen Funktionswerte sind:

$$f(-3)=-54+27+36-5=4\ ,$$
$$f(-2)=-16+12+24-5=15\ ,$$
$$f(1)=2+3-12-5=-12\ ,$$
$$f(3)=54+27-36-5=40.$$

- Vergleich dieser Funktionswerte:
  −12 ist das globale Minimum von f, 1 die zugehörige globale Minimumstelle,
  40 ist das globale Maximum von f, 3 die zugehörige globale Maximumstelle.
  −2 ist lokale Maximumstelle.

Aufgaben

11. Gegeben ist die Funktion $f(x)=-x^3+3x^2-3x+1$ mit $D=\mathbb{R}$.

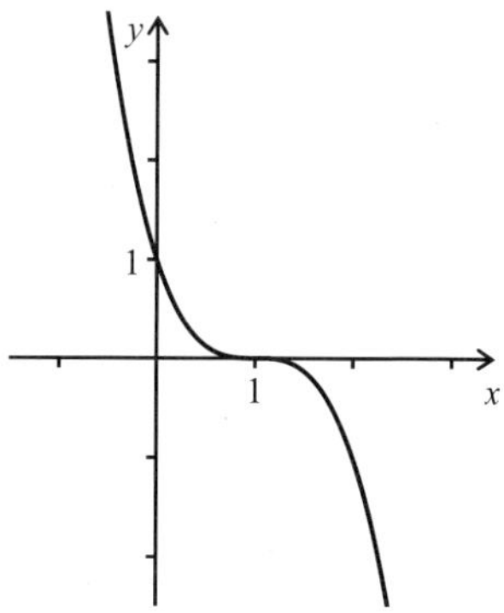

   a) Begründen Sie die Korrektheit des gezeichneten Graphen.
   Geben Sie das Monotonieverhalten an.

   b) Bestimmen Sie die Nullstelle der ersten Ableitung.

   c) Begründen Sie anhand dieses Beispiels, dass die Bedingung $f'(x_0)=0$ **notwendig**, aber **nicht hinreichend** für das Vorhandensein von lokalen Extremstellen ist.

12. Berechnen Sie die globalen Extremwerte.

a) $f:[-2;3] \to \mathbb{R}$, $x \mapsto \frac{1}{3}x^3 - \frac{1}{2}x^2 - 2x + 1$

b) $f:[-2;4] \to \mathbb{R}$, $x \mapsto \frac{1}{20}x^4 - \frac{4}{5}x^2 + 2$

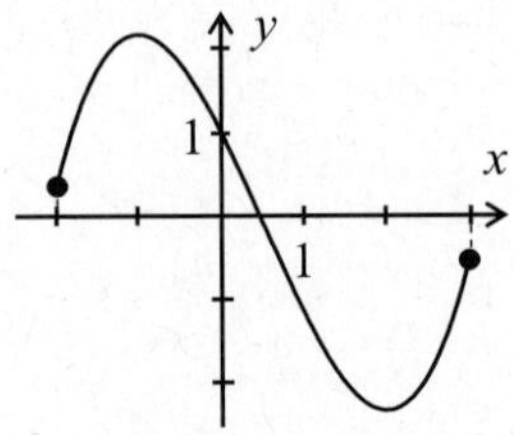

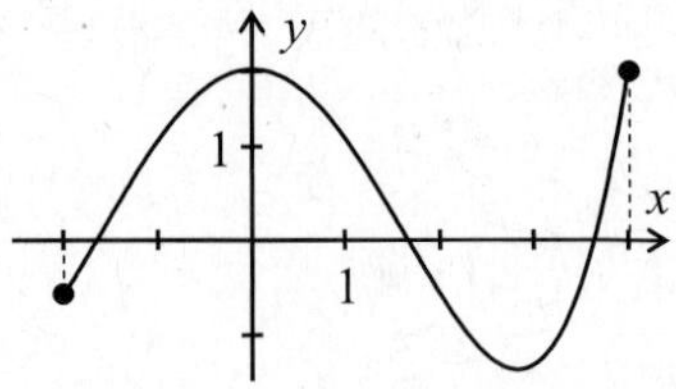

13. Berechnen Sie die globalen Extremwerte.

a) $f:[-3;3] \to \mathbb{R}, x \mapsto \frac{1}{40}x^5 - \frac{1}{8}x^3 + 1$

b) $f:[-3;4] \to \mathbb{R}, x \mapsto \frac{9}{5} - \frac{3}{10}x - \frac{1}{5}x^3$

c)* $f: [1;4] \to \mathbb{R}, x \mapsto \dfrac{x^2}{4} + \dfrac{4}{x^2}$

14. Der Parabel mit der Gleichung $y = 6 - x^2$ ist gemäß nebenstehender Abbildung ein Rechteck einbeschrieben.

a) Zeigen Sie:
Das Rechteck hat den Flächeninhalt
$$A(x) = 12x - 2x^3.$$

b) Welche Einsetzungen sind für x möglich?

c) Bei welcher Wahl von x ist der Flächeninhalt des Rechtecks maximal?

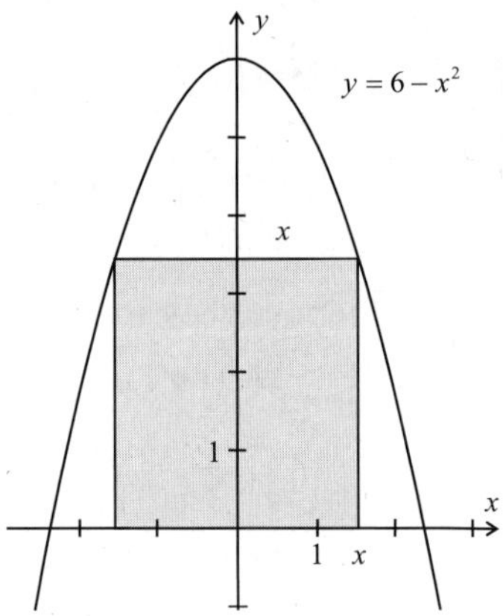

15.* Von einem quadratischen Stück Pappe mit der Seitenlänge 30 cm werden an den vier Ecken Quadrate der Seitenlänge x abgeschnitten. Aus dem Rest wird eine nach oben offene Schachtel gefaltet.

a) Fertigen Sie ein Modell oder eine Skizze an.

b) Zeigen Sie: Die Schachtel hat das Volumen $V(x) = 4x^3 - 120x^2 + 900x$. Wie muss die Definitionsmenge von V aus geometrischen Gründen gewählt werden?

c) Wie ist x zu wählen, damit die Schachtel ein möglichst großes Volumen hat? Berechnen Sie dieses maximale Volumen.

Hinreichende Bedingungen für lokale Extremwerte

Die Bedingung $f'(x_0)=0$ ist nur notwendig, aber nicht hinreichend.

- Aus $f'(x_0)=0$ folgt, dass f in x_0 ein lokales Extremum besitzen kann.
- Aus $f'(x_0)\neq 0$ folgt, dass f in x_0 sicher kein lokales Extremum besitzt.

Es stellen sich folgende Fragen:

- Gibt es auch eine Bedingung, die für lokale Extrema hinreichend ist?
- Gibt es eine Bedingung, mit deren Hilfe man eine lokale Maximumstelle von einer lokalen Minimumstelle unterscheiden kann?

1. Kriterium: *Vorzeichenwechsel der ersten Ableitung*

Eine erste hinreichende Bedingung für die Existenz lokaler Extrema einer Funktion erhält man durch die Betrachtung des Vorzeichenverhaltens ihrer Ableitung.

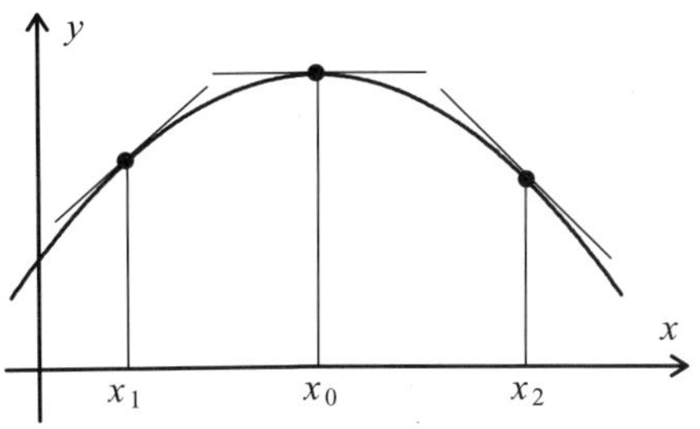

$f'(x_1)>0 \quad f'(x_0)=0 \quad f'(x_2)<0$

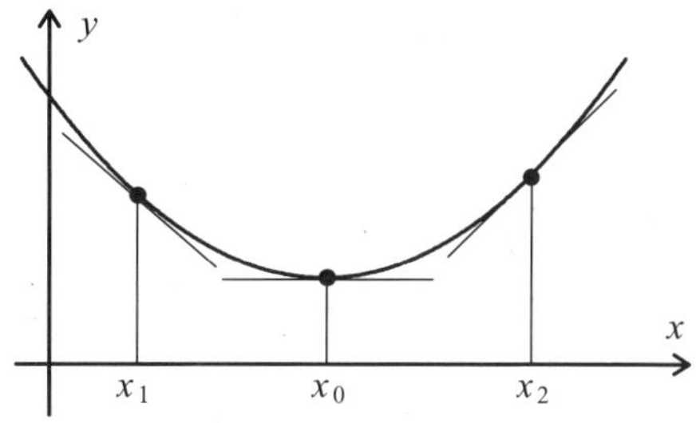

$f'(x_1)<0 \quad f'(x_0)=0 \quad f'(x_2)>0$

Durchläuft man die Kurve in Richtung größer werdender x-Werte, so ist die Funktion

vor } einer **lokalen Maximumstelle** streng monoton { wachsend
nach } einer **lokalen Maximumstelle** streng monoton { fallend

vor } einer **lokalen Minimumstelle** streng monoton { fallend
nach } einer **lokalen Minimumstelle** streng monoton { wachsend

Da eine Funktion streng monoton steigend bzw. fallend ist, wenn $f'(x)>0$ bzw. $f'(x)<0$ ist, folgt ein erstes Kriterium zur Bestimmung von Extremstellen.

Erstes hinreichendes Kriterium für lokale Extremstellen

Sei f eine in einer Umgebung von x_0 differenzierbare Funktion.

- Ist $f'(x_0)=0$ und hat f' bei x_0 einen Vorzeichenwechsel von – nach +, so ist x_0 lokale Minimumstelle von f.
- Ist $f'(x_0)=0$ und hat f' bei x_0 einen Vorzeichenwechsel von + nach –, so ist x_0 lokale Maximumstelle von f.

In der folgenden Abbildung ist zur Veranschaulichung auch der Vorzeichenwechsel von f' angedeutet.

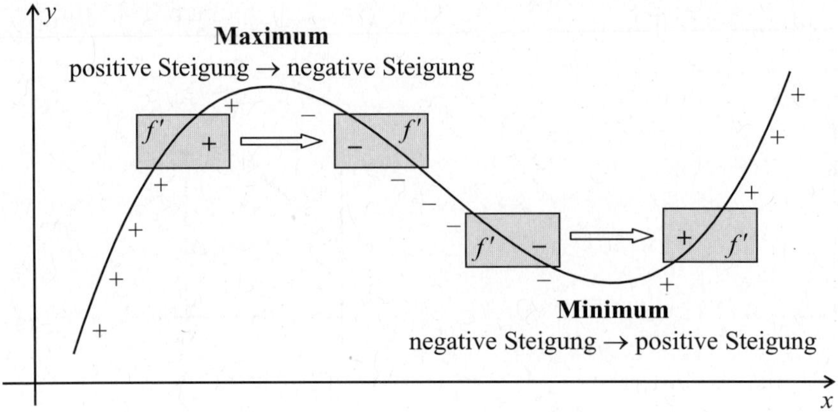

Tritt an einer Stelle x_0 mit $f'(x_0) = 0$ kein Vorzeichenwechsel von f' auf, so liegt bei x_0 kein lokaler Extrempunkt sondern ein Sattelpunkt vor.

Die lokalen Extremwerte einer Funktion lassen sich mithilfe des ersten Extremstellenkriteriums nach folgendem Schema bestimmen. Wir nutzten dabei die Tatsache aus, dass sich bei einer stetigen Funktion (hier die Ableitung) das Vorzeichen zwischen zwei benachbarten Nullstellen nicht ändert.

Beispiel (Bestimmung lokaler Extremstellen)

Wir betrachten die Funktion $f(x) = \frac{1}{4}x^4 - 2x^3 + 4x^2$ mit $D = \mathbb{R}$.

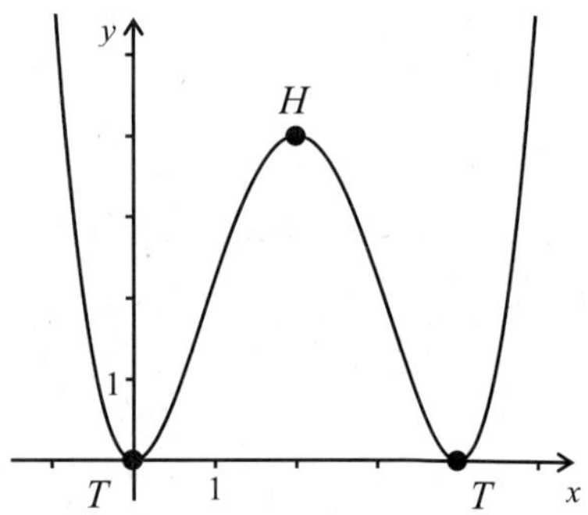

- *Ableitung*: $f'(x) = x^3 - 6x^2 + 8x$
  $= x \cdot (x^2 - 6x + 8)$
  $= x \cdot (x-2) \cdot (x-4)$
- *Notwendige Bedingung (Nullstellen von f')*:
  $f'(x) = 0 \Leftrightarrow x = 0 \vee x = 2 \vee x = 4.$
- *Hinreichende Bedingung*
  Vorzeichendiagramm für f':

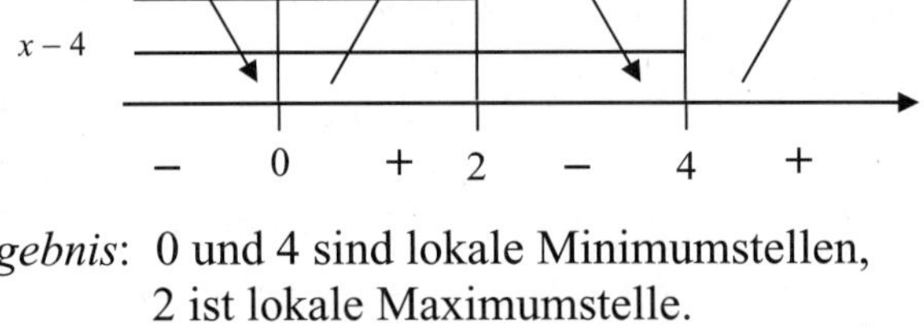

- *Ergebnis*: 0 und 4 sind lokale Minimumstellen,
  2 ist lokale Maximumstelle.

2. Kriterium: *Betrachtung der zweiten Ableitung*

Es ist aber auch möglich, anhand der Krümmung eines Funktionsgraphen zu entscheiden, ob es sich bei einem Punkt mit einer waagerechten Tangente um einen Hoch- oder einen Tiefpunkt handelt.

Minimumstelle bei x_0

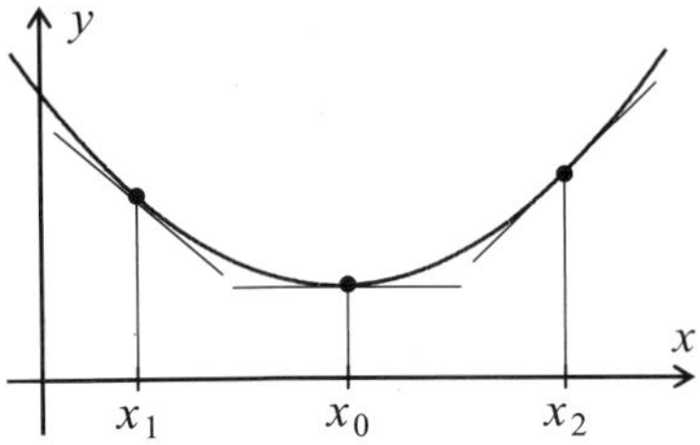

Linkskrümmung in x_0

Bedingung: $f''(x_0) > 0$

Die Steigung wächst von negativen Werten über 0 (bei x_0) zu positiven Werten.

Maximumstelle bei x_0

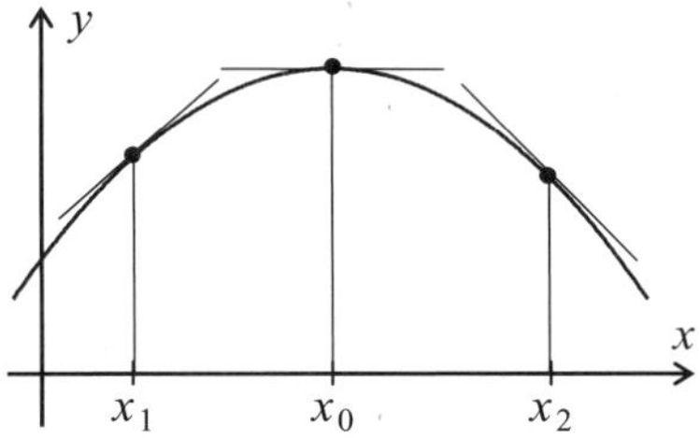

Rechtskrümmung in x_0

Bedingung: $f''(x_0) < 0$

Die Steigung fällt von positiven Werten über 0 (bei x_0) zu negativen Werten.

Dabei muss natürlich vorausgesetzt werden, dass die Funktion f an der Stelle x_0 zweimal differenzierbar ist.

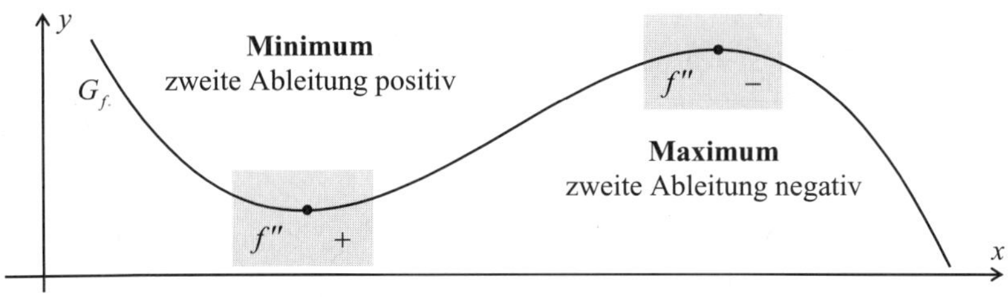

Zweites hinreichendes Kriterium für lokale Extremstellen

Sei f in einer Umgebung von x_0 zweimal differenzierbar.

- Ist $f'(x_0) = 0$ und $f''(x_0) > 0$, so ist x_0 lokale Minimumstelle von f.
- Ist $f'(x_0) = 0$ und $f''(x_0) < 0$, so ist x_0 lokale Maximumstelle von f.

Dieses zweite Kriterium ist allerdings nicht in allen Fällen anwendbar.

Beispiel (Einschränkung der Anwendbarkeit)

Für $f(x) = x^4$ ist $f'(x) = 4x^3$ und $f''(x) = 12x^2$.

Es gilt: $f'(0) = 0$ und auch $f''(0) = 0$.

Eine Entscheidung mit dem zweiten Extremstellenkriterium ist nicht möglich. Der Nachweis für den Tiefpunkt kann nur über den Vorzeichenwechsel von f' an der Stelle 0 geführt werden.

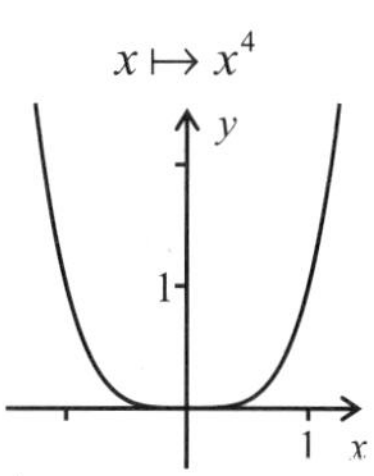

Beispiel (Vergleich der Extremstellenkriterien)

Wir bestimmen die Extrempunkte der Funktion

$$f(x) = -x^3 - 6x^2 + 4$$

und vergleichen die Anwendung der beiden Extremstellenkriterien.

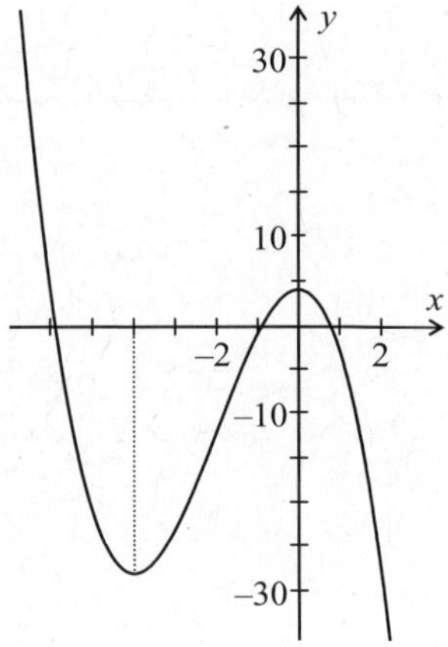

- *Ableitungen:* $f'(x) = -3x^2 - 12x$

  $f''(x) = -6x - 12$

- *Notwendige Bedingung (Nullstellen von f'):*

  $-3x^2 - 12x = 0$

  $\Leftrightarrow\ -3x \cdot (x+4) = 0$

  $\Leftrightarrow\ x = 0 \lor x = -4$

- *Hinreichende Bedingung:*

  Zweites Kriterium

  Es gilt:

  – $f''(-4) = 12 > 0$, also ist -4 lokale Minimumstelle von f.

  – $f''(0) = -12 < 0$, also ist 0 lokale Maximumstelle von f.

  Erstes Kriterium

  Vorzeichendiagramm für $f'(x)$

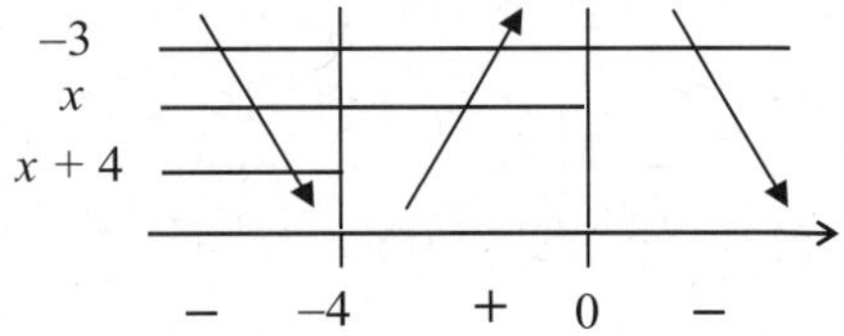

- *Angabe der Extrempunkte:*

  Extremwerte: $f(-4) = 64 - 96 + 4 = -28$; $f(0) = 4$

  Tiefpunkt $T(-4\,|-28)$, Hochpunkt $H(0\,|\,4)$

Das zweite Extremstellenkriterium ist bei ganzrationalen Funktionen gut anwendbar, da die zweite Ableitung leicht zu berechnen ist.

Die Anwendung des ersten Extremstellenkriteriums bietet den Vorteil, dass dabei zusätzlich auch die Monotonieintervalle ablesbar sind.

Aufgaben

16. Bestimmen Sie die lokalen Extremwerte von f mithilfe des ersten Kriteriums.

    a) $f(x) = 4x^2 - x^4$ b) $f(x) = -\frac{1}{10}x^3 + \frac{3}{4}x^2$ c) $f(x) = \frac{1}{3}x^3 + \frac{1}{2}x^2 - 2x$

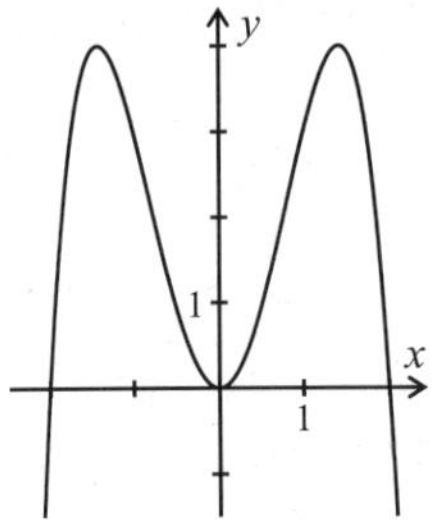

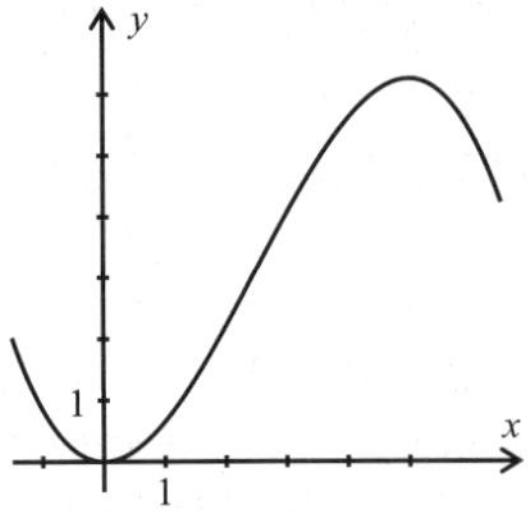

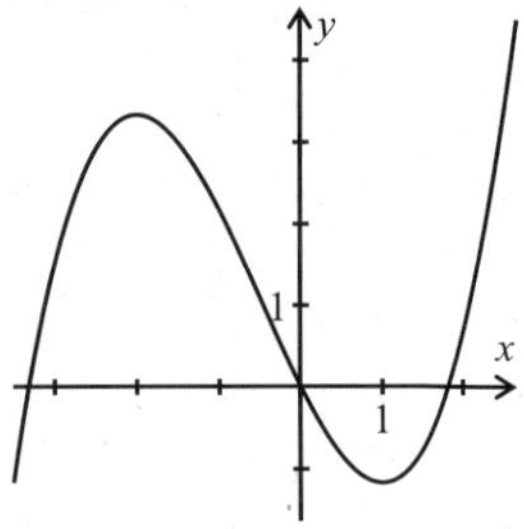

17. Bestimmen Sie die lokalen Extremstellen von f.

a) $f(x)=x^4-2x^2$ b) $f(x)=\frac{1}{3}x^3-4x$

c) $f(x)=3x^5-15x^4+20x^3-6$ d) $f(x)=-x^4+6x^2-8x+3$

18. Die Abbildung zeigt den Graphen der Funktion
$$f(x)=x^3-6x^2+9x.$$
Bestätigen Sie die Lage der Extrempunkte mithilfe des zweiten Extremstellenkriteriums.

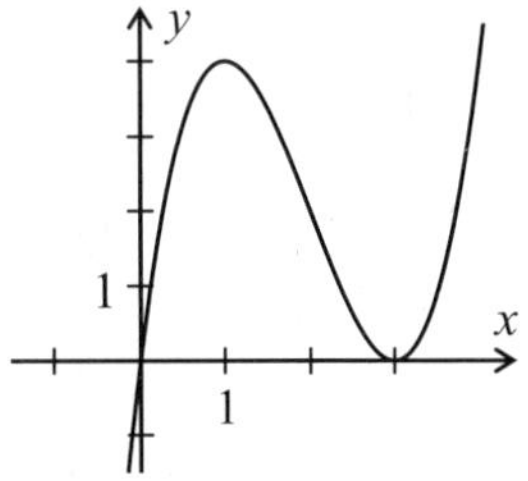

19. Bestimmen Sie die Hoch- und Tiefpunkte des Graphen von f mithilfe des zweiten Extremstellenkriteriums.

a) $f(x)=x^4-6x^2+5$ b) $f(x)=x^3-x^2-x+1$

20. Zeigen Sie, dass man bei den folgenden Funktionen die Existenz möglicher lokaler Extremstellen mithilfe des ersten, aber nicht mithilfe des zweiten Extremstellenkriteriums entscheiden kann.

a) $f(x)=-x^4$ b) $f(x)=x^5-3$

21.* Prüfen Sie, ob folgende Aussage richtig ist:
Ist $f'(x_0)=0$ und $f''(x_0)=0$, dann ist x_0 keine lokale Extremstelle von f.

22.* Die Abbildung rechts zeigt für eine differenzierbare Funktion
$$f:[-5;2]\to \mathbb{R}$$
den Graphen der Ableitungsfunktion f'.
Entscheiden Sie, ob die folgenden Aussagen über die Funktion f wahr, falsch oder unentscheidbar sind.
Begründen Sie Ihre Entscheidung.

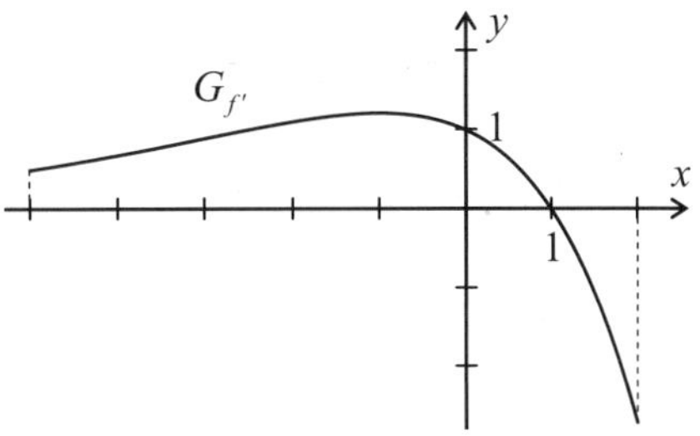

a) An der Stelle 1 hat der Graph von f einen Hochpunkt.

b) Es gilt $f(x)>0$ für $x\in[-5;0]$.

c) An der Stelle 0 hat der Graph von f eine Tangente, die parallel zur Geraden mit der Gleichung $y=x+3$ ist.

d) Die Funktion f ist streng monoton fallend für $x\in[1;2]$.

12.4 Wendepunkte

Begriffsklärung

Die beiden folgenden Bilder zeigen Funktionsgraphen von differenzierbaren Funktionen, die beim Durchlaufen in Richtung größer werdender x-Werte an der Stelle x_0 von der Rechtskrümmung in die Linkskrümmung bzw. umgekehrt übergehen. Solche Stellen heißen **Wendestellen**, die zugehörigen Punkte **Wendepunkte**.

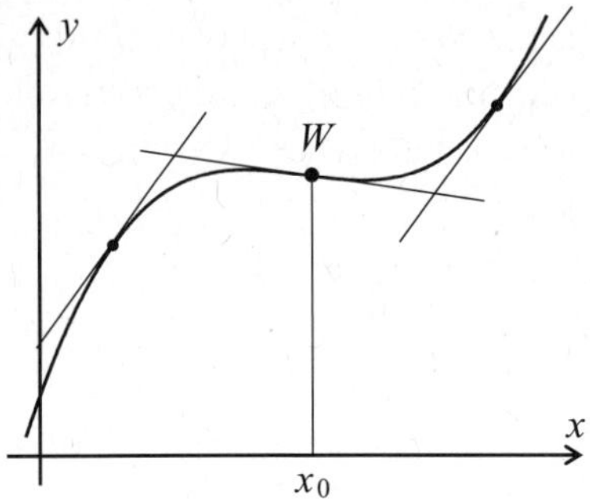

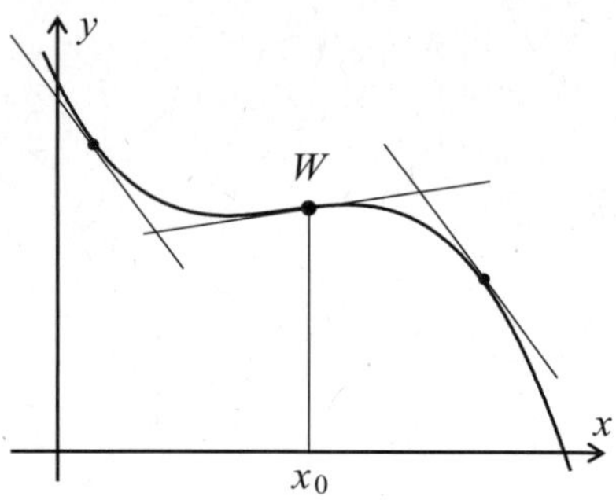

Gemäß der Definition der Krümmung ändert an einer solchen Wendestelle die erste Ableitung f' ihr Monotonieverhalten von streng monoton steigend zu streng monoton fallend oder umgekehrt. Dies bedeutet, dass f' an einer solchen Stelle eine Extremstelle besitzt.

Wendepunkt

Eine Funktion $f: D \to \mathbb{R}$ sei in einer Umgebung von x_0 differenzierbar.

x_0 heißt **Wendestelle** von f, wenn G_f an dieser Stelle von einer Linkskurve in eine Rechtskurve oder umgekehrt übergeht.
Der Punkt $W(x_0 \mid f(x_0))$ heißt **Wendepunkt**.
Die Tangente an G_f in einem Wendepunkt heißt **Wendetangente**.

In einem Wendepunkt wechselt das Krümmungsverhalten des Funktionsgraphen von rechts- nach linksgekrümmt oder umgekehrt.

Extrempunkte sind keine Wendepunkte, da dort die Krümmung unverändert bleibt:

- Linkskrümmung bei einem Minimum,
- Rechtskrümmung bei einem Maximum.

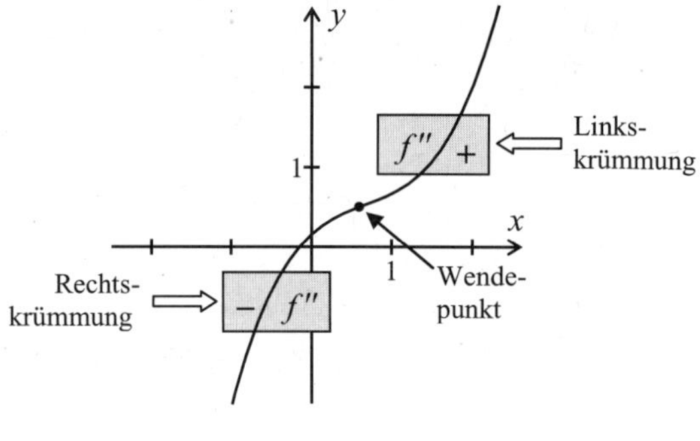

Ein Sonderfall tritt ein, wenn in einem Wendepunkt $S(x_0 \mid f(x_0))$ eine waagerechte Tangente vorliegt, d.h. wenn zusätzlich $f'(x_0) = 0$ gilt.

Einen solchen Wendepunkt mit waagerechter Tangente bezeichnet man als **Sattelpunkt.**

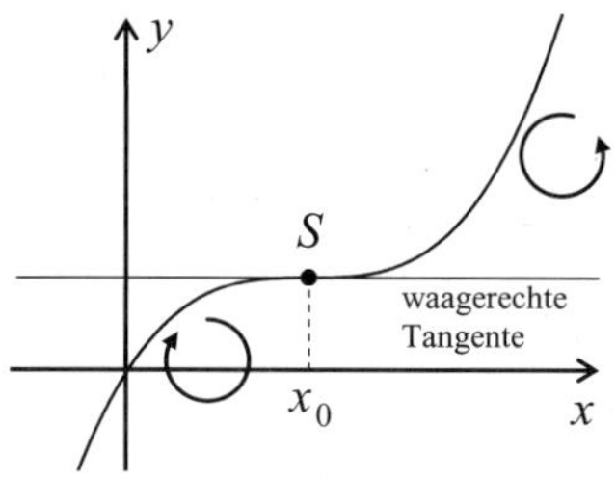

Notwendige Bedingung für Wendestellen

Bei einer differenzierbaren Funktion geht an einer Wendestelle die erste Ableitung von streng monoton steigend in streng monoton fallend oder umgekehrt über. Bei einem Wendepunkt handelt es sich also um einen Extrempunkt der ersten Ableitung.

Alle Eigenschaften, die wir für Extremstellen kennen gelernt haben, übertragen sich auf Wendestellen. Man muss lediglich die Ordnung der jeweiligen Ableitung um 1 erhöhen, falls dies möglich ist.
Aus der notwendigen Bedingung für Extremwerte erhält man die folgende notwendige Bedingung für das Auftreten von Wendepunkten.

Notwendige Bedingung für Wendestellen

Eine Funktion $f: D \to \mathbb{R}$ sei in einer Umgebung von x_0 zweimal differenzierbar. Wenn x_0 Wendestelle von f ist, dann gilt $f''(x_0) = 0$.

Hierbei ist, wie im Falle der lokalen Extremstellen zu beachten:

- Es handelt sich um eine notwendige Bedingung für das Vorhandensein von Wendestellen. Hiermit lässt sich die Menge der möglichen Wendestellen aus der Differenzierbarkeitsmenge D'' finden.

- Die Umkehrung gilt nicht, d.h. $f''(x_0) = 0$ ist keine hinreichende Bedingung für eine Wendestelle x_0.
  Dies sieht man am Beispiel der Funktion
  $$f: \mathbb{R} \to \mathbb{R}, x \mapsto x^4.$$
  Für die Ableitungen gilt: $f'(x) = 4x^3$ und $f''(x) = 12x^2$.
  Es ist zwar $f''(0) = 0$, aber 0 ist keine Wendestelle.
  G_f ist in der gesamten Definitionsmenge linksgekrümmt.

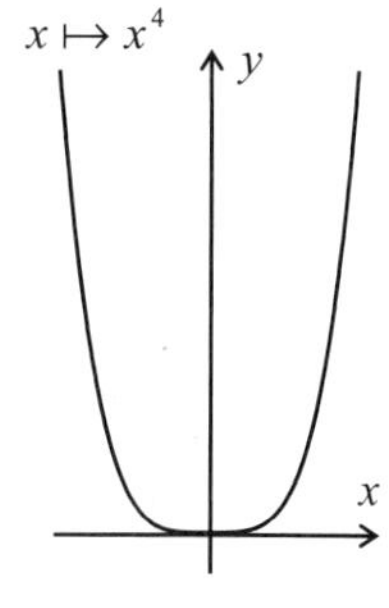

- Die Bedingung $f''(x_0) = 0$ ist **notwendig**, aber **nicht hinreichend** für das Vorhandensein von Wendestellen. Dies bedeutet:
  Wenn man bei einer zweimal differenzierbaren Funktion f die Nullstellen von f'' bestimmt, so weiß man nur, dass an diesen Stellen eine Wendestelle vorliegen kann. Man weiß jedoch nicht, ob dies auch tatsächlich der Fall ist.

Aufgaben

23. Lesen Sie aus den Abbildungen die Wendepunkte der Graphen ab.

a) 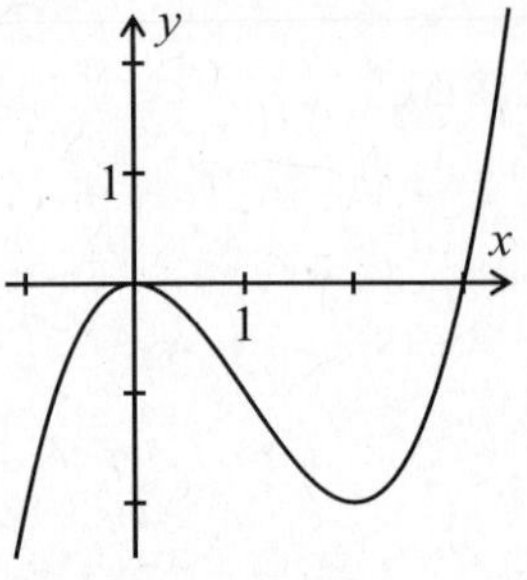

b) 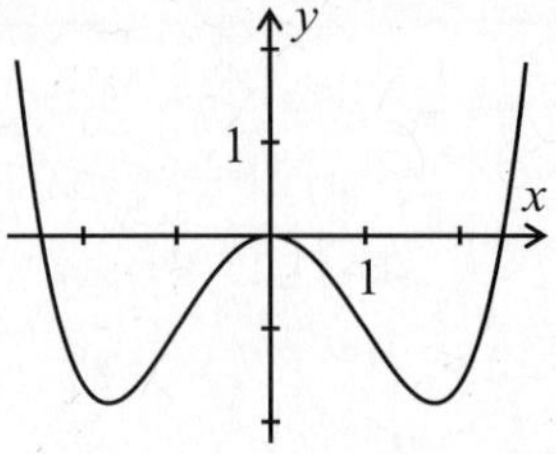

c) 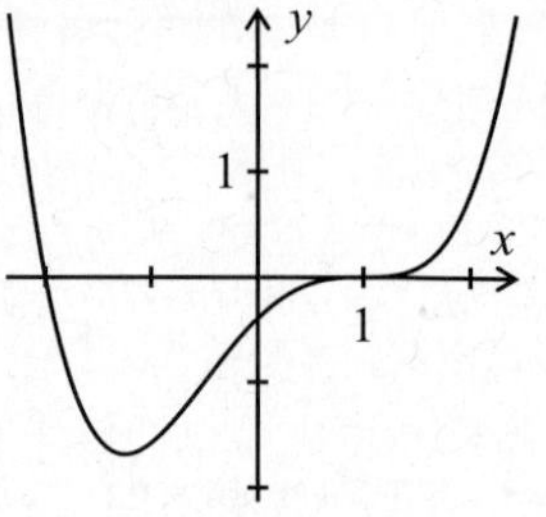

24. Lesen Sie in nachstehender Abbildung das Krümmungsverhalten der Funktionsgraphen ab. An welchen Stellen ändern die Graphen ihre Krümmung? Welche Besonderheiten treten dabei auf?

a) 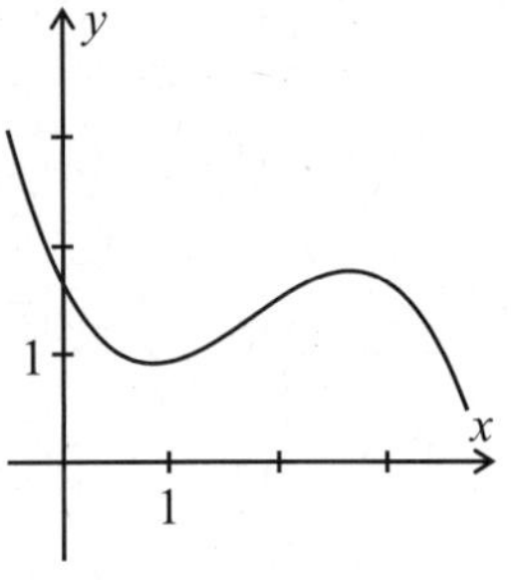

b) 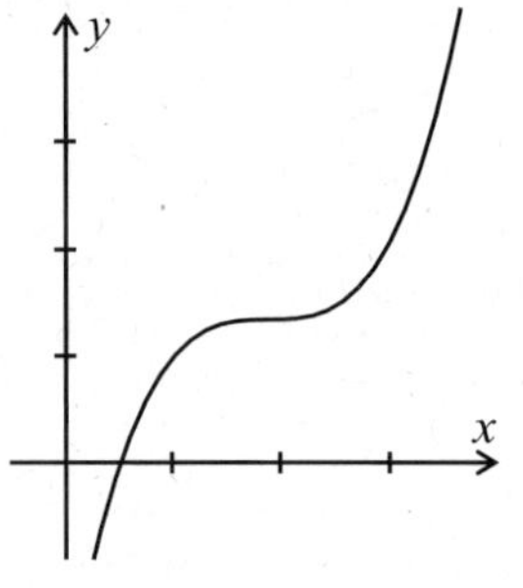

c) 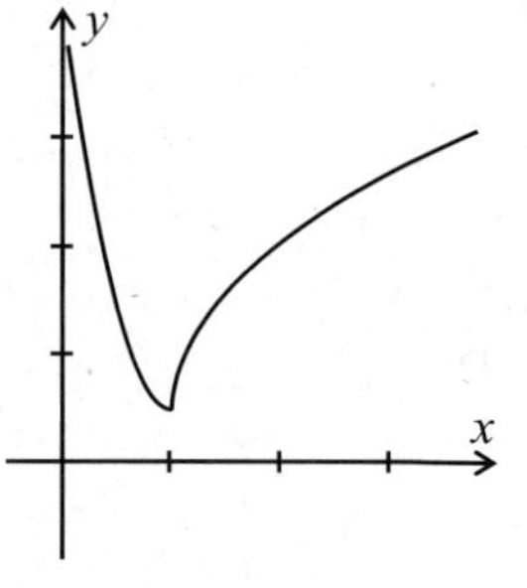

25. Prüfen Sie, ob die Funktionen überhaupt Wendepunkte besitzen können. Bestimmen Sie gegebenenfalls die möglichen Wendestellen.

a) $f(x) = -x^2 + 3$

b) $f(x) = x^4 + x^2$

c) $f(x) = x^3 - 3x^2 - x$

d) $f(x) = x^4 - 4x^3 + 6x^2$

26. Skizzieren Sie den Graphen einer Funktion, der folgende Punkte besitzt:

a) einen Wendepunkt, einen Hoch- und einen Tiefpunkt,
b) zwei Wendepunkte, einen Tiefpunkt und keinen Hochpunkt,
c) einen Wendepunkt, aber keine lokalen Extrempunkte,
d) zwei Hochpunkte, einen Tiefpunkt und zwei Wendepunkte,
e) einen Hochpunkt, keinen Tiefpunkt und zwei Wendepunkte.

Hinreichende Bedingungen für Wendestellen

Die hinreichenden Bedingungen für lokale Extremstellen lassen sich sinngemäß auch auf Wendestellen übertragen.

1. Kriterium: *Vorzeichenwechsel der zweiten Ableitung*

Die Entscheidung, ob an einer Stelle x_0 mit $f''(x_0)=0$ tatsächlich ein Wendepunkt vorliegt, kann mithilfe des Vorzeichenverhaltens der zweiten Ableitung getroffen werden.

Erstes hinreichendes Kriterium für Wendestellen
Sei f eine in einer Umgebung von x_0 zweimal differenzierbare Funktion.
Ist $f''(x_0)=0$ und hat f'' bei x_0 einen Vorzeichenwechsel, so ist x_0 eine Wendestelle.

Bei Wendestellen unterscheidet man nicht zwischen der Art der Krümmungsänderung.

Bei der Betrachtung von Wendepunkten tritt vielfach folgende Deutung auf, welche vor allem in Anwendungssituationen bedeutsam ist:

- Punkt mit dem (lokal betrachtet) stärksten Anstieg oder
- Punkt mit dem (lokal betrachtet) stärksten Gefälle.

Beispiel (Bestimmung von Wendepunkten)
Wir betrachten die Funktion $f(x)=\frac{1}{30}x^6-\frac{1}{3}x^4+\frac{1}{6}x$.

- *Ableitungen*: $f'(x)=\frac{1}{5}x^5-\frac{4}{3}x^3+\frac{1}{6}$

$$f''(x)=x^4-4x^2=x^2\cdot(x^2-4)=x^2\cdot(x+2)\cdot(x-2)$$

- *Notwendige Bedingung (Nullstellen von f'')*:
  $f''(x)=0 \Leftrightarrow x=0 \vee x=-2 \vee x=2.$
- *Hinreichende Bedingung*:
  Vorzeichendiagramm für f''

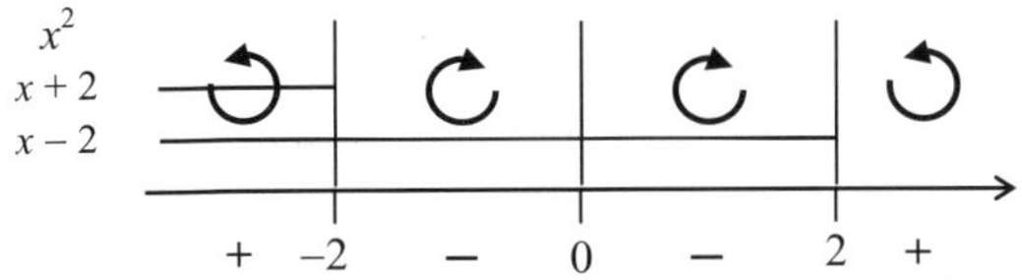

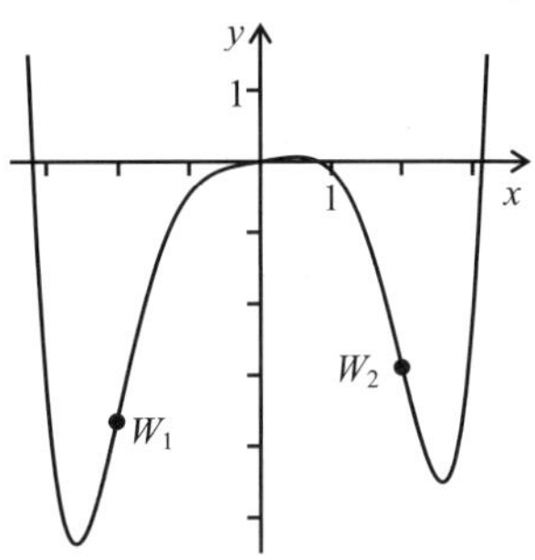

- *Funktionswerte*: $f(-2)=\frac{1}{30}\cdot 64-\frac{1}{3}\cdot 16-\frac{1}{6}\cdot 2=-\frac{53}{30}\approx -3{,}53$

$$f(2)=\frac{1}{30}\cdot 64-\frac{1}{3}\cdot 16+\frac{1}{6}\cdot 2=-\frac{43}{30}\approx -2{,}87$$

- *Ergebnis*: Wendepunkte $W_1(-2\,|-3{,}53)$ und $W_2(2\,|-2{,}87)$
  An der Stelle 0 liegt kein Wendepunkt vor.

2. Kriterium: *Betrachtung der dritten Ableitung*

Die Wendestellen einer Funktion f entsprechen den Extremstellen der Ableitungsfunktion f'. Daher lässt sich das zweite Extremstellenkriterium für f auf die Extremstellen von f' und damit auf die Wendestellen von f übertragen.

Zweites hinreichendes Kriterium für Wendestellen

Sei $f: D \to \mathbb{R}$ in einer Umgebung von x_0 dreimal differenzierbar.

Gilt $f''(x_0) = 0$ und $f'''(x_0) \neq 0$, so ist x_0 eine Wendestelle von f.

Das folgende Beispiel zeigt die Anwendung des zweiten Wendestellenkriteriums im Vergleich zum ersten Kriterium.

Beispiel (Vergleich der Wendestellenkriterien)

Wir bestimmen die Wendepunkte der Funktion

$$f(x) = \tfrac{1}{6}x^4 - x^2 + \tfrac{5}{6}x - 1.$$

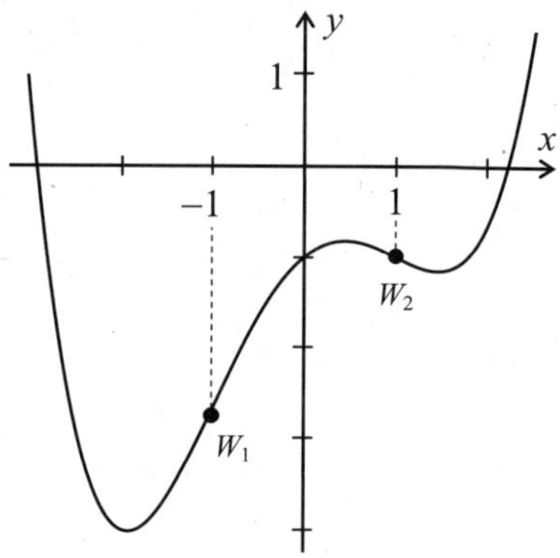

- *Ableitungen*:
$$f'(x) = \tfrac{2}{3}x^3 - 2x + \tfrac{5}{6}$$
$$f''(x) = 2x^2 - 2 = 2\cdot(x^2 - 1)$$
$$= 2\cdot(x+1)\cdot(x-1)$$
$$f'''(x) = 4x$$
- *Notwendige Bedingung* (*Nullstellen von* f''):
$$f''(x) = 0 \Leftrightarrow 2\cdot(x+1)\cdot(x-1) = 0$$
$$\Leftrightarrow x = -1 \vee x = 1$$
- *Hinreichende Bedingung*:

Zweites Kriterium

Es gilt:
- $f'''(-1) = -4 \neq 0$, also ist -1 eine Wendestelle von f.
- $f'''(1) = 4 \neq 0$, also ist 1 eine Wendestelle von f.

Erstes Kriterium

Vorzeichentabelle für $f''(x)$

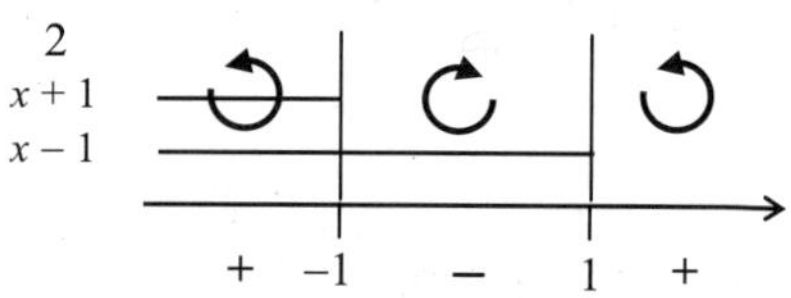

- *Angabe der Wendepunkte*:

Funktionswerte: $f(-1) = \frac{1}{6} - 1 - \frac{5}{6} - 1 = -\frac{16}{6} = -\frac{8}{3}$; $f(1) = \frac{1}{6} - 1 + \frac{5}{6} - 1 = -1$

Wendepunkte $W_1(-1 \mid -\frac{8}{3})$ und $W_2(1 \mid -1)$

Das zweite Wendestellenkriterium ist allerdings nicht anwendbar, wenn an einer Stelle x_0 mit $f''(x_0)=0$ zusätzlich auch $f'''(x_0)=0$ gilt. In diesem Fall muss man auf das erste Kriterium zurückgreifen.

Beispiel (Einschränkung der Anwendbarkeit)

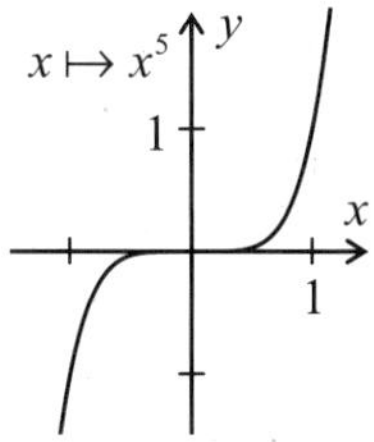

Für $f(x)=x^5$ erhält man die Ableitungen:

$f'(x)=5x^4$ und $f''(x)=20x^3$ sowie $f'''(x)=60x^2$.

Es gilt: $f''(0)=0$ und auch $f'''(0)=0$.
Eine Entscheidung mit dem zweiten Wendestellenkriterium ist nicht möglich.
Die Begründung für einen Wendepunkt an der Stelle $x_0=0$ folgt in diesem Fall schon direkt aus der Tatsache, dass $x_0=0$ eine dreifache Nullstelle von f'' ist und somit ein Vorzeichenwechsel von f'' auftritt.

Aufgaben

27. Untersuchen Sie mithilfe des ersten Wendestellenkriteriums, ob der Graph der Funktion f Wendepunkte besitzt.
a) $f(x)=\frac{2}{5}x^3-\frac{9}{5}x^2+\frac{7}{5}$ b) $f(x)=x^4+3x$

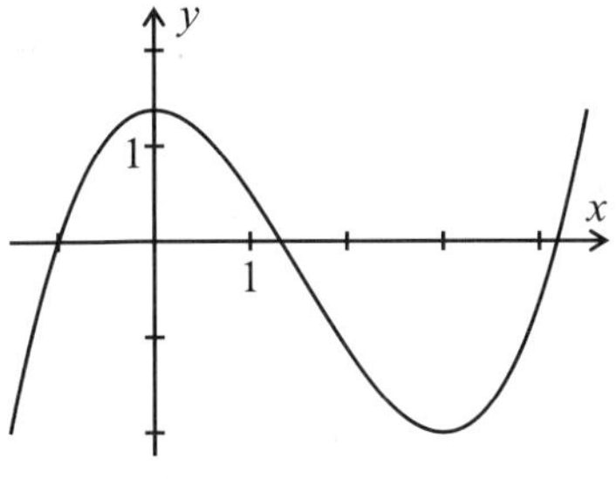

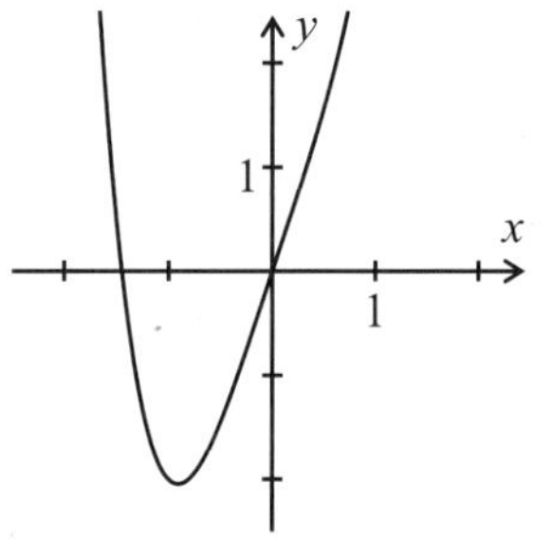

28. Berechnen Sie die Wendepunkte von G_f.
a) $f(x)=\frac{1}{3}x^3-2x^2-5x$ b) $f(x)=\frac{1}{12}x^4-2x^2$
c) $f(x)=x^4-8x^3+18x^2-15$ d) $f(x)=6+10x^4-3x^5$

29. Gegeben ist die Funktion
$f(x)=x^4-6x^3+12x^2-8x$.
Zeigen Sie, dass $S(2\,|\,0)$ Sattelpunkt von G_f ist.

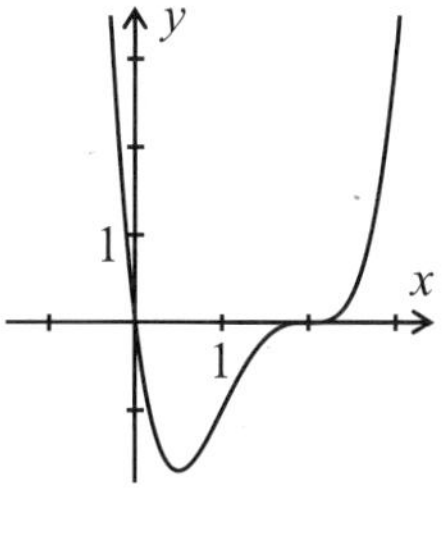

30. Untersuchen Sie, ob der Funktionsgraph einen Sattelpunkt besitzt.

a) $f(x) = (x-2)^3$ b) $f(x) = \frac{1}{20}x^5 - 4x^2 + 12x$

31. Bestimmen Sie die Wendepunkte von G_f mithilfe des zweiten Wendestellenkriteriums.

a) $f(x) = x^3 - 2x$ b) $f(x) = \frac{1}{3}x^3 - \frac{3}{2}x^2 + x$

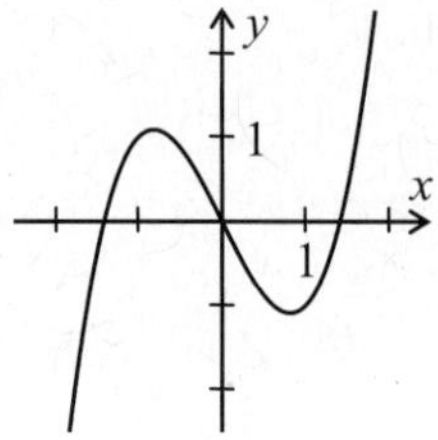

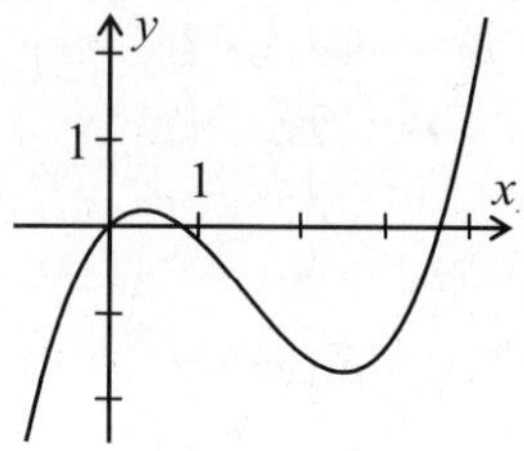

32. Bestimmen Sie die Wendepunkte des Graphen von f. Verwenden Sie das zweite Wendestellenkriterium.

a) $f(x) = -x^4 - 2x^3 + 12x^2$ b) $f(x) = \frac{3}{4}x^5 - 5x^3$

33. Die Abbildung zeigt den Graphen einer Funktion f und den Graphen der dazugehörigen Ableitungsfunktion f'.

a) Welcher der Graphen gehört zu f, welcher zu f'?

b) Bestimmen Sie aus der Abbildung im Rahmen der Ablesegenauigkeit die Extrem- und Wendepunkte des Graphen von f.

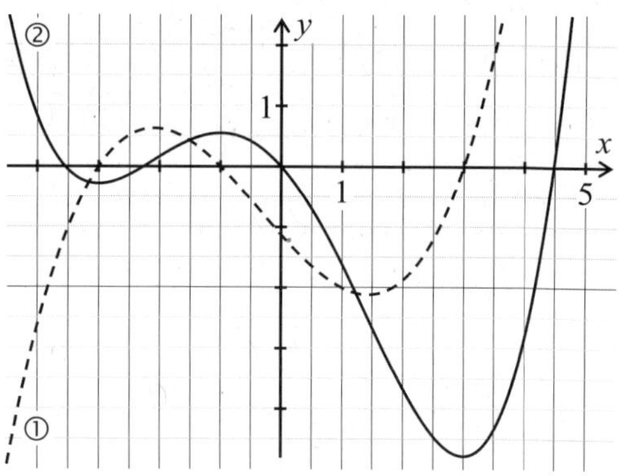

34.* Begründen Sie folgende Aussagen:

a) Jede ganzrationale Funktion dritten Grades besitzt genau einen Wendepunkt.

b) Jede ganzrationale Funktion vierten Grades besitzt entweder genau zwei Wendepunkte oder gar keinen.

c) Jede zum Ursprung symmetrische ganzrationale Funktion, deren Grad größer als 2 ist, besitzt zumindest den Ursprung als Wendepunkt.

35.* Prüfen Sie, ob folgende Aussage richtig ist:
Ist x_0 Wendestelle von G_f, dann ist $f'''(x_0) \neq 0$.

Wendetangenten

Unter einer Wendetangente versteht man die Tangente an einen Funktionsgraphen in einem Wendepunkt.

Um die Gleichung der Wendetangente zu berechnen, brauchen wir zunächst den Wendepunkt. Sind die Koordinaten des Wendepunktes bekannt, fehlt nur noch Steigung m im Wendepunkt. Diese berechnen wir, indem wir die x-Koordinate des Wendepunktes in die erste Ableitung einsetzen.

Vorgehensweise zur Berechnung der Wendetangente:

1. Wendepunkt $W(x_0 \mid y_0)$ berechnen.
2. x-Koordinate des Wendepunktes in die erste Ableitung einsetzen, um die Steigung m im Wendepunkt zu berechnen: $m = f'(x_0)$.
3. x_0, y_0 und m in die Tangentengleichung einsetzen: t_w: $y = m \cdot (x - x_0) + y_0$.

Beispiel (Wendetangente berechnen)

Die Funktion $f(x) = \frac{2}{3}x^3 + 3x^2 + 4x$ hat den Wendepunkt $W(-1{,}5 \mid -1{,}5)$.

Für die Ableitung gilt: $f'(x) = 2x^2 + 6x + 4$.

Hiermit folgt für die Steigung im Wendepunkt:

$$m = f'(-1{,}5) = 2 \cdot (-1{,}5)^2 + 6 \cdot (-1{,}5) + 4 = -0{,}5.$$

Gleichung der Wendetangenten:

$$t_w\colon y = m \cdot (x - x_0) + y_0$$
$$= (-0{,}5) \cdot (x + 1{,}5) - 1{,}5$$
$$= -0{,}5 \cdot x - 2{,}25$$

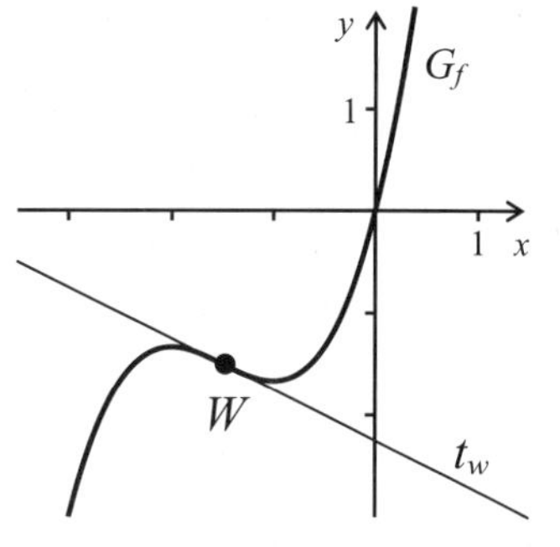

Aufgabe

36. Die Abbildung zeigt den Graphen von $f(x) = \frac{1}{4}x^4 - x^3 + 1$.

 a) Lesen Sie die Wendepunkte von G_f ab. Bestätigen Sie das Ergebnis durch eine Rechnung.

 b) Schätzen Sie anhand des Graphen die Steigung der Wendetangenten. Bestimmen Sie für die Wendetangenten eine Funktionsgleichung.

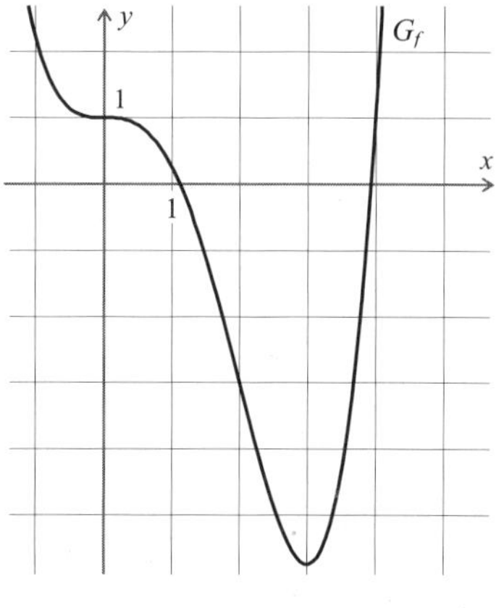

Vermischte Aufgaben

37. Gegeben sind $f(x) = x^3 - 3x^2 + 3x + 2$ und $g(x) = x^3 - 3x^2 + 4x + 1$.
   a) Berechnen Sie die Wendepunkte von G_f und G_g .
   b) Welche Steigungen haben die beiden Graphen in ihren Wendepunkten?
   c) Zeigen Sie, dass f und g streng monoton steigend sind.
   d) Skizzieren Sie die beiden Graphen.

38. Nennen Sie je zwei unterschiedliche Beispiele für Funktionen, die
   - genau zwei lokale Extrema,
   - genau ein lokales Extremum,
   - kein lokales Extremum

   besitzen.

39. Eine Firma richtet eine neue Internetpräsenz ein und registriert, wie oft die neue Homepage täglich besucht wird. Das Schaubild zeigt die Anzahl der Besucher pro Tag ab der Freigabe der neuen Homepage.
   a) Nennen Sie die besonderen Punkte und Bereiche des Graphen und erläutern Sie ihre Bedeutung für die Firma.
   b) Erläutern Sie, dass es sich bei den auftretenden Extrema um globale Extrema handelt.
   Welche Besonderheit tritt an der Stelle 0 auf?
   Welcher Unterschied besteht zu lokalen Extrema?

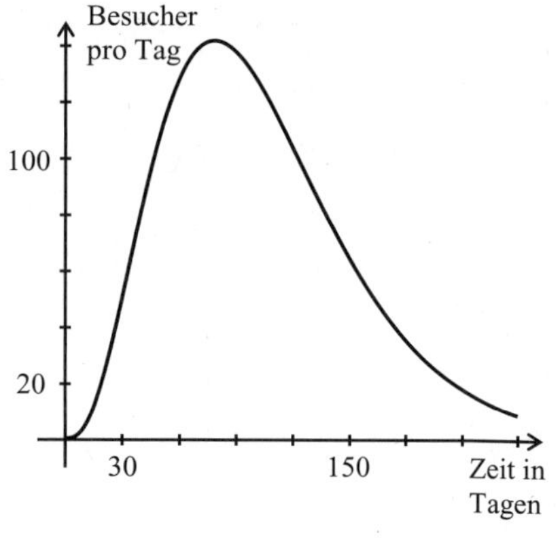

40. Eine Schnecke kriecht auf einer flachen Straße vom Startpunkt aus geradlinig immer in dieselbe Richtung. Modellhaft wird angenommen:
   Die Funktion s mit

$$s: t \mapsto s(t) \text{ mit } s(t) = -\frac{20}{9} \cdot t^3 + 10 \cdot t^2 \quad \text{und} \quad 0 \text{ min} \leq t \leq 3 \text{ min}$$

   gibt den zurückgelegten Weg s (gemessen in Zentimetern) in Abhängigkeit von der Zeit t (gemessen in Minuten) wieder.
   a) Berechnen Sie den zurückgelegten Weg und die jeweilige Geschwindigkeit der Schnecke zu den Zeitpunkten $t = 1$ min und $t = 2$ min .
   b) Ermitteln Sie, nach welcher Zeit die Schnecke ihre größte Geschwindigkeit erreicht hat. Wie groß ist diese maximale Geschwindigkeit?

12.5 Schnittpunkte von Funktionsgraphen

Schnittpunkte von Funktionsgraphen sind die Punkte, an denen beide Funktionen den gleichen Funktionswert (y-Wert) besitzen.

Mit diesem Wissen kann man die Schnittpunkte berechnen:

1. Da die Funktionswerte gleich sein sollen, setzt man die beiden Funktionsterme gleich. Die entstehende Gleichung kann man dann nach x auflösen. Man erhält so den x-Wert des Schnittpunkts.
2. Um den y-Wert des Schnittpunkts zu erhalten, muss man nur noch den errechneten x-Wert in eine der Funktionen einsetzen.
   Dabei ist es egal, in welche Funktionsgleichung man x einsetzt.

Beispiel (Schnittpunkt von Funktionsgraphen berechnen)

Gegeben sind die beiden Funktionen

$f(x) = x^3 + 3x^2 + 3x + 1$ und $g(x) = x + 1$.

Gleichsetzen der Funktionsterme ergibt:

$$f(x) = g(x) \Leftrightarrow x^3 + 3x^2 + 3x + 1 = x + 1$$
$$\Leftrightarrow x^3 + 3x^2 + 2x = 0$$
$$\Leftrightarrow x \cdot (x^2 + 3x + 2) = 0$$
$$\Leftrightarrow x \cdot (x + 2) \cdot (x + 1) = 0$$
$$\Leftrightarrow x = 0 \lor x = -2 \lor x = -1 .$$

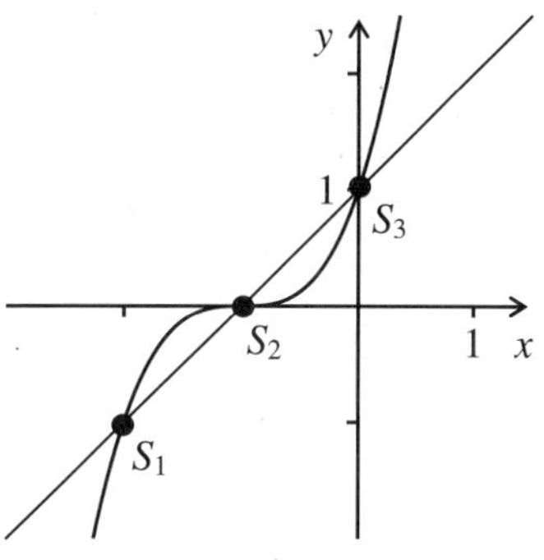

Einsetzen in die Gleichung von g ergibt: $g(0) = 1$, $g(-2) = -1$, $g(-1) = 0$.

Damit ergeben sich die Schnittpunkte: $S_1(-2 \mid -1)$, $S_2(-1 \mid 0)$, $S_3(0 \mid 1)$.

Aufgaben

41. Zeichnen Sie die Graphen der Funktionen f und g und lesen Sie anhand Ihrer Zeichnung die Schnittpunkt ab.
    Bestätigen Sie Ihr Ergebnis anschließend durch eine Rechnung.
    a) $f(x) = -4x + 1$ und $g(x) = x - 1{,}5$
    b) $f(x) = (x-2)^2 - 1$ und $g(x) = -(x-2)^2 + 3$

42. Berechnen Sie die Schnittpunkte der Funktionsgraphen.
    a) $f(x) = -2x^2 + 1$ und $g(x) = x^4 - 2x^2$
    b) $f(x) = x^3 - 3x^2 - x + 3$ und $g(x) = -x^3 + 3x^2 - 2x$

12.6 Vollständige Diskussion ganzrationaler Funktionen

Die Bestimmung der Eigenschaften ganzrationaler Funktionen wird unter dem Namen Diskussion zu einen festen Schema zusammengefasst.

Die Diskussion einer ganzrationalen Funktion f sollte folgende Punkte umfassen:

1. größtmögliche Definitionsmenge D,
2. einfache Symmetrie,
3. Berechnung der Ableitungen,
4. Schnittpunkte mit den Koordinatenachsen,
5. Monotonie,
6. Extrema,
7. Krümmung,
8. Wendepunkte,
9. Vorzeichendiagramm für f,
10. Grenzwerte von $f(x)$ für $x \to \pm\infty$,
11. Graph.

Die Reihenfolge, in der die einzelnen Punkte abgearbeitet werden, ist nicht zwingend vorgeschrieben. Ein mögliches Schema für die Diskussion einer ganzrationalen Funktion zeigt das folgende Beispiel.

Es empfiehlt sich immer, Funktionsterm und Ableitungsterme zu faktorisieren.

Beispiel (Vollständige Untersuchung einer Funktion)

Wir betrachten die Funktion mit der Gleichung $f(x) = -\frac{1}{3}x^3 + x^2$.

1. **Maximale Definitionsmenge**

   Es gilt $D = \mathbb{R}$, da eine ganzrationale Funktion vorliegt.

2. **Symmetrie**

   Die Funktion ist weder symmetrisch zur y-Achse noch zum Ursprung, da sowohl gerade und als auch ungerade Exponenten im Funktionsterm vorkommen.

3. **Ableitungen**

   $$f'(x) = -x^2 + 2x = -x\,(x-2)$$

   $$f''(x) = -2x + 2 = -2\,(x-1)$$

4. **Schnittpunkte mit den Koordinatenachsen**

   $$f(x) = 0 \quad \Leftrightarrow \quad -\tfrac{1}{3}x^2(x-3) = 0 \quad \Leftrightarrow \quad x = 0 \text{ oder } x = 3\,.$$

   f hat 0 als doppelte und 3 als einfache Nullstelle.

   Schnittpunkt mit der y-Achse: $S_y(0|\,0)$

5. **Monotonie**

   $f'(x) = 0 \quad \Leftrightarrow \quad -x(x-2) = 0 \quad \Leftrightarrow \quad x = 0$ oder $x = 2$.

   Vorzeichendiagramm für $f'(x) = -x\,(x-2)$

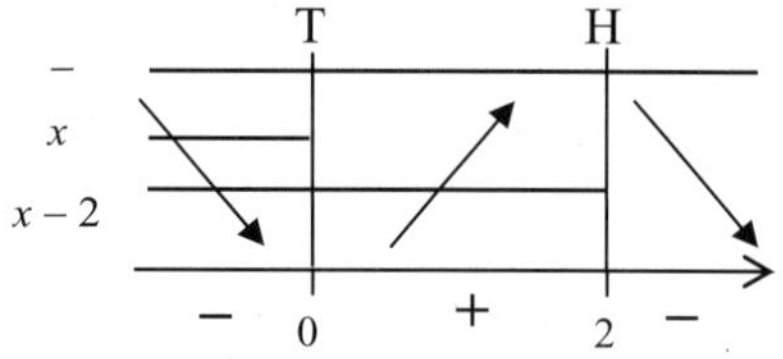

   Monotonieintervalle:

   f ist streng monoton steigend in $[0\,;\,2]$,
   f ist streng monoton fallend in $]-\infty\,;\,0]$ und in $[2,\,\infty\,[$.

6. **Extrema**

   $x = 0$ bzw. $x = 2$ sind Nullstellen von f' mit Vorzeichenwechsel.

   Funktionswerte: $f(0) = 0 \;;\; f(2) = \frac{4}{3}$.

   Es liegen somit der Tiefpunkt $T(0 \mid 0)$ und der Hochpunkt $H(2 \mid \frac{4}{3})$ vor.

7. **Krümmung**

   $f''(x) = 0 \quad \Leftrightarrow \quad -2(x-1) = 0 \quad \Leftrightarrow \quad x = 1$.

   Vorzeichendiagramm für $f''(x) = -2\,(x-1)$:

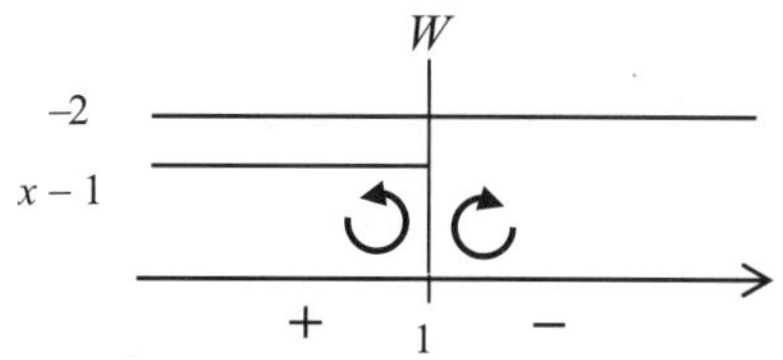

   Krümmungsintervalle:

   f ist linksgekrümmt in $]-\infty\,;\,1]$,
   f ist rechtsgekrümmt in $[1\,;\,\infty\,[$.

8. **Wendepunkte**

   $x = 1$ ist Nullstelle von f'' mit Vorzeichenwechsel.

   Funktionswert: $f(1) = \frac{2}{3}$.

   Es liegt somit der Wendepunkt $W(1 \mid \frac{2}{3})$ vor.

9. **Vorzeichendiagramm für *f***

   $$f(x) = -\tfrac{1}{3}x^3 + x^2 = -\tfrac{1}{3}x^2(x-3)$$

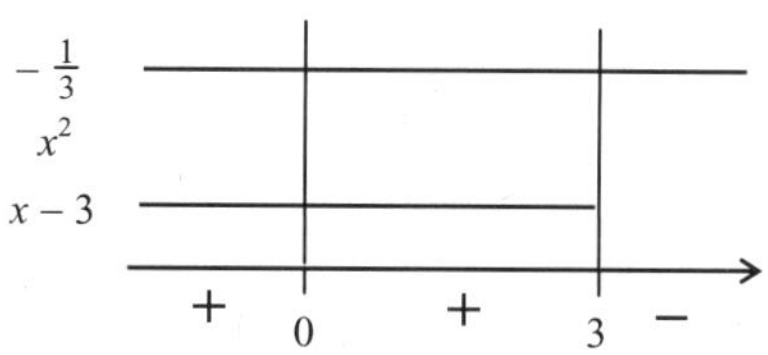

10. **Grenzverhalten für $x \to \pm\infty$**

$$\lim_{x\to-\infty} f(x) = \infty \quad \text{und} \quad \lim_{x\to\infty} f(x) = -\infty \ .$$

11. **Graph**

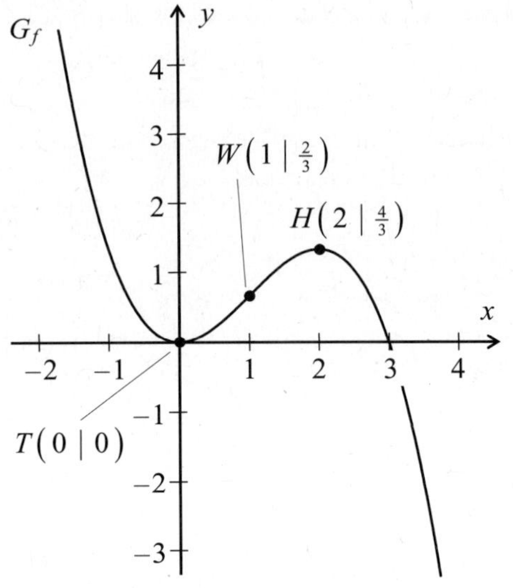

Aufgaben

43. Bestätigen Sie rechnerisch für die ganzrationalen Funktionen die Lage der Nullstellen sowie der Extrem- und Wendepunkte. Geben Sie zusätzlich die Monotonie- und die Krümmungsintervalle an.

a) $f: \mathbb{R} \to \mathbb{R}, x \mapsto x^3 - 3x^2 - x + 3$ b) $f: \mathbb{R} \to \mathbb{R}, x \mapsto \frac{1}{2}x^4 - 3x^2 + 4$

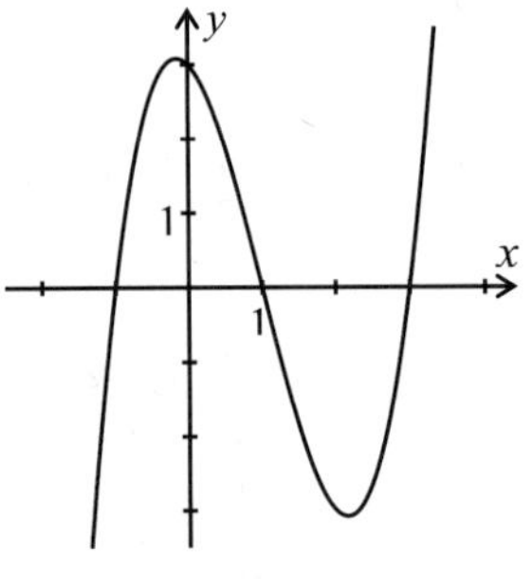
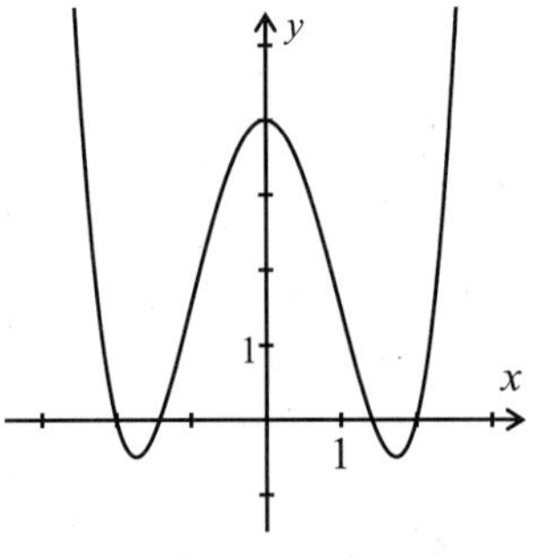

44. Diskutieren Sie die Funktion.

a) $f(x) = \frac{1}{8}x^3 - \frac{3}{2}x$ b) $f(x) = -x^3 + 6x^2 - 9x$

c) $f(x) = \frac{1}{4} \cdot (x+2) \cdot (x^2 - 5x + 10)$

45. Diskutieren Sie die Funktion.

a) $f(x) = \frac{1}{3}x^4 - 2x^2$ b) $f(x) = \frac{1}{2}x^3 - \frac{1}{8}x^4$ c) $f(x) = \frac{3}{4}x^4 - 7x^3 + 15x^2$

Hinweis zu c): Auf der y-Achse geeigneten Maßstab wählen.

46. Gegeben ist die ganzrationale Funktion $f: \mathbb{R} \to \mathbb{R}$ mit $f(x) = -\frac{1}{6}x^3 + 2x$.

a) Begründen Sie das Grenzwertverhalten und die Lage der Nullstellen.
b) Weisen Sie die Symmetrieeigenschaft des Graphen rechnerisch nach.
c) Bestimmen Sie rechnerisch die Extrem- und Wendepunkte des Graphen.

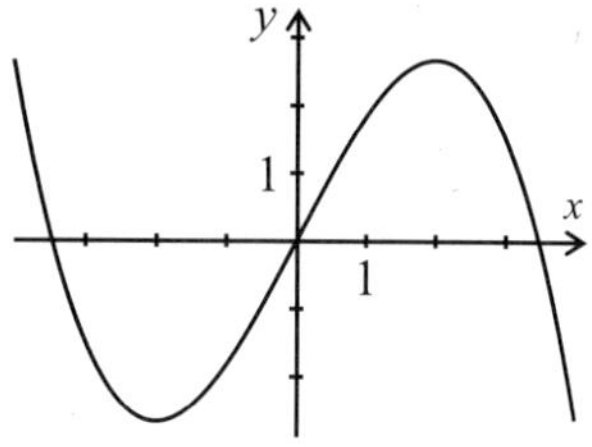

47. Diskutieren Sie die Funktion.

a) $f(x) = \frac{5}{9}x^3 - \frac{1}{27}x^5$
b) $f(x) = \frac{1}{5}x^5 - \frac{5}{3}x^3 + 4x$
c) $f(x) = -x^4 + 2x^3 + 3x^2 - 4x - 4$
d) $f(x) = -\frac{1}{12}(2x^4 - 5x^3 - 23x^2 + 53x + 69)$

48. Gegeben ist die Funktion $f: \mathbb{R} \to \mathbb{R}$ mit $f(x) = \dfrac{1}{4}x^4 + \dfrac{1}{3}x^3 - x^2$.

a) Geben Sie die Grenzwerte für $x \to \pm\infty$ an und berechnen Sie die Nullstellen der Funktion *f*. Geben Sie auch die zugehörigen Vielfachheiten an. Fertigen Sie zum Vergleich Ihrer Ergebnisse anhand dieser Informationen eine Skizze des Graphen an.
b) Ermitteln Sie Art und Koordinaten aller relativen Extrempunkte von G_f.
c) Bestimmen Sie die Krümmungsintervalle des Graphen G_f.

49. Gegeben ist die Funktion $f: \mathbb{R} \to \mathbb{R}$ mit $f(x) = \dfrac{1}{10}x^3 + \dfrac{1}{5}x^2 - \dfrac{3}{2}x$.

a) Lesen Sie aus der Zeichnung die Schnittpunkte mit der x-Achse sowie die Extrempunkte ab.

Bestätigen Sie Ihr Ergebnis rechnerisch.

b) Das Schaubild enthält weiter die Parabel

$$p(x) = \frac{2}{15}x^2 + \frac{2}{3}x.$$

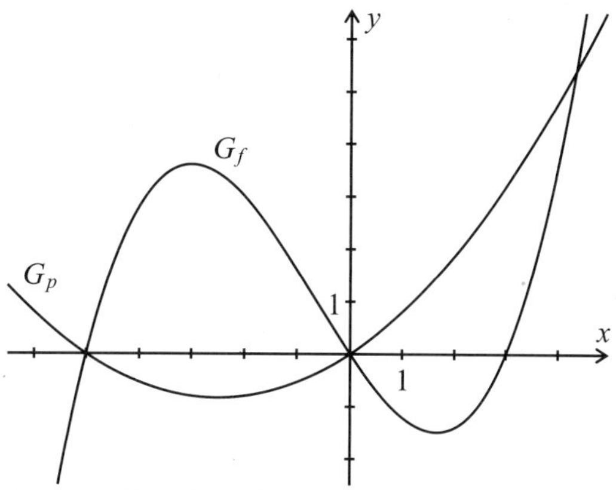

Lesen Sie ihre Schnittpunkte mit dem Graphen der Funktion *f* ab. Bestätigen Sie Ihr Ergebnis rechnerisch.

50. **Konzentration eines Medikaments im Blut**

Die Konzentration eines in Tablettenform verabreichten Medikaments im Blut eines Patienten wird durch die Funktion k beschrieben mit

$$k(t) = \frac{5}{432} \cdot (t^3 - 36t^2 + 324t)\ ;\quad (0 \le t \le 18)\quad (t \text{ in Stunden; } k(t) \text{ in mg/l}).$$

Die Abbildung zeigt den Graphen von k.

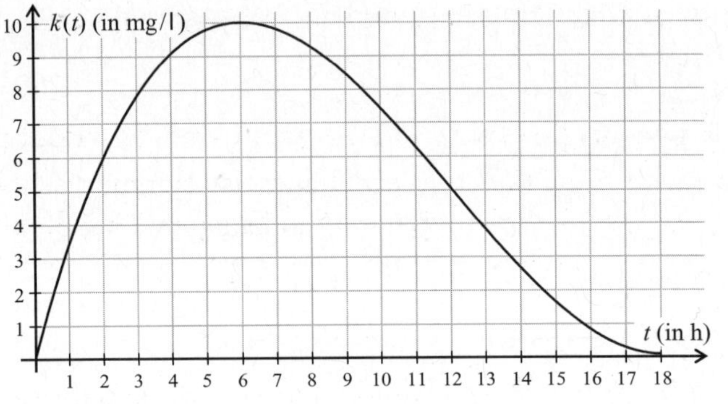

a) Das Medikament ist wirksam, wenn die Konzentration im Blut mindestens 6 mg/l beträgt. Lesen Sie aus der Zeichnung den Zeitraum ab, in dem das Medikament wirksam ist.
Eine Rechnung führt zu einer Gleichung, die nur näherungsweise lösbar ist.

b) Zu welchem Zeitpunkt ist das Medikament vollständig abgebaut?

c) Berechnen Sie, zu welchem Zeitpunkt die Konzentration ihren höchsten Wert erreicht und bestimmen Sie die maximale Konzentration.

d) Berechnen Sie die momentane Änderungsrate der Konzentration zu den Zeitpunkten 0, 2, 10 und 15. Welche Maßeinheit hat diese Änderungsrate?

e) Ermitteln Sie anhand des Graphen den Zeitpunkt, zu dem das Medikament am stärksten abgebaut wird. Bestätigen Sie Ihr Ergebnis durch Rechnung.

12.7 Aufstellen von Funktionsgleichungen

Die Aufgabe einer Funktionsdiskussion ist es, eine gegebene Funktion nach einem vorgegebenen Schema auf festgelegte Eigenschaften hin zu untersuchen und damit den zugehörigen Graphen zu zeichnen.

Man kann dies auch umkehren: Die Aufgabe besteht dann darin, aus vorgegebenen Eigenschaften des Funktionsgraphen nach der Gleichung der zugehörigen Funktion zu suchen.

Beispiel (Funktionsgleichung für eine symmetrische Funktion)

Eine ganzrationale Funktion vierten Grades ist symmetrisch zur y-Achse. Sie hat in $P(1 \mid 2)$ einen Wendepunkt. Die Wendetangente hat die Steigung –2.

– *Ansatz*: $f(x) = ax^4 + bx^3 + cx^2 + dx + e$

– *Bedingungen*:

❶ Auf Grund der Achsensymmetrie folgt: $b = 0$ und $d = 0$.

$$f(x) = ax^4 + cx^2 + e$$

$$f'(x) = 4ax^3 + 2cx$$

$$f''(x) = 12ax^2 + 2c$$

❷ $P(1 \mid 2)$ Wendepunkt bedeutet:

$(1 \mid 2) \in G_f \Leftrightarrow a + c + e = 2 \quad (1)$ (Punkteigenschaft)

$f''(1) = 0 \Leftrightarrow 12a + 2c = 0 \quad (2)$ (notw. Bedingung für Wendestelle)

❸ Tangentensteigung –2 in P bedeutet:

$f'(1) = -2 \Leftrightarrow 4a + 2c = -2 \quad (3)$

Aus diesen Bedingungen ergibt sich das Gleichungssystem:

$$\begin{aligned} a + c + e &= 2 \quad (1) \\ 12a + 2c &= 0 \quad (2) \\ 4a + 2c &= -2 \quad (3) \end{aligned}$$

– *Lösung des Systems*:

(2) – (3) liefert: $8a = 2 \Leftrightarrow a = \frac{1}{4}$

eingesetzt in (3): $4 \cdot \frac{1}{4} + 2c = -2 \Leftrightarrow 2c = -3 \Leftrightarrow c = -\frac{3}{2}$

eingesetzt in (1): $\frac{1}{4} - \frac{3}{2} + e = 2 \Leftrightarrow e = \frac{13}{4}$

– *Ergebnis*:

Die gesuchte Funktion besitzt die Gleichung: $f(x) = \frac{1}{4}x^4 - \frac{3}{2}x^2 + \frac{13}{4}$

Beispiel (Funktionsgleichung für eine Funktion 4. Grades)

Der Graph einer ganzrationalen Funktion vierten Grades hat in $P(0 \mid 1)$ einen Wendepunkt mit waagerechter Tangente. Diese Tangente schneidet den Graphen an der Stelle $x = 4$. Der zweite Wendepunkt hat die Ordinate $y = -3$.

– *Ansatz*: $f(x) = a x^4 + bx^3 + cx^2 + dx + e$

$$f'(x) = 4a x^3 + 3bx^2 + 2cx + d$$

$$f''(x) = 12a x^2 + 6bx + 2c$$

– *Bedingungen*:

❶ $P(0 \mid 1)$ Wendepunkt mit waagerechter Tangente (Sattelpunkt) bedeutet:

$P(0 \mid 1) \in G_f \Leftrightarrow e = 1$ (Punkteigenschaft)

$f'(0) = 0 \Leftrightarrow d = 0$ (waagerechte Tangente)

$f''(0) = 0 \Leftrightarrow c = 0$ (notw. Bedingung für Wendestelle)

Mit diesen Ergebnissen folgt: $f(x) = a x^4 + bx^3 + 1$

❷ Die waagerechte Wendetangente durch $P(0 \mid 1)$ hat die Gleichung $y = 1$. Da sie den Graphen an der Stelle $x = 4$ schneidet, muss gelten:

$f(4) = 1 \Leftrightarrow a \cdot 4^4 + b \cdot 4^3 + 1 = 1 \Leftrightarrow 4a + b = 0 \Leftrightarrow b = -4a$ (*)

❸ Zweiter Wendepunkt in $(x_W \mid -3)$:

Unter Verwendung der bisherigen Ergebnisse und (*) ergibt sich:

$$f''(x) = 12a x^2 + 6bx = 12a x^2 + 6(-4a)x$$

$$= 12a x^2 - 24ax = 12ax(x - 2)$$

Aus $f''(x) = 0$ ergibt sich $x_W = 2$ für den zweiten Wendepunkt.

$W_2(2 \mid -3) \in G_f \Leftrightarrow a \cdot 2^4 + b \cdot 2^3 + 1 = -3$

$\Leftrightarrow 16a + 8b = -4$

$\Leftrightarrow 16a - 32a = -4$ (einsetzen von (*))

$\Leftrightarrow -16a = -4$

$\Leftrightarrow a = \frac{1}{4}$

Einsetzen in (*) liefert: $b = -1$

– *Ergebnis*:

Die gesuchte Funktion besitzt die Gleichung: $f(x) = \frac{1}{4} x^4 - x^3 + 1$

Immer wiederkehrende Formulierungen und ihre Umsetzung in Form von Gleichungen sind im Folgenden in einer Übersicht zusammengefasst.

	verbale Formulierung	Umsetzung
(1)	Der Graph von f ist symmetrisch zur y-Achse.	Alle Koeffizienten der ungeraden Potenzen sind 0.
(2)	Der Graph von f ist symmetrisch zum Ursprung.	Alle Koeffizienten der geraden Potenzen sind 0.
(3)	f hat eine einfache Nullstelle in x_0.	$f(x_0) = 0$
(4)	f hat eine doppelte Nullstelle in x_0.	$f(x_0) = 0$ $\wedge\ f'(x_0) = 0$
(5)	f hat eine dreifache Nullstelle in x_0.	$f(x_0) = 0$ $\wedge\ f'(x_0) = 0$ $\wedge\ f''(x_0) = 0$
(6)	f hat in $(x_E \mid y_E)$ ein Extremum.	$f(x_E) = y_E$ $\wedge\ f'(x_E) = 0$
(7)	f hat in $(x_W \mid y_W)$ einen Wendepunkt.	$f(x_W) = y_W$ $\wedge\ f''(x_W) = 0$
(8)	f hat in $(x_S \mid y_S)$ einen Sattelpunkt. (Wendepunkt mit waagerechter Tangente)	$f(x_S) = y_S$ $\wedge\ f'(x_S) = 0$ $\wedge\ f''(x_S) = 0$
(9)	f berührt in $(x_0 \mid 0)$ die x-Achse.	$f(x_0) = 0$ $\wedge\ f'(x_0) = 0$
(10)	f und g berühren sich in $(x_0 \mid y_0)$.	$f(x_0) = g(x_0)$ $\wedge\ f'(x_0) = g'(x_0)$
(11)	Im Punkt $(x_0 \mid y_0)$ verläuft die Tangente an f parallel zur Geraden $g(x) = m\,x + b$.	$f'(x_0) = m$
(12)	Im Punkt $(x_0 \mid y_0)$ verläuft die Tangente an f senkrecht zur Geraden $g(x) = m\,x + b$.	$f'(x_0) \cdot m = -1$

Aufgaben

51. Die Abbildung zeigt den Graphen einer ganzrationalen Funktion dritten Grades.
Bestimmen Sie bei Verwendung der markierten Punkte einen möglichen Funktionsterm.

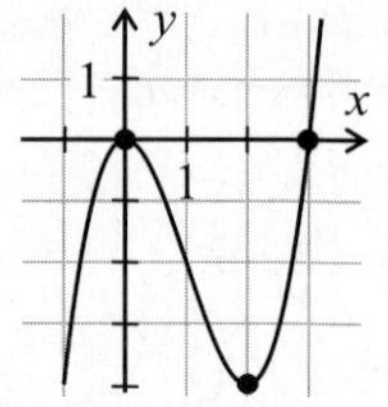

52. Gesucht ist eine ganzrationale Funktion von möglichst kleinem Grad mit den Nullstellen –3, –1 und 1 sowie dem y-Achsenabschnitt 1.
a) Skizzieren Sie den Graphen der Funktion.
b) Stellen Sie einen Funktionsterm auf.

53. Die nachstehenden Abbildungen zeigen Graphen ganzrationaler Funktionen. Stellen Sie einen möglichen Funktionsterm auf.
a) Funktion vom Grad 3
b) Funktion vom Grad 4 (Symmetrie ausnutzen)

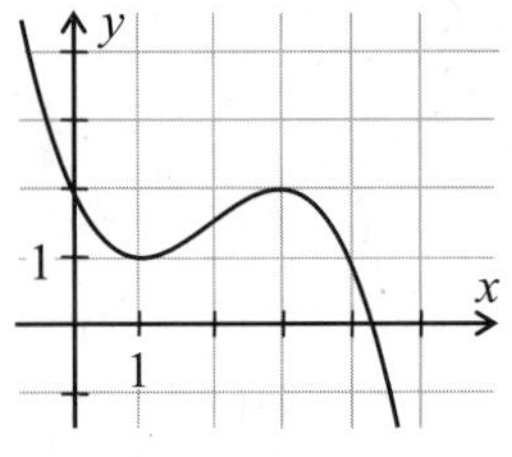

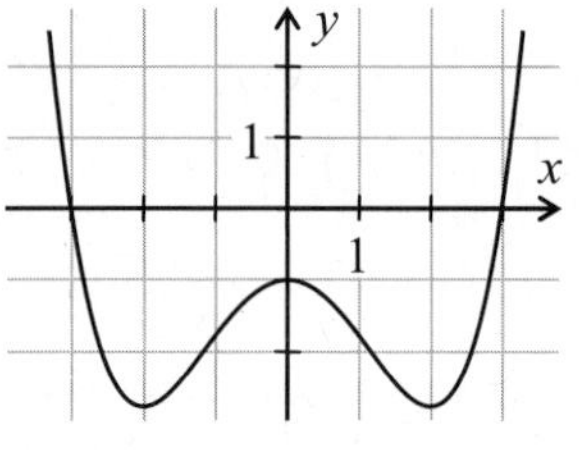

54. Eine Parabel 4. Grades ist symmetrisch zur y-Achse. Sie hat in $P(2 \mid 0)$ die Steigung 2 und in $Q(-1 \mid ?)$ einen Wendepunkt. Bestimmen Sie eine Funktionsgleichung.

55. Der Graph der Funktion $f(x) = a\,x^3 + b\,x^2 + c$ hat im Wendepunkt $(-1 \mid 1)$ die Steigung –3. Bestimmen Sie eine Funktionsgleichung.

56. Gesucht ist eine ganzrationale Funktion von möglichst kleinem Grad, die symmetrisch zum Ursprung ist und den Extrempunkt $E(3 \mid -18)$ hat. Stellen Sie einen Funktionsterm auf.

57.* Der Graph einer ganzrationalen Funktion dritten Grades geht durch den Punkt $P(1 \mid -4)$, hat an der Stelle 4 eine horizontale Tangente und den Wendepunkt $W(3 \mid -6)$. Bestimmen Sie einen Funktionsterm.

Aufgaben zum Nachdenken und Argumentieren

1 Die Abbildung zeigt den Graphen der Ableitung f' einer differenzierbaren Funktion f.

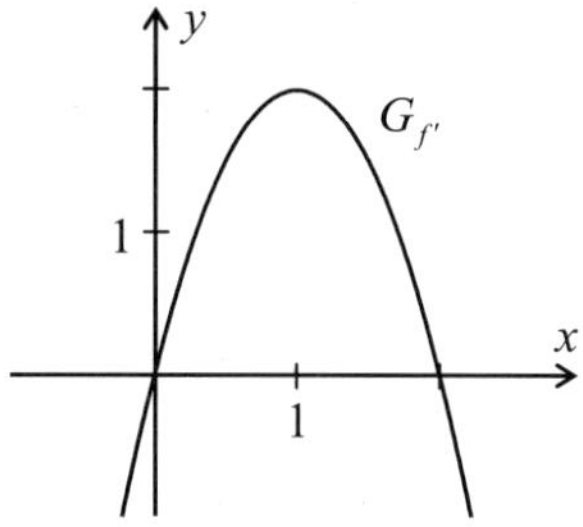

Begründen Sie anhand der Abbildung, dass der Graph der Funktion f folgende Punkte besitzt:

- einen Hochpunkt,
- einen Tiefpunkt und
- einen Wendepunkt mit positiver Steigung.

Skizzieren Sie einen möglichen Graphen von f in ein Koordinatensystem, das auch den bereits gezeichneten Graphen von f' enthält.

2 Für eine dreimal differenzierbare Funktion f gelten die Bedingungen

$$f(1)=2 \quad , \quad f'(1)=-1 \quad , \quad f''(1)=0 \quad \text{und} \quad f'''(1)\neq 0 .$$

Beschreiben Sie die Bedeutung dieser Bedingungen für den Verlauf des Graphen von f. Skizzieren Sie einen möglichen Verlauf des Graphen in der Umgebung der Stelle 1.

3 Die Abbildung zeigt für eine zweimal differenzierbare Funktion $f: \mathbb{R} \to \mathbb{R}$ den Graphen der Ableitungsfunktion f'.

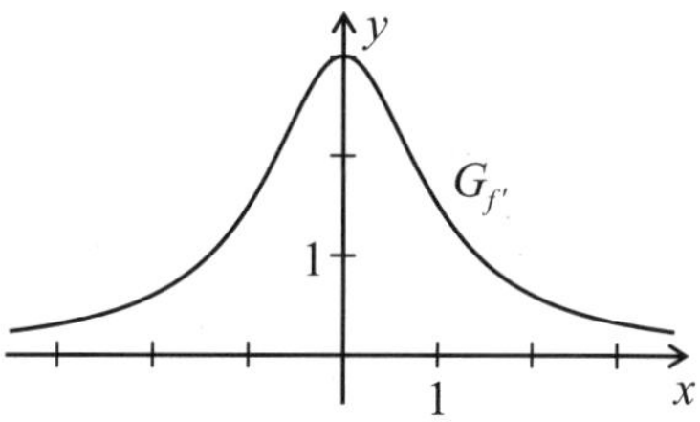

Entscheiden Sie, ob folgende Aussagen wahr, falsch oder unentscheidbar sind.
Begründen Sie Ihre Antwort.

① f ist streng monoton wachsend in $\mathbb{R}$.

② Der Graph von f besitzt einen Wendepunkt.

③ Der Graph von f besitzt einen Hochpunkt.

④ Es gilt $f(x)>0$ für $x \in \mathbb{R}$.

⑤ Der Graph von f ist symmetrisch zur y-Achse.

4 Entscheiden Sie, ob folgende Aussagen wahr oder falsch sind. Begründen Sie Ihre Entscheidung.

① $f'(x)=0 \Rightarrow$ Der Graph G_f hat an der Stelle x keine Tangente.

② $f''(x)=0 \Rightarrow$ Der Graph G_f hat an der Stelle x sicher einen Wendepunkt.

③ $f'(x)<0 \Rightarrow$ Der Graph G_f hat an der Stelle x einen Tiefpunkt.

④ $f'(x)=0 \Rightarrow$ Der Graph G_f hat an der Stelle x eine waagerechte Tangente.

⑤ $f''(x)=0 \Rightarrow$ Der Graph G_f kann an der Stelle x einen Sattelpunkt besitzen.

5 Die Abbildungen I, II und III zeigen Graphen von ganzrationalen Funktionen höchstens vierten Grades.

Abbildung I

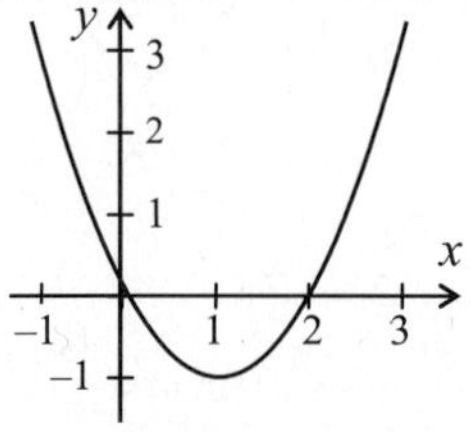

Abbildung II

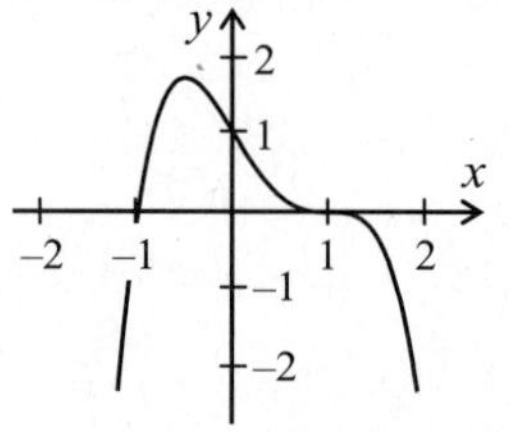

Abbildung III

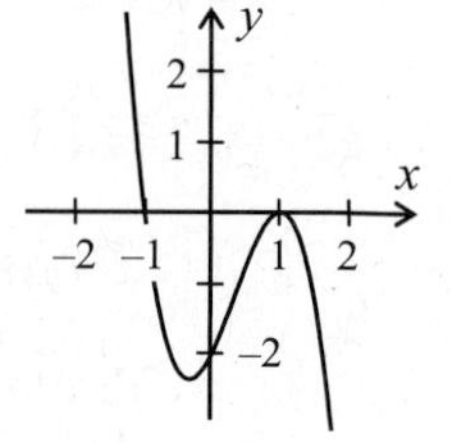

Begründen Sie in den folgenden Aufgabenteilen Ihre Auswahl jeweils mit einer Eigenschaft des Funktionsgraphen.

a) In welchen der Abbildungen gilt für die dargestellte Funktion $f'(0) < 0$?

b) In welchen der Abbildungen gilt für die dargestellte Funktion $f'(1) = 0$ und $f''(1) = 0$?

c) In welchen der Abbildungen gilt für die dargestellte Funktion $f'(1) = 0$ und f'' wechselt an der Stelle 1 das Vorzeichen?

6 Die Abbildung zeigt den Graphen der Ableitung f' einer ganzrationalen Funktion f.

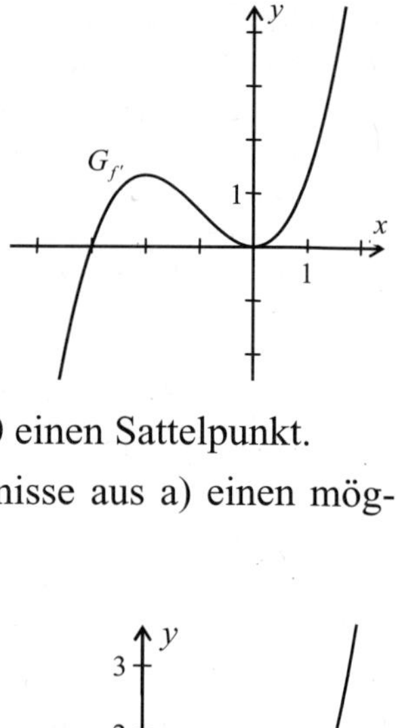

a) Prüfen Sie, ob folgende Aussagen wahr (w) oder falsch (f) sind. Begründen Sie Ihre Aussagen.
   1. Der Graph von f hat an der Stelle –3 einen Tiefpunkt.
   2. Die Funktion f hat an der Stelle –2 ein Maximum.
   3. Der Graph der Funktion f besitzt an der Stelle 0 einen Sattelpunkt.

b) Skizzieren Sie unter Berücksichtigung der Ergebnisse aus a) einen möglichen Graphen der Funktion f.

7 Die Abbildung zeigt den Graphen einer ganzrationalen Funktion f.

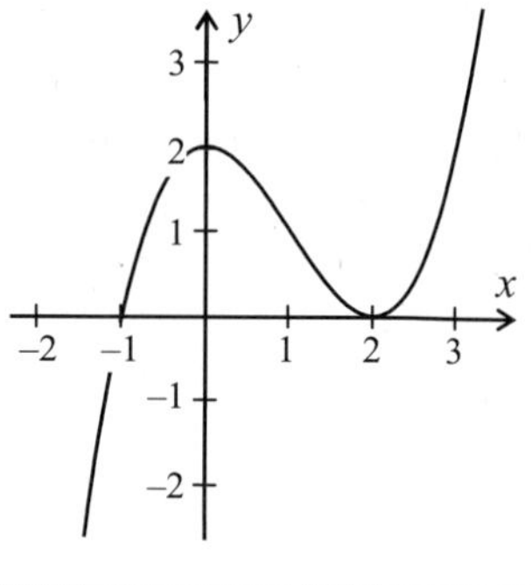

a) Bestimmen Sie eine mögliche Funktionsgleichung für f.

b) Skizzieren Sie den Graphen der Ableitungsfunktion f' in ein eigenes Koordinatensystem.

13

Integralrechnung

13.1 Das Flächenmaßproblem

Allgemeine Formulierung des Flächenmaßproblems

Wir wollen Inhalte von Flächen berechnen, die nicht von geraden Linien begrenzt werden. Ein bekanntes Beispiel dieser Art ist die Kreisfläche.

Bei der Herleitung der Formel

$$\mu(A) = \pi r^2$$

für den Inhalt der Kreisfläche kann man z.B. so vorgehen, dass man versucht die Halbkreisfläche immer feiner durch Rechteckflächen anzunähern.

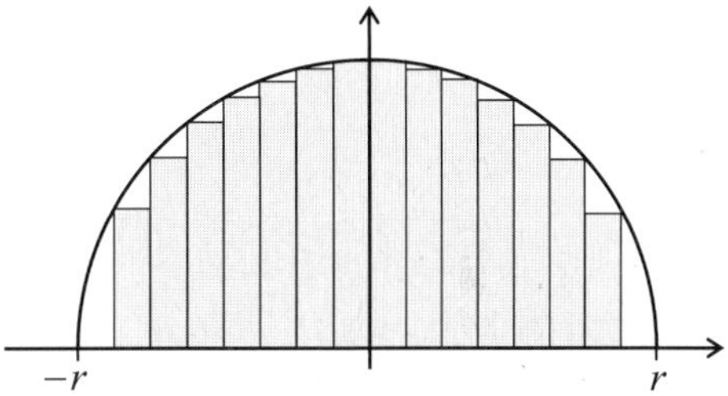

Die Wurzeln der Integralrechnung reichen bis in die Antike zurück. Sie ist historisch aus dem Problem der Flächen- und Volumenberechnung entstanden. Die Integralrechnung beschäftigt sich hauptsächlich mit der Berechnung der Inhalte von Flächen, die von dem Graphen einer Funktion begrenzt werden.

Das Flächenmaßproblem kann allgemein auf folgende Art formuliert werden:

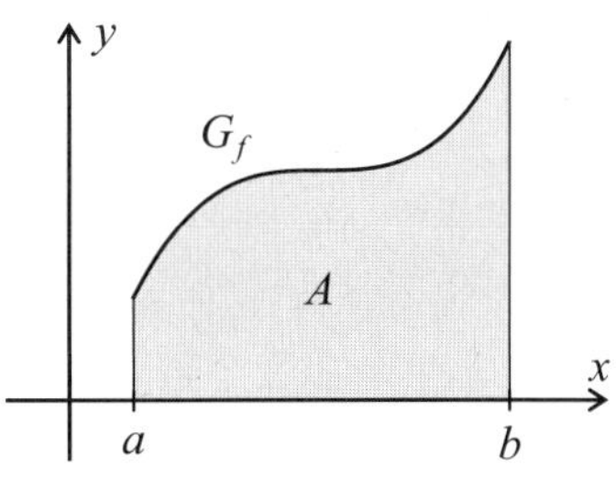

- Gegeben ist eine über einem Intervall definierte, stetige Funktion $f:[a\,;b]\to\mathbb{R}$ mit Funktionswerten $f(x)\geq 0$.
  Man bezeichnet f als **Randfunktion**.
- Gesucht ist das Maß der Fläche A, welche der Graph von f mit der x-Achse über dem Intervall $[a\,;b]$ einschließt.

Von der Anschauung her können wir davon ausgehen, dass eine Fläche, wie sie in der Abbildung dargestellt ist, ein eindeutig bestimmtes Flächenmaß besitzt. Dies bedeutet, dass man der Fläche A sinnvoll eine reelle Zahl als Flächenmaßzahl zuordnen kann.

Flächeninhalt bei geradlinig berandeten Flächen

Wir greifen die Problemstellung zunächst am Beispiel einfacher Randfunktionen auf, bei denen wir den Flächeninhalt elementargeometrisch bestimmen können.

① **Konstante Funktionen $f(x) = c$ mit $c > 0$**

Über dem Intervall [0 ; *b*] ergibt sich als geometrische Figur ein *Rechteck*.

Elementargeometrische Flächenformel:
Höhe · Breite

Intervall [0 ; *b*]

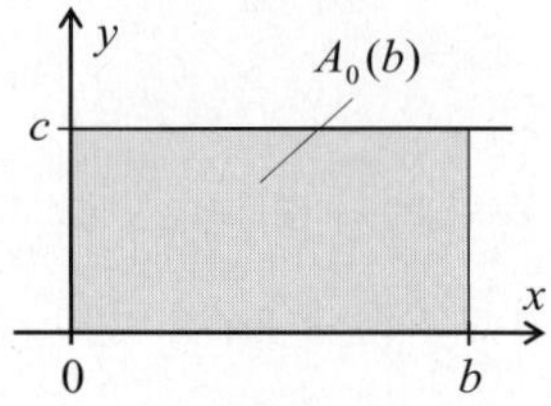

Intervall [*a* ; *b*]

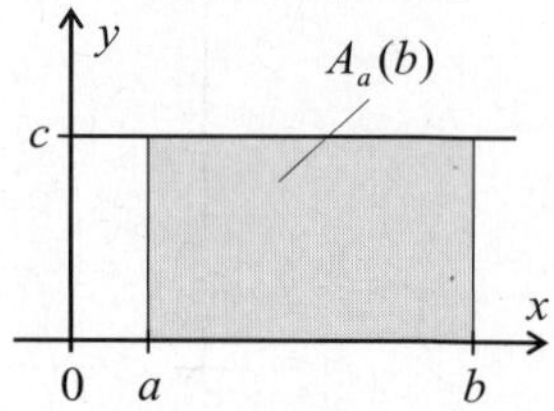

Flächenmaßzahl:

$$A_0(b) = c \cdot b$$

$$A_a(b) = A_0(b) - A_0(a) = c \cdot b - c \cdot a = c \cdot (b - a)$$

② **Proportionale Funktionen $f(x) = mx$ mit $m > 0$**

Über dem Intervall [0 ; *b*] ergibt sich als geometrische Figur ein *rechtwinkliges Dreieck*.

Elementargeometrische Flächenformel:
$\frac{1}{2}$ · *Grundseite · Höhe*

Intervall [0 ; *b*]

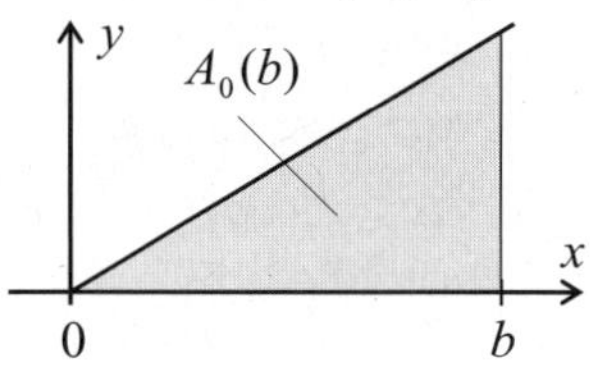

Intervall [*a* ; *b*]

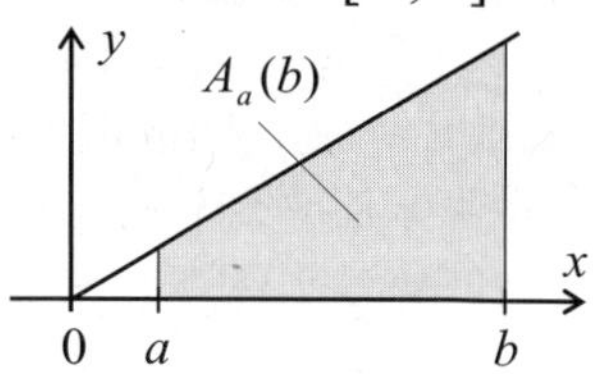

Flächenmaßzahl:

$$A_0(b) = \frac{1}{2} \cdot b \cdot mb = \frac{1}{2} \cdot mb^2$$

$$A_a(b) = A_0(b) - A_0(a) = \frac{1}{2} \cdot mb^2 - \frac{1}{2} \cdot ma^2 = \frac{1}{2} \cdot m \cdot (b^2 - a^2)$$

③ **Lineare Funktionen $f(x) = mx + n$ mit $m, n > 0$**

Über dem Intervall [0 ; *b*] ergibt sich als geometrische Figur ein *Trapez*.
Elementargeometrische Flächenformel:
Mittelparallele · Höhe

Intervall [0 ; *b*]

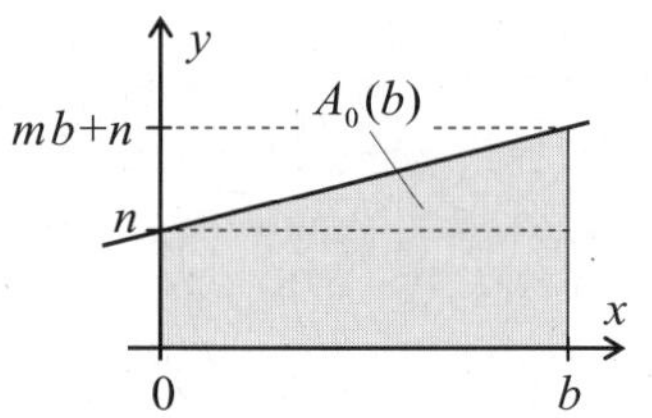

Intervall [*a* ; *b*]

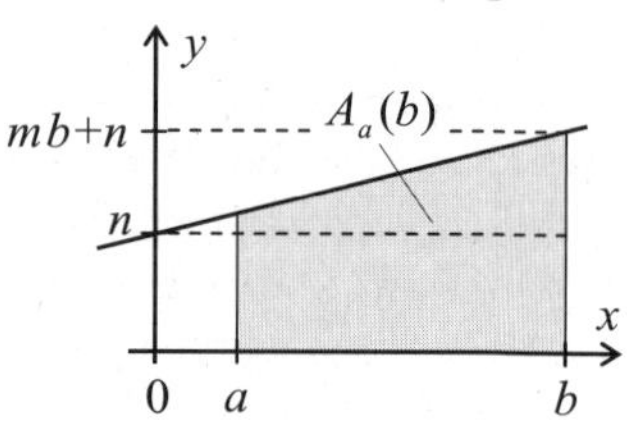

Flächenmaßzahl:

$$A_0(b) = \frac{n + (mb + n)}{2} \cdot b = \left(n + \frac{1}{2} \cdot mb\right) \cdot b = nb + \frac{1}{2} \cdot mb^2$$

$$A_a(b) = A_0(b) - A_0(a) = nb + \frac{1}{2} \cdot mb^2 - \left(na + \frac{1}{2} \cdot ma^2\right)$$

Flächeninhaltsproblem bei krummlinig berandeten Flächen

Wir greifen nun die Problemstellung auf, dass die betrachtete Fläche von einem krummlinigen Funktionsgraphen berandet wird. In diesem Fall lässt sich der Flächeninhalt nicht mehr auf elementargeometrischem Weg berechnen.

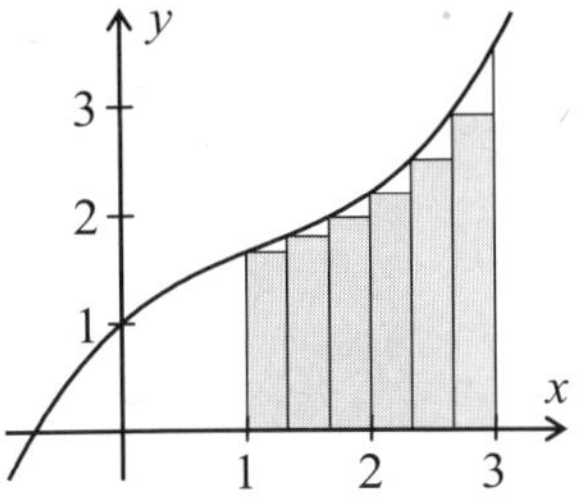

untere Treppenfläche

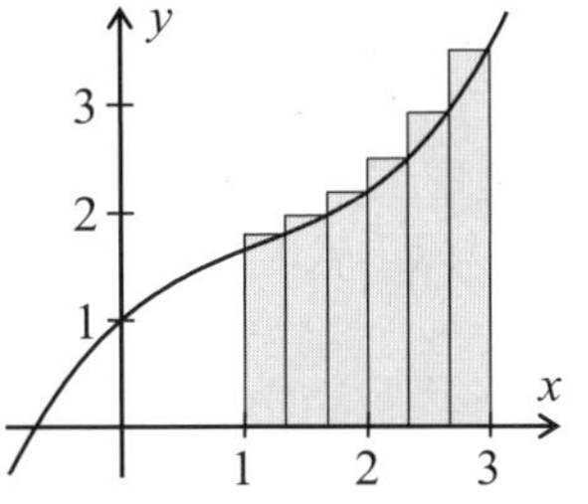

obere Treppenfläche

Die Grundidee zur Lösung dieses Problems besteht darin, die zu berechnende Fläche durch Teilflächen (Streifen) auszuschöpfen, deren Inhalte sich bequem berechnen lassen. Gut geeignet hierzu sind Rechtecke, deren Seiten zu den Koordinatenachsen parallel sind. Man bezeichnet dieses Verfahren auch als **Streifenmethode des Archimedes**.

Die Flächeninhalte der beiden Treppenflächen liefern eine Näherung für den gesuchten Flächeninhalt. Es ist einleuchtend, dass die Abschätzung durch die Treppenflächen umso besser wird, je größer man die Anzahl der Teilflächen wählt.

Historischer Rückblick

Etwa um 250 v. Chr. gelang es **Archimedes von Syrakus**, die Fläche unter der Normalparabel zu berechnen. Er zerschnitt dazu die Fläche in Streifen parallel zur y-Achse. Man spricht daher auch von der „Streifenmethode des Archimedes".

Archimedes von Syrakus (* um 287 v. Chr. vermutl. Syrakus auf Sizilien; † 212 v. Chr. vermutl. ebenfalls Syrakus) war ein griechischer Mathematiker, Physiker und Ingenieur.
Archimedes gilt als einer der bedeutendsten Mathematiker der Antike.
Bekannt wurde er auch durch seine Beteiligung an der Verteidigung von Syrakus gegen die römische Belagerung im zweiten Punischen Krieg. Ihm wird nachgesagt, die Römer bei ihrer langwierigen Belagerung mit seinen Kriegsmaschinen praktisch eigenhändig aufgehalten zu haben. So entwickelte er beispielsweise Wurfmaschinen und Katapulte oder auch Seilwinden, welche ein komplettes Schiff, voll beladen und mit gesamter Besatzung, durch Ziehen an einem einzigen Seil bewegten. Auch mächtige Greifarme, die feindliche Boote packten und angeblich in Stücke rissen, gehörten dazu.

Archimedes von Syrakus

Flächeninhaltsproblem bei der Normalparabel

Die Flächenberechnung bei krummlinig berandeten Flächen soll im Folgenden am Beispiel der Normalparabel mit der Gleichung $f(x) = x^2$ genauer untersucht werden.

- *Unterteilung des Intervalls* $[0;1]$ *in 5 Teile*

Für die Normalparabel betrachten wir zunächst das Intervall $[0;1]$. Gesucht ist die Flächenmaßzahl $A_0(1)$ der Fläche unter der Parabel über dem Intervall $[0;1]$. Als erste Näherung wählen wir eine Unterteilung in $n = 5$ gleich breite **Streifen**.

Untere Treppenfläche

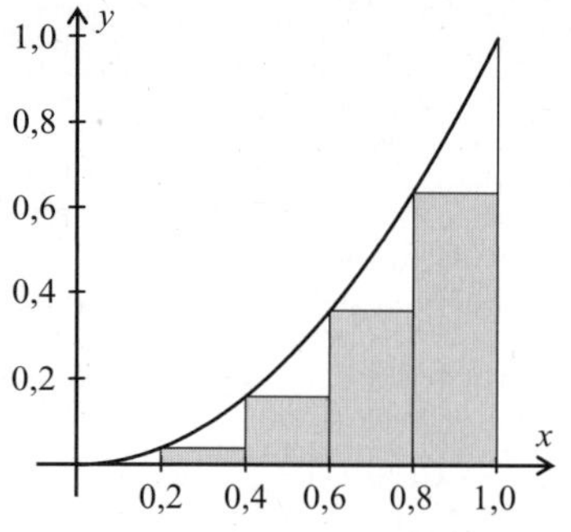

Untersumme bei Zerlegung in 5 Streifen

Streifenbreite: $\frac{1}{5}$

Streifenhöhe: Minimaler Funktionswert in jedem Teilintervall

$$U_5(1) = \tfrac{1}{5} \cdot (f(0) + f(\tfrac{1}{5}) + f(\tfrac{2}{5}) + f(\tfrac{3}{5}) + f(\tfrac{4}{5}))$$
$$= \tfrac{1}{5} \cdot (0^2 + (\tfrac{1}{5})^2 + (\tfrac{2}{5})^2 + (\tfrac{3}{5})^2 + (\tfrac{4}{5})^2)$$
$$= \tfrac{1}{5} \cdot (\tfrac{1}{5})^2 \cdot (0^2 + 1^2 + 2^2 + 3^2 + 4^2)$$
$$= (\tfrac{1}{5})^3 \cdot (0^2 + 1^2 + 2^2 + 3^2 + 4^2)$$
$$= \frac{30}{125}$$
$$= 0{,}24$$

Obere Treppenfläche

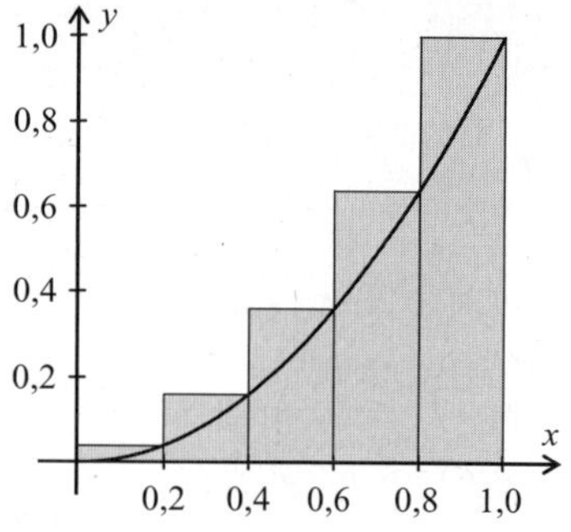

Obersumme bei Zerlegung in 5 Streifen

Streifenbreite: $\frac{1}{5}$

Streifenhöhe: Maximaler Funktionswert in jedem Teilintervall

$$O_5(1) = \tfrac{1}{5} \cdot (f(\tfrac{1}{5}) + f(\tfrac{2}{5}) + f(\tfrac{3}{5}) + f(\tfrac{4}{5}) + f(1))$$
$$= \tfrac{1}{5} \cdot ((\tfrac{1}{5})^2 + (\tfrac{2}{5})^2 + (\tfrac{3}{5})^2 + (\tfrac{4}{5})^2 + 1^2)$$
$$= \tfrac{1}{5} \cdot (\tfrac{1}{5})^2 \cdot (1^2 + 2^2 + 3^2 + 4^2 + 5^2)$$
$$= (\tfrac{1}{5})^3 \cdot (1^2 + 2^2 + 3^2 + 4^2 + 5^2)$$
$$= \frac{55}{125}$$
$$= 0{,}44$$

Die Unterteilung der interessierenden Fläche in 5 Streifen gleicher Breite liefert eine erste, allerdings noch recht grobe Abschätzung. Die gesuchte Flächenmaßzahl liegt zwischen 0,24 und 0,44.

Wir versuchen in einem nächsten Schritt diese Abschätzung zu verbessern, indem wir die Anzahl der Streifen erhöhen.

- *Unterteilung des Intervalls* [0 ; 1] *in n Teile*

Die Annäherung an die gesuchte Flächenmaßzahl lässt sich verbessern, indem man die Unterteilung des Intervalls [0 ; 1] verfeinert. Hierzu betrachten wir allgemein n Streifen gleicher Breite. Die Rechteckbreite ist dann $\frac{1}{n}$.

Untere Treppenfläche

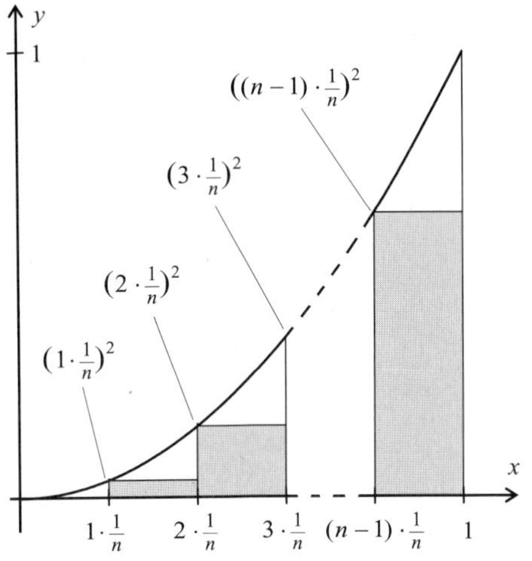

Untersumme bei Zerlegung in *n* Streifen

Streifenbreite: $\frac{1}{n}$

Streifenhöhe: Minimaler Funktionswert in jedem Teilintervall

$$U_n(1) = (\tfrac{1}{n})^3 \cdot (0^2 + 1^2 + 2^2 + \ldots + (n-1)^2)$$

Obere Treppenfläche

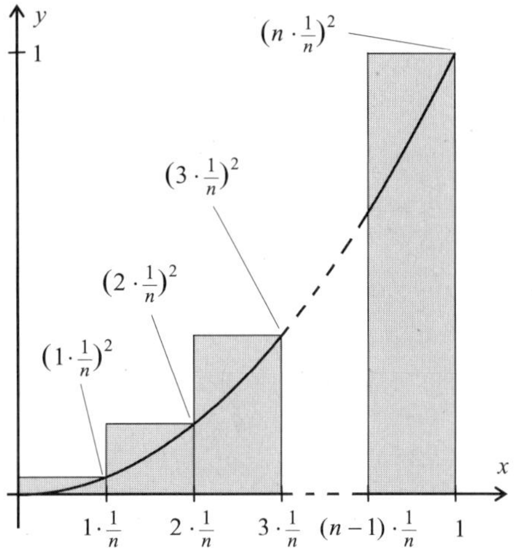

Obersumme bei Zerlegung in *n* Streifen

Streifenbreite: $\frac{1}{n}$

Streifenhöhe: Maximaler Funktionswert in jedem Teilintervall

$$O_n(1) = (\tfrac{1}{n})^3 \cdot (1^2 + 2^2 + \ldots + n^2)$$

Die Tabelle zeigt die Werte der Unter- und Obersummen für immer feinere Unterteilungen des Intervalls [0 ; 1], also für größer werdende Werte n.

n	10	50	100	250	500	1000	
U_n	0,2850	0,3234	0,3285	0,3313	0,3323	0,3328	13.1a
O_n	0,3984	0,3434	0,3385	0,3353	0,3343	0,3338	

Man erkennt, dass bei zunehmender Verfeinerung der Unterteilung sich die Werte der Unter- und auch der Obersummen immer mehr stabilisieren und sich dabei einander annähern. Mathematisch entspricht eine derartige zunehmende Verfeinerung einer Grenzwertbildung für $n \to +\infty$.

Für die gesuchte Flächenmaßzahl kann man vermuten: $A_0(1) = \frac{1}{3}$.

- *Verallgemeinerung auf ein allgemeines Intervall* $[0;b]$

Wir wollen die genannte Vermutung rechnerisch überprüfen. Dabei nehmen wir eine weitere Verallgemeinerung vor. Anstelle des Intervalls $[0;1]$ betrachten wir das Intervall $[0;b]$ mit $b>0$. Die Rechteckbreiten betragen nun $\frac{b}{n}$ anstelle von $\frac{1}{n}$.

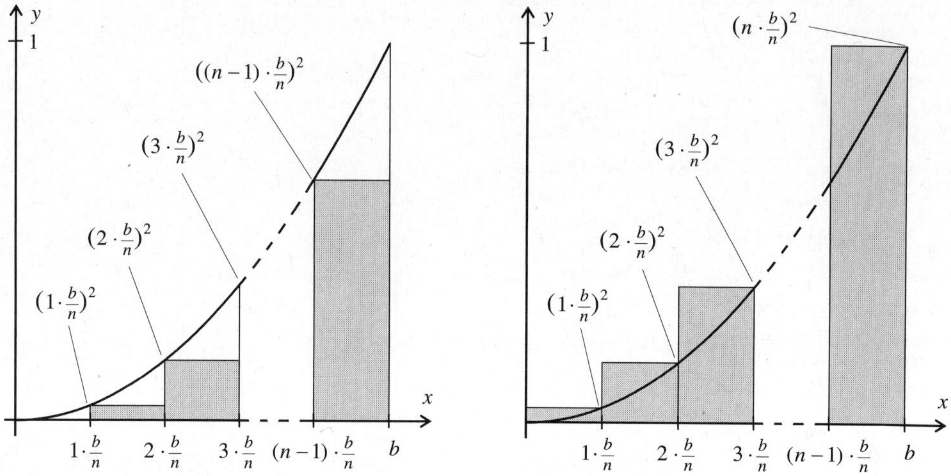

Die Berechnung der Unter- und Obersumme verallgemeinert sich zu:

$$U_n(b)=(\tfrac{b}{n})^3\cdot(0^2+1^2+2^2+3^2+\ldots+(n-1)^2) \qquad O_n(b)=(\tfrac{b}{n})^3\cdot(1^2+2^2+3^2+\ldots+n^2)$$

Diese Terme lassen sich algebraisch vereinfachen, wenn man die Summenformel für Quadratzahlen anwendet:

Summenformel für die ersten k Quadratzahlen $1^2+2^2+\ldots+k^2=\frac{1}{6}\cdot k\cdot(k+1)\cdot(2k+1)$

$$U_n(b)=\left(\frac{b}{n}\right)^3\cdot\left(\frac{1}{6}\cdot(n-1)\cdot n\cdot(2n-1)\right) \qquad O_n(b)=\left(\frac{b}{n}\right)^3\cdot\left(\frac{1}{6}\cdot n\cdot(n+1)\cdot(2n+1)\right)$$

Für die Grenzwertbildung für $n\to+\infty$ formen wir diese Terme weiter um:

$U_n(b)=\frac{1}{6}b^3\cdot\frac{(n-1)\cdot n\cdot(2n-1)}{n^3}$	ordnen der Terme	$O_n(b)=\frac{1}{6}b^3\cdot\frac{n\cdot(n+1)\cdot(2n+1)}{n^3}$
$=\frac{1}{6}b^3\cdot\frac{(n-1)\cdot(2n-1)}{n^2}$	Faktor n kürzen	$=\frac{1}{6}b^3\cdot\frac{(n+1)\cdot(2n+1)}{n^2}$
$=\frac{1}{6}b^3\cdot\frac{2n^2-3n+1}{n^2}$	ausmultiplizieren	$=\frac{1}{6}b^3\cdot\frac{2n^2+3n+1}{n^2}$
$=\underbrace{\frac{1}{6}b^3}_{\downarrow}\cdot\underbrace{(2-\frac{3}{n}+\frac{1}{n^2})}_{\downarrow}$	in Teilbrüche zerlegen	$=\underbrace{\frac{1}{6}b^3}_{\downarrow}\cdot\underbrace{(2+\frac{3}{n}+\frac{1}{n^2})}_{\downarrow}$
$=\frac{1}{6}b^3\cdot(2-0+0)$	Grenzübergang $n\to+\infty$	$=\frac{1}{6}b^3\cdot(2+0+0)$

Die Grenzwertbildung für $n\to+\infty$ ergibt:

$$\lim_{n\to+\infty}U_n(b)=\frac{1}{6}b^3\cdot 2=\frac{1}{3}b^3 \text{ und } \lim_{n\to+\infty}O_n(b)=\frac{1}{6}b^3\cdot 2=\frac{1}{3}b^3.$$

Beide Grenzwerte existieren und stimmen überein.

Im Blick auf unser Ausgangsproblem bietet es sich an, der Fläche zwischen der Randfunktion $f(x) = x^2$ und der x-Achse über dem Intervall $[0; b]$ diesen gemeinsamen Grenzwert als Flächenmaßzahl zuzuordnen. Wir bezeichnen ihn in Anlehnung an die Einstiegsbeispiele mit $A_0(b)$:

$$A_0(b) = \lim_{n \to +\infty} U_n(b) = \lim_{n \to +\infty} O_n(b) = \tfrac{1}{3} b^3 .$$

Für die Fläche unter der Normalparabel über dem Intervall $[0; 1]$ ergibt sich durch Betrachtung des Spezialfalls $b = 1$ der Wert $A_0(1) = \frac{1}{3}$ als Flächenmaßzahl.

Damit wird unsere bereits geäußerte Vermutung bestätigt.

- *Erweiterung auf Intervalle der Form* $[a; b]$

Wie bei den eingangs betrachteten geradlinig berandeten Flächen lässt sich auch bei der Normalparabel die Berechnung der Flächenmaßzahl von Intervallen der Art $[0; b]$ auf Intervalle der Form $[a; b]$ erweitern.

Fläche über dem Intervall $[0; b]$

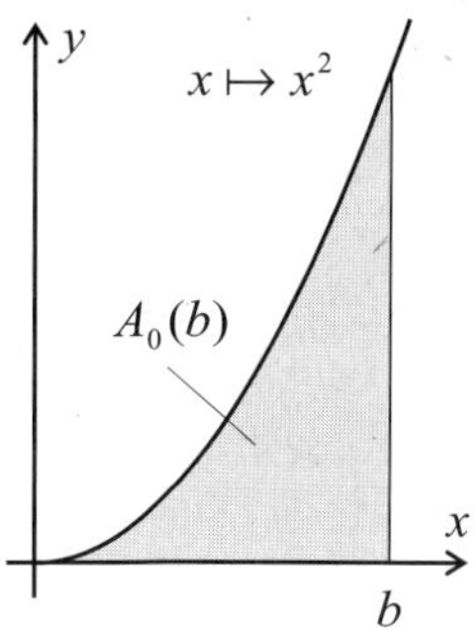

$A_0(b) = \frac{1}{3} b^3$

Fläche über dem Intervall $[a; b]$

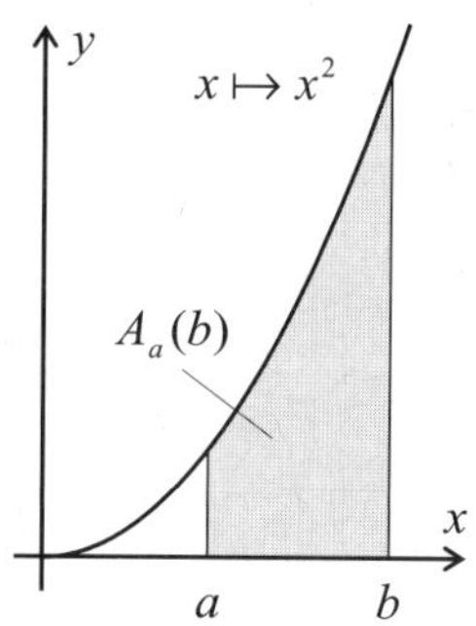

$A_a(b) = A_0(b) - A_0(a) = \frac{1}{3} b^3 - \frac{1}{3} a^3$

Aufgaben

1. Betrachtet wird die Kubikfunktion $f(x) = x^3$ mit $D = \mathbb{R}_0^+$.
   a) Bestimmen Sie für die Fläche zwischen dem Funktionsgraphen und der x-Achse über dem Intervall $[0; 1]$ den gemeinsamen Grenzwert von Unter- und Obersumme. 13.1b
   Verwenden Sie ein geeignetes Computerprogramm.
   b) Verallgemeinern Sie Ihr Ergebnis auf ein Intervall der Art $[0; b]$ und $[a; b]$.
   c) Versuchen Sie eine Analogie zum Fall der Normalparabel herzustellen.

2. Betrachtet wird die Potenzfunktion $f(x) = x^4$ mit $D = \mathbb{R}_0^+$.
   Bestimmen Sie unter Verwendung eines Computerprogramms die Flächenmaßzahlen $A_0(b)$ über $[0; b]$ sowie $A_a(b)$ über $[a; b]$. 13.1c

13.2 Das bestimmte Integral

Erweiterung der Ober- und Untersummenbildung auf vorzeichentreue und vorzeichengemischte Funktionen

Die beiden folgenden Beispiele zeigen, dass bei der Berechnung von Ober- und Untersummen auch negative Grenzwerte auftreten können. Es wird dabei angedeutet, welcher Zusammenhang zur Flächenmessung besteht.

Beispiel (Fläche vollständig unterhalb der x-Achse)

Betrachtet wird die Funktion $f(x) = -\frac{1}{2}x$ über dem Intervall $[0\,;b]$ mit $b > 0$.

Als gemeinsamer Grenzwert der Unter- und Obersummen ergibt sich:

$$A_0(b) = \lim_{n\to+\infty} U_n(b) = \lim_{n\to+\infty} O_n(b) = -\tfrac{1}{4}b^2 < 0\,.$$

Dieser gemeinsame Grenzwert ist hier jedoch eine negative Zahl und kann somit nicht als Flächenmaß gedeutet werden. Der Grund dafür ist, dass über dem betrachteten Intervall die Funktionswerte und daher auch alle Teilsummen negativ sind.

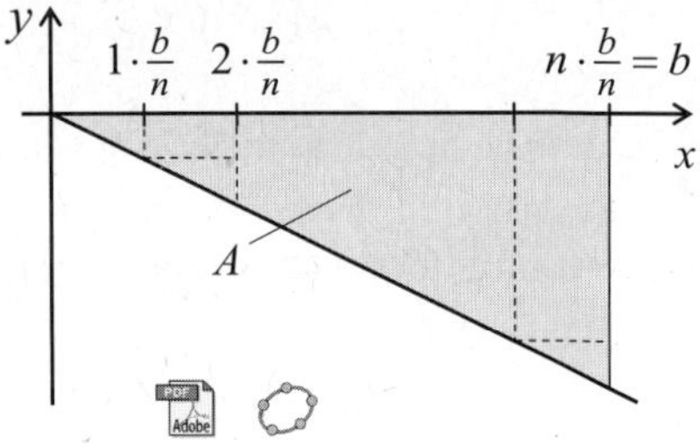

13.2a 13.2a

Eine elementare Berechnung der Maßzahl der Dreiecksfläche A ergibt:

$$\tfrac{1}{2}\cdot\text{Grundseite}\cdot\text{Höhe} = \tfrac{1}{2}\cdot b\cdot(\tfrac{1}{2}\cdot b) = \tfrac{1}{4}b^2\,.$$

Der gemeinsame Grenzwert $A_0(b)$ ist die Gegenzahl der Flächenmaßzahl.

Beispiel (Fläche teilweise ober- und unterhalb der x-Achse)

Betrachtet wird die Funktion $f(x) = 2 - x$ über dem Intervall $[0\,;5]$.

Als gemeinsamer Grenzwert der Unter- und Obersummen ergibt sich:

$$A_0(5) = \lim_{n\to+\infty} U_n(5) = \lim_{n\to+\infty} O_n(5) = -\frac{5}{2} < 0\,.$$

Für die Maße der Dreiecksflächen ergibt sich:

$\frac{1}{2}\cdot 2\cdot 2 = 2$ für A_1 und $\frac{1}{2}\cdot 3\cdot 3 = \frac{9}{2}$ für A_2.

Der gemeinsame Grenzwert von Unter- und Obersummen kann als Differenz dieser Flächenmaße gedeutet werden:

$$A_0(5) = 2 - \frac{9}{2} = -\frac{5}{2}\,.$$

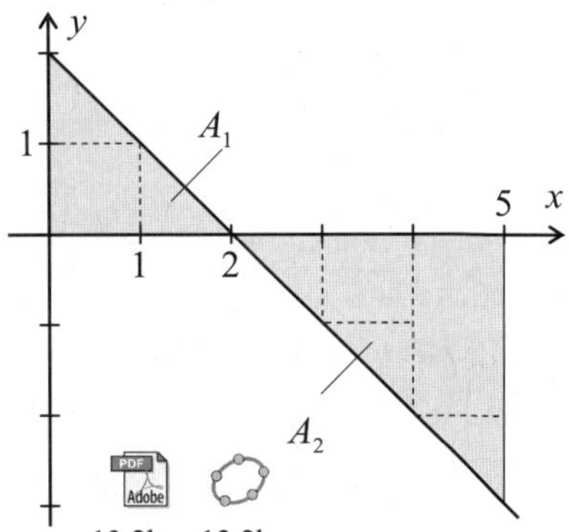

13.2b 13.2b

In beiden Beispielen lässt sich der gemeinsame Grenzwert $A_0(b)$ bzw. $A_0(5)$ von Unter- und Obersumme nicht direkt als Flächenmaßzahl deuten. Flächen unterhalb der x-Achse ergeben eine negative Unter- und Obersumme.

Integralbegriff und Integrierbarkeit

Die Bildung der Untersummen U_n und Obersummen O_n über dem Intervall $[a\,;b]$ hatten wir schrittweise auch auf die Fälle erweitert, dass der Funktionsgraph vollständig oder teilweise unterhalb der x-Achse liegt.

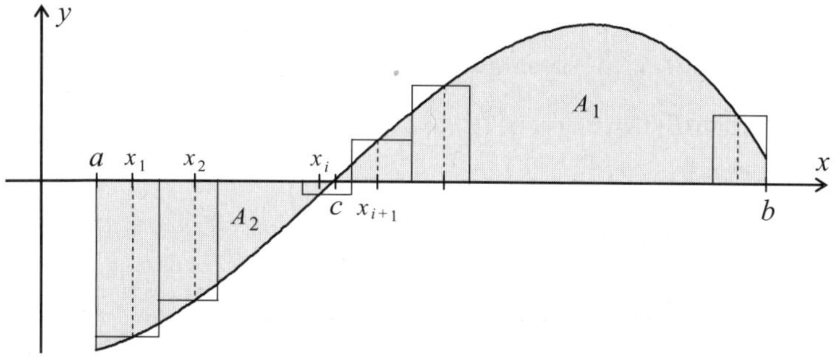

Dabei wurden durch die Unter- und Obersummen die Maßzahlen der Teilflächen,

- die oberhalb der x-Achse liegen, *positiv*,
- die unterhalb der x-Achse liegen, dagegen *negativ* gezählt.

Besitzen die Untersummen U_n und die Obersummen O_n für $n \to +\infty$ einen gemeinsamen Grenzwert, so gibt man diesem Grenzwert einen eigenen Namen. Man nennt ihn **Integral** und verwendet eine besondere Schreibweise, die auf **G. W. Leibniz** zurückgeht.

Bestimmtes Integral und Integrierbarkeit

Es sei $f:[a\,;b] \to \mathbb{R}$ eine Funktion. Wenn die Grenzwerte der Untersummen und der Obersummen bei äquidistanten[1] Unterteilungen des Intervalls $[a\,;b]$ für wachsendes n existieren und übereinstimmen, so bezeichnet man diesen gemeinsamen Grenzwert **bestimmtes Integral der Funktion *f* in den Grenzen von *a* bis *b*.**

In Zeichen: $\lim\limits_{n\to+\infty} U_n = \lim\limits_{n\to+\infty} O_n = \int\limits_a^b f(x)\,dx$

Die Funktion f heißt in diesem Fall **integrierbar** über dem Intervall $[a\,;b]$.

Bei der Integralschreibweise verwendet man folgende Bezeichnungen:

- $f(x)$: **Integrand**
- f: **Integrandenfunktion**
- x: **Integrationsvariable**
- $[a\,;b]$: **Integrationsintervall**
- a: **untere Integrationsgrenze**
- b: **obere Integrationsgrenze**

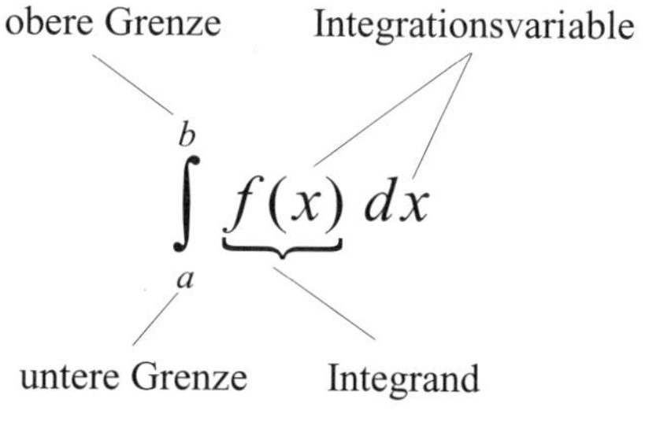

[1] äquidistant, gleich weit entfernt, gleiche Abstände aufweisend

Für die Situation, wie sie in der Abbildung auf der vorigen Seite dargestellt ist, lassen sich folgende Schreibweisen verwenden:

Integral-schreibweise	Bisherige Schreibweise	Geometrische Bedeutung
$\int_c^b f(x)\,dx$	$A_c(b)$	Maßzahl $\mu(A_1)$ der Fläche A_1
$\int_a^c f(x)\,dx$	$A_a(c)$	Gegenzahl der Maßzahl $\mu(A_2)$ der Fläche A_2
$\int_a^b f(x)\,dx$	$A_a(b)$	Bilanzsumme der Flächenmaßzahlen $\mu(A_1)$ und $\mu(A_2)$

Der Flächeninhalt ist eine Größe, die aus Maßzahl und Einheit besteht, z.B. 3 m^2 oder 1,5 cm^2. Zur Vereinfachung von Rechnungen und Schreibweisen werden hier keine Einheiten angegeben, sondern es wird nur mit Maßzahlen gerechnet. Entsprechend werden auch an den Koordinatenachsen die Einheiten weggelassen und nur deren Maßzahlen hingeschrieben. Die Maßzahl der Fläche A bezeichnen wir mit $\mu(A)$.
Wählt man auf den beiden Achsen die gleichen Einheiten, wie z.B. 1cm, 1m, 1dm oder 1 km, bleibt die Maßzahl jeweils gleich. In diesem Sinne werden hier also Größen und Maßzahlen synonym benutzt. Statt Flächenmaßzahl sagen wir demnach auch Flächeninhalt.

Erweiterung des Integralbegriffs

Das bestimmte Integral $\int_a^b f(x)\,dx$ wurde bisher nur für den Fall $a < b$ betrachtet.

Für manche Fragestellungen ist es sinnvoll, den Begriff des Integrals auch dann zur Verfügung zu haben, wenn die untere und obere Integrationsgrenze gleich sind.

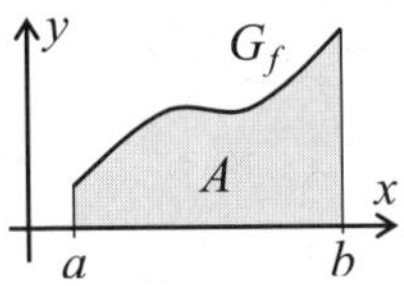

$$\int_a^b f(x)\,dx$$

Das Integral gibt das Maß der Fläche unter G_f über dem Intervall $[a\,;b]$ an.

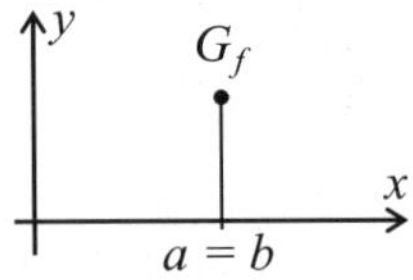

$$\int_a^a f(x)\,dx = 0$$

Für $a = b$ liegt keine Fläche mehr vor. Also ist das Maß 0.

Diese Betrachtung legt für den Fall übereinstimmender Integrationsgrenzen folgende Festsetzung nahe:

> Ist f an der Stelle a definiert, so gilt: $\int_a^a f(x)\,dx = 0$.

Aufgaben

3. Unter Verwendung der Integralschreibweise gilt:

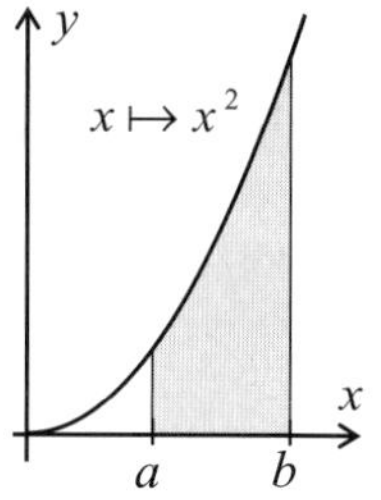

$$\int_a^b x^2\,dx = A_0(b) - A_0(a) = \tfrac{1}{3}b^3 - \tfrac{1}{3}a^3 .$$

Berechnen Sie damit folgende Integrale:

a) $\int_0^3 x^2\,dx$ b) $\int_1^2 x^2\,dx$ c) $\int_3^6 x^2\,dx$ d) $\int_4^4 x^2\,dx$

4. Für die Kubikfunktion gilt: $\int_a^b x^3\,dx = A_0(b) - A_0(a) = \tfrac{1}{4}b^4 - \tfrac{1}{4}a^4 .$

Berechnen Sie damit folgende Integrale:

a) $\int_0^1 x^3\,dx$ b) $\int_0^0 x^3\,dx$ c) $\int_2^4 x^3\,dx$ d) $\int_4^4 x^3\,dx$

Historischer Rückblick

Die symbolische Schreibweise von Integralen geht auf den Mitbegründer der Differenzial- und Integralrechnung, **Gottfried Wilhelm Leibniz** (1646-1716), zurück.

G. W. Leibniz

Das Integralzeichen ∫ ist aus dem Buchstaben „S“ für lateinisch „summa“ abgeleitet. Es erinnert an die Summenbildung, die bei krummlinig berandeten Flächen zur Flächenfunktion führt. Die Verwendung des Symbols „*dx*“ hat historische Gründe, die bei dem hier gewählten Zugang zur Integralrechnung nicht deutlich werden.

Das von uns definierte bestimmte Integral wird oft auch als Riemann-Integral bezeichnet, zu Ehren des deutschen Mathematikers **Bernhard Riemann**.

Riemann (1826-1866) war ein bekannter deutscher Mathematiker. Trotz seines kurzen Lebens wurde Riemann zu einem der herausragendsten Mathematiker, dessen Werk bis heute von großer Bedeutung ist. Zum einen gehörte er zu den Begründern der Funktionentheorie, der Lehre von den Funktionen der komplexen Veränderlichen. Zum anderen gilt er als Begründer der Riemann'schen Geometrie und damit als einer der Wegbereiter von Einsteins allgemeiner Relativitätstheorie.

B. Riemann

Auf dem Gebiet der reellen Funktionen entwickelte er nicht nur das nach ihm benannte Riemann-Integral, sondern er bewies unter anderem auch noch, dass jede stückweise stetige Funktion integrierbar ist.

13.3 Integrierbarkeit und Stetigkeit

Wir werden auch im Folgenden fast ausnahmslos mit stetigen Funktionen arbeiten. Für stetige Funktionen existieren über einem abgeschlossenen Intervall immer ein kleinster und ein größter Funktionswert. Dies bedeutet insbesondere, dass die Unter- und Obersummen stets bildbar sind. Man kann nachweisen, dass stetige Funktionen integrierbar sind. Auf den Beweis wollen wir an dieser Stelle aber verzichten.

Integrierbarkeit stetiger Funktionen

Ist $f:[a\,;b]\rightarrow \mathbb{R}$ stetig, so existiert das Integral $\int\limits_a^b f(x)\,dx$.

Die Umkehrung dieses Satzes gilt nicht. Das folgende Beispiel zeigt, dass es aber auch unstetige Funktionen gibt, die integrierbar sind.

Beispiel (Integrierbare Funktion, die unstetig ist)

Die in der Abbildung dargestellte Funktion ist an den beiden Stellen x_1 und x_2 unstetig.
Dennoch scheint es von der Anschauung her sinnvoll zu sein, von einer Fläche unter dem Graphen zu sprechen.
Man kann durch eine Verallgemeinerung des Unter- und Obersummenbegriffs nachweisen, dass die Funktion tatsächlich integrierbar ist.

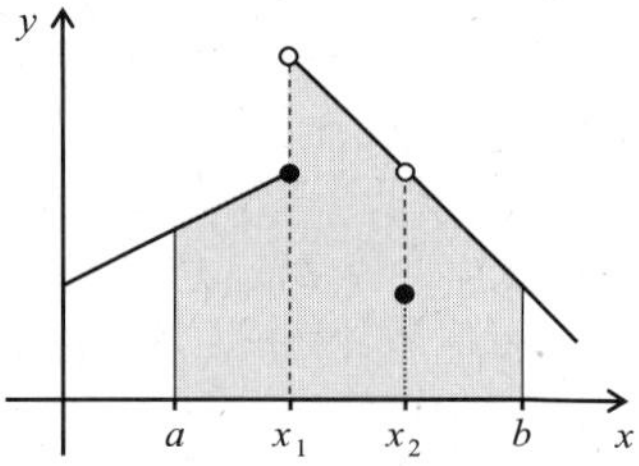

Aufgabe

5. Begründen Sie, dass die folgenden bestimmten Integrale existieren.
Erläutern Sie die geometrische Bedeutung des bestimmten Integrals und bestimmen Sie anhand des zugehörigen Schaubilds näherungsweise den Wert.

a) $\int\limits_0^3 (-\frac{1}{3}x^3 + x^2)\,dx$ b) $\int\limits_1^2 \frac{1}{x}\,dx$ c) $\int\limits_0^4 \sqrt{x}\,dx$

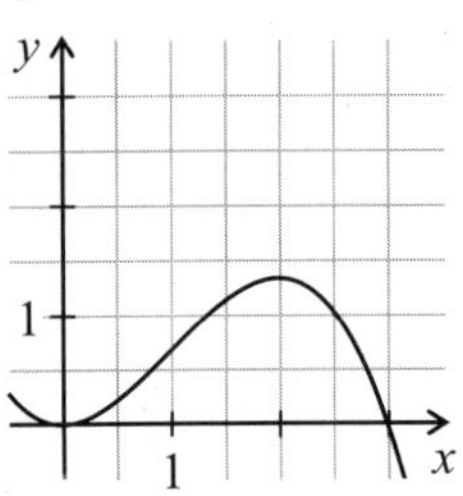

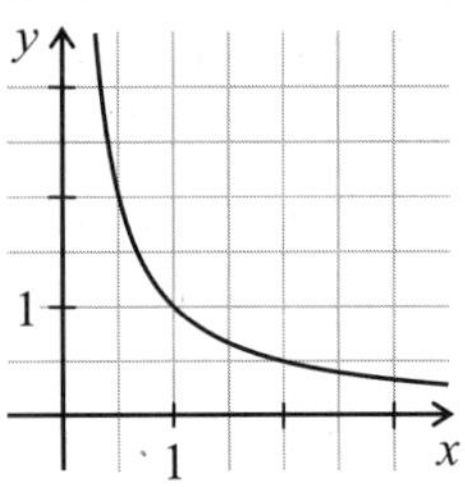

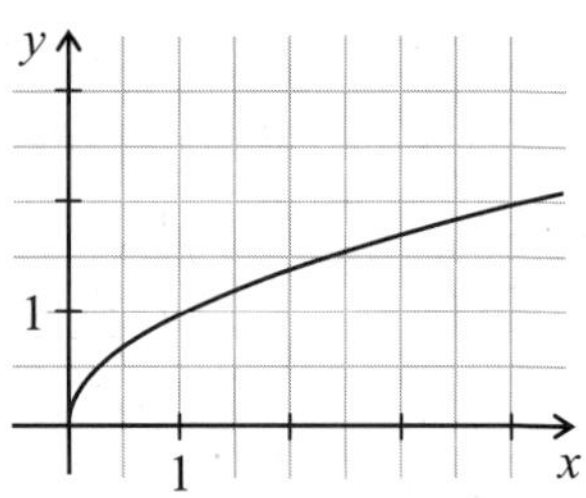

13.4 Die Integralfunktion

Der Begriff der Integralfunktion

Wir greifen unser Ausgangsproblem der Berechnung von Flächen unterhalb eines Funktionsgraphen wieder auf und nehmen eine weitere Verallgemeinerung vor.

In manchen Anwendungssituationen interessiert der Wert des Integrals nicht nur an einer einzigen, sondern an verschiedenen oberen Grenzen aus einem Intervall $[a\,;b]$.
Es wäre sehr aufwendig, mehrere Integrale zu berechnen, die sich lediglich durch ihre obere Grenze unterscheiden.

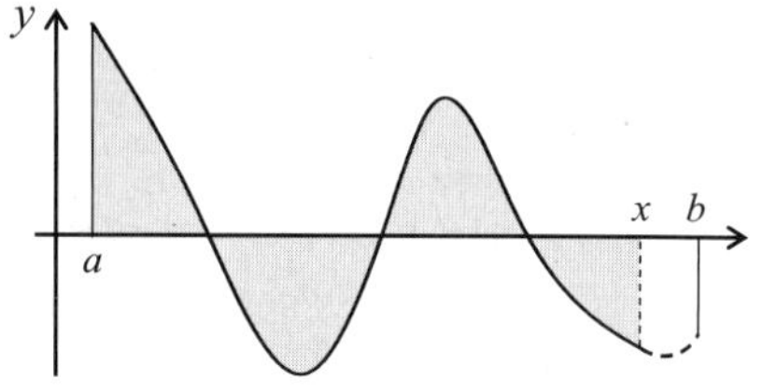

Wir betrachten stattdessen das Integral $\int_a^x f(t)\,dt$ und variieren $x \in [a\,;b]$ beliebig.

Die Bezeichnung der Integrationsvariablen ist ohne Bedeutung. Damit aber keine Missverständnisse auftreten, wurde als Integrationsvariable hier nicht x, sondern t gewählt.

Für die feste untere Grenze a entsteht auf diese Weise eine Funktion mit der Variablen x als obere Integrationsgrenze.

Integralfunktion

Sei $f:[a\,;b]\to \mathbb{R}$ eine Funktion, die für jedes $x\in[a\,;b]$ auf $[a\,;x]$ integrierbar ist. Dann heißt die Funktion

$$\boldsymbol{I_a : x \mapsto \int_a^x f(t)\,dt} \quad \text{mit} \quad x\in[a\,;b]$$

Integralfunktion mit der unteren Grenze *a* zur Integrandenfunktion *f*.

Zu einer stetigen und damit integrierbaren Funktion $f:\mathbb{R}\to\mathbb{R}$ lassen sich unendlich viele Integralfunktionen bilden, indem man für die untere Intervallgrenze unterschiedliche Werte wählt.

Geometrische Deutung der Funktionswerte der Integralfunktion

Der Funktionsterm $I_a(x)$ der Integralfunktion gibt die Summe der vorzeichenbehafteten Inhalte der Flächen zwischen dem Graphen der Integrandenfunktion f und der waagerechten Achse von der Stelle a bis zur Stelle x an.

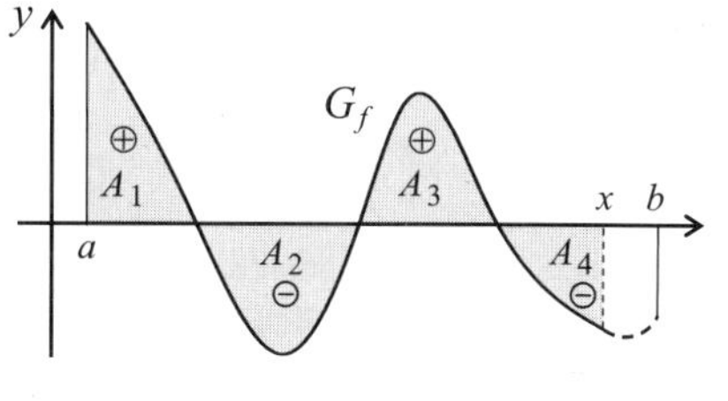

In der Situation der Abbildung gilt:

$I_a(x) =$ Summe der Inhalte der Fl. A_1 und A_3 **oberhalb** der waager. Achse
$\quad$ – Summe der Inhalte der Fl. A_2 und A_4 **unterhalb** der waager. Achse

Anfangswert der Integralfunktion

In dem Spezialfall $x = a$ kann man den Wert einer Integralfunktion unabhängig von der betrachteten Integrandenfunktion f direkt angeben. Untere und obere Grenze haben denselben Wert a. Gemäß der Festsetzung für das Integral folgt:

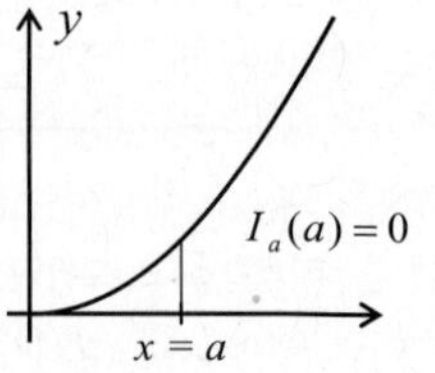

$$I_a(a) = \int_a^a f(t)\,dt = 0 .$$

Integralfunktionen zu bisher betrachteten Funktionen

Mit den Ergebnissen des letzten Abschnitts lassen sich Integralfunktionen für einfache Funktionen bereits explizit, d.h. mithilfe eines Funktionsterms angeben.

① **Konstante Funktionen $f(t) = c$**

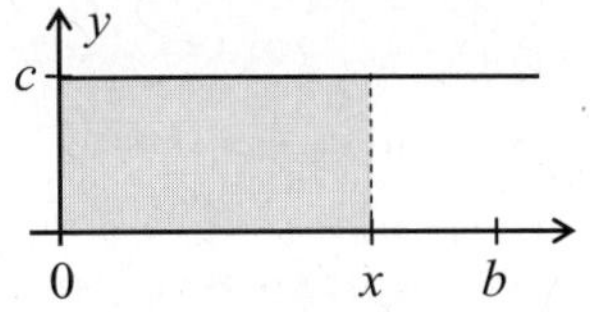

$$I_0(x) = \int_0^x f(t)\,dt = c \cdot x$$

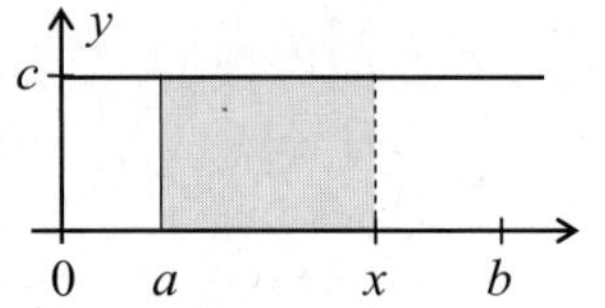

$$I_a(x) = \int_a^x f(t)\,dt = c\,x - c\,a$$

② **Lineare Funktionen $f(t) = m\,t + n$**

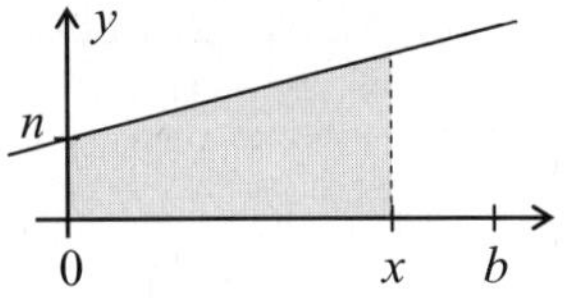

$$I_0(x) = \int_0^x f(t)\,dt = \tfrac{1}{2} m\,x^2 + n\,x$$

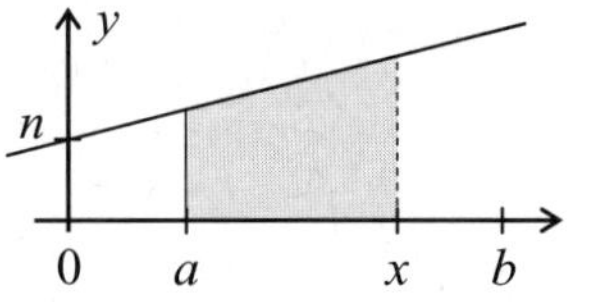

$$I_a(x) = \int_a^x f(t)\,dt$$
$$= (\tfrac{1}{2} m\,x^2 + n\,x) - (\tfrac{1}{2} m\,a^2 + n\,a)$$

③ **Quadratische Funktion $f(t) = t^2$**

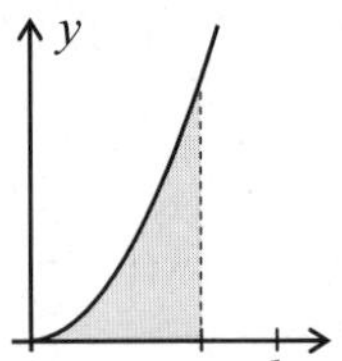

$$I_0(x) = \int_0^x f(t)\,dt = \tfrac{1}{3} x^3$$

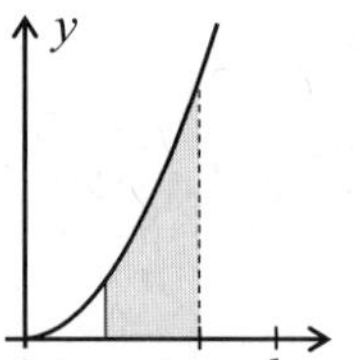

$$I_a(x) = \int_a^x f(t)\,dt = \tfrac{1}{3} x^3 - \tfrac{1}{3} a^3$$

Es bleibt zu klären, wie man auch bei anderen Funktionen die Funktionsterme der Integralfunktion berechnen kann. Wünschenswert wäre hierbei eine einfache Berechnungsmöglichkeit, die ohne das aufwendige Verfahren über die Bildung von Unter- und Obersummen auskommt.
Die angegebenen Beispiele liefern dazu bereits einen ersten Hinweis. Bildet man in den Beispielen die Ableitung der Integralfunktionen I_0 bzw. I_a, so ergibt sich jeweils die vorgegebene Randfunktion f.

$I_0'(x) = f(x)$: Die Ableitung der Integralfunktion ist die Randfunktion.

Es stellt sich die Frage, ob dieser Zusammenhang allgemein gültig ist. Sie wird später beantwortet.

Aufgaben

6. Notieren Sie den Flächeninhalt der gekennzeichneten Fläche in der Integralschreibweise und bestimmen Sie ihren Wert.

a) $f(x) = \frac{3}{2}x$

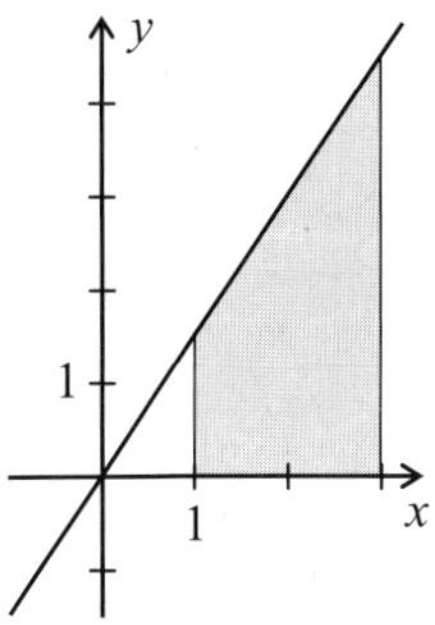

b) $f(x) = 2x - 1$

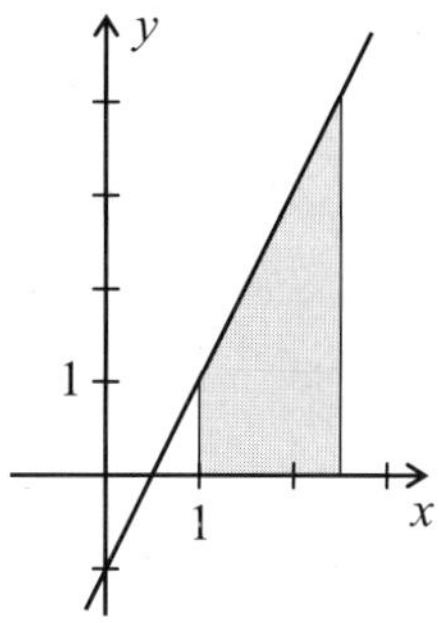

c) $f(x) = x^2$

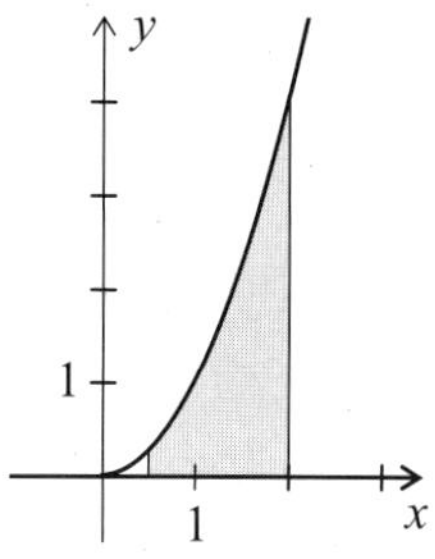

7. Drücken Sie den Wert des angegebenen Integrals mithilfe der Inhalte $\mu(A_1)$, $\mu(A_2)$ und $\mu(A_3)$ der Flächen A_1, A_2 und A_3 aus.
Schätzen Sie ab, welches Vorzeichen das Integral besitzt.

a) $\int_{-2}^{1} f(x)\,dx$

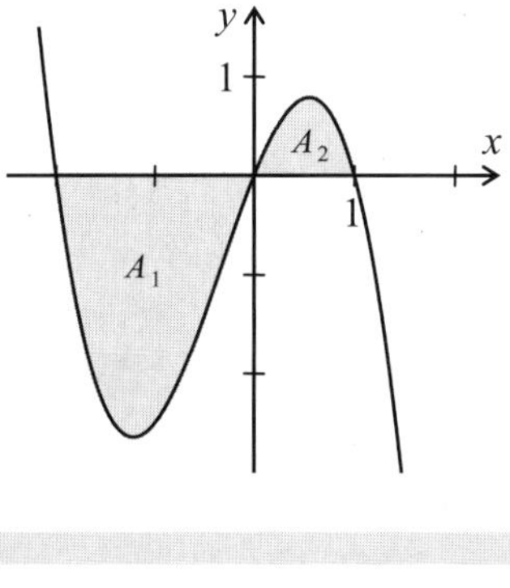

b) $\int_{-\frac{\pi}{4}}^{\frac{7\pi}{8}} f(x)\,dx$

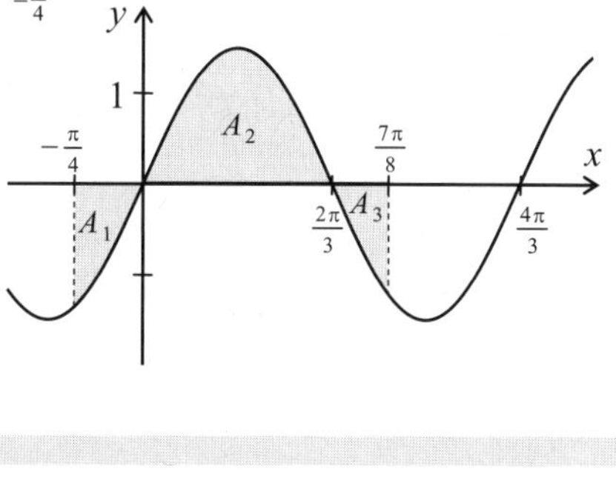

13.5 Von der Änderung zum Bestand

Bei den bisher betrachteten Anwendungsbeispielen war eine Funktion gegeben, von der wir die Ableitung bilden konnten. Mithilfe der Ableitungsfunktion konnten wir das Änderungsverhalten der Funktion beschreiben.

In manchen Situationen ist jedoch nicht die Funktion selbst bekannt, sondern nur deren Änderungsverhalten. In einem solchen Zusammenhang stellt sich die Frage, ob man auch aus der Kenntnis des Änderungsverhaltens auf die ursprüngliche Funktion zurück schließen kann.

Beispiel (Autofahrt mit konstanter Geschwindigkeit)

Ein Auto fährt mit einer konstanten Geschwindigkeit von 60 km/h. Wir berechnen die Wegstrecke, die es nach 5 Stunden zurückgelegt hat.

Die gesuchte Wegstrecke kann in diesem einfachen Fall unmittelbar mithilfe der physikalischen Formel $s(t) = v(t) \cdot t$ berechnet werden:

$$s(5\,\text{h}) = 60\,\text{km/h} \cdot 5\,\text{h} = 300\,\text{km}.$$

Die vorliegende Situation lässt sich in einem Diagramm veranschaulichen.

Dargestellt ist die Änderungsrate (hier konstant) $v(t) = \dot{s}(t)$ einer Weg-Zeit-Funktion $s(t)$.

(Geschwindigkeit in der Einheit km/h)

Gesucht ist die Gesamtänderung der Weg-Zeit-Funktion $s(t)$ während einer Zeit $t = 5$ h.

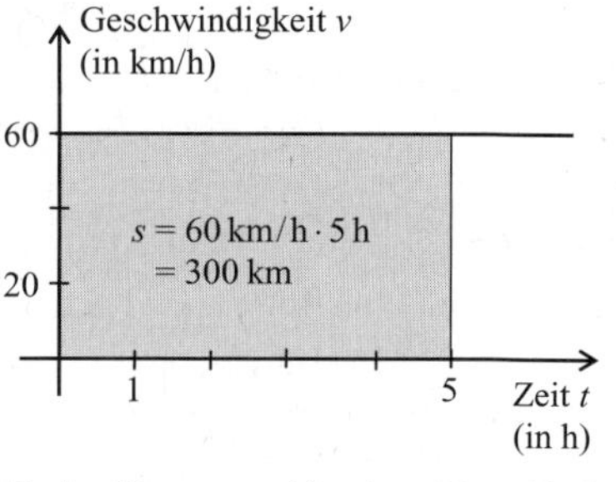

In diesem einfachen Fall ist die Geschwindigkeit-Zeit-Kurve $v(t)$ eine Parallele zur t-Achse. Der zurückgelegte Weg s lässt sich als Flächeninhalt deuten:

$s(5\,\text{h})$ = Inhalt der Rechteckfläche zwischen dem Graphen von $v(t)$ und der t-Achse über dem Intervall $[0\,\text{h}; 5\,\text{h}]$.

In dem obigen Beispiel wurde in einer zunächst einfachen Anwendungssituation die **Rekonstruktion** eines **Bestandes** s aus der zugehörigen **Änderungsrate** v dargestellt:

- Gegeben ist die Änderungsrate $v(t) = \dot{s}(t)$ einer Größe $s(t)$.
- Gesucht ist die Gesamtänderung von $s(t)$ in einem bestimmten Zeitraum.
- Die Gesamtänderung kann bestimmt werden als Inhalt der Fläche zwischen dem Graphen von $v(t)$ und der t-Achse über dem Zeitintervall.
  Man spricht dabei auch von einem Übergang von der **Änderungsratenfunktion** zur **Bestandsfunktion**.

Diese Vorgehensweise soll im Folgenden auf weitere, auch komplexere Situationen übertragen werden.

Beispiel (Autofahrt mit veränderlicher Geschwindigkeit)

Das Diagramm zeigt den „Fahrplan" eines Autos, das

- *zunächst aus dem Stand gleichmäßig beschleunigt,*
- *sich dann mit konstanter Geschwindigkeit bewegt*
- *und schließlich bis zum Stillstand gleichmäßig abbremst.*

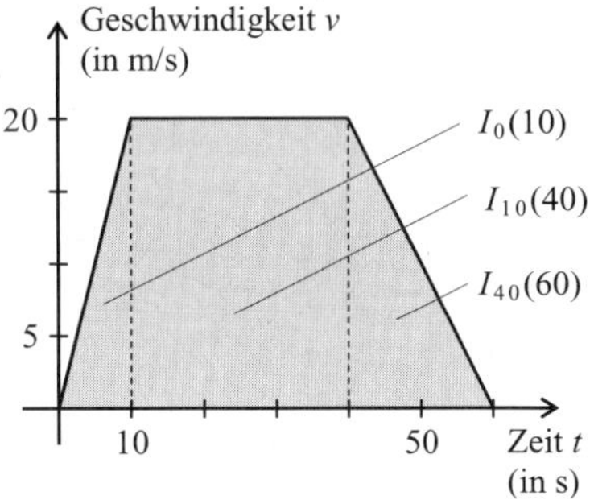

Der im Zeitintervall [0 s ; 60 s] zurückgelegte Weg lässt sich als Flächeninhalt aus dem Geschwindigkeit-Zeit-Diagramm bestimmen.

In diesem Fall müssen die Inhalte dreier Teilflächen berechnet werden:

$$s(60\,\mathrm{s}) = I_0(10) + I_{10}(40) + I_{40}(60) = \frac{1}{2}\cdot 10\,\mathrm{s}\cdot 20\frac{\mathrm{m}}{\mathrm{s}} + 30\,\mathrm{s}\cdot 20\frac{\mathrm{m}}{\mathrm{s}} + \frac{1}{2}\cdot 20\,\mathrm{s}\cdot 20\frac{\mathrm{m}}{\mathrm{s}}$$

$$= 100\,\mathrm{m} + 600\,\mathrm{m} + 200\,\mathrm{m} = 900\,\mathrm{m}.$$

Wir hatten uns bisher mit Geschwindigkeiten beschäftigt und den zurückgelegten Weg rekonstruiert, indem wir Flächeninhalte berechnet haben. Es soll nun untersucht werden, wie eine Fläche zu deuten ist, die unterhalb der Zeitachse liegt.

Beispiel (Zufluss- und Abfluss bei einem Wasserbecken)

In ein Becken fließt Wasser durch ein Rohr zu und auch wieder ab. Der momentane Durchfluss durch ein Rohr wird kontinuierlich mithilfe eines Propellers im Rohr überwacht.

In der Grafik ist der momentane Durchfluss im Zeitraum von 0 h bis 5 h dargestellt.

Wir berechnen, wie viel Wasser nach 5 Stunden in dem Becken ist, wenn zu Beginn 150 m³ vorhanden waren.

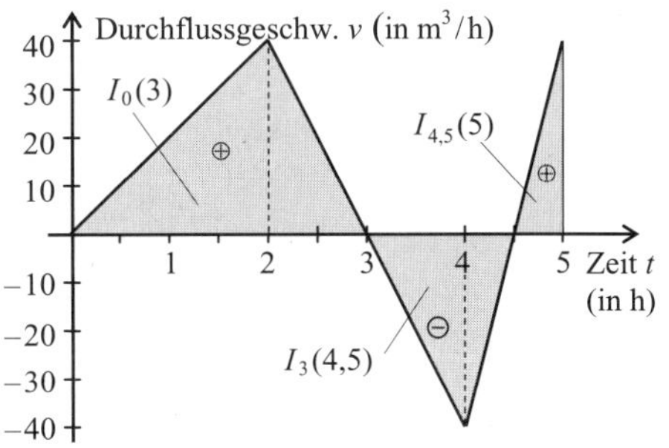

Die Gesamtänderung der Wassermenge in dem Becken beträgt

$$I_0(3) + I_3(4{,}5) + I_{4{,}5}(5)$$

$$= 60\,\mathrm{m}^3 - 30\,\mathrm{m}^3 + 10\,\mathrm{m}^3 = 40\,\mathrm{m}^3.$$

Der Inhalt der unter der Zeitachse liegenden Fläche ist negativ zu zählen, da hier die entsprechende Wassermenge abfließt. Nach 5 Stunden sind damit 190 m³ Wasser im Becken.

Für die orientierten Inhalte der einzelnen Dreiecksflächen gilt:

$$I_0(3) = \frac{1}{2}\cdot 3\,\mathrm{h}\cdot 40\frac{\mathrm{m}^3}{\mathrm{h}} = 60\,\mathrm{m}^3 \text{ (Zufluss)}$$

$$I_3(4{,}5) = -\frac{1}{2}\cdot 1{,}5\,\mathrm{h}\cdot 40\frac{\mathrm{m}^3}{\mathrm{h}} = -30\,\mathrm{m}^3 \text{ (Abfluss)}$$

$$I_{4{,}5}(5) = \frac{1}{2}\cdot 0{,}5\,\mathrm{h}\cdot 40\frac{\mathrm{m}^3}{\mathrm{h}} = 10\,\mathrm{m}^3 \text{ (Zufluss)}$$

Man spricht bei $I_3(4{,}5) = -30\,\mathrm{m}^3$ auch von einem **orientierten Flächeninhalt**.

Beispiel (Berechnung einer Gesamtänderung mithilfe der Integralfunktion)

Die Änderungsrate einer Größe soll durch den Graphen in der Abbildung dargestellt werden:

$$f_1:[0;2] \to \mathbb{R}; x \mapsto x^2,$$

$$f_2:[2;7] \to \mathbb{R}; x \mapsto -2x+8.$$

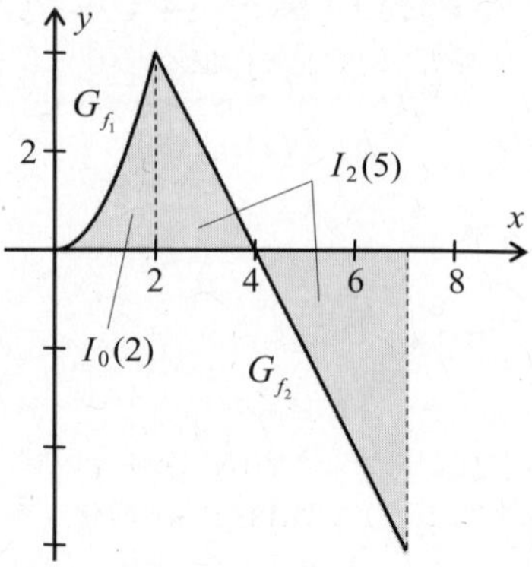

Wir berechnen, um wie viele Einheiten sich die Größe ändert.

Mithilfe der Integralfunktionen des letzten Abschnitts können die Änderungen über den Teilintervallen $[0;2]$ und $[2;7]$ berechnet werden:

- Funktion f_1 über dem Teilintervall $[0;2]$:

$$I_0(2) = \int_0^2 f_1(x)\,dx = \frac{1}{3}\cdot 2^3 = \frac{8}{3}$$

- Funktion f_2 über dem Teilintervall $[2;7]$:

$$I_2(7) = \int_2^7 f_2(x)\,dx = (\frac{1}{2}\cdot(-2)\cdot 7^2 + 8\cdot 7) - (\frac{1}{2}\cdot(-2)\cdot 2^2 + 8\cdot 2)$$

$$= (-49+56) - (-4+16) = 7 - 12 = -5$$

Die Gesamtänderung beträgt damit: $I_0(2) + I_2(7) = \frac{8}{3} + (-5) = -\frac{7}{3} \approx -2{,}33$.

Dies bedeutet insgesamt eine Abnahme um etwa 2,33 Einheiten.

Zusammenfassend läst sich anhand dieser Beispiele feststellen:

Rekonstruktion einer Größe aus der Änderungsrate

Setzt sich der Graph einer Änderungsrate aus verschiedenen Teilstücken zusammen, so kann man die Gesamtänderung der zugehörigen Größe rekonstruieren, indem man den orientierten Flächeninhalt zwischen dem Graphen und der waagerechten Achse berechnet.

Aufgaben

8. Die Abbildung zeigt das Geschwindigkeit-Zeit-Diagramm eines Radsportlers, das zur Zeit $t = 0$ s und am Ort $s_0 = 0$ m beginnt.

   a) Beschreiben Sie die Bewegungsart des Radfahrers in den Zeitintervallen $[0\,\text{s};10\,\text{s}]$, $[10\,\text{s};25\,\text{s}]$, $[25\,\text{s};30\,\text{s}]$.

   b) Bestimmen Sie anhand des Diagramms die in den einzelnen Zeitintervallen zurückgelegten Wege sowie auch den gesamten zurückgelegten Weg.

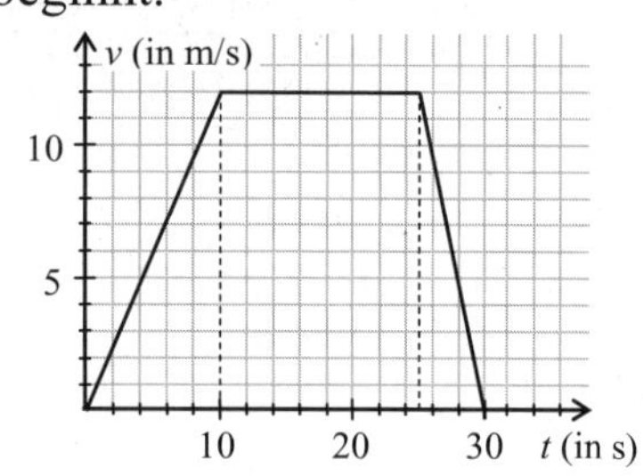

9. Schätzen Sie anhand des Diagramms den in der Zeit von 14 Uhr bis 18 Uhr zurückgelegten Weg ab.

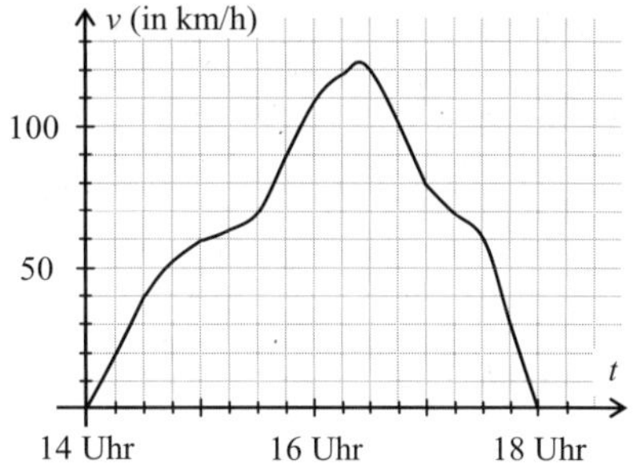

10. In den Abbildungen sind die Graphen von Änderungsratenfunktionen f sowie von Bestandsfunktionen I dargestellt. Welche Paare gehören zusammen?

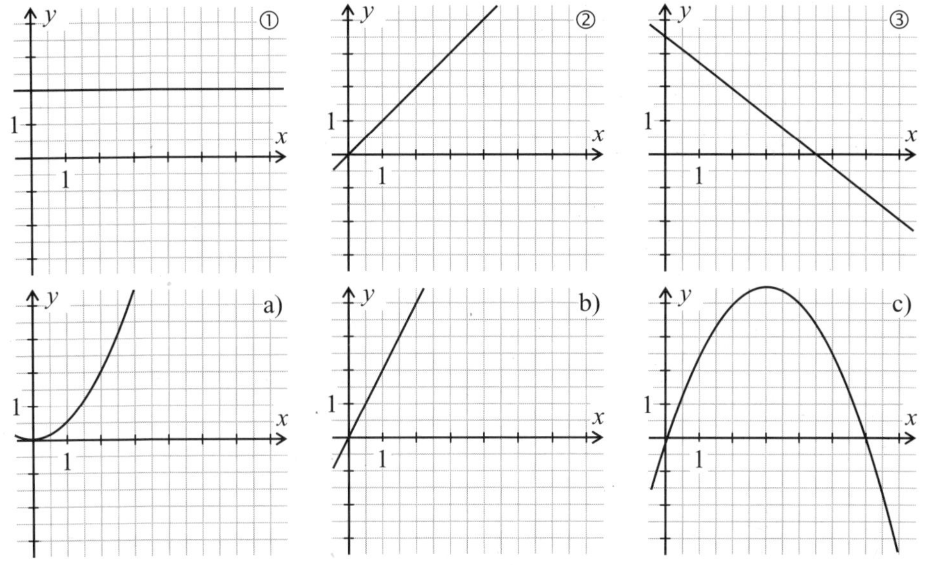

11. Schon zu Beginn dieses Jahrtausends konnte man sich den Ladevorgang einer Datei aus dem Internet in einem Fenster anzeigen lassen. Die Abbildung zeigt die Downloadgeschwindigkeit in Abhängigkeit von der Zeit. In diesem Fall ist allerdings die Angabe einer Funktionsvorschrift nicht möglich.

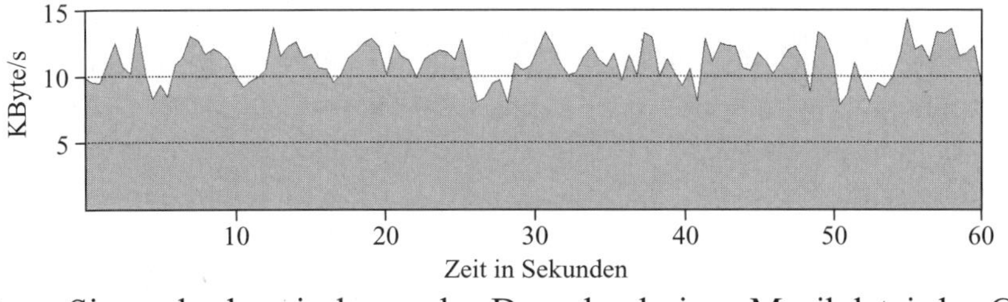

Schätzen Sie grob ab, wie lange der Download einer Musikdatei der Größe 2,7 MByte damals dauerte.

12. In Vianden (Luxemburg) befindet sich das größte Pumpspeicherwerk Europas.
Während der Nacht wird mit billigem Nachtstrom Wasser aus einem Stausee des Flusses Our in zwei Oberbecken gepumpt, die 6 Millionen m^3 fassen und in 509 m Höhe auf der Spitze des Nikolausberges liegen. Während des Bedarfs an Spitzenstrom fließt das Wasser auf die 9 Maschinengruppen mit je einer Turbine und einem Motor-Generator.

Das Diagramm zeigt den zeitlichen Verlauf der Flussstärke des Wassers. Dabei soll vereinfacht angenommen werden, dass sich an den Pumpbetrieb sofort der Generatorbetrieb anschließt und das Oberbecken zu Beginn des Pumpvorgangs leer ist.

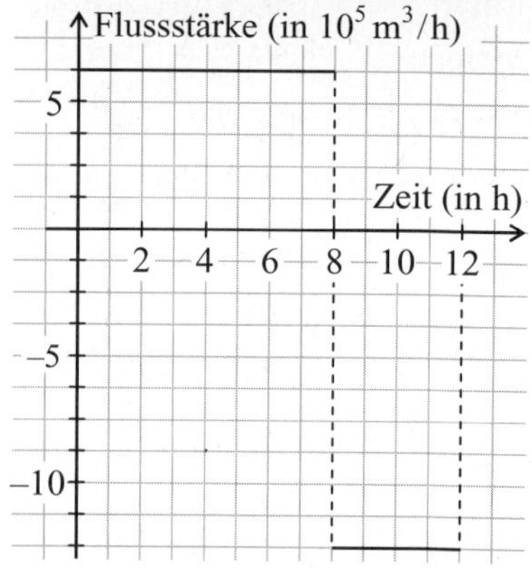

a) Wie groß ist die Flussstärke im Pump-, wie groß im Generatorbetrieb?
b) Welche Wassermenge wird in das Oberbecken gepumpt?
c) Wie viel Wasser befindet sich im Oberbecken nach 3 h, 5 h, 9 h und 11 h?

13. Das Bild zeigt das Gezeitenkraftwerk in St. Malo in Frankreich.
Während die Höhendifferenz zwischen Ebbe und Flut (Tidenhub) an der Nordsee nur ca. 2,5 m beträgt, ist der Tidenhub im Mündungsgebiet der Rance in St. Malo mehr als 10 m.

In den sechziger Jahren sperrte man den Mündungstrichter der Rance durch einen großen Damm (Länge ca. 750 m) ab, in den Turbinen eingelassen sind. Bei Flut strömt das Wasser vom Meer über die Turbinen in die Bucht (Fläche ca. 22 km^2). Bei Ebbe fließt das Wasser in die umgekehrte Richtung und treibt die Turbinen erneut an.

Die Diagramme zeigen mögliche Flussstärken $f(t)$ des strömenden Wassers in Abhängigkeit von der Zeit t. Interpretieren Sie die Diagramme. Welche Bedeutung hat der grau hervorgehobene Flächeninhalt?

a)
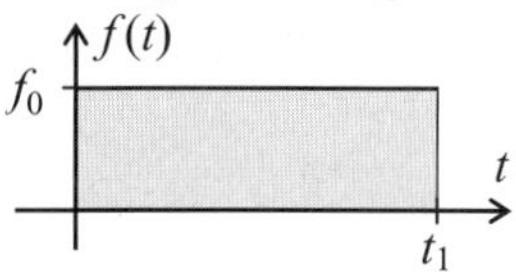

b)
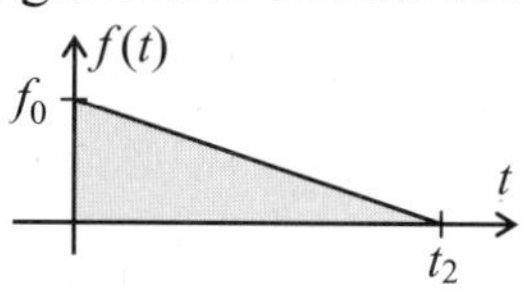

c)
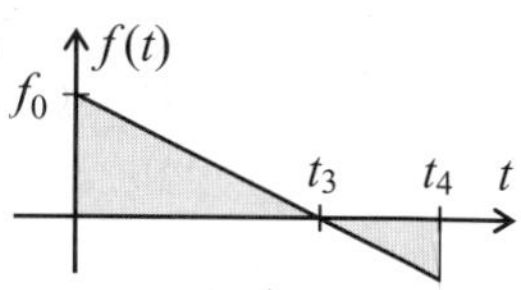

13.6 Stammfunktionen

Der Begriff der Stammfunktion

Eine wichtige Fragestellung der Differenzialrechnung besteht darin, zu einer gegebenen Funktion f die Ableitungsfunktion f' zu berechnen. Wir wollen nun diese Aufgabenstellung umkehren:

Zu einer gegebenen Funktion f ist eine Funktion F zu bestimmen, deren Ableitung gleich f ist.

Dieser Fragestellung sind wir bereits in Abschnitt 13.4 bei der Bestimmung der Integralfunktion I_a zu einer Randfunktion f begegnet. Dort haben wir zumindest in Beispielen festgestellt, dass $I_a' = f$ galt.

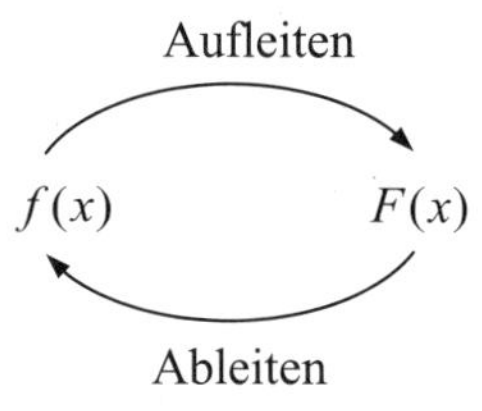

Die Umkehrung des Ableitens wird auch als **Aufleiten** bezeichnet. Eine auf diese Art gefundene Funktion nennt man Stammfunktion.

Stammfunktion
Sei $f: D \to \mathbb{R}$ eine Funktion. Eine Funktion $F: D \to \mathbb{R}$ heißt **Stammfunktion von *f***, wenn F differenzierbar und $F' = f$ ist.

Beispiele (Stammfunktionen zu Grundfunktionen)

a) $F(x) = x^2 + x$ ist eine Stammfunktion von $f(x) = 2x + 1$, denn F ist in $\mathbb{R}$ differenzierbar und es gilt:

$$F'(x) = \left(x^2 + x\right)' = 2x + 1 = f(x).$$

b) $F(x) = \frac{1}{4}x^4$ ist eine Stammfunktion von $f(x) = x^3$, denn F ist in $\mathbb{R}$ differenzierbar und es gilt:

$$F'(x) = \left(\tfrac{1}{4}x^4\right)' = \tfrac{1}{4}\cdot(x^4)' = \tfrac{1}{4}\cdot(4x^3) = x^3 = f(x).$$

Aufgaben

14. Begründen Sie, dass F eine Stammfunktion von f ist.

    a) $f(x) = x^2 + 1$ und $F(x) = \frac{1}{3}x^3 + x$ b) $f(x) = 4x^3$ und $F(x) = x^4 + 1$

15. Von welcher Funktion f ist F eine Stammfunktion?

    a) $F(x) = 4x$ b) $F(x) = 2x^3 + 5x^2$ c) $F(x) = x^3$

Stammfunktionen von Potenzfunktionen

Die Tabelle enthält von einigen Potenzfunktionen f eine Stammfunktion F.

$f(x)$	x^3	x^2	x^1	x^0	x^{-1}	x^{-2}
$F(x)$	$\frac{1}{4}x^4$	$\frac{1}{3}x^3$	$\frac{1}{2}x^2$	x^1	?	$-x^{-1}$

Wie bestimmt man zu einer Potenzfunktion eine Stammfunktion?
1. Erhöhe den Exponenten um 1.
2. Multipliziere mit der Kehrzahl des neuen Exponenten.

Wir erkennen folgende Regel, die man durch Ableiten leicht bestätigen kann.

Stammfunktionen von Potenzfunktionen (Potenzregel)

Eine Stammfunktion von $f(x) = x^n$ mit $n \in \mathbb{N}$ ist $F(x) = \frac{1}{n+1} \cdot x^{n+1}$.

In der folgenden Tabelle sind Stammfunktionen von wichtigen Grundfunktionen zusammengestellt.

Funktion f		D_{max}	Stammfunktion F
Konstante Funktion:	$f(x) = c$; $c \in \mathbb{R}$	$\mathbb{R}$	$F(x) = c \cdot x$
Identische Funktion:	$f(x) = x$	$\mathbb{R}$	$F(x) = \frac{1}{2}x^2$
Quadratfunktion:	$f(x) = x^2$	$\mathbb{R}$	$F(x) = \frac{1}{3}x^3$
Potenzfunktionen:	$f(x) = x^n$; $n \in \mathbb{N}^*$	$\mathbb{R}$	$F(x) = \frac{1}{n+1}x^{n+1}$

Aufgaben

16. Ermitteln Sie einen Stammfunktionsterm $F(x)$ zum Funktionsterm $f(x)$.
    a) $f(x) = 1$ b) $f(x) = x$ c) $f(x) = x^2$ d) $f(x) = x^3$
    e) $f(x) = x^4$ f) $f(x) = x^5$ g) $f(x) = 0$ h) $f(x) = x^0$

17. Geben Sie einen Stammfunktionsterm an. Die auftretenden Exponenten sind natürliche Zahlen.
    a) $f(x) = x^{n+1}$ b) $f(x) = x^{n+3}$ c) $f(x) = x^{2n-1}$

Weitere Regeln für das Bestimmen von Stammfunktionen

Das Ermitteln einer Stammfunktion ist die Umkehrung zum Ableiten einer Funktion. Man kann daher vermuten, dass den einfachen Ableitungsregeln auch einfache Regeln für das Aufleiten entsprechen.

Faktorregel

Wir betrachten eine reelle Zahl $\alpha \in \mathbb{R}$ und eine Funktion f, für die eine Stammfunktion F gegeben ist. F ist dann differenzierbar mit $F' = f$ und aus der Faktorregel für das Ableiten ergibt sich:	$(\alpha \cdot F)' \underset{\text{FR}}{=} \alpha \cdot F'$ $= \alpha \cdot f$

Damit ist nachgewiesen:

Faktorregel für das Aufleiten (FRA)
Ist F Stammfunktion von f und ist $\alpha \in \mathbb{R}$, so ist $\alpha \cdot F$ Stammfunktion von $\alpha \cdot f$.
Kurz: Beim Aufleiten bleibt ein konstanter Faktor unverändert erhalten.

Beispiel (Anwenden der Faktorregel)

a) Eine Stammfunktion von $f(x) = -4 \cdot x^3$ ist $F(x) = -4 \cdot (\frac{1}{4}x^4) = -x^4$.

b) Eine Stammfunktion zu $f(x) = \frac{1}{2} \cdot x^2$ ist $F(x) = \frac{1}{2} \cdot (\frac{1}{3}x^3) = \frac{1}{6}x^3$.

Summenregel

Seien F und G Stammfunktionen von f bzw. von g. Dann sind F und G differenzierbar und es gilt $F' = f$ und $G' = g$. Nach der Summenregel für das Ableiten ist $F \pm G$ differenzierbar und es gilt:	$(F \pm G)' \underset{\text{SR}}{=} F' \pm G'$ $= f \pm g$

Damit ist nachgewiesen:

Summenregel für das Aufleiten (SRA)
Sind F und G Stammfunktionen von f und g, so ist $F \pm G$ Stammfunktion von $f \pm g$.
Kurz: Man darf gliedweise Aufleiten.

Beispiele (Anwenden der Summenregel)

a) Eine Stammfunktion von $h(x) = x + 1$ ist $H(x) = \frac{1}{2}x^2 + x$.

b) Eine Stammfunktion von $h(x) = x^2 - x$ ist $H(x) = \frac{1}{3}x^3 - \frac{1}{2}x^2$.

Aufgaben

18. Ermitteln Sie einen Stammfunktionsterm $F(x)$ zum Funktionsterm $f(x)$.
   a) $f(x)=\frac{1}{3}x^2$ b) $f(x)=\sqrt{2}\cdot x$ c) $f(x)=-3x^3$
   d) $f(x)=5x^4$ e) $f(x)=-\frac{1}{4}x$ f) $f(x)=\frac{1}{10}x^4$

19. Ermitteln Sie von der Funktion f einen Stammfunktionsterm.
   a) $f(x)=0$ b) $f(x)=4x+2$ c) $f(x)=4x^3+3x$
   d) $f(x)=5x^4+3x^2$ e) $f(x)=3x^4+1$ f) $f(x)=x^3+x^2+x$

20. Geben Sie eine Stammfunktion an. Wie können Sie das Ergebnis überprüfen?
   a) $f(x)=x^2-2$ b) $f(x)=3x^2+2x-1$
   c) $f(x)=\frac{1}{2}x^2+\frac{1}{3}x^3-12$ d) $f(x)=2-3x-x^3$
   e) $f(x)=2x^3+3x^2-12x$ f) $f(x)=2x-\pi^2$

21. Welche Funktion F gehört als Stammfunktion zur Funktion f?
   ① $f(x)=3x^2-2x$ ② $f(x)=2$ ③ $f(x)=8x^3-2$
   A) $F(x)=2x^4-2x$ B) $F(x)=x^3-x^2-2$ C) $F(x)=2x+1$

22. Bestimmen Sie eine Stammfunktion. Es empfiehlt sich, den Funktionsterm zunächst umzuformen.
   a) $f(x)=x\cdot(x-2)$ b) $f(x)=(x-3)\cdot(x+3)$
   c) $f(x)=(2x-1)^2-x^2$ d) $f(x)=x\cdot(x+1)^2$
   e) $f(x)=2x\cdot(x-3)\cdot(x+3)$ f) $f(x)=4\cdot(x-1)^3\cdot x$

23. Die Abbildungen zeigen die Graphen von vier Funktionen und der zugehörigen Stammfunktionen.
   Welche Paare gehören zusammen? Begründen Sie Ihre Auswahl.

①
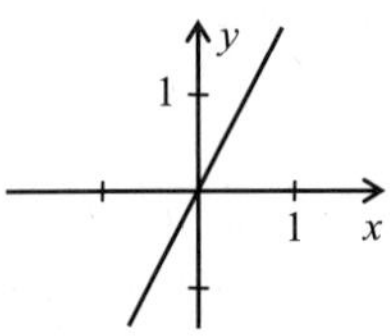

$f_1(x)=2x$

②
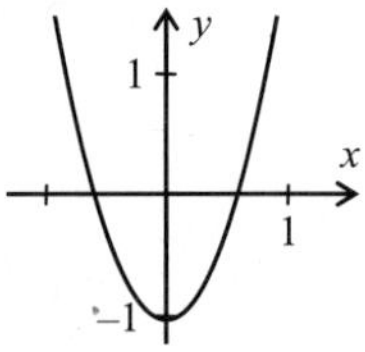

$f_2(x)=3x^2-1$

③
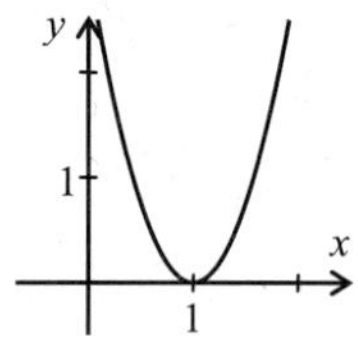

$f_3(x)=3\cdot(x-1)^2$

④
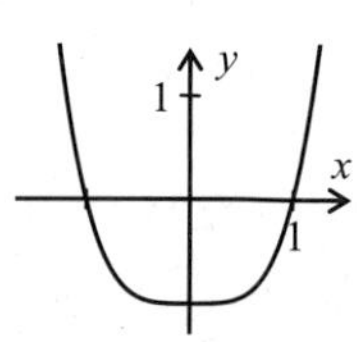

$f_4(x)=x^4-1$

⑤
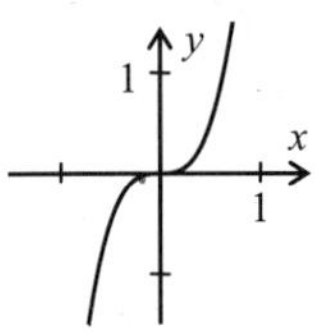

$f_5(x)=4x^3$

⑥
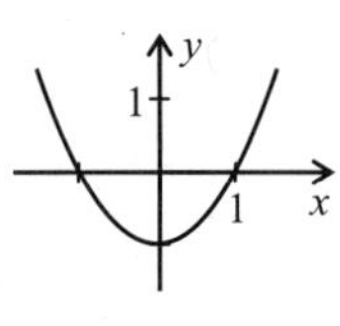

$f_6(x)=x^2-1$

⑦
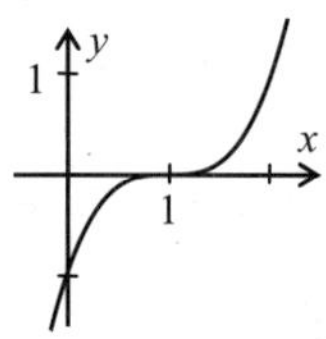

$f_7(x)=(x-1)^3$

⑧
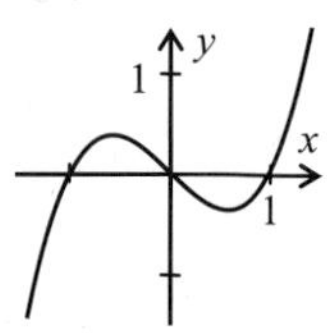

$f_8(x)=x^3-x$

Unbestimmtes Integral

Zu einer gegebenen Funktion kann es mehrere Stammfunktionen geben.
Für die Funktion f mit der Gleichung $f(x) = x^3$ sind z. B. Stammfunktionen:

$F(x) = \frac{1}{4}x^4$, aber auch $F_1(x) = \frac{1}{4}x^4 + 1$ und $F_2(x) = \frac{1}{4}x^4 - 7$.

Die Funktionen F, F_1 und F_2 unterscheiden sich nur durch eine **additive Konstante**, die beim Ableiten wegfällt. Dieser Sachverhalt gilt allgemein.

Mehrdeutigkeit von Stammfunktionen
Ist $F: D \to \mathbb{R}$ Stammfunktion von $f: D \to \mathbb{R}$ und ist c eine reelle Zahl, so ist auch $G: D \to \mathbb{R}$ mit $G(x) = F(x) + c$ Stammfunktion von f.

Diese Aussage kann in Worten auch wie folgt formuliert werden:

Wenn eine Funktion überhaupt eine Stammfunktion besitzt, dann besitzt sie sogar unendlich viele. Wir brauchen zu einem gegebenen Stammfunktionsterm nur eine beliebige Konstante zu addieren.

Anschaulich bedeutet dies:

Verschieben wir den Graphen einer Stammfunktion F von f in Richtung der y-Achse, so erhalten wir den Graphen einer weiteren Stammfunktion von f. Alle Graphen haben an jeder Stelle $x_0 \in D$ jeweils die gleiche Steigung.

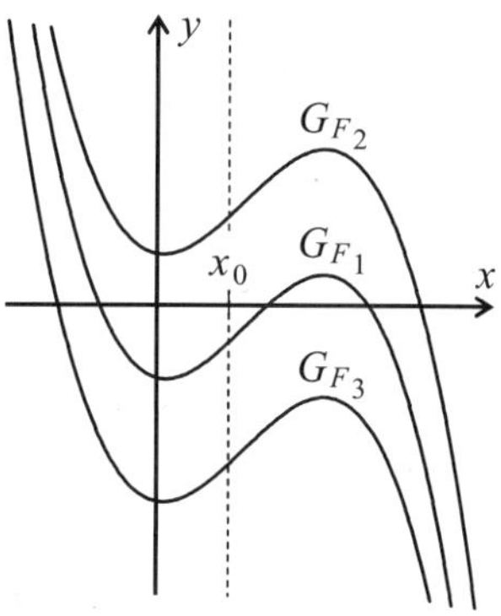

Man kann weiter nachweisen, dass es nur diese Art der Mehrdeutigkeit gibt, wenn die Definitionsmenge ein Intervall ist. Kennt man eine Stammfunktion einer über einem Intervall definierten Funktion f, so kennt man bereits alle Stammfunktionen von f.

Die Menge aller Stammfunktionen einer Funktion fasst man unter einem eigenen Namen zusammen.

Unbestimmtes Integral
Die Menge aller Stammfunktionen F einer Funktion f heißt **unbestimmtes Integral** von f.
Schreibweise in Kurzform: $\int f(x)dx = F(x) + c$ mit $c \in \mathbb{R}$.

Das bestimmte Integral ist also eine reelle Zahl, das unbestimmte Integral dagegen eine Menge von Funktionen.

Stammfunktion mit vorgegebener Eigenschaft

Häufig sucht man nicht alle Stammfunktionen einer gegebenen Funktion *f*, sondern eine ganz spezielle, die eine besondere Eigenschaft aufweist.
Ist die Funktion *f* über einem Intervall definiert, so sind alle Stammfunktionen zu *f* sehr eng miteinander verwandt: sie unterscheiden sich nur durch eine additive Konstante. Die Konstante lässt sich in diesem Fall mithilfe der vorgegebenen Eigenschaft berechnen.
Oftmals ist der Wert an der Stelle 0 vorgegeben. Man spricht dann auch von einem Anfangswertproblem.

Beispiel (Vorgabe einer Eigenschaft)

Gesucht ist zur Funktion *f* mit $f(x)=3x^2$ diejenige Stammfunktion *F*, deren Graph durch den Punkt $P(-1|2)$ verläuft.

Da *f* auf dem Intervall $\mathbb{R}$ definiert ist, haben alle Stammfunktionen die Gestalt

$$F(x)=x^3+c.$$

Die Konstante *c* kann durch eine Punktprobe für $P(-1|2)$ berechnet werden:

$$F(-1)=2 \Leftrightarrow (-1)^3+c=2 \Leftrightarrow c=3.$$

Die gesuchte Stammfunktion hat die Gleichung $F(x)=x^3+3$.

Aufgaben

24. Bestimmen Sie eine Funktion *f* mit den folgenden Eigenschaften:

    a) $f'(x)=x-1$ und $f(1)=2$ b) $f'(x)=x^2-3x$ und $f(0{,}5)=0$

    c) $f'(x)=\frac{x}{2}+6$ und $f(1)=4$ d) $f'(x)=\frac{3}{4}x+\frac{3}{4}$ und $f(1)=2$

    e) $f'(x)=(x-1)^2$ und $f(0)=1$ f) $f'(x)=2x\cdot(x^2+1)$ und $f(0)=1$

25. Bestimmen Sie eine Gleichung der Funktion *f*, deren Graph durch den Punkt $P(0|1)$ verläuft und an jeder Stelle *x* der Definitionsmenge folgenden Anstieg besitzt:

    a) $f'(x)=6x$ b) $f'(x)=-1$ c) $f'(x)=-\frac{1}{4}x$

26. Gegeben ist die Funktion $f(x)=2x-2$ auf $\mathbb{R}$.

    a) Bestimmen Sie eine Stammfunktion, deren Graph durch den Punkt $P(1 \mid 0)$ verläuft.

    b) Gibt es Stammfunktionen, die nur positive Funktionswerte besitzen? Geben Sie gegebenenfalls eine solche Stammfunktion an.

27. Gegeben ist die Funktion $f: x \mapsto x^2 - 1$ auf $\mathbb{R}$.
   a) Zeichnen Sie den Graphen von f. Ermitteln Sie eine Gleichung derjenigen Stammfunktion von f, welche die x-Achse an der Stelle 2 schneidet und zeichnen Sie Ihren Graphen in dasselbe Koordinatensystem.
   b) Für welche Stammfunktion F von f liegt der Wendepunkt auf der Geraden mit der Gleichung $y = 2$?

28. Zeigen Sie, dass F und G Stammfunktionen derselben Funktion sind. Bestimmen Sie die Konstante, um die sich F und G unterscheiden.
   a) $F(x) = (2x-3)^2$
   $G(x) = 4x^2 - 12x + 3$
   b) $F(x) = (3-2x)\cdot(2x+3)$
   $G(x) = 1 - 4x^2$

29. Welche Stammfunktionen zur Quadratfunktion $f(x) = x^2$ besitzen an ihren Nullstellen die Steigung 1?

30. Die Abbildung rechts zeigt den Graphen einer Funktion f.
   Welche der folgenden Abbildungen zeigen den Graphen einer Stammfunktion F von f? Begründen Sie Ihre Auswahl mit möglichst vielen Argumenten.

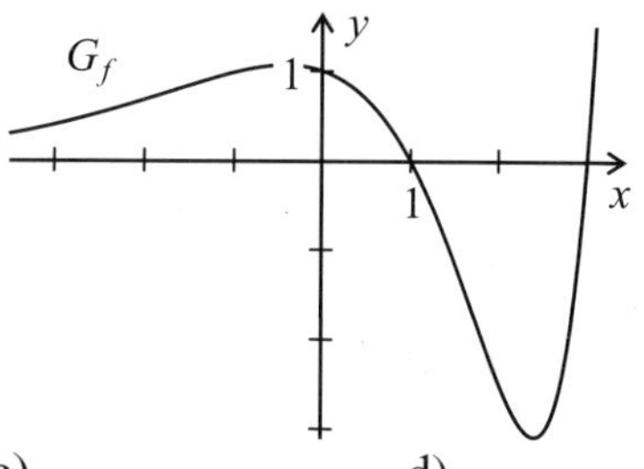

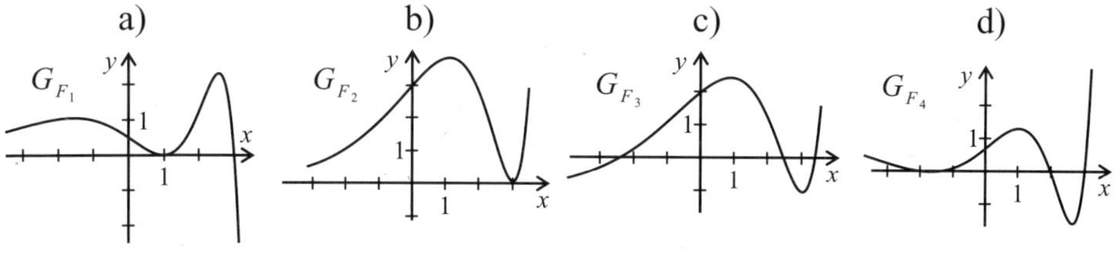

31. Von der ganzrationalen Funktion g ist die zweite Ableitung $g''(x) = -3x + 4$ bekannt. Der Punkt $P(2\,|\,2)$ liegt auf dem Graphen von g und G_g hat in P die Steigung 2. Wie lautet eine Gleichung von g?

32. Gegeben ist die Funktion $f: x \mapsto x^2 - x$ auf $\mathbb{R}$.
   a) Welche Stammfunktion F von f nimmt an der Stelle 2 den Funktionswert 1 an? Welche Steigung hat F an der Stelle 2?
   b) Für welche Stammfunktion F von f besitzt der Wendepunkt die y-Koordinate 2?

13.7 Hauptsatz der Differenzial- und Integralrechnung

Formulierung des Hauptsatzes

Wir betrachten eine Randfunktion f, die in einem Intervall $[a\,;b]$ definiert und dort stetig ist.
Wir greifen die bereits früher geäußerte Vermutung wieder auf, dass die Ableitung der Integralfunktion I_a gleich der Randfunktion f ist:

$$I'_a(x) = \left(\int_a^x f(t)\,dt \right)' = f(x).$$

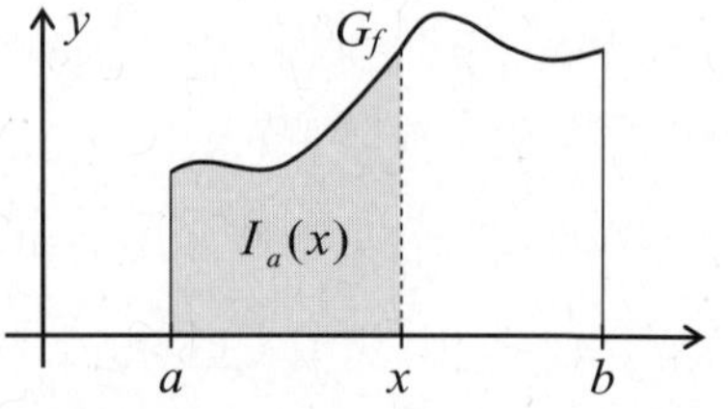

Dies bedeutet mit anderen Worten, dass die Integralfunktion I_a eine Stammfunktion zur Randfunktion f ist.

Wir erläutern die zentrale Beweisidee für diese Aussage an dem einfacheren Fall einer nichtnegativen und streng monoton wachsenden Randfunktion.

Beweis des Hauptsatzes für eine streng monoton wachsende Randfunktion

Wir betrachten die Fläche A unter der Randfunktion über einem Intervall $[x\,;x_0]$.
Der Flächeninhalt μ(A) kann mithilfe der Integralfunktion I_a beschrieben werden:

$$\mu(A) = I_a(x) - I_a(x_0).$$

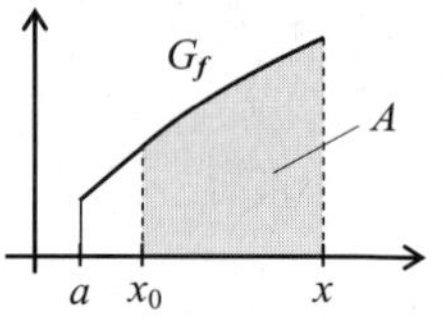

Wegen der strengen Monotonie der Randfunktion f kann der Inhalt der Fläche A durch Rechteckflächen eingegrenzt werden:

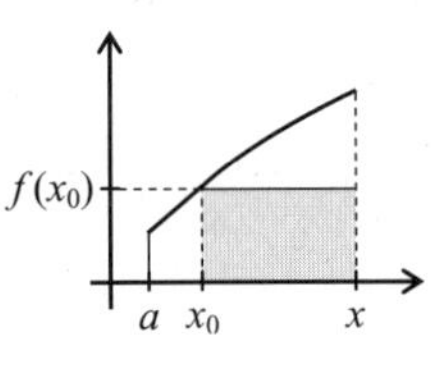

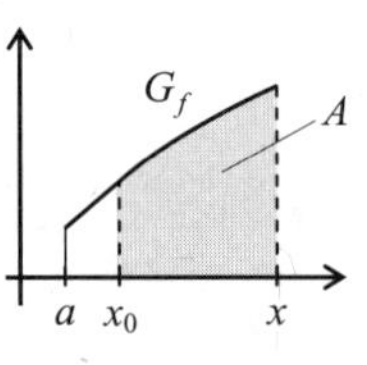

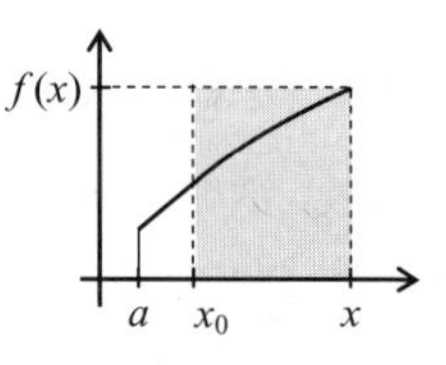

$$(x - x_0)\cdot f(x_0) \quad \le \quad I_a(x) - I_a(x_0) \quad \le \quad (x - x_0)\cdot f(x)$$

Eine Division durch $(x - x_0) > 0$ führt zum Differenzenquotienten der Integralfunktion I_a. Die Grenzwertbildung für $x \to x_0$ ergibt:

$$f(x_0) \quad \le \quad \frac{I_a(x) - I_a(x_0)}{x - x_0} \quad \le \quad f(x)$$

$$\downarrow x \to x_0 \qquad\qquad \downarrow x \to x_0 \qquad\qquad \downarrow x \to x_0$$

$$f(x_0) \qquad\qquad I'_a(x_0) \qquad\qquad f(x_0)$$

Zu beachten ist, dass wegen der Stetigkeit der Randfunktion f gilt: $\lim\limits_{x\to x_0} f(x) = f(x_0)$.

Die letzte Ungleichungskette ist nur erfüllbar, wenn gilt: $I'_a(x_0) = f(x_0)$.

In dem voran stehenden Beweis wird deutlich, dass die Stetigkeit der Randfunktion notwendig ist. Dies stellt für uns im Folgenden keine wesentliche Einschränkung dar, da wir in der Regel nur stetige Randfunktionen betrachten werden.

Der Hauptsatz der Differenzial- und Integralrechnung

Die Funktion f sei in einem Intervall $[a\,;b]$ stetig. Dann ist die zugehörige Integralfunktion

$$I_a : [a\,;b] \to \mathbb{R},\ x \mapsto \int_a^x f(t)\,dt$$

eine Stammfunktion zu f, d.h. die Funktion I_a ist differenzierbar und es gilt

$$I'_a(x) = \left(\int_a^x f(t)\,dt \right)' = f(x).$$

Der Hauptsatz ist eine fundamentale mathematische Aussage, denn er stellt eine Verbindung zwischen den zwei großen Gebieten der Analysis, der Differenzial- und der Integralrechnung her.

Aufgaben

33. Berechnen Sie die Ableitung der Integralfunktion I.

a) $I_0 : x \mapsto \int_0^x t^3\,dt$

b) $I_1 : x \mapsto \int_1^x (t^3 - t)\,dt$

c) $I_0 : x \mapsto \int_0^x (t^2 - 4)\,dt$

d) $I_0 : x \mapsto \int_0^x \frac{1}{t}\,dt$

34. Geben Sie mit Hilfe von Integralen jeweils eine Stammfunktion F von f in der Form $F : ... \to \mathbb{R}$, $x \mapsto ...$ an.

a) $f:\ x \mapsto x^5$

b) $f:\ x \mapsto \frac{1}{x}$

Die Integralformel

Die Aussage des 1. Teils des Hauptsatzes kann wie folgt formuliert werden: Die Integralfunktion I_a zu einer Funktion f ist eine Stammfunktion zu f, allerdings in Integralform.

$$I_a(x) = \int_a^x f(t)\,dt \quad \text{und} \quad I_a'(x) = \left(\int_a^x f(t)\,dt\right)' = f(x)\,.$$

Wünschenswert wäre eine Integralformel zur Berechnung des Integrals, um damit eine integralfreie Darstellung von $I_a(x)$ zu erhalten.

Im vorangehenden Abschnitt hatten wir zu vielen stetigen Funktionen f durch geschicktes Überlegen eine Stammfunktion F angeben können. Ist f über einem Intervall $[a\,;\,b]$ definiert, so unterscheiden sich Stammfunktionen nur durch eine additive Konstante.

Dies muss dann aber auch für eine beliebige Stammfunktion F und die Integralfunktion I_a gelten, d. h. es muss eine Zahl $c \in \mathbb{R}$ geben, so dass

$$I_a(x) = \int_a^x f(t)\,dt = F(x) + c$$

für alle $x \in [a\,;\,b]$ gilt.

Um die Konstante c zu berechnen, nützt man aus, dass diese Aussage speziell auch für $x = a$ richtig sein muss.

$$I_a(a) = \underbrace{\int_a^a f(t)\,dt}_{=0} = F(a) + c = 0 \quad \Leftrightarrow \quad c = -F(a)$$

Es folgt $I_a(x) = \int_a^x f(t)\,dt = F(x) - F(a)\,.$

In vielen Anwendungssituationen ist es üblich, den orientierten Flächeninhalt unter der Randfunktion f für das gesamte Definitionsintervall $[a\,;\,b]$ zu berechnen. Wählt man in der obigen Situation $x = b$, so ergibt sich:

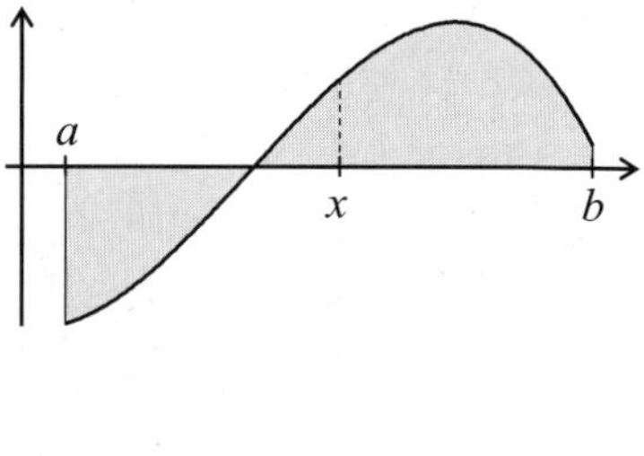

$$I_a(b) = \int_a^b f(t)\,dt = F(b) - F(a)\,.$$

In dieser Gleichung tritt in der oberen Grenze nicht mehr x als Variable auf. Man spricht auch von einem **bestimmten Integral**. Da keine Verwechslungen mehr zu befürchten sind, kann man auch die Variable x als Integrationsvariable verwenden.

Insgesamt ergibt sich damit:

Integralformel

Sei $f:[a\,;b]\to\mathbb{R}$ eine stetige Funktion sowie $F:[a\,;b]\to\mathbb{R}$ eine beliebige Stammfunktion von f.

Dann gilt für das bestimmte Integral: $\int\limits_a^b f(x)\,dx = F(b)-F(a)$.

Die Integralformel liefert ein Verfahren, mit dem man bestimmte Integrale berechnen kann, wenn eine Stammfunktion bekannt ist.

Die Berechnungsvorschrift lässt sich wie folgt verbalisieren:

$$\int\limits_a^b f(x)\,dx = \textit{Wert der Stammfunktion } F \textit{ an der oberen Grenze } b$$
$$\textit{minus}$$
$$\textit{Wert der Stammfunktion } F \textit{ an der unteren Grenze } a.$$

Dies wird durch die Verwendung der folgenden Schreibweise deutlich gemacht:

$$\int\limits_a^b f(x)\,dx = \big[F(x)\big]_a^b = F(b)-F(a).$$

Beispiele (Berechnen von bestimmten Integralen mit der Integralformel)

a) Eine Stammfunktion zu $f(x)=x^4$ ist $F(x)=\frac{1}{5}x^5$. Damit folgt:

$$\int\limits_1^3 x^4\,dx = \underbrace{\left[\frac{1}{5}x^5\right]_1^3}_{\substack{\text{Stammfunktion}\\ \text{bestimmen}}} = \underbrace{\frac{1}{5}\cdot\left[x^5\right]_1^3}_{\text{ausklammern}} = \underbrace{\frac{1}{5}\cdot\left[3^5-1^5\right]}_{\substack{\text{obere Grenze}\\ \text{minus}\\ \text{untere Grenze}}} = \frac{1}{5}\cdot(243-1) = \frac{242}{5} = 48{,}4$$

(Integralwert positiv)

b) Eine Stammfunktion zu $f(x)=x^2-1$ ist $F(x)=\frac{1}{3}x^3-x$. Damit ergibt sich:

$$\int\limits_{-2}^1 (x^2-1)\,dx = \underbrace{\left[\tfrac{1}{3}x^3-x\right]_{-2}^1}_{\substack{\text{Stammfunktion}\\ \text{bestimmen}}} = \underbrace{\left[(\tfrac{1}{3}\cdot 1^3-1)-(\tfrac{1}{3}\cdot(-2)^3-(-2))\right]}_{\substack{\text{obere Grenze}\\ \text{minus}\\ \text{untere Grenze}}}$$

$$= \frac{1}{3}-1+\frac{8}{3}-2 = 0$$

(Integralwert gleich Null)

c) Eine Stammfunktion zu $f(x)=-2x+1$ ist $F(x)=-x^2+x$. Damit erhält man:

$$\int\limits_0^2 (-2x+1)\,dx = \underbrace{\left[-x^2+x\right]_0^2}_{\substack{\text{Stammfunktion}\\ \text{bestimmen}}} = \underbrace{(-2^2+2)-(-0^2+0)}_{\substack{\text{obere Grenze}\\ \text{minus}\\ \text{untere Grenze}}} = -2$$

(Integralwert negativ)

Aufgaben

35. Berechnen Sie die bestimmten Integrale.

a) $\int_0^3 x\,dx$ b) $\int_{-4}^0 (2x)\,dx$ c) $\int_0^2 (-3x)\,dx$

d) $\int_{-3}^3 \frac{1}{2}x^2\,dx$ e) $\int_1^{14} dx$ f) $\int_0^{-2} x^3\,dx$

36. Berechnen Sie die bestimmten Integrale.

a) $\int_{-2}^2 (-x^2+4)\,dx$ b) $\int_0^2 (2x+1)\,dx$ c) $\int_0^1 (x^3+1)\,dx$

d) $\int_{-3}^3 (\frac{1}{3}x^2-1)\,dx$ e) $\int_{-2}^0 (x^2+x)\,dx$ f) $\int_{-2}^{-1} (-4x^3+x)\,dx$

37. Berechnet werden soll das Integral $\int_{-1}^1 (-3x^2)\,dx$.

a) Begründen Sie, dass $\int_{-1}^1 (-3x^2)\,dx = \left[-x^3\right]_{-1}^1$ gilt.

b) Welche der folgenden Auswertungen sind korrekt? Welche der korrekten Rechnungen ist dabei vorteilhafter? Wo liegen die Fehler?

① $=(-1^3)-(-1)^3=-1+1=0$ ② $=(-1^3)-(-(-1)^3)=-1-1=-2$

③ $=(-1^3)-(1)^3=-1+1=0$ ④ $=(-(-1)^3)-(-1)^3=1+1=2$

⑤ $=-[1^3-(-1)^3]=-[1+1]=-2$

38. Berechnen Sie die Integrale.

a) $\int_0^1 (x^4-5x^2-4x)\,dx$ b) $\int_1^2 (x^2-2x)\,dx$ c) $\int_{-1}^1 (x^3+x^2-4)\,dx$

39. Berechnen Sie die Integrale.

a) $\int_{-\sqrt{2}}^{\sqrt{2}} (3x^2-5)\,dx$ b) $\int_1^2 (t^4-5t^2-4t)\,dt$ c) $\int_{-1}^1 u^n\,du$ mit $n \in \mathbb{N}$

40. Berechnen Sie. Formen Sie zunächst den Integranden geeignet um.

a) $\int_0^3 (x^2+1)\cdot 2x\,dx$ b) $\int_0^3 z^2\cdot(3+z)\,dz$ c) $\int_0^3 (2-s)^2\,ds$

13.8 Integrationsregeln

Integrale, bei denen die untere Grenze größer als die obere Grenze ist

Bei allen Integralen, die wir bisher berechnet haben, war die untere Grenze stets kleiner als die obere Grenze. Für manche Anwendungen ist es aber nützlich, den Begriff des bestimmen Integrals auch dann zur Verfügung zu haben, wenn diese Bedingung nicht mehr erfüllt ist.

Welche Bedeutung soll das Integral $\int_b^a f(x)\,dx$ haben?

Hier wird die im Bild gekennzeichnete Fläche quasi in umgekehrter Richtung durchlaufen.

Folgende Überlegung zeigt, wie man eine Festlegung treffen sollte. Dabei fordert man, dass die Integralformel

$$F(\textit{obere Grenze}) - F(\textit{untere Grenze})$$

auch weiterhin Bestand haben soll.

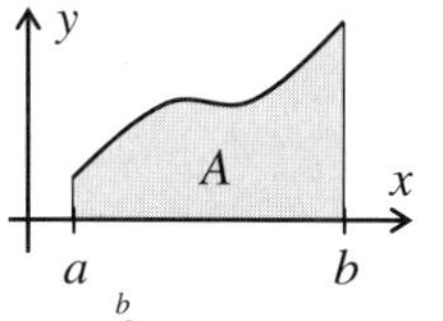

$\int_a^b f(x)\,dx$: Flächeninhalt unter der Randkurve f

Unter dieser Prämisse ergibt sich mit einer Stammfunktion F zu f:

$$\int_b^a f(x)\,dx = F(a) - F(b) = -F(b) + F(a) = -(F(b) - F(a)) = -\int_a^b f(x)\,dx\,.$$

Diese Überlegungen führen zu folgender Festsetzung:

Vertauschen der Integrationsgrenzen

Existiert das Integral $\int_a^b f(x)\,dx$, so setzt man fest: $\int_b^a f(x)\,dx = -\int_a^b f(x)\,dx\,.$

Kurz: Vertauschen der Grenzen ändert das Vorzeichen.

Beispiel (Integral mit größerer unterer Grenze)

Das folgende Integral kann auf zwei Arten berechnet werden.

1. Vertauschen der Grenzen

$$\int_2^1 x^4\,dx = \underbrace{-\int_1^2 x^4\,dx}_{\text{Vertauschungsregel}} = \underbrace{-\left[\frac{1}{5}x^5\right]_1^2}_{\text{Stammfunktion bestimmen}} = \underbrace{-\frac{1}{5}\cdot\left[x^5\right]_1^2}_{\text{ausklammern}} = -\frac{1}{5}\cdot\underbrace{\left[2^5 - 1^5\right]}_{\text{obere Grenze minus untere Grenze}} = -\frac{1}{5}\cdot 31 = -\frac{31}{5}$$

2. Direkte Anwendung der Integralformel

$$\int_2^1 x^4\,dx = \underbrace{\left[\frac{1}{5}x^5\right]_2^1}_{\text{Stammfunktion bestimmen}} = \underbrace{\frac{1}{5}\cdot\left[x^5\right]_2^1}_{\text{ausklammern}} = \frac{1}{5}\cdot\underbrace{\left[1^5 - 2^5\right]}_{\text{obere Grenze minus untere Grenze}} = \frac{1}{5}\cdot(-31) = -\frac{31}{5}$$

Abschnittsweises Integrieren

Gemäß der geometrischen Festlegung des Integrals als Summe der orientierten Flächeninhalte der einzelnen Teilflächen ergibt sich aus der Abbildung die Vermutung:

$$\int_a^b f(x)\,dx + \int_b^c f(x)\,dx = \int_a^c f(x)\,dx.$$

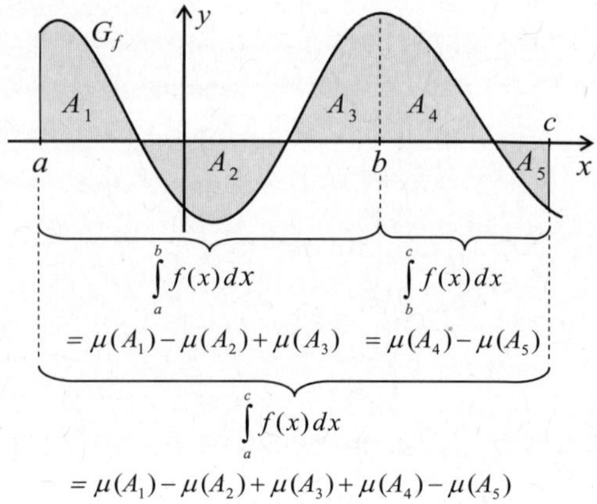

Der formale Nachweis lässt sich unter Verwendung der Integralformel führen.

Ist f eine stetige Funktion, so existiert eine Stammfunktion F und es gilt:

$$\begin{aligned}\int_a^b f(x)\,dx + \int_b^c f(x)\,dx &= \left[F(x)\right]_a^b + \left[F(x)\right]_b^c \\ &= (F(b) - F(a)) + (F(c) - F(b)) = F(c) - F(a) \\ &= \int_a^c f(x)\,dx.\end{aligned}$$

Damit ist folgende Integrationsregel nachgewiesen:

Additivität des bestimmten Integrals

Es sei f eine über dem Intervall I definierte stetige Funktion und es seien $a, b, c \in I$ mit $a < b < c$, dann gilt:

$$\int_a^c f(x)\,dx = \int_a^b f(x)\,dx + \int_b^c f(x)\,dx.$$

Die Intervalladditivität kann auch zur Berechnung von Integralen bei abschnittsweise definierten Funktionen angewendet werden.

Beispiel (Fläche unter abschnittsweise definierter Randkurve)

Die dargestellte Fläche gehört zu der Randfunktion

$$f(x) = \begin{cases} 0{,}5x^2 & \text{, wenn } 0 \le x < 2 \\ 2 & \text{, wenn } 2 \le x \le 4 \end{cases}$$

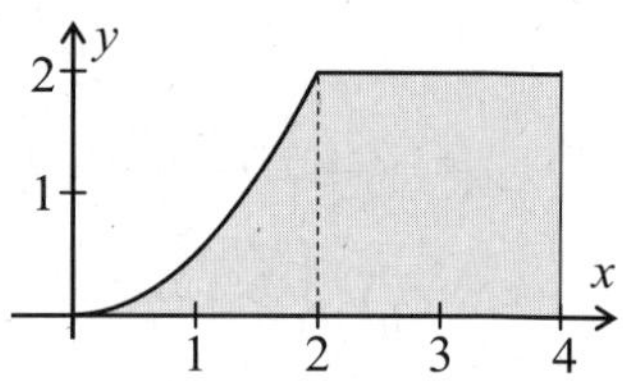

Zur Berechnung des Flächeninhalts sind zwei Teilflächen zu betrachten:

$$\begin{aligned}\int_0^4 f(x)\,dx &= \int_0^2 0{,}5x^2\,dx + \int_2^4 2\,dx = \left[\tfrac{1}{6}x^3\right]_0^2 + \left[2x\right]_2^4 = \tfrac{1}{6}\cdot\left[x^3\right]_0^2 + 2\cdot\left[x\right]_2^4 \\ &= \tfrac{1}{6}\cdot(2^3 - 0^3) + 2\cdot(4-2) = \tfrac{8}{6} + 4 = \tfrac{16}{3}.\end{aligned}$$

Aufgaben

41. Berechnen Sie die Integrale.

a) $\int_0^1 x^3\,dx$ b) $\int_1^0 x^3\,dx$ c) $\int_1^1 x^3\,dx$

42. Berechnen Sie die Integrale.

a) $\int_0^2 (1-x^2)\,dx$ b) $\int_2^0 (1-x^2)\,dx$ c) $\int_2^2 (1-x^2)\,dx$

43. Vereinfachen Sie zunächst und berechnen Sie dann.

a) $\int_0^2 (2-x)\,dx + \int_2^3 (2-x)\,dx$ b) $\int_{-2}^{-1} (x^3+x^2)\,dx + \int_{-1}^{0} (x^3+x^2)\,dx$

44. Berechnen Sie die in der Abbildung grau dargestellte Fläche für Funktionen mit den Gleichungen

$$f(x)=2x^2 \quad \text{und} \quad g(x)=-x+3\,.$$

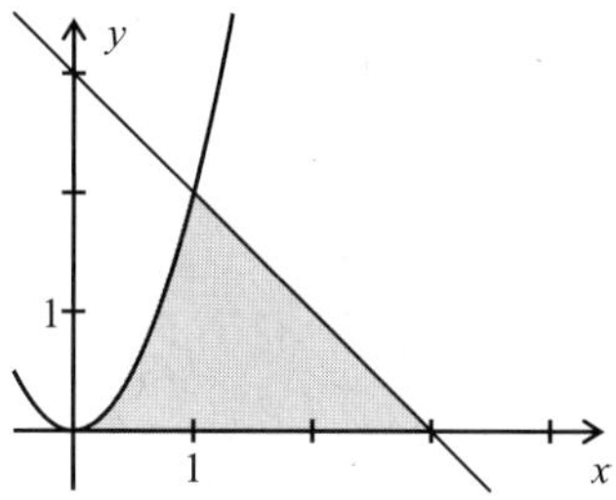

45. Berechnen Sie die in der Abbildung grau dargestellte Fläche für Funktionen mit den Gleichungen

$$f(x)=x \quad \text{und} \quad g(x)=-\frac{1}{2}x^2+2x\,.$$

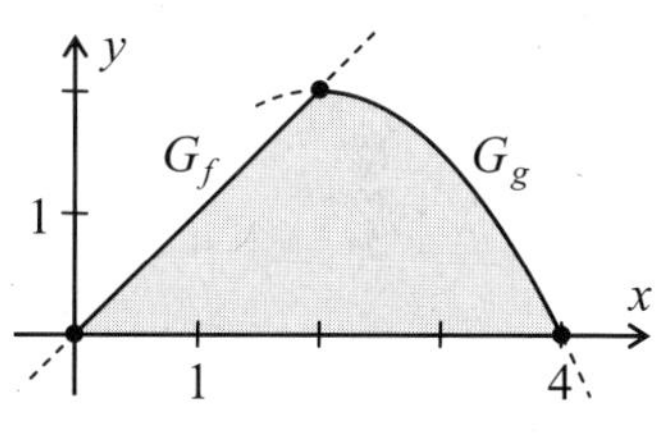

46. Gegeben ist die abschnittsweise definierte Funktion

$$f:\mathbb{R}\to\mathbb{R},\, x\mapsto\begin{cases}2x-1 & \text{, wenn } x<3\\ 8-x & \text{, wenn } x\ge 3\end{cases}$$

a) Zeichnen Sie den Graphen der Funktion f.

b) Begründen Sie, dass das Integral $\int_1^5 f(x)\,dx$ existiert und berechnen Sie es.

c) Erläutern Sie anhand der Zeichnung die geometrische Bedeutung dieses Integrals. Überprüfen Sie das Ergebnis aus b) elementargeometrisch.

Linearität des Integrals

Faktorregel

Beim Bestimmen von Stammfunktionen durch Aufleiten haben wir gesehen, dass konstante Faktoren unverändert bleiben. Diese Regel überträgt sich auf Integrale.

Faktorregel für Integrale (FRI)

Sei $f:[a\,;b]\rightarrow \mathbb{R}$ eine stetige Funktion und $\alpha \in \mathbb{R}$. Dann gilt:

$$\int_a^b \alpha \cdot f(x)\,dx = \alpha \cdot \int_a^b f(x)\,dx.$$

Kurz: Ein konstanter Faktor darf vor das Integral gezogen werden.

Beispiel (Anwenden der Faktorregel)

$$\int_0^1 4\cdot x^4\,dx \underbrace{=}_{\text{FRI}} 4\cdot\int_0^1 x^4\,dx = 4\cdot\left[\tfrac{1}{5}\cdot x^5\right]_0^1 = \tfrac{4}{5}\cdot\left[x^5\right]_0^1 =$$

$$= \tfrac{4}{5}\cdot[1-0] = \tfrac{4}{5}$$

Summenregel

Wir haben weiter gesehen, dass man beim Aufleiten einer Summe oder einer Differenz von Funktionstermen gliedweise vorgehen kann. Diese Summenregel überträgt sich auf Integrale.

Summenregel für Integrale (SRI)

Seien $f:[a\,;b]\rightarrow \mathbb{R}$ und $g:[a\,;b]\rightarrow \mathbb{R}$ stetige Funktionen. Dann gilt:

$$\int_a^b (f(x)\pm g(x))\,dx = \int_a^b f(x)\,dx \pm \int_a^b g(x)\,dx.$$

Kurz: Man darf gliedweise integrieren.

Beispiele (Anwenden der Summenregel in beiden Richtungen)

a) Mithilfe der Summenregel kann ein Integral in zwei Teile aufgeteilt werden.

$$\int_1^2 (x+3x^2)\,dx \underbrace{=}_{\text{SRI}} \int_1^2 x\,dx + \int_1^2 3x^2\,dx = \left[\tfrac{1}{2}x^2\right]_1^2 + \left[x^3\right]_1^2 = \tfrac{3}{2}+7 = \tfrac{17}{2}$$

b) Die Summenregel kann auch in umgekehrter Richtung angewandt werden.

$$\int_0^3 (x^2+1-2x)\,dx - \int_0^3 (x-2)^2\,dx \underbrace{=}_{\text{SRI}} \int_0^3 (x^2+1-2x-x^2+4x-4)\,dx$$

$$= \int_0^3 (2x-3)\,dx = \left[x^2-3x\right]_0^3 = 9-9=0$$

Zusammenfassen der Regeln

Die Summen- und die Faktorregel lassen sich zusammenfassen.

Linearität des Integrals

Sind $f:[a\,;b]\to\mathbb{R}$ und $g:[a\,;b]\to\mathbb{R}$ stetig und $\alpha, \beta \in \mathbb{R}$, dann gilt:

$$\int_a^b (\alpha\cdot f(x)+\beta\cdot g(x))\,dx=\alpha\cdot\int_a^b f(x)\,dx+\beta\cdot\int_a^b g(x)\,dx.$$

Aufgaben

47. Berechnen Sie die Integrale.

a) $\int_1^2 \frac{1}{2}x\,dx$ b) $\int_2^5 \sqrt{3}\,dx$ c) $\int_{-7}^0 7\,dx$

d) $\int_0^4 12x^2\,dx$ e) $\int_{-1}^0 9x^4\,dx$ f) $\int_{-2}^2 (-3x^3)\,dx$

48. Berechnen Sie vorteilhaft.

a) $\int_{-1}^0 5x\,dx-\int_{-1}^0 3x\,dx$ b) $\int_0^2 (1+x^4)\,dx+\int_0^2 (1-x^4)\,dx$

c) $\int_0^1 (2-x)\,dx+\int_0^1 (2x-2)\,dx$ d) $\int_{-1}^2 (x^2-1)\,dx+\int_{-1}^2 (1-x)^2\,dx$

49. Berechnen Sie.

a) $2\cdot\int_{-1}^1 (3x-1)\,dx+2\cdot\int_{-1}^1 (2-5x)\,dx$

b) $-3\cdot\int_0^1 (x^5-x)\,dx+\int_0^1 (x+3x^5)\,dx$

c) $3\cdot\int_{-1}^1 (x^2-2x)\,dx+2\cdot\int_{-1}^1 (2x-x^2)\,dx$

d) $4\cdot\int_1^3 dx+4\cdot\int_1^3 (x^2-1)\,dx$

Integration symmetrischer Funktionen

Bei symmetrischen Funktionsgraphen kann man sich in manchen Fällen die Berechnung von Integralen erleichtern.
Die Inhalte $\mu(A_1)$ und $\mu(A_2)$ der Teilflächen A_1 und A_2 in den folgenden Abbildungen sind wegen der Symmetrie der Funktion f jeweils gleich groß. Zu beachten bleibt dabei jedoch die Bedeutung des bestimmten Integrals.

$\int_{-a}^{a} f(x)\,dx =$ orientierter Inhalt der Fläche zwischen dem Graphen G_f und der x-Achse über dem Intervall $[-a\,;a]$

Symmetrie zur y-Achse

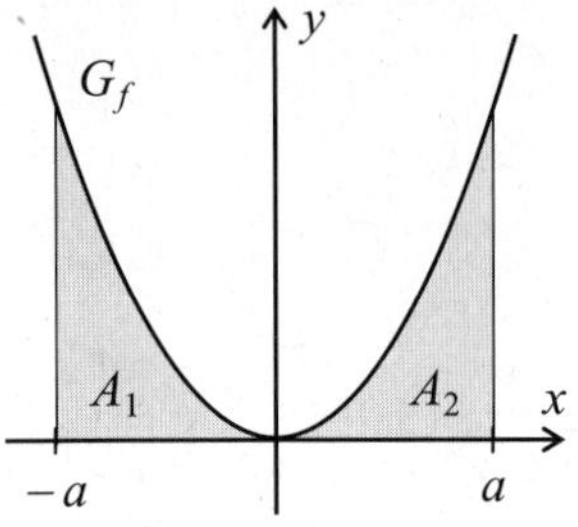

$$\int_{-a}^{a} f(x)dx = \int_{-a}^{0} f(x)dx + \int_{0}^{a} f(x)dx$$
$$= \mu(A_1) + \mu(A_2)$$
$$= 2\cdot\mu(A_2)$$
$$= 2\cdot\int_{0}^{a} f(x)dx$$

Symmetrie zum Ursprung

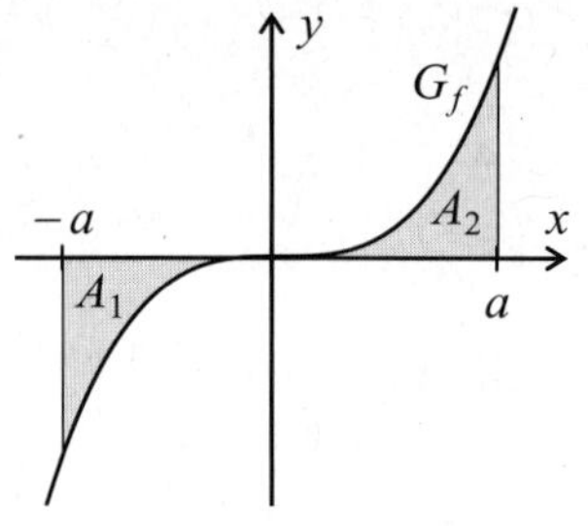

$$\int_{-a}^{a} f(x)dx = \int_{-a}^{0} f(x)dx + \int_{0}^{a} f(x)dx$$
$$= -\mu(A_1) + \mu(A_2)$$
$$= -\mu(A_1) + \mu(A_1)$$
$$= 0$$

Diese anschauliche Argumentation lässt sich auch allgemein rechnerisch verifizieren. Auf den Nachweis müssen wir an dieser Stelle jedoch verzichten, da hierzu eine Integrationsregel benötigt wird, die uns nicht zur Verfügung steht.

Insgesamt ergibt sich:

Bestimmte Integrale symmetrischer Funktionen

Sei $f: D \to \mathbb{R}$ eine stetige Funktion und $[-a\,;a] \subset D$.

- Ist der Graph der Funktion f symmetrisch zur y-Achse, so gilt:
$$\int_{-a}^{a} f(x)dx = 2\cdot\int_{0}^{a} f(x)dx.$$
- Ist der Graph der Funktion f symmetrisch zum Ursprung, so gilt:
$$\int_{-a}^{a} f(x)dx = 0.$$

Aufgaben

50. Entscheiden und begründen Sie für die angegebenen Funktionen, ob eine der Gleichungen $\int_{-a}^{a} f(x)\,dx = 2\cdot\int_{0}^{a} f(x)\,dx$ oder $\int_{-a}^{a} f(x)\,dx = 0$ zutrifft:

a) $f(x)=x^3$ b) $f(x)=x^3-x^2$

c) $f(x)=x+2x^3-x^5$

51. Berechnen Sie das Integral.

a) $\int_{-7}^{7}(4x^3-5x)\,dx$ b) $\int_{-1}^{1}(y^4-2y^2-5)\,dy$ c) $\int_{-1}^{1}(x^5-3x^3)\,dx$

52. In der Abbildung ist ein Teil einer Skateboardanlage dargestellt.
Der krummlinige Teil ist parabelförmig.

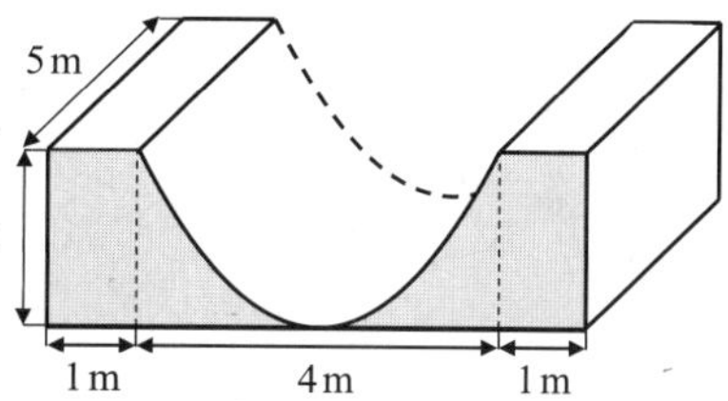

a) Begründen Sie, dass dieser Teil durch den Graphen der Funktion
$$f(x) = \tfrac{1}{2}x^2$$
beschrieben werden kann.

b) Berechen Sie den Inhalt der Vorderseitenfläche.

c) Wie viel m^3 Beton sind zur Herstellung notwendig?

53. Die Abbildung zeigt den Umriss eines Kirchenfensters. Der obere Teil wird beschrieben durch die Randfunktion
$$f:[-4;4]\to\mathbb{R},\, x\mapsto -\tfrac{3}{16}x^2+3.$$
Welchen Flächeninhalt besitzt das Fenster, wenn eine Längeneinheit 1 m entspricht?

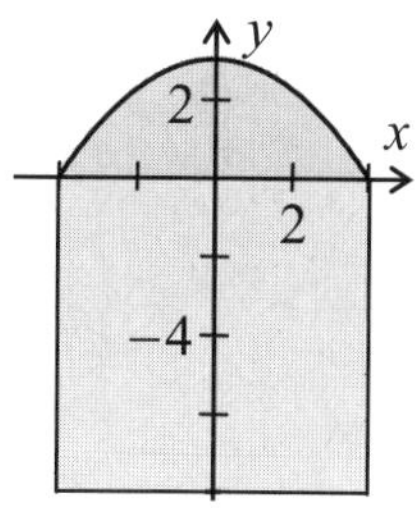

54. Beim Bau einer Lagerhalle ist die Vorderseite in Form eines Parabelbogens konstruiert.

a) Bestimmen Sie mit den Angaben aus der Zeichnung die Gleichung der Parabel.

b) Berechnen Sie den Inhalt der Querschnittsfläche.

c) Welches Volumen hat die Halle?

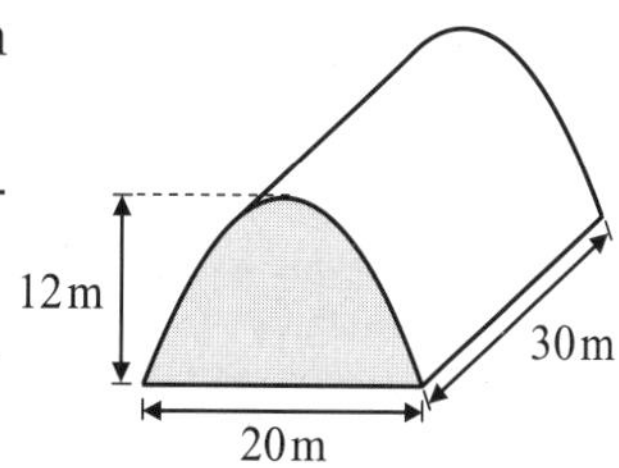

13.9 Flächeninhaltsbestimmungen an Graphen

Flächen zwischen Graph und x-Achse

- **Flächen, die oberhalb der x-Achse liegen**

Wir betrachten eine stetige Funktion f über einem Intervall $[a;b]$, deren Graph nicht unterhalb der x-Achse verläuft. Es soll also $f(x) \geq 0$ für alle $x \in [a;b]$ gelten.

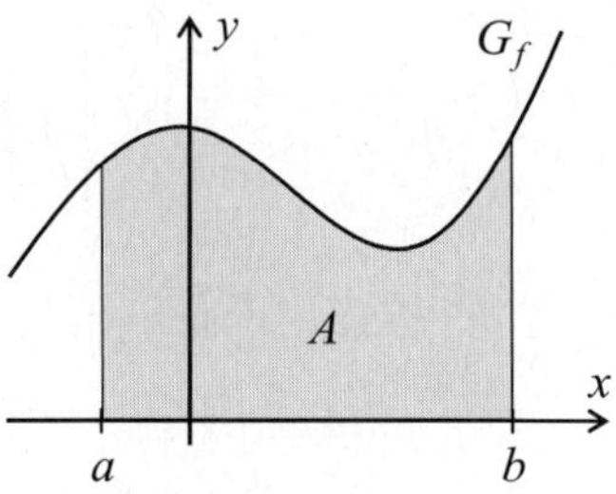

Der Inhalt der Fläche A zwischen G_f und dem Intervall $[a;b]$ soll mit $\mu(A)$ bezeichnet werden.
Dieser Inhalt wird im vorliegenden Fall schon direkt durch das bestimmte Integral angegeben.

$$\mu(A) = \int_a^b f(x)\,dx$$

Beispiel (Fläche, die vollständig oberhalb der x-Achse liegt)

Gegeben ist die Funktion $f(x) = -\frac{1}{3}x^2 + \frac{2}{3}x + 1$.
Gesucht ist der Inhalt $\mu(A)$ der Fläche A, die G_f mit der x-Achse einschließt.

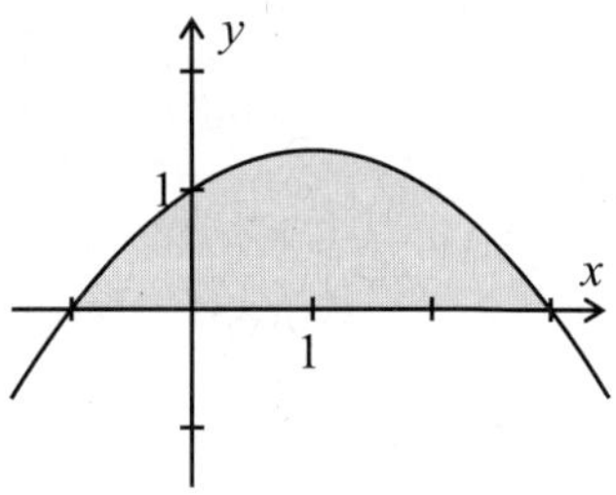

Durch Faktorisieren des Funktionsterms

$$f(x) = -\frac{1}{3}x^2 + \frac{2}{3}x + 1 = -\frac{1}{3}\cdot(x+1)\cdot(x-3)$$

erhält man die Nullstellen -1 und 3.
Für den gesuchten Flächeninhalt ergibt sich damit:

$$\mu(A) = \int_{-1}^{3} \left(-\frac{1}{3}x^2 + \frac{2}{3}x + 1\right)dx = \left[-\frac{1}{9}x^3 + \frac{1}{3}x^2 + x\right]_{-1}^{3}$$

$$= (-3+3+3) - \left(\frac{1}{9} + \frac{1}{3} - 1\right) = 3 + \frac{5}{9} = \frac{32}{9}.$$

Aufgaben

55. Schätzen Sie den Inhalt der dunkel dargestellten Fläche und rechnen Sie nach.

a) $f(x) = 0{,}5x + 1$ b) $f(x) = -2{,}5x^2 + 5x$ c) $f(x) = x^2 - 4x + \frac{9}{2}$

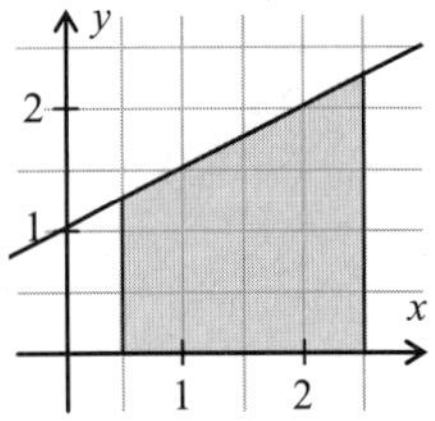

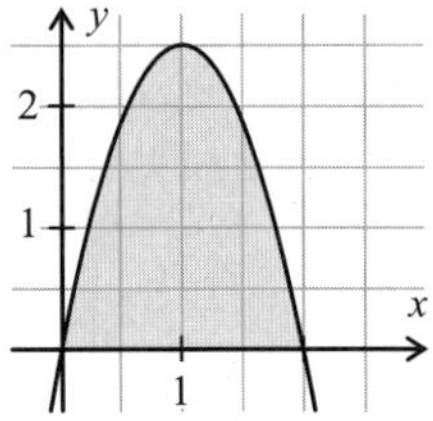

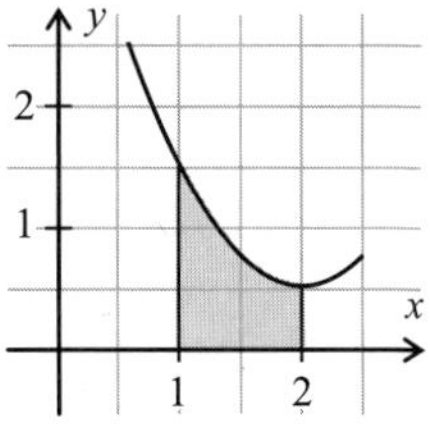

56. Berechnen Sie den Inhalt der gekennzeichneten Fläche.

a) $f(x) = x^3 + 1$

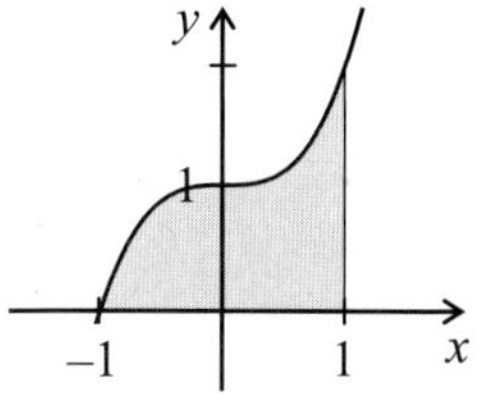

b) $f(x) = -\frac{1}{2}x^2 + 2$

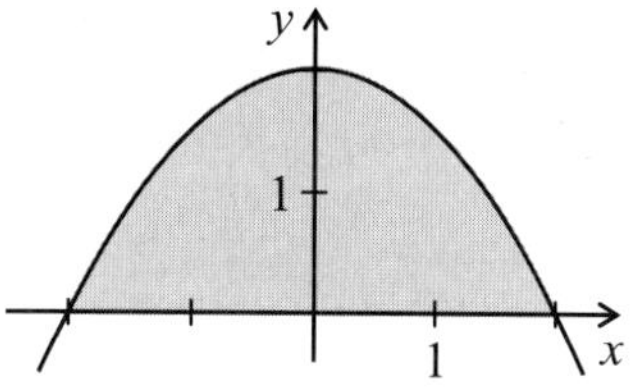

57. Die Abbildung zeigt den Graphen zu

$$f(x) = -\tfrac{1}{2}x^4 + 2x^2.$$

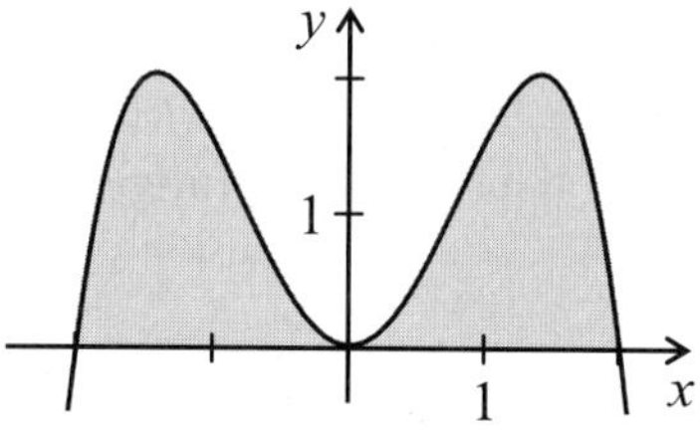

a) Bestätigen Sie anhand der Lage der Nullstellen und des Grenzwertverhaltens den dargestellten Verlauf des Funktionsgraphen.

b) Bestimmen Sie durch eine Rechnung die genaue Lage der Extrempunkte.

c) Berechnen Sie den Inhalt der Fläche, die vom Funktionsgraphen und der x-Achse eingeschlossenen wird.

58. Zeichnen Sie den Graphen zu $f(x) = -x^3 + 3x^2$ ohne ausführliche Diskussion. Berechnen Sie den Inhalt der von G_f und der x-Achse eingeschlossenen Fläche.

59. Die Abbildung zeigt den Graphen zu

$$f(x) = \frac{1}{12}x^3 - x^2 + 3x.$$

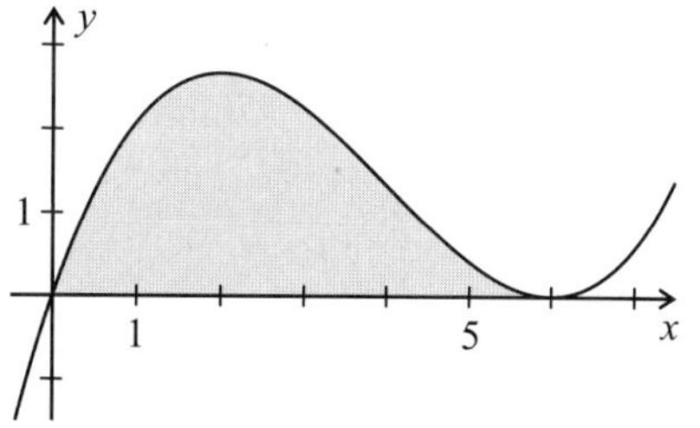

a) Begründen Sie den dargestellten Verlauf des Funktionsgraphen.

b) Berechnen Sie den Inhalt der von G_f und der x-Achse eingeschlossenen Fläche.

60.* Berechnen Sie den Inhalt der gekennzeichneten Fläche.

a) $f(x) = \frac{3}{8}x^3$

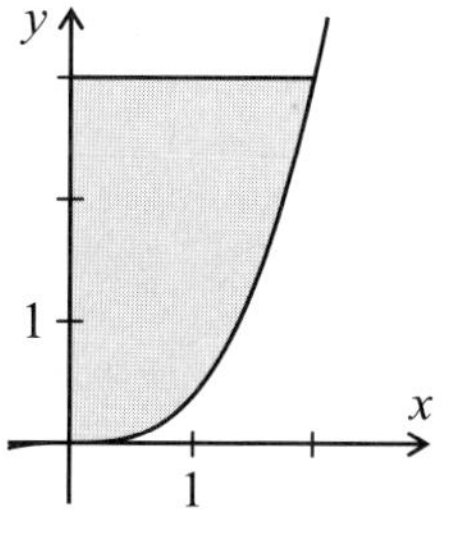

b) $f(x) = \frac{1}{4}x^2$

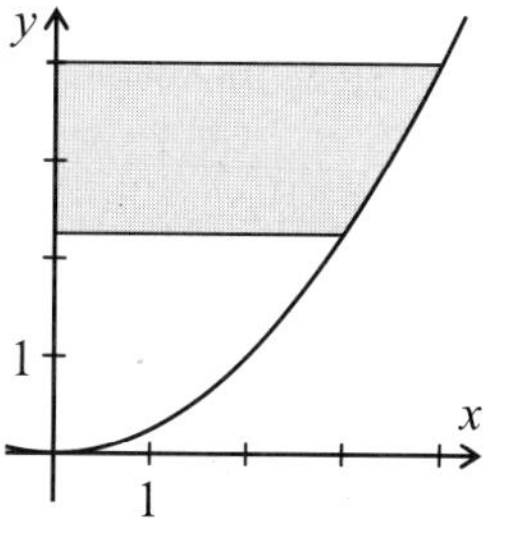

- **Flächen, die unterhalb der x-Achse liegen**

Wir betrachten eine stetige Funktion f, die über einem Intervall $[a\,;b]$ definiert ist und deren Graph vollständig unterhalb der x-Achse verläuft.

Für alle $x \in [a\,;b]$ soll also $f(x) \leq 0$ gelten.

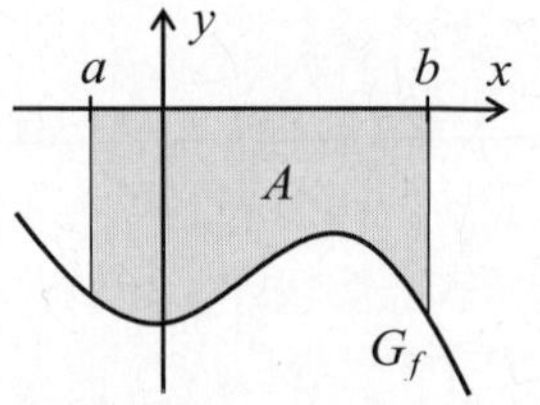

Durch das bestimmte Integral wird der orientierte Inhalt der Fläche A beschrieben. Er ist in diesem Fall negativ. Der Inhalt der Fläche A entspricht daher der Gegenzahl des bestimmten Integrals.

$$\mu(A) = -\int_a^b f(x)\,dx$$

Dieser Fall lässt sich mit dem vorangehenden Fall zusammenfassen.

Ist die Funktion f vorzeichenbeständig über dem Integrationsintervall $[a\,;b]$, so gilt:

$$\mu(A) = \left| \int_a^b f(x)\,dx \right|$$

Beispiel (Fläche, die vollständig unterhalb der x-Achse liegt)

Gegeben ist die Funktion $f(x) = -\frac{1}{16}x^2 - \frac{1}{2}$.

Für den Inhalt $\mu(A)$ der Fläche zwischen G_f und dem Intervall $[1\,;3]$ gilt:

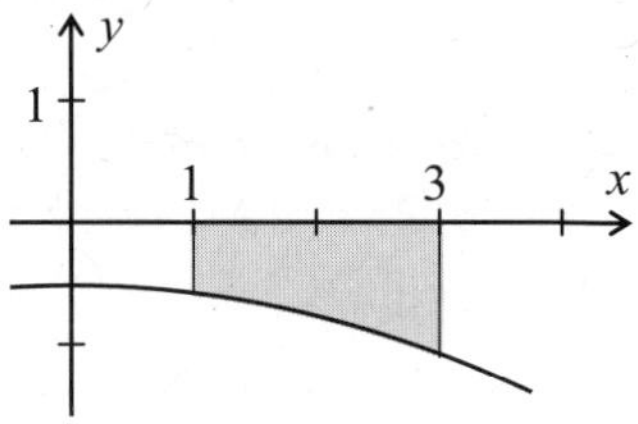

$$\mu(A) = \left| \int_1^3 \left(-\tfrac{1}{16}x^2 - \tfrac{1}{2}\right)dx \right| = \left| \left[-\tfrac{1}{48}x^3 - \tfrac{1}{2}x\right]_1^3 \right|$$

$$= \left| \left(-\tfrac{1}{48}\cdot 3^3 - \tfrac{1}{2}\cdot 3\right) - \left(-\tfrac{1}{48} - \tfrac{1}{2}\right) \right|$$

$$= \left| -\tfrac{99}{48} + \tfrac{25}{48} \right| = \left| -\tfrac{74}{48} \right| = \tfrac{74}{48} = \tfrac{37}{24}\,.$$

- **Flächen, die oberhalb und unterhalb der x-Achse liegen**

Wir betrachten den Fall, dass die Randfunktion f über dem Integrationsintervall $[a\,;b]$ nicht vorzeichenbeständig ist.

Wir zerlegen das Intervall $[a\,;b]$ in Teilintervalle, über denen die Funktion f vorzeichenbeständig ist.

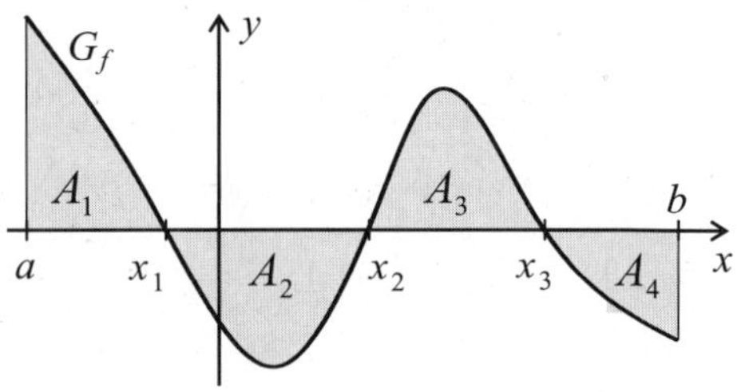

Es gilt: $\mu(A) = \mu(A_1) + \mu(A_2) + \mu(A_3) + \mu(A_4)$ oder in integraler Schreibweise:

$$\mu(A) = \left| \int_a^{x_1} f(x)\,dx \right| + \left| \int_{x_1}^{x_2} f(x)\,dx \right| + \left| \int_{x_2}^{x_3} f(x)\,dx \right| + \left| \int_{x_3}^{b} f(x)\,dx \right|.$$

Beispiel (Fläche, die ober- und unterhalb der *x*-Achse liegt)

Gegeben ist die Funktion $f(x)=x^2-4x+3$.

Wir berechnen den Inhalt der Fläche A zwischen G_f und dem Intervall [2 ; 4].

Wegen $f(x)=(x-1)\cdot(x-3)$ hat f die einfachen Nullstellen $x=1$ und $x=3$. Die Funktion f wechselt daher im Intervall [2 ; 4] an der Stelle 3 das Vorzeichen.

Der gesuchte Flächeninhalt ist über den Teilintervallen [2 ; 3] und [3 ; 4] getrennt zu berechnen.

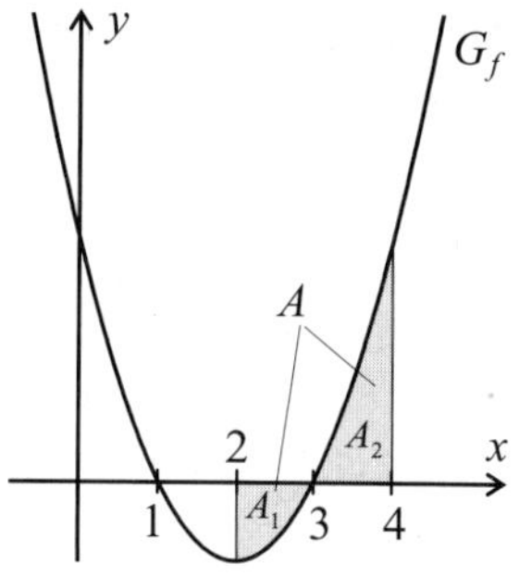

Es gilt:

$$\mu(A)=\mu(A_1)+\mu(A_2)=\left|\int_2^3 (x^2-4x+3)\,dx\right|+\left|\int_3^4 (x^2-4x+3)\,dx\right|$$

$$=\left|\left[\tfrac{1}{3}x^3-2x^2+3x\right]_2^3\right|+\left|\left[\tfrac{1}{3}x^3-2x^2+3x\right]_3^4\right|=\tfrac{2}{3}+\tfrac{4}{3}=2.$$

Aufgaben

61. Schätzen Sie den Inhalt der dunkel dargestellten Fläche und rechnen Sie nach.
    a) $f(x)=x-2{,}5$ b) $f(x)=\frac{1}{2}x^2-2$ c) $f(x)=-x^2+2x-2$

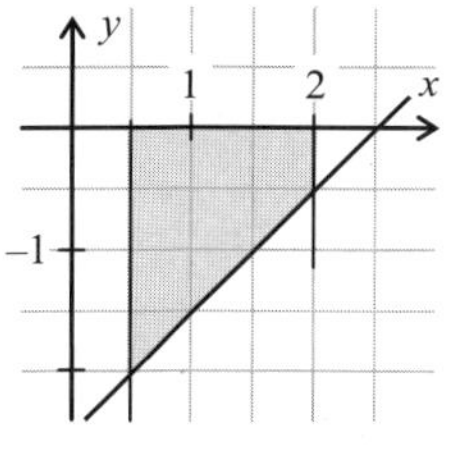

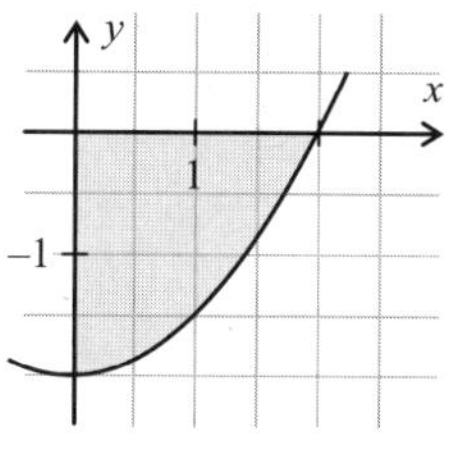

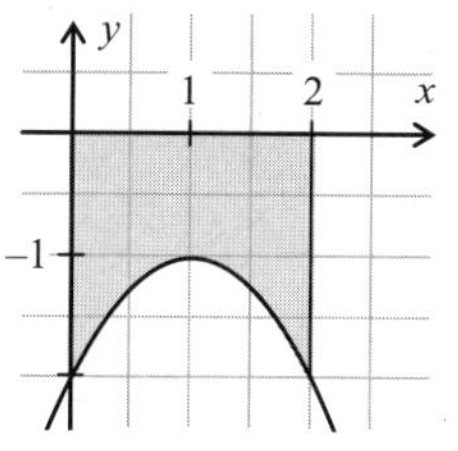

62. Berechnen Sie den Inhalt der gekennzeichneten Fläche.
    a) $f(x)=x^2-x-2$ b) $f(x)=2x^3-4x^2$

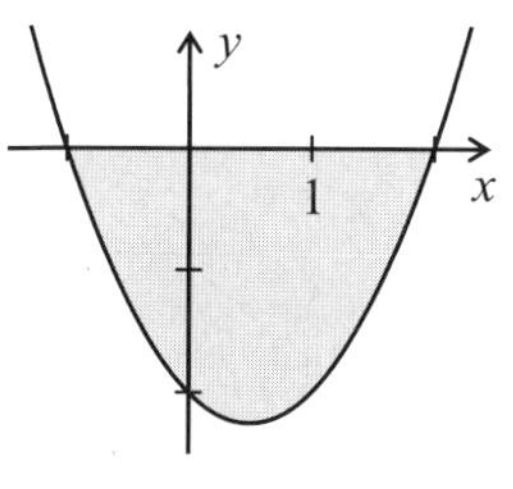

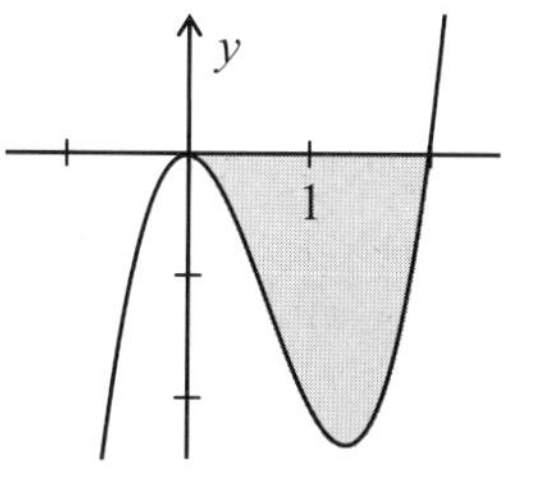

63. Welchen Inhalt besitzt die Fläche, die von der x-Achse und dem Graphen der Funktion $g(x)=\frac{2}{3}x^3+4x^2+6x$ berandet wird?
    Fertigen Sie zuerst eine Skizze des Graphen an.

64. Schätzen Sie den Inhalt der dunkel dargestellten Fläche und rechnen Sie nach.
a) $f(x) = x^2 - 1$ b) $f(x) = 4x^3 - 4x$ c) $f(x) = -\frac{1}{2}x^2 + 1$

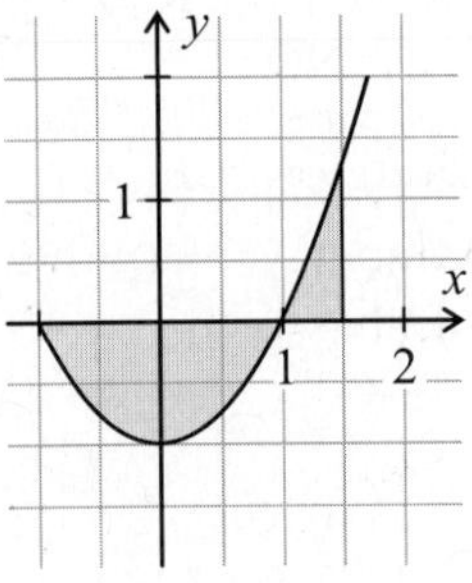

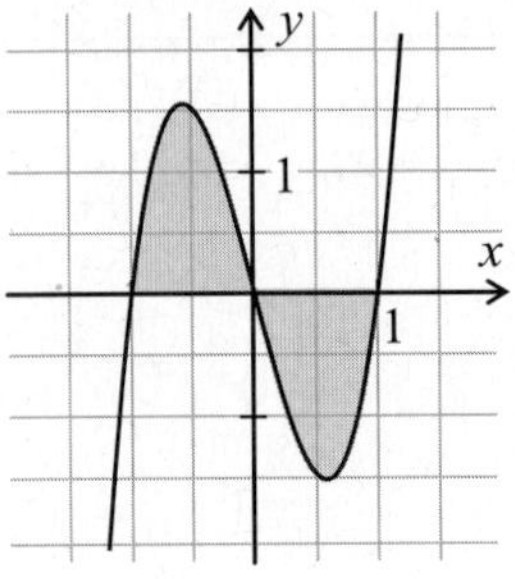

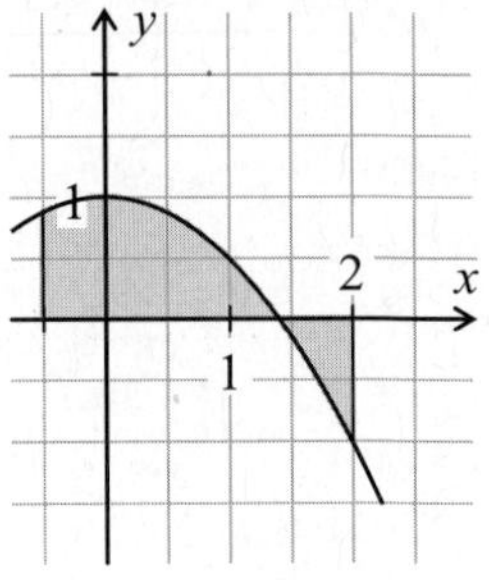

65. Die Abbildung zeigt den Graphen zu
$$f(x) = -x^3 + 9x.$$
a) Bestätigen Sie anhand des Funktionsterms (Nullstellen, Grenzwertverhalten) den Verlauf des Graphen.
b) Begründen Sie die vorliegende Symmetrieeigenschaft.

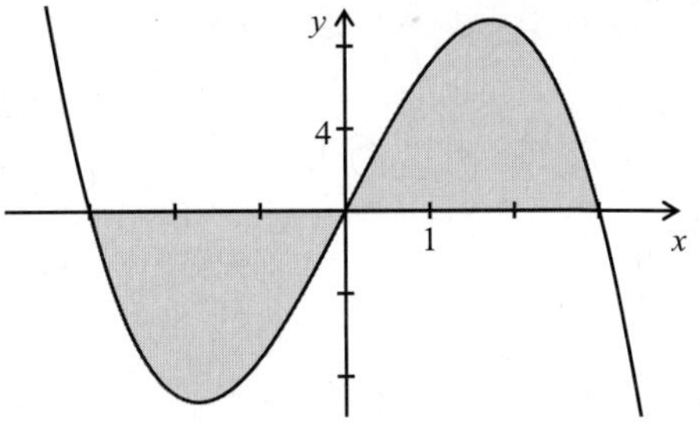

c) Bestimmen Sie durch eine Rechnung die genaue Lage der Extrempunkte.
d) Berechnen Sie den Inhalt der Fläche, die vom Funktionsgraphen und der x-Achse eingeschlossenen wird.
e) Geben Sie ohne weitere Rechnung den Wert des Integrals $\int_{-3}^{3} f(x)\,dx$ an.

66. Gegeben ist die Funktion $f(x) = -4x^3 + 12x^2$.
Skizzieren Sie den Graphen der Funktion und berechnen Sie den Inhalt der Fläche, die von G_f und der x-Achse umrandet wird.

67. Die Fläche zwischen dem Graphen der Funktion $f(x) = x^2 - 2x$ und der x-Achse über dem Intervall $[-1; 2]$ besteht aus zwei Teilen. Zeigen Sie durch eine einzige Integration, dass beide Teilflächen den gleichen Inhalt haben.

68. Gegeben ist $f(x) = \frac{1}{2}(x^2 - 1)\cdot(x^2 - 4)$.
Berechnen Sie den Inhalt der Fläche, die von G_f und der x-Achse berandet wird.
Berechnen Sie auch das bestimmte Integral und erklären Sie, wie der Unterschied zwischen dem Flächeninhalt und dem Integral entsteht.

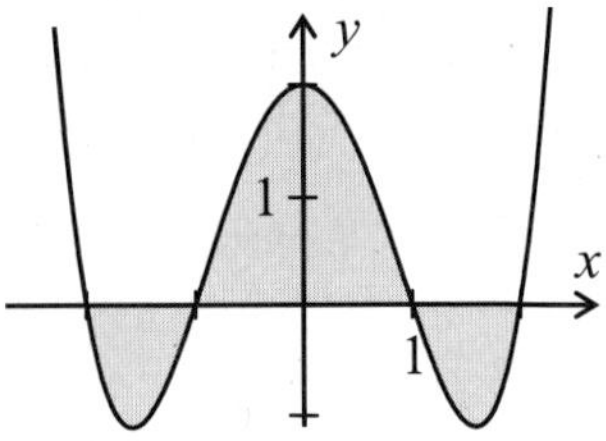

Flächen zwischen Funktionsgraphen

Bisher waren die Flächen, deren Inhalte berechnet wurden, durch einen Funktionsgraphen und die x-Achse begrenzt. Es lassen sich aber auch Inhalte von Flächen berechnen, die von zwei Funktionsgraphen eingeschlossen werden.

• Funktionsgraphen oberhalb der x-Achse ohne Schnittpunkte

Wir betrachten zunächst den Fall zweier stetiger Funktionen f und g, die im Innern des Integrationsintervalls $[a\,;b]$ keinen Schnittpunkt besitzen.

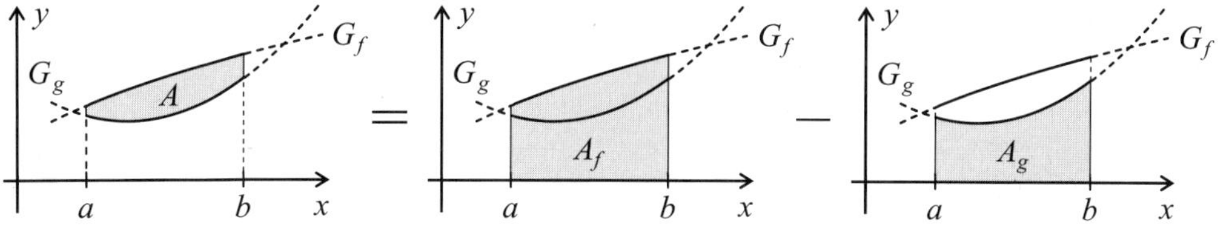

$$\mu(A) \quad = \quad \mu(A_f) \quad - \quad \mu(A_g)$$

Inhalt der Fläche zwischen G_f und G_g = Inhalt der Fläche zwischen G_f und der x-Achse − Inhalt der Fläche zwischen G_g und der x-Achse

$$= \int_a^b f(x)\,dx - \int_a^b g(x)\,dx$$

$$= \int_a^b [f(x)-g(x)]\,dx$$

Im letzten Schritt wurde die Differenz zweier Integrale zu einem einzigen Integral zusammengefasst, da dieses Integral vielfach einfacher zu berechnen ist.

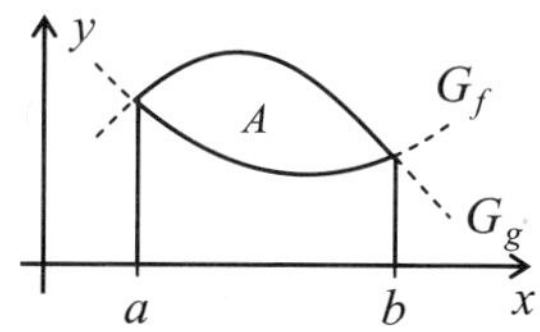

Im Bild rechts liegt G_g oberhalb von G_f. Hier müsste man eigentlich statt $f(x)-g(x)$ die Differenz $g(x)-f(x)$ bilden. Die zugehörigen Integrale unterscheiden sich lediglich in ihrem Vorzeichen.
Man braucht nicht die Reihenfolge bei der Differenzbildung zu beachten, wenn man zum Betrag übergeht:

$$\mu(A) = \left| \int_a^b [f(x)-g(x)]\,dx \right|.$$

• Funktionsgraphen zum Teil oder ganz unterhalb der x-Achse ohne Schnittpunkte

Alle bisher betrachteten Flächen lagen vollständig oberhalb der x-Achse. Es kann aber auch der Fall auftreten, dass die x-Achse durch die betrachtete Fläche verläuft oder die Fläche ganz unterhalb der x-Achse liegt.

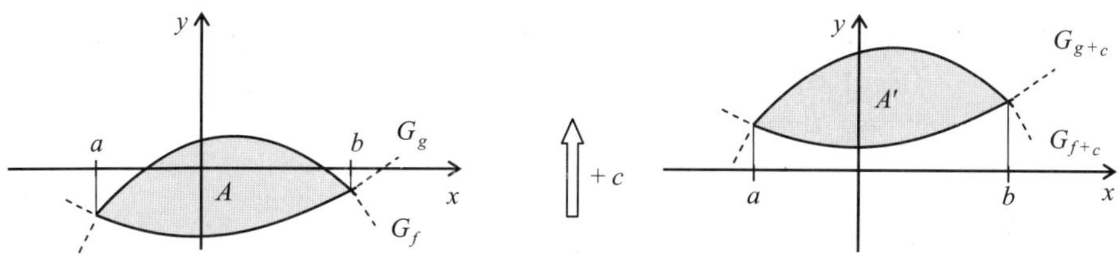

Man kann sich in diesen Fällen die Graphen von f und g so weit nach oben verschoben denken, dass die Fläche vollständig oberhalb der x-Achse liegt. Dann gilt:

$$\mu(A)=\mu(A')=\left|\int_a^b ((f(x)+c)-(g(x)+c)dx\right|=\left|\int_a^b (f(x)-g(x))dx\right|.$$

Im Integranden fällt die Verschiebungszahl wieder heraus. Die Verschiebung muss also bei der Rechnung gar nicht berücksichtigt werden.

Flächen zwischen zwei Funktionsgraphen

Es seien f und g über dem Intervall $[a;b]$ definierte stetige Funktionen. Besitzen f und g in $]a;b[$ keinen Schnittpunkt, so gilt für den Inhalt der Fläche A, die durch die Graphen von f und g über dem Intervall $[a;b]$ berandet wird,

$$\mu(A)=\left|\int_a^b (f(x)-g(x))dx\right|.$$

Der Inhalt der Fläche zwischen zwei Funktionsgraphen G_f und G_g lässt sich also unabhängig von der Lage der Fläche durch Integration der Differenzfunktion $f-g$ berechnen.

- **Funktionsgraphen mit Schnittpunkten**

Schneiden sich die beiden Graphen G_f und G_g innerhalb des Intervalls $]a;b[$, so muss man das Intervall in Teilintervalle ohne innere Schnittpunkte zerlegen.

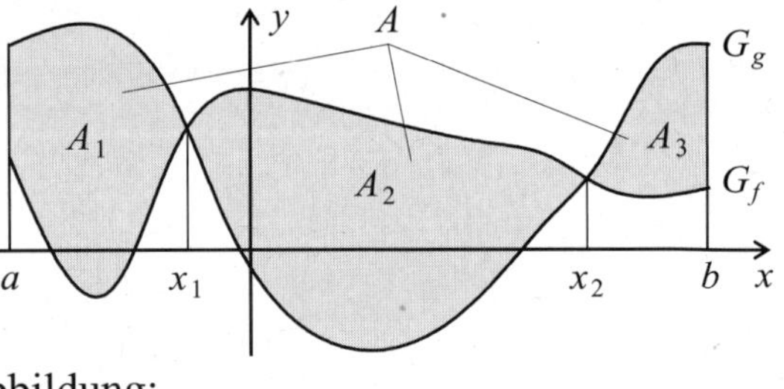

Es gilt dann für die Situation in der Abbildung:

$$\mu(A)=\mu(A_1)+\mu(A_2)+\mu(A_3)$$

oder in Integralschreibweise

$$\mu(A)=\left|\int_a^{x_1}(f(x)-g(x))dx\right|+\left|\int_{x_1}^{x_2}(f(x)-g(x))dx\right|+\left|\int_{x_2}^{b}(f(x)-g(x))dx\right|.$$

Bei der Berechnung des Inhalts der Fläche zwischen zwei Funktionsgraphen kann man in folgenden Schritten vorgehen:

1. Man bestimmt die Schnittstellen von f und g im Integrationsintervall.
2. Man berechnet die Differenzfunktion $f-g$.
3. Man bestimmt eine Stammfunktion $F-G$.
4. Man berechnet die Beträge der Integrale über die Teilintervalle und addiert sie.

Beispiel (Fläche zwischen zwei Funktionsgraphen)
Gegeben sind die Funktionen $f\colon \mathbb{R} \to \mathbb{R},\, x \mapsto (x-1)^2$ und $g\colon \mathbb{R} \to \mathbb{R},\, x \mapsto x+1$.

Wir berechnen den Inhalt der Fläche A zwischen den Graphen von f und g über dem Intervall $[-1\,;2]$.

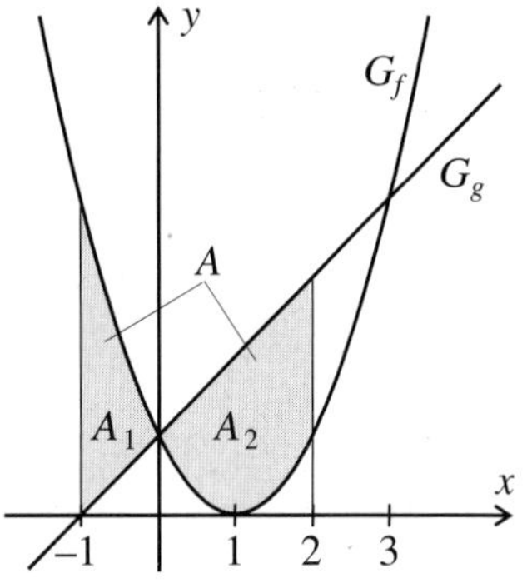

- *Schnittstellen von f und g*

$$\begin{aligned} f(x)=g(x) &\Leftrightarrow f(x)-g(x)=0 \\ &\Leftrightarrow (x-1)^2-(x+1)=0 \\ &\Leftrightarrow x^2-2x+1-x-1=0 \\ &\Leftrightarrow x^2-3x=0 \\ &\Leftrightarrow x=0 \vee x=3 \end{aligned}$$

Die Stelle 0 ist die einzige Schnittstelle von f und g in dem Integrationsintervall $[-1\,;2]$.

- *Differenzfunktion*

$$f(x)-g(x)=(x-1)^2-(x+1)=x^2-3x$$

- *Stammfunktion*

$$F(x)-G(x)=\tfrac{1}{3}x^3-\tfrac{3}{2}x^2$$

- *Flächenberechnung*

$$\mu(A_1)=\left|\int_{-1}^{0}(x^2-3x)\,dx\right|=\left|\left[\tfrac{1}{3}x^3-\tfrac{3}{2}x^2\right]_{-1}^{0}\right|=\left|0-(-\tfrac{1}{3}-\tfrac{3}{2})\right|=\tfrac{11}{6}$$

$$\mu(A_2)=\left|\int_{0}^{2}(x^2-3x)\,dx\right|=\left|\left[\tfrac{1}{3}x^3-\tfrac{3}{2}x^2\right]_{0}^{2}\right|=\left|(\tfrac{8}{3}-6)-0\right|=\tfrac{10}{3}$$

Gesamtfläche: $\mu(A)=\mu(A_1)+\mu(A_2)=\frac{11}{6}+\frac{10}{3}=\frac{31}{6}$

In der gegebenen Situation kann die Problemstellung so abgewandelt werden, dass man nach dem Inhalt der Fläche B sucht, die von den Graphen von f und g eingeschlossen wird.

Das Integrationsintervall ist dann $[0\,;3]$. Da es im Innern dieses Intervalls keine weitere Schnittstelle von f und g gibt, folgt für den Inhalt der Fläche B:

$$\mu(B)=\left|\int_{0}^{3}(x^2-3x)\,dx\right|=\left|\left[\tfrac{1}{3}x^3-\tfrac{3}{2}x^2\right]_{0}^{3}\right|$$
$$=\left|(9-\tfrac{27}{2})-0\right|=\tfrac{9}{2}.$$

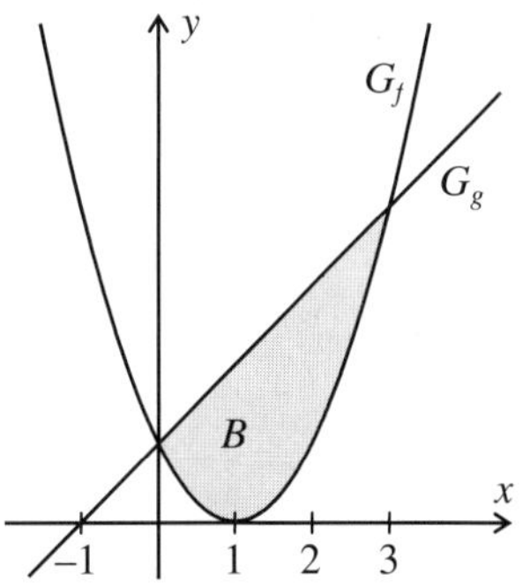

Beispiel (Fläche zwischen zwei Funktionsgraphen)

Wir berechnen den Inhalt der Fläche A, die von den Graphen der Funktionen mit den Gleichungen

$$f(x) = \tfrac{1}{2}x^3 - 3x + 3 \quad \text{und} \quad g(x) = \tfrac{1}{2}x$$

eingeschlossen wird.

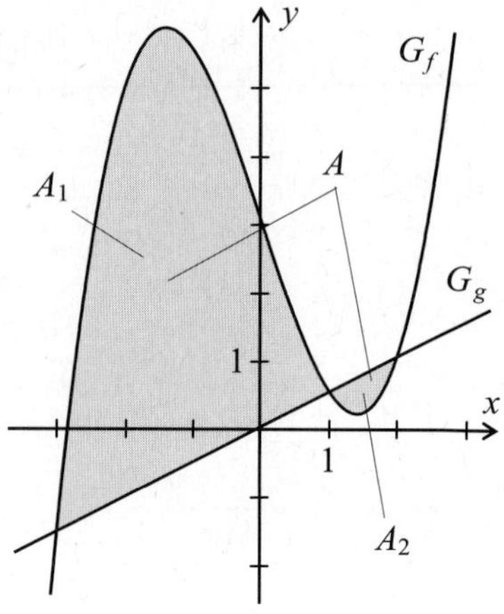

- *Schnittstellen von f und g*

$$f(x) = g(x) \Leftrightarrow \tfrac{1}{2}x^3 - 3x + 3 = \tfrac{1}{2}x$$
$$\Leftrightarrow \tfrac{1}{2}x^3 - \tfrac{7}{2}x + 3 = 0$$
$$\Leftrightarrow \tfrac{1}{2}\cdot(x^3 - 7x + 6) = 0$$

Es handelt sich um eine Gleichung 3. Grades, an der man die Lösung 1 unmittelbar erkennen kann.
Mithilfe einer Polynomdivision durch den Linearfaktor $(x - 1)$ ergibt sich:

$$f(x) = g(x) \Leftrightarrow (x-1)\cdot(x^2 + x - 6) = 0$$
$$\Leftrightarrow (x-1)\cdot(x-2)\cdot(x+3) = 0$$
$$\Leftrightarrow x = 1 \vee x = 2 \vee x = -3.$$

Polynomdivision

$$(x^3 - 7x + 6) : (x-1) = x^2 + x - 6$$
$$\underline{-(x^3 - x^2)}$$
$$x^2 - 7x$$
$$\underline{-(x^2 - x)}$$
$$-6x + 6$$
$$\underline{-(-6x + 6)}$$
$$0$$

- *Differenzfunktion*

$$f(x) - g(x) = \tfrac{1}{2}x^3 - 3x + 3 - \tfrac{1}{2}x = \tfrac{1}{2}x^3 - \tfrac{7}{2}x + 3$$

- *Stammfunktion*

$$F(x) - G(x) = \tfrac{1}{8}x^4 - \tfrac{7}{4}x^2 + 3x$$

- *Flächenberechnung*

$$\mu(A_1) = \left|\int_{-3}^{1}\left(\tfrac{1}{2}x^3 - \tfrac{7}{2}x + 3\right)dx\right| = \left|\left[\tfrac{1}{8}x^4 - \tfrac{7}{4}x^2 + 3x\right]_{-3}^{1}\right|$$
$$= \left|\left[\left(\tfrac{1}{8} - \tfrac{14}{8} + \tfrac{24}{8}\right) - \left(\tfrac{81}{8} - \tfrac{126}{8} - \tfrac{72}{8}\right)\right]\right| = \tfrac{128}{8}$$

$$\mu(A_2) = \left|\int_{1}^{2}\left(\tfrac{1}{2}x^3 - \tfrac{7}{2}x + 3\right)dx\right| = \left|\left[\tfrac{1}{8}x^4 - \tfrac{7}{4}x^2 + 3x\right]_{1}^{2}\right|$$
$$= \left|\left[(2 - 7 + 6) - \left(\tfrac{1}{8} - \tfrac{14}{8} + \tfrac{24}{8}\right)\right]\right| = \tfrac{3}{8}$$

Gesamtfläche: $\mu(A) = \mu(A_1) + \mu(A_2) = \frac{128}{8} + \frac{3}{8} = \frac{131}{8}$

Aufgaben

69. Schätzen Sie den Inhalt der dunkel dargestellten Fläche und rechnen Sie nach.

a) $f(x) = -x^2 + 2{,}5$
$g(x) = 1{,}5$

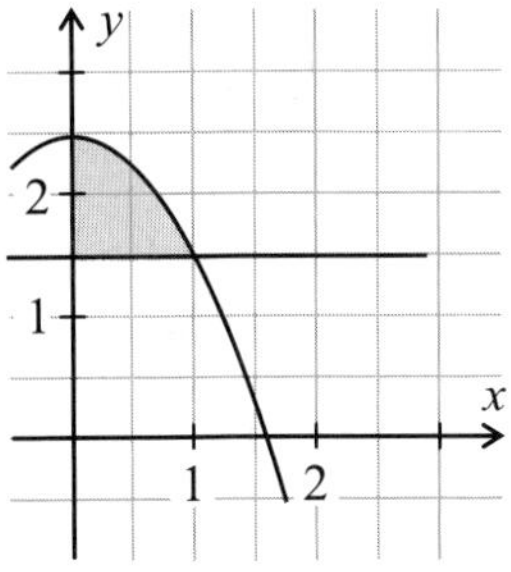

b) $f(x) = -(x-1)^2 + 2{,}5$
$g(x) = (x-2)^2$

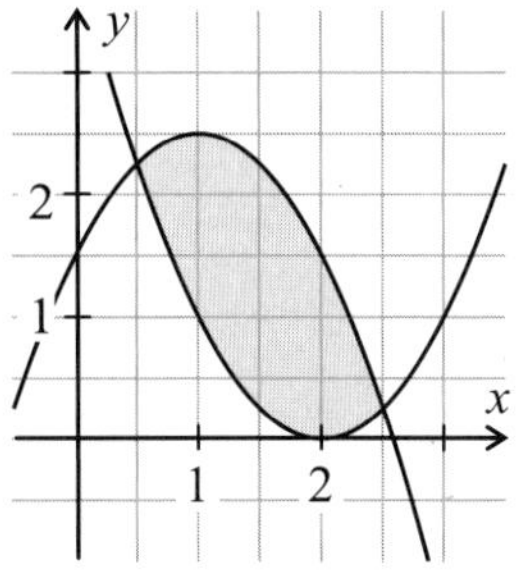

c) $f(x) = -x^2 + 2$
$g(x) = x$

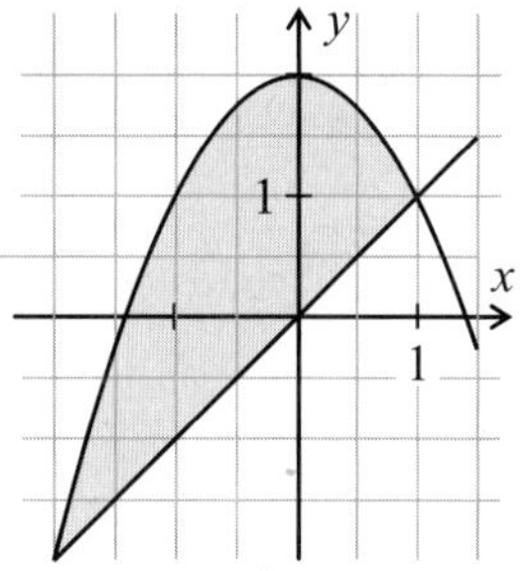

70. Berechnen Sie den Inhalt der Fläche zwischen den Graphen von f und g. Entnehmen Sie das Integrationsintervall aus der Abbildung.

a) $f(x) = x^2 - 2x$; $g(x) = x$

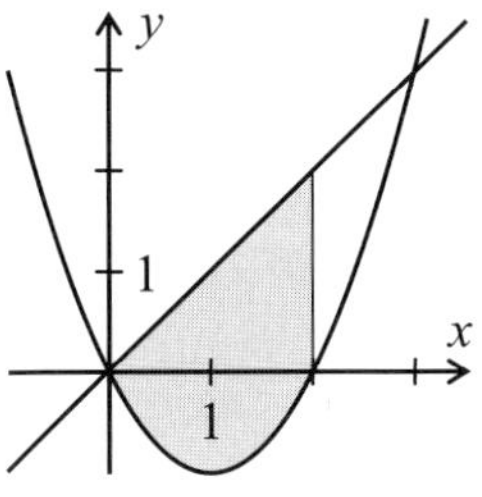

b) $f(x) = 3x^2 - x^3$; $g(x) = -x^2 + 4x$

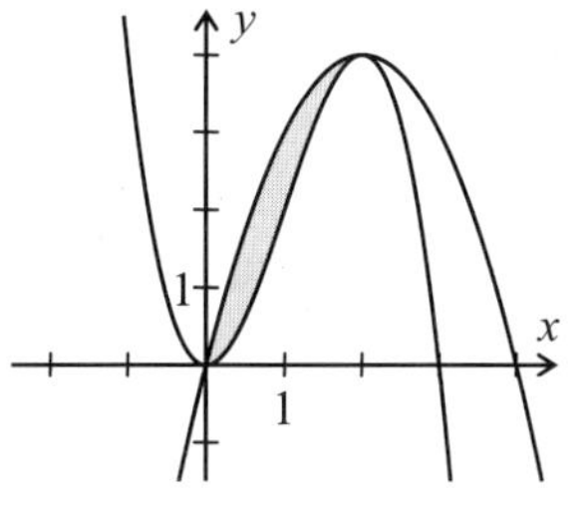

71. Zeichnen Sie die Graphen von f und g und berechnen Sie das Maß der Fläche zwischen den Graphen von f und g über dem Intervall I.

a) $f(x) = -x^2 + 2x$ $\quad g(x) = \frac{1}{2}x - 1$ $\quad I = [1\,;2]$

b) $f(x) = x^3 - 4x$ $\quad g(x) = x$ $\quad I = [0\,;1]$

72. Die Graphen von f und g schließen eine Fläche ein. Berechnen Sie den Inhalt.

a) $f(x) = 5 - x^2$; $g(x) = x^2 - 1$

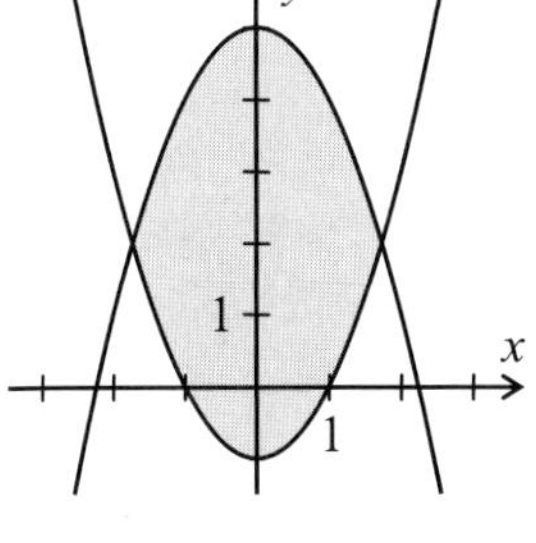

b) $f(x) = 4x - x^3$; $g(x) = x^2 + 2x$

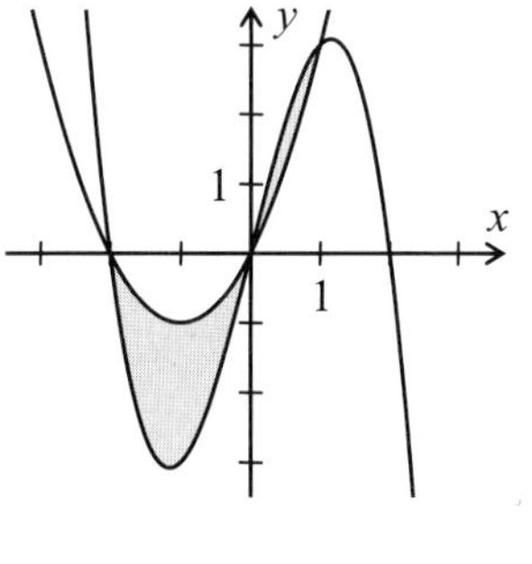

73. Berechnen Sie den Inhalt des von den Graphen von f und g eingeschlossenen Flächenstücks.

a) $f(x) = \frac{1}{2}x^2$; $g(x) = 4 - x$

b) $f(x) = 1 + \frac{1}{9}x^2$; $g(x) = 3 - \frac{1}{9}x^2$

c) $f(x) = 10 - x$; $g(x) = -\frac{1}{2}x^2 + 4x + 2$

d) $f(x) = \frac{3}{2}x^2$; $g(x) = 6x - \frac{9}{2}$

e) $f(x) = 9x^2 - 3x^3$; $g(x) = -3x^2 + 12x$

74. Gegeben ist die Funktion $f(x) = 4x - x^3$.
Der Graph von f und die Tangente an den Graphen an der Stelle 1 schließen eine Fläche ein. Berechnen Sie ihren Inhalt.

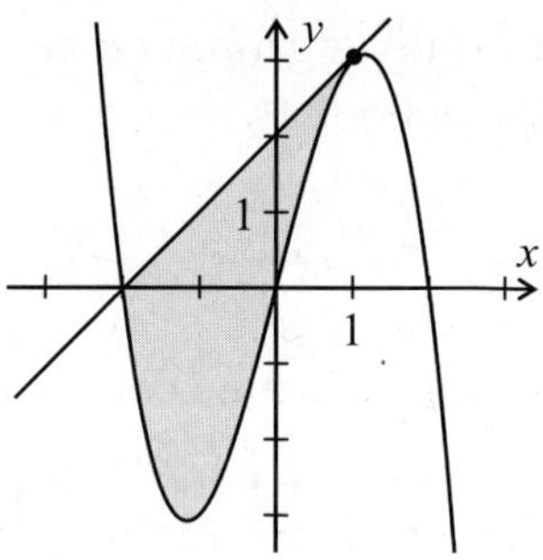

75. Berechnen Sie den Inhalt der gekennzeichneten Fläche. Ermitteln Sie dazu die Gleichungen der Geraden g und der Parabeln p_1 und p_2 aus der Abbildung.

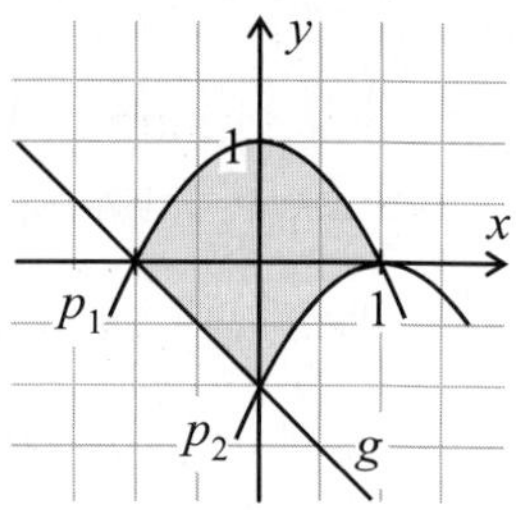

76. Gegeben ist die Funktion $f(x) = 3x - x^3$.
Wie groß ist der Inhalt der Fläche, die der Graph der Funktion mit der Normalen im Wendepunkt einschließt?

77. Berechnen Sie das Maß der Fläche zwischen der Geraden g mit der Gleichung $4x - 3y = -7$ und dem Graph der Funktion f mit der Funktionsgleichung

$$f(x) = \begin{cases} x^2 & \text{für } x \leq 1 \\ (x-2)^2 & \text{für } x > 1 \end{cases}.$$

13.10 Anwendung der Integralrechnung

In manchen Anwendungssituationen ist anstelle der Bestandsfunktion die momentane Änderungsrate eines Sachverhalts (d.h. die zugehörige Ableitungsfunktion) gegeben. In diesem Fall kann man mit Hilfe des Graphen bestimmen, welche Gesamtänderung über einem bestimmten Zeitraum entsteht.

Wird die momentane Änderungsrate über der Zeit aufgetragen, so ergibt sich die Gesamtänderung als ***orientierte*** Fläche unter der Kurve. Hierbei sind auch negative Integralwerte sinnvoll. Zu ihnen gehört eine Abnahme des Bestands.

Beispiel (Änderung eines Pflanzenbestands)

Die Änderungsrate a eines Pflanzenbestands wird für die nächsten 20 Jahre wie folgt modelliert:

$$a(t) = 1{,}12 \cdot t \cdot (t-8) \cdot (t-20)\,,$$

wobei t die Zeit in Jahren angibt und $a(t)$ in Pflanzen / Jahr gemessen wird.
Am Anfang waren es 10000 Pflanzen.

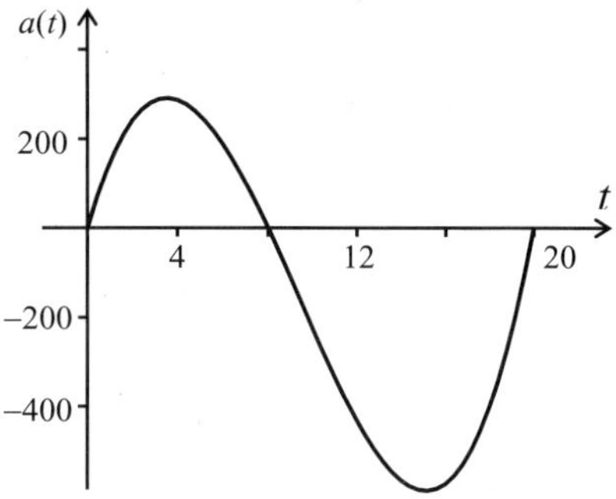

Wir berechnen mithilfe des Integrals die Änderungen und hiermit dann auch den Gesamtbestand zu besonders prägnanten Zeitpunkten.

- Umformung: $a(t) = 1{,}12 \cdot (t^3 - 28t^2 + 160t)$
- Stammfunktion: $A(t) = 1{,}12 \cdot (\frac{1}{4}t^4 - \frac{28}{3}t^3 + 80t^2)$

① *Änderung und Gesamtbestand nach 8 Jahren*

Änderung: $\int_0^8 a(t)\,dt = [A(t)]_0^8 = A(8) - A(0) \approx 1529$

Gesamtbestand: $10000 + 1529 = 11529$

Positiver Integralwert:
→ Zuwachs des Bestands

Für $t = 8$ liegt sogar das Maximum des Bestands vor.

② *Änderung und Gesamtbestand nach 20 Jahren*

Änderung: $\int_0^{20} a(t)\,dt = [A(t)]_0^{20} = A(20) - A(0) \approx -2988$

Gesamtbestand: $10000 - 2988 = 7012$

Negativer Integralwert:
→ Abnahme des Bestands

Für $t = 20$ liegt sogar das Minimum des Bestands vor.

③ *Änderung und Gesamtbestand nach 13,33 Jahren*

Änderung: $\int_0^{13{,}33} a(t)\,dt = [A(t)]_0^{13{,}33} = A(13{,}33) - A(0) \approx 0$

Gesamtbestand: $10000 + 0 = 10000$

Integralwert: 0
→ keine Gesamtänderung

Gleichgroße Teilflächen ober- und unterhalb der t-Achse.

Zu beachten ist, dass im Gegensatz zur Flächenberechnung negative Integralwerte sinnvoll sind. Sie beschreiben eine Abnahme des Bestands.

Aufgaben

78. Eine Aktie wird zu einem Startpreis von 33 € neu an der Börse eingeführt. Die Änderung des Aktienkurses in € pro Woche während der folgenden 20 Wochen wird beschrieben durch

$$r(t) = -\frac{1}{8}t^2 + \frac{5}{4}t + 3 \quad (t \text{ in Wochen}).$$

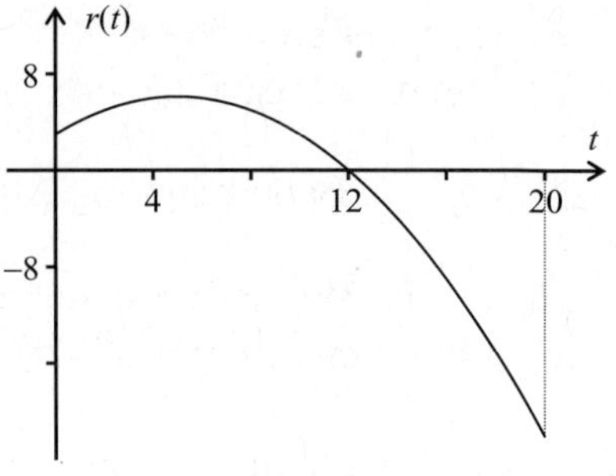

a) Bestätigen Sie den rechts dargestellten Verlauf des Graphen von r.

b) Beschreiben Sie anhand des Graphen von r die Wertentwicklung der Aktie.

c) Berechnen Sie die Änderung des Aktienpreises sowie den Wert der Aktie nach 12 und nach 20 Wochen.

d) Nach welcher Zeit hat der Aktienpreis nach dem anfänglichen Höhenflug seinen Ausgabepreis wieder erreicht? Schätzen Sie anhand des Graphen und erläutern Sie Ihre Vorgehensweise.

79. Beim Oktoberfest wird ein anfangs leerer Maßkrug in einer Minute gefüllt. Die momentane Zuflussrate des Malzgetränks in ml/s ist gegeben durch die Funktion z mit

$$z(t) = -\frac{1}{3600}t^3 + \frac{1}{40}t^2 \quad (t \text{ in s}).$$

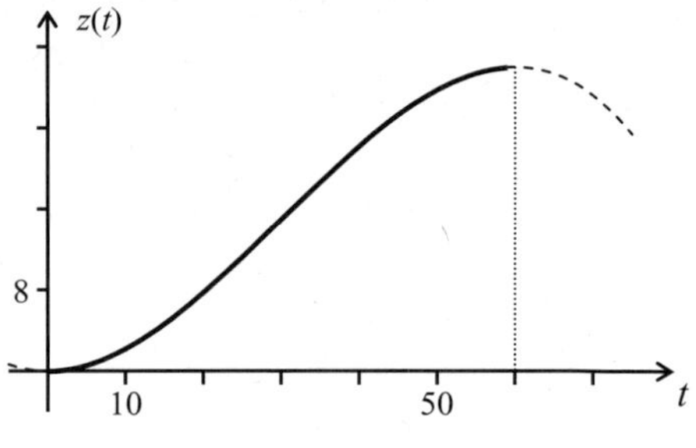

a) Bestätigen Sie anhand des Funktionsterms den Verlauf des Graphen von z.

b) Wie viel Bier ist nach einer Minute im Glas?

80. Eine bereits 80 cm hohe Pflanze wird gedüngt. Dadurch ergibt sich ein Wachstum, das in den folgenden 10 Wochen näherungsweise beschrieben wird durch die Funktion f mit

$$f(t) = \frac{1}{100}t^2 \cdot (10 - t)^2 \quad (t \text{ in Wochen seit der Düngung}, f(t) \text{ in cm pro Woche}).$$

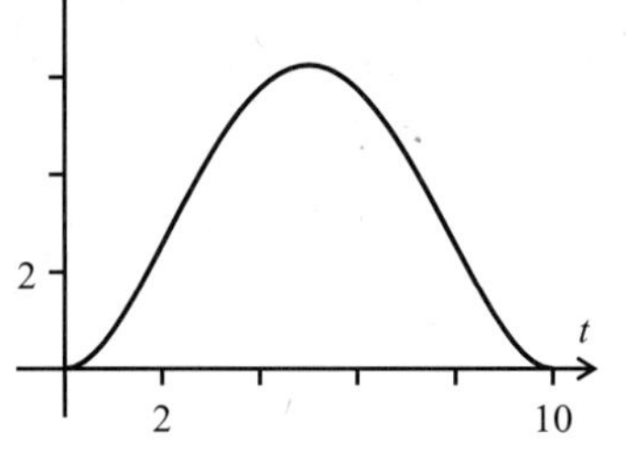

a) Bestätigen Sie anhand des Funktionsterms den Verlauf des Graphen von f.

b) Beschreiben Sie, wie sich das Wachstum der Pflanze in den ersten 10 Wochen entwickelt?

c) Wie hoch ist die Pflanze nach 10 Wochen?

81. Die Zuflussgeschwindigkeit in ein Wasserbecken kann für die Zeitspanne von 0 h bis 6 h näherungsweise beschrieben werden durch die Funktion f mit

$$f(t) = -\frac{2}{3}t^2 + 4t \quad (t \text{ in h, } f(t) \text{ in m}^3/\text{h}).$$

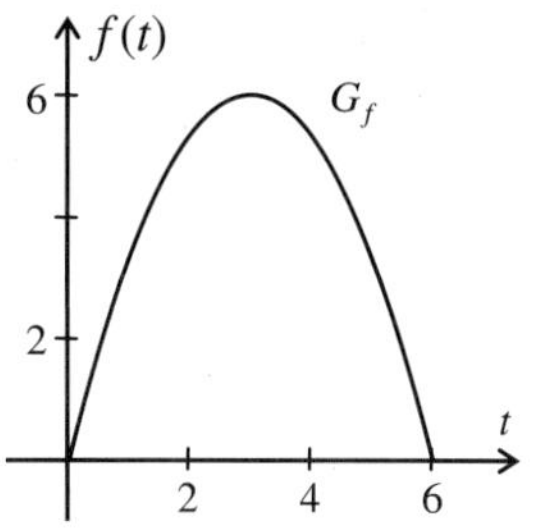

a) Interpretieren Sie den Verlauf des Graphen von f in dem Sachzusammenhang.

b) Welche Bedeutung hat das Integral $\int_0^4 f(t)\,dt$?

c) Welche Wassermenge befindet sich nach 6 Stunden in dem Becken, wenn es anfangs schon mit 20 m³ gefüllt war?

82. Der wöchentliche Gewinn wird für ein neu gegründetes Startup-Unternehmen im ersten Jahr näherungsweise beschrieben durch

$$K(t) = -\frac{1}{3}\cdot(t^3 - 47t^2 - 169t + 7943)$$

(t in Wochen, K in /Woche).

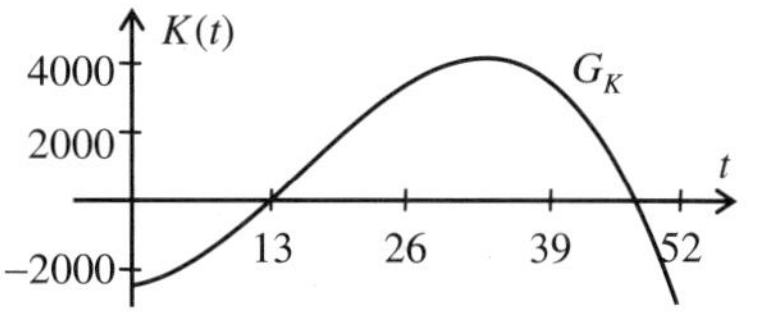

a) Deuten Sie den Verlauf des Graphen von $K(t)$ im Sachzusammenhang.

b) Welche Bedeutung hat das Integral $\int_0^{13} K(t)\,dt$ in dem Sachzusammenhang?

c)* Welchen Gewinn macht das Unternehmen im ersten Jahr?

83. In der Abbildung ist die Geschwindigkeit $v(t)$ (in m/s) eines Körpers in Abhängigkeit von der Zeit t (in s) dargestellt.

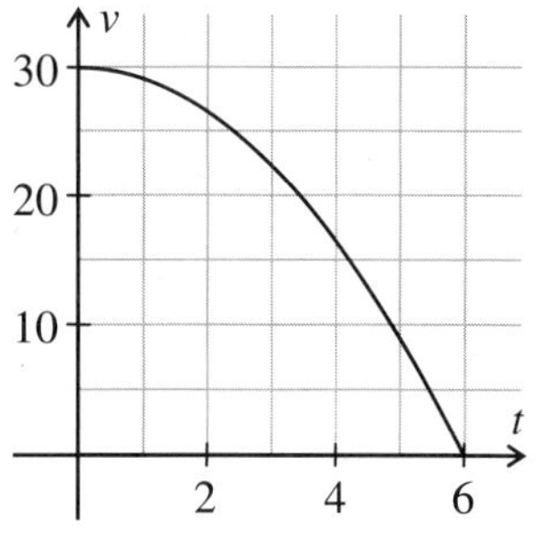

a) Welche Bedeutung hat $I = \int_1^3 v(t)\,dt$?

Bestimmen Sie einen Näherungswert.

b) Beurteilen Sie die Korrektheit der folgenden Aussagen:

1. Im Zeitintervall [2; 4] legt der Körper mindestens 45 m zurück.
2. Im Zeitintervall [1; 5] legt der Körper höchstens 75 m zurück.
3. Nach 6 Sekunden kommt der Körper zum Stillstand.
4. Das Fahrzeug bremst am Anfang am stärksten.

Aufgaben zum Nachdenken und Argumentieren

1 Welcher der Funktionsterme $F(x)$ ist ein Stammfunktionsterm zu $f(x)$?

$f(x)=2x-2$; $F_1(x)=x^2$; $F_2(x)=x^2-2x$

$F_3(x)=2x^2-2x$; $F_4(x)=x^2-2x-2$

2 Welche Aussagen treffen für das Maß $\mu(A)$ der in der Abbildung grau dargestellten Fläche A zu? Begründen Sie jeweils die Antwort.

a) $\mu(A)=\int_{-1}^{4} f(x)\,dx$

b) $\mu(A)=\left|\int_{-1}^{4} f(x)\,dx\right|$

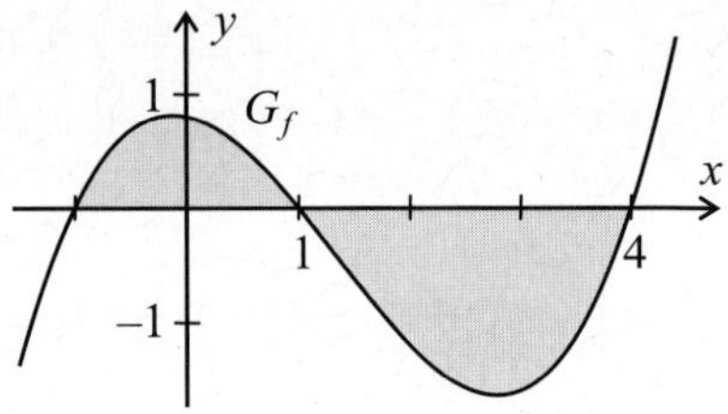

c) $\mu(A)=\int_{-1}^{1} f(x)\,dx+\int_{1}^{4} f(x)\,dx$

d) $\mu(A)=\int_{-1}^{1} f(x)\,dx-\int_{1}^{4} f(x)\,dx$

e) $\mu(A)=\int_{-1}^{1} f(x)\,dx+\left|\int_{1}^{4} f(x)\,dx\right|$

3 Beschreiben Sie, wie man für die dargestellte Fläche A den Inhalt $\mu(A)$ berechnen kann. Notieren Sie einen möglichst einfachen Integralansatz.

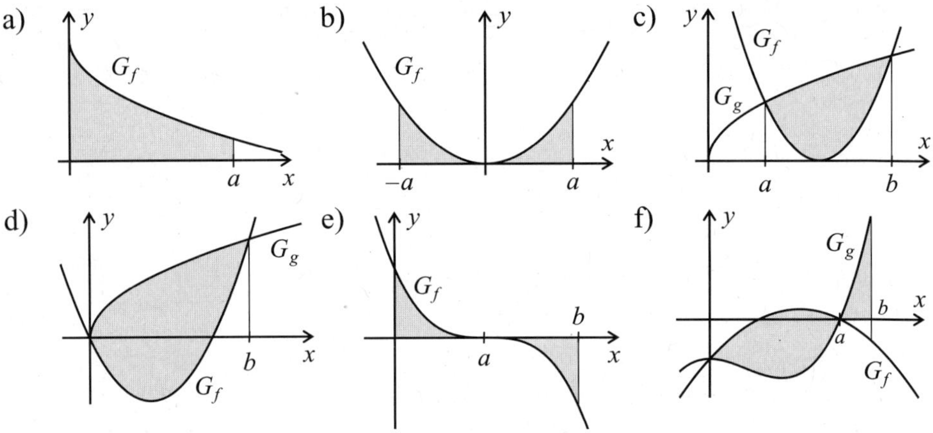

4 Geben Sie drei verschiedene Funktionen f an, für die $\int_{-1}^{1} f(x)\,dx=0$ gilt.

Erläutern Sie Ihre Wahl anhand einer Skizze. Berechnen Sie jeweils das Integral zur Bestätigung.

A1

Übersicht über Grundfunktionen

A 1.1 Lineare Funktionen

Temperaturen werden in den USA nicht wie bei uns in der Einheit Celsius (°C), sondern in Fahrenheit (°F) gemessen. Steht x für die Maßzahl der Temperatur in °C, so berechnet sich die Maßzahl y der entsprechenden Temperatur in °F nach der Gleichung

$$y = \frac{9}{5}x + 32.$$

Gleichungen dieser Form gehören als Funktionsgleichung zu den linearen Funktionen. Allgemein definiert man:

Lineare Funktion
Eine Funktion f der Form $f: \mathbb{R} \to \mathbb{R}, x \mapsto mx + n$ mit $m, n \in \mathbb{R}$ heißt **lineare Funktion**[1] oder **Funktion ersten Grades**.
Ihre Funktionsgleichungen sind $y = mx + n$ oder $f(x) = mx + n$.

Der Graph einer linearen Funktion mit der Gleichung $y = mx + n$ ist eine Gerade. Die Bedeutung der Parameter m und n soll nachfolgend erläutert werden.

- *Ordinatenabschnitt n*

  Der Graph einer linearen Funktion $f(x) = mx + n$ schneidet die y-Achse im Punkt $(0\,|\,n)$.

  Die Zahl n heißt Ordinatenabschnitt der Geraden.

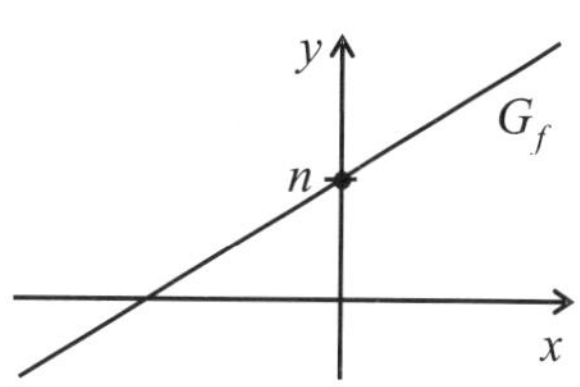

- *Steigung m*

  Steigungen und Gefälle werden im Straßenverkehr durch Verkehrszeichen angezeigt.

  Die Angabe 12 % bedeutet, dass eine Straße auf einer **horizontalen** Entfernung von 100 m Länge um 12 m ansteigt oder abfällt.

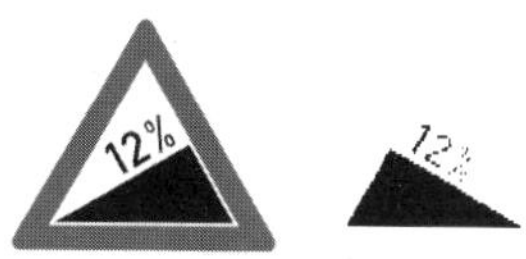

[1] linea recta (lat.), Gerade

Steigungsdreieck

Bei einer linearen Funktion mit der Gleichung $y = m\,x + n$ beschreibt m das Steigungsverhalten der zugehörigen Geraden.

$g: y = 1{,}5x - 2$

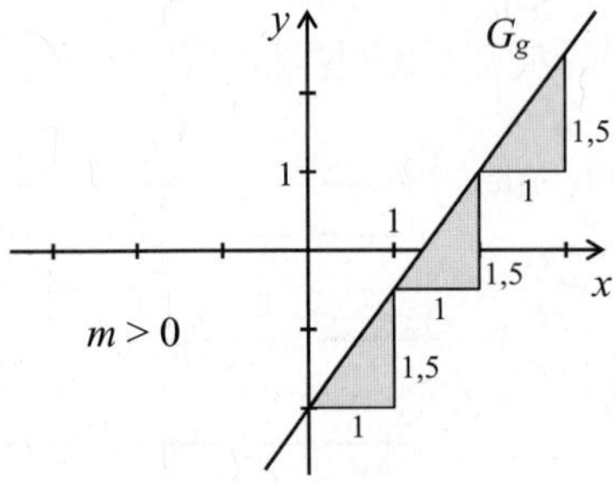

steigende Gerade

Bei der Geraden g ändert sich y um $m = 1{,}5$, wenn x um 1 wächst.

$h: y = -0{,}5x + 2$

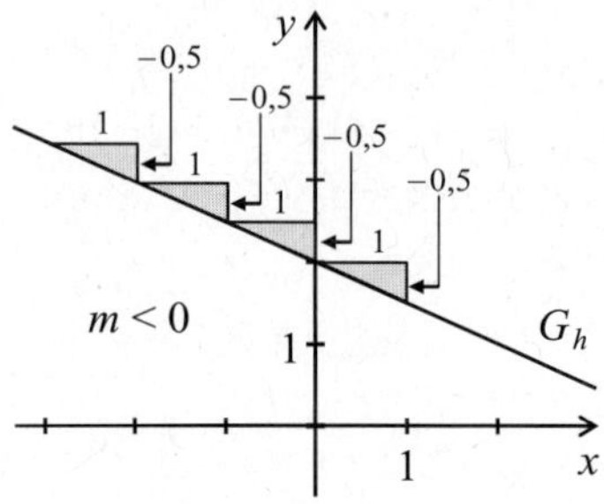

fallende Gerade

Bei der Geraden h ändert sich y um $m = -0{,}5$, wenn x um 1 wächst.

Zeichnen von Geraden

Die Steigung von Geraden kann mithilfe von Steigungsdreiecken veranschaulicht werden. Beim Zeichnen von Geraden oder dem Ablesen der Gleichung einer Geraden aus einem Schaubild, wählt man die Steigungsdreiecke möglichst so, dass der Seitenunterschied Δx und der Höhenunterschied Δy ganzzahlig sind.

$g: \mathbb{R} \to \mathbb{R}, x \mapsto \frac{3}{2}x - 1$

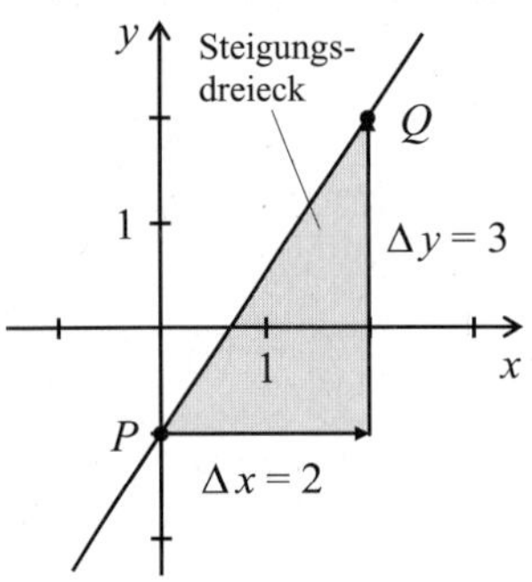

Der y-Achsenabschnitt ist $n = -1$, die Steigung ist

$$m = \frac{\Delta y}{\Delta x} = \frac{3}{2}.$$

Vom Punkt $P(0|-1)$ auf der y-Achse gelangt man wie folgt zum Punkt Q:

- 2 nach rechts (Nenner des Bruchs),
- 3 nach oben (Zähler des Bruchs).

$h: \mathbb{R} \to \mathbb{R}, x \mapsto -4x + 2$

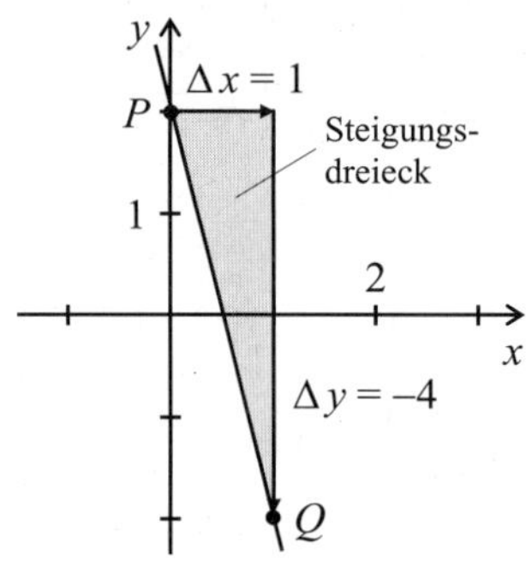

Der y-Achsenabschnitt ist $n = 2$, die Steigung $m = -4$.

Vom Punkt $P(0|2)$ auf der y-Achse gelangt man wie folgt zum Punkt Q:

- 1 nach rechts,
- 4 nach unten.

Diese Vorgehensweise wird deutlich, wenn man die Steigung m als Bruch schreibt: $m = \frac{\Delta y}{\Delta x} = \frac{-4}{1} = -4$.

Sonderfälle

Zwei wichtige Sonderfälle sind die Parallelen zu den Koordinatenachsen. Diese Parallelen sind als Punktmengen betrachtet Geraden.

Alle Parallelen zur x-Achse besitzen als gemeinsame Eigenschaft die Steigung $m = 0$. Sie unterscheiden sich in ihrem y-Achsenabschnitt n.
Die x-Achse kann beschrieben werden durch die Gleichung $y = 0$.

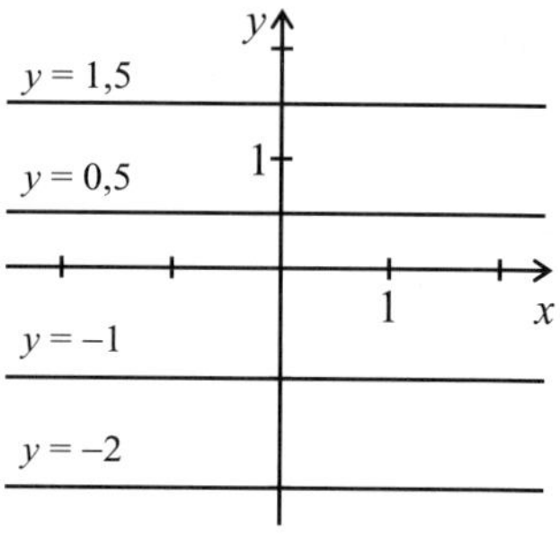

Parallelen zur x-Achse

Der Graph einer linearen Funktion mit der Gleichung $y = n$ ist eine Gerade parallel zur x-Achse im Abstand $|n|$.

Für $n < 0$ verläuft die Gerade unterhalb der x-Achse, für $n > 0$ oberhalb.
Eine lineare Funktion mit der Gleichung $y = n$ heißt **konstante Funktion**.

Bei den Parallelen zur y-Achse handelt es sich als Punktmengen gesehen auch um Geraden, allerdings nicht um die Graphen von Funktionen.

Die y-Achse kann beschrieben werden durch die Gleichung $x = 0$.

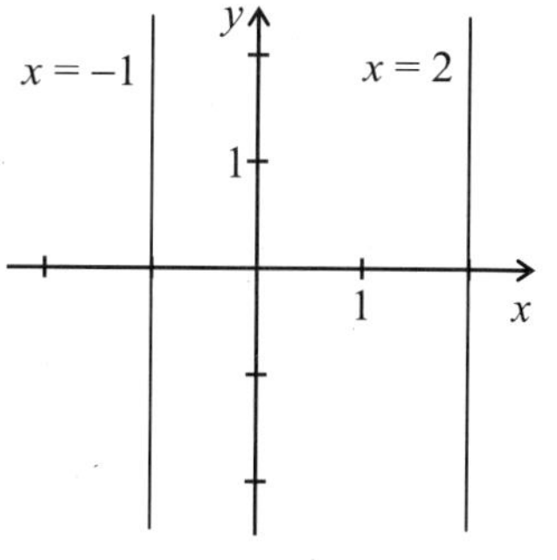

Parallelen zur y-Achse

Durch eine Gleichung der Form $x = t$ wird eine Parallele zur y-Achse durch den Punkt $(t\,|\,0)$ beschrieben.

Es handelt sich dabei jedoch nicht um den Graphen einer Funktion.

Aufstellen von Geradengleichungen

Für zwei Punkte $P(x_1 \mid y_1)$ und $Q(x \mid y)$ mit $x_1 \neq x$ einer Geraden bedeuten:

- Seitenunterschied: $x - x_1$
- Höhenunterschied: $y - y_1$

Für die Steigung m der Geraden durch die Punkte P und Q gilt die **Steigungsformel**:

$$m = \frac{\Delta y}{\Delta x} = \frac{y - y_1}{x - x_1} .$$

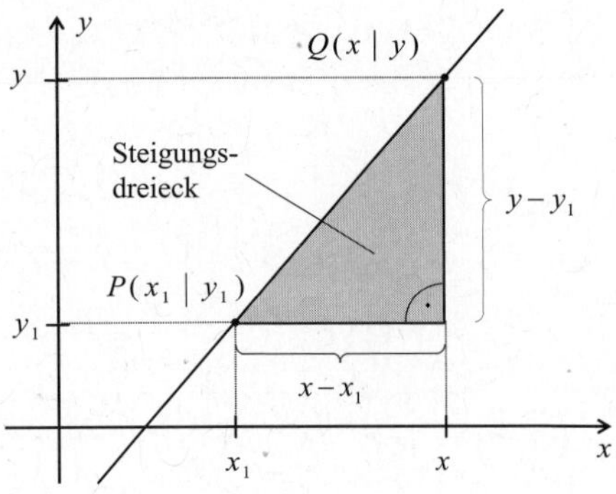

Kennt man von einer Geraden einen Punkt und ihre Steigung, so lässt sich für die Geraden eine Gleichung angeben.

Punktsteigungsform einer Geraden
Die Gerade g durch den Punkt $P(x_1 \mid y_1)$ mit der Steigung m hat die Gleichung: $y = m \cdot (x - x_1) + y_1$ (**Punktsteigungsform**).

Beispiel (Geradengleichung aus Steigung und Punkt bestimmen)
Die Gerade g hat die Steigung $\frac{1}{4}$ und geht durch den Punkt $P(-4 \mid 2)$.

Mit $m = \frac{1}{4}$ sowie $x_1 = -4$ und $y_1 = 2$ ergibt die Punktsteigungsformel:

$$g\colon\ y = \tfrac{1}{4} \cdot (x - (-4)) + 2 = \tfrac{1}{4} \cdot (x + 4) + 2 = \tfrac{1}{4} \cdot x + 1 + 2 = \tfrac{1}{4} \cdot x + 3 .$$

Beispiel (Geradengleichung aus zwei Punkten bestimmen)
Gesucht ist eine Gleichung der Geraden durch die Punkte $P_1(2 \mid -1)$ und $P_2(-1 \mid 8)$.

- Die Steigung m der Geraden kann mithilfe der Steigungsformel berechnet werden.
  Mit $x_1 = 2$, $y_1 = -1$ und $x_2 = -1$, $y_2 = 8$ ergibt sich:
  $$m = \frac{y_2 - y_1}{x_2 - x_1} = \frac{8 - (-1)}{(-1) - 2} = \frac{9}{-3} = -3 .$$
- Mit $m = -3$ und z. B. dem Punkt $P_1(2 \mid -1)$ kann die Gleichung der Geraden dann mithilfe der Punktsteigungsform bestimmt werden.
  $$g\colon\ y = -3 \cdot (x - 2) - 1 = -3x + 6 - 1 = -3x + 5 .$$

Aufgaben

1. Lesen Sie die Steigung m und den y-Achsenabschnitt n ab. Geben Sie eine Funktionsgleichung an.

a)

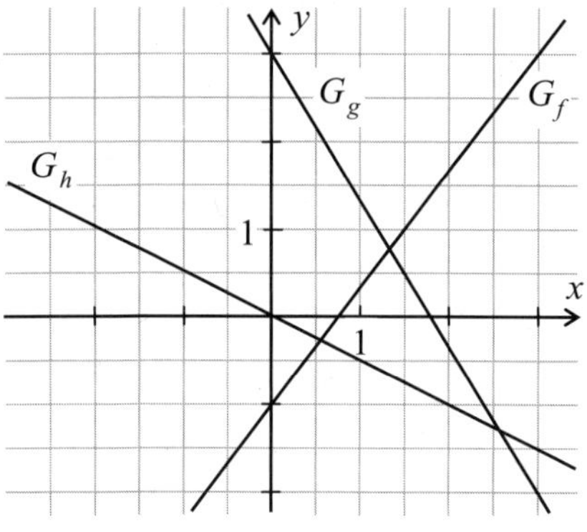

b)

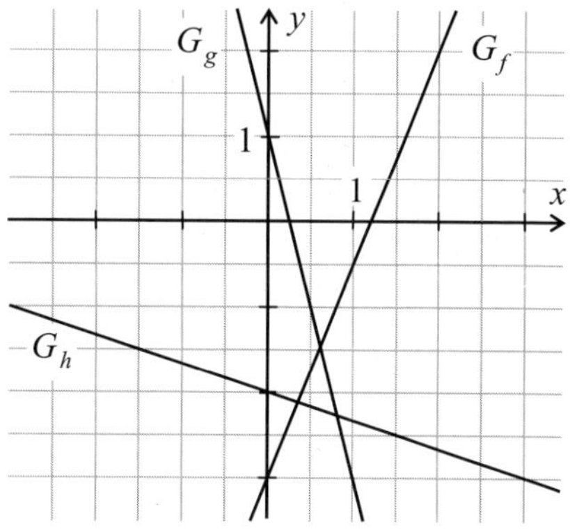

2. Zeichnen Sie die zugehörigen Geraden in ein einziges Koordinatensystem. Wählen Sie die Seitenlängen der Steigungsdreiecke möglichst ganzzahlig.

a) $f: y = \frac{3}{2}x - 1$ b) $g: y = -\frac{3}{4}x + 3$ c) $h: y = \frac{2}{5}x - 2$

3. Zeichnen Sie die Gerade durch die angegebenen Punkte und lesen Sie eine Gleichung der Geraden ab.

a) f durch $P(0|1)$ und $Q(-4|-4)$ b) g durch $R(2|3)$ und $S(-3|6)$

4. Lesen Sie Gleichungen der Parallelen zur x-Achse bzw. y-Achse ab.

a)

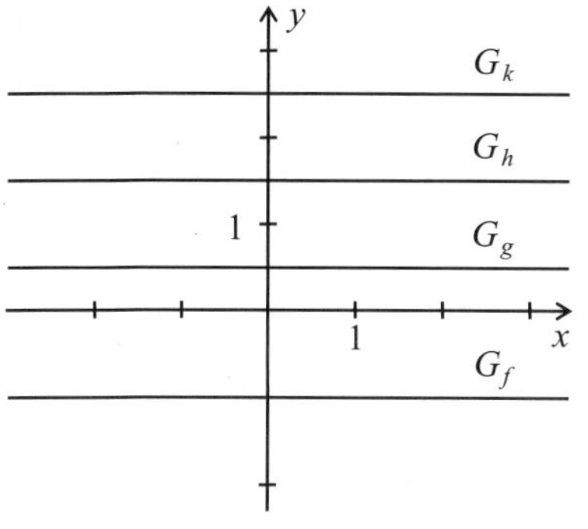

b)

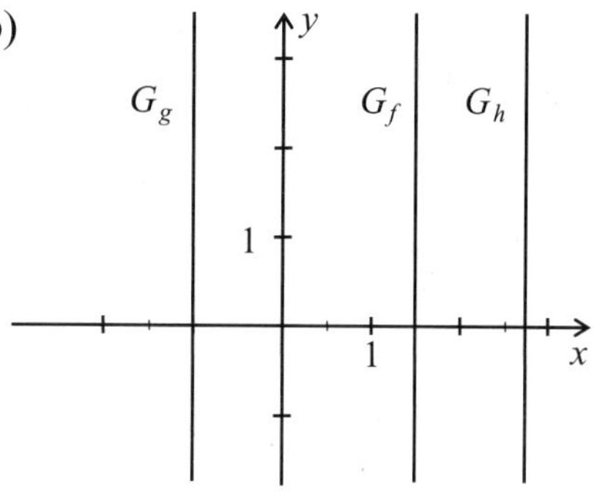

5. Berechnen Sie eine Gleichung der Geraden.

a) g mit $m = 3$ durch $P(3|2)$ b) h mit $m = -1$ durch $P(-1|4)$

6. Berechnen Sie eine Gleichung der Geraden.

a) g durch $P(1|2)$ und $Q(-1|4)$ b) h durch $R(4|5)$ und $S(1|0)$

Steigungswinkel bei Geraden und Funktionsgraphen

Die Steilheit einer Geraden mit der Gleichung $y = m\,x + n$ kann durch die Steigung m beschrieben werden. Als weitere Größe hierfür kann aber auch der Winkel dienen, den die Gerade mit der Waagerechten bildet.

Steigende Gerade

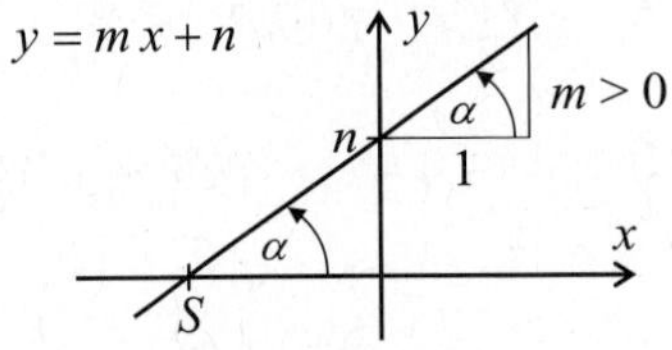

$0° < \alpha < 90°$

Fallende Gerade

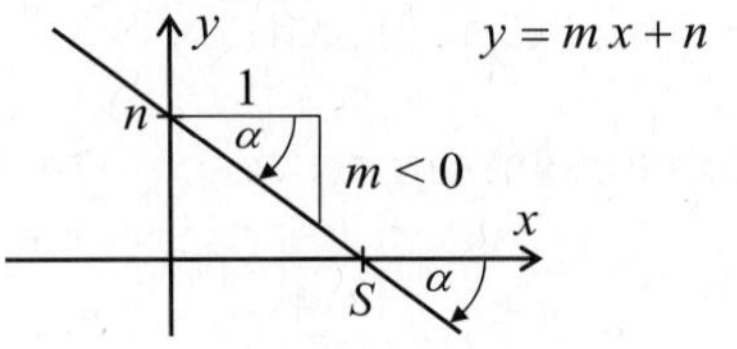

$-90° < \alpha < 0°$

Der orientierte Winkel α mit $-90° < \alpha < 90°$ zwischen der Geraden und der x-Achse heißt **Steigungswinkel** der Geraden.

Es gilt der Zusammenhang: $\tan(\alpha) = \frac{m}{1} = m$.

Der Begriff des Steigungswinkels lässt sich auch auf Funktionsgraphen übertragen. Dazu betrachtet man in einem Punkt des Graphen die zugehörige Tangente.

Positive Steigung

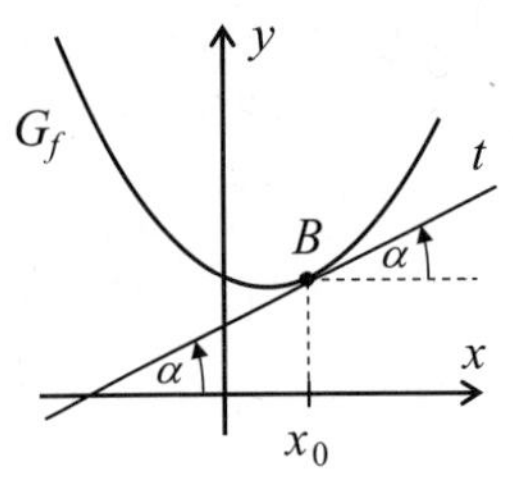

Negative Steigung

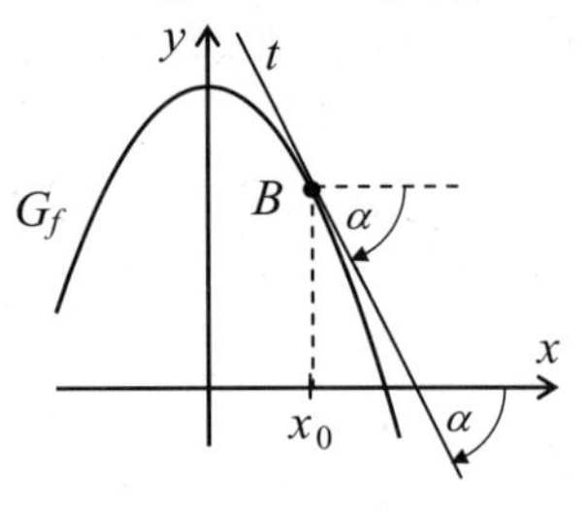

Im Fall von Funktionsgraphen gilt der Zusammenhang: $\tan(\alpha) = m = f'(x_0)$.

Steigungswinkel eines Funktionsgraphen

Für den Steigungswinkel α eines Funktionsgraphen an einer Stelle x_0 gilt:

$$\tan(\alpha) = f'(x_0).$$

Beispiel (Berechnen des Steigungswinkels an einer Stelle x_0)

Betrachtet wird die Funktion f mit $f(x) = -x^2 + x$.

Als Ableitung ergibt sich: $f'(x) = -2x + 1$.

Für die Stelle $x_0 = 1$ folgt: $\tan(\alpha) = f'(1) = -1$.

Hieraus ergibt sich der Steigungswinkel $\alpha = -45°$.

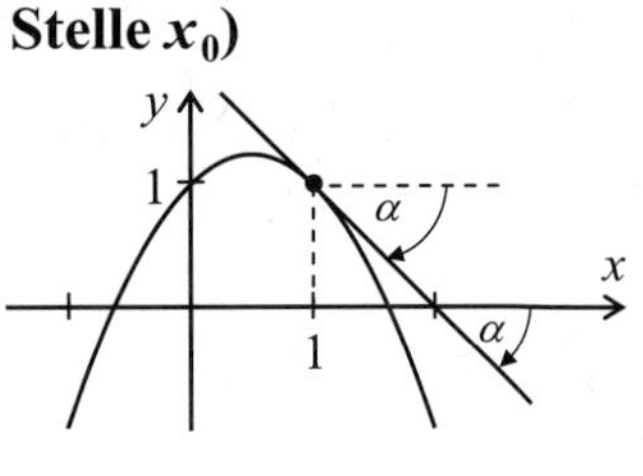

A 1.2 Quadratische Funktionen

In Fahrschulen wird eine Faustformel zur Berechnung des Bremsweges (d.h. des Weges, den ein Fahrzeug nach Einsetzen des Bremsvorgangs bis zum Stillstand zurücklegt) häufig wie folgt formuliert:

„Der Bremsweg s ergibt sich in der Einheit Meter, indem man den Zahlenwert der in km/h gemessenen Geschwindigkeit v quadriert und durch 100 dividiert.“

Der Zusammenhang zwischen dem Bremsweg s (in m) und der Geschwindigkeit v (in km/h) kann beschrieben werden durch die Gleichung

$$s = \frac{1}{100} v^2 \quad \text{(nur Zahlenwerte).}$$

In dieser Gleichung tritt die Variable v in der zweiten Potenz („im Quadrat“) auf. Funktionen dieser Art bezeichnet man als **quadratische Funktionen**.

Allgemeine Form einer quadratischen Funktion

Quadratfunktion

Durch die Zuordnungsvorschrift $f: \mathbb{R} \to \mathbb{R},\, x \mapsto x^2$ ist die einfachste Funktion mit einem quadratischen Funktionsterm gegeben.
Sie heißt **Quadratfunktion**.

Der Graph der Quadratfunktion ist eine gekrümmte Linie und wird als **Normalparabel** bezeichnet.
Der Koordinatenursprung ist der tiefste Punkt der Normalparabel. Man bezeichnet ihn als **Scheitelpunkt** $S(0|0)$. Alle anderen Punkte der Normalparabel liegen oberhalb der x-Achse.

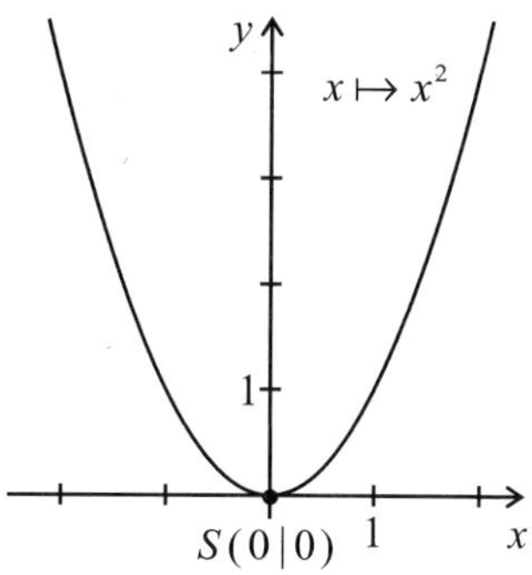

Wir wollen im Folgenden quadratische Funktionen betrachten, deren Funktionsgleichungen außer dem quadratischen Term x^2 weitere Glieder enthalten:

Allgemeine quadratische Funktion

Eine Funktion der Form

$$f: \mathbb{R} \to \mathbb{R},\, x \mapsto a x^2 + b x + c \quad \text{mit } a, b, c \in \mathbb{R} \text{ und } a \neq 0$$

heißt **allgemeine quadratische Funktion**.

Scheitelpunktsform für allgemeine quadratische Funktionen

Die Funktionsgleichung $y = a x^2 + b x + c$ einer allgemeinen quadratischen Funktion lässt sich umwandeln in die Form

$$y = a \cdot (x - x_S)^2 + y_S .$$

Diese Form heißt **Scheitelpunktsform** der allgemeinen quadratischen Funktion. Die zugehörigen Parabeln sind gegenüber der Normalparabel um x_S in x-Richtung und y_S in y-Richtung verschoben und um den Faktor a gestaucht oder gestreckt. Sie haben den Scheitelpunkt $S(x_S \mid y_S)$.

Die Parallele zur y-Achse durch den Scheitelpunkt S ist in diesem Fall Symmetrieachse.

$a > 0$

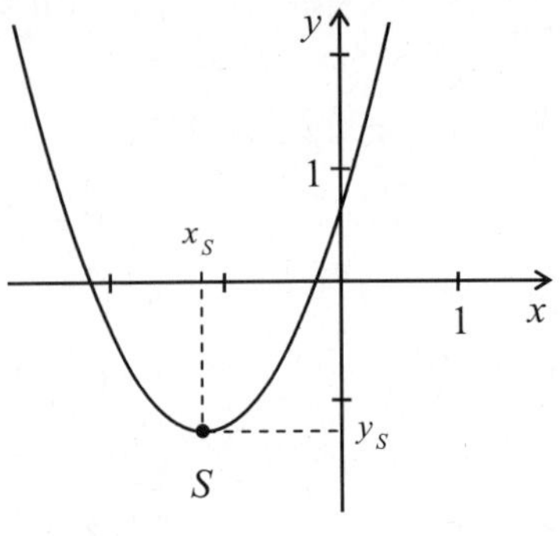

Die Parabel ist nach oben geöffnet.
Wertemenge: $W_f = [y_S ; \infty[$

$a < 0$

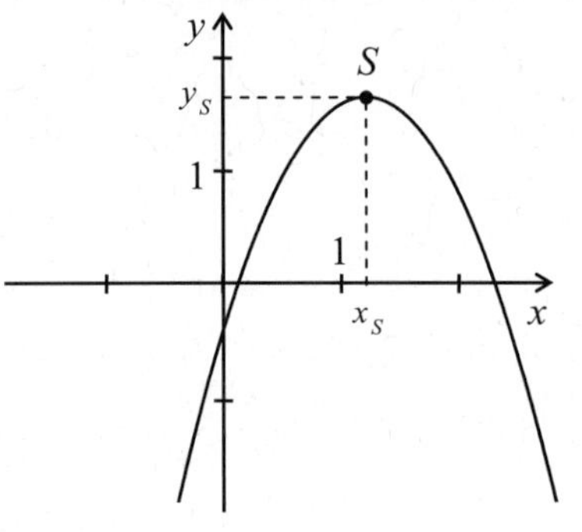

Die Parabel ist nach unten geöffnet.
Wertemenge: $W_f =]-\infty ; y_S]$

Nullstellenform

Für eine Parabel sind neben der Scheitelstelle auch die Nullstellen (sofern vorhanden) charakteristische Stellen. Eine Funktionsgleichung einer Parabel lässt sich auch mithilfe der Nullstellen angeben.
Der Graph einer Funktion der Form

$$f: \mathbb{R} \to \mathbb{R}, x \mapsto a \cdot (x - x_1)(x - x_2)$$

mit $a, x_1, x_2 \in \mathbb{R}$ und $a \neq 0$ ist eine Parabel mit den Nullstellen x_1 und x_2. Das Vorzeichen des Parameters a entscheidet über die Öffnungsrichtung der Parabel.

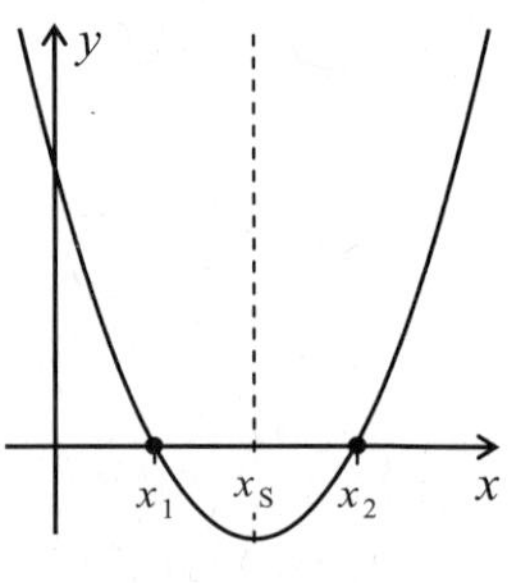

Besitzt eine quadratische Funktion Nullstellen x_1 und x_2, so liegt die Scheitelstelle x_S in der Mitte zwischen den beiden Nullstellen. Rechnerisch bedeutet dies, dass sich x_S als arithmetisches Mittel der Nullstellen x_1 und x_2 bestimmen lässt:

$$x_S = \frac{1}{2}(x_1 + x_2) .$$

Aufgaben

7. Die quadratische Funktion ist in der Scheitelpunktsform gegeben. Lesen Sie ihren Scheitelpunkt aus der Funktionsgleichung ab.
   a) $y = -(x+2)^2 + 3$ b) $y = 2 \cdot (x-1)^2 - 3$
   c) $y = -0{,}5 \cdot (x-3)^2 + 8$ d) $y = -4 \cdot (x+2)^2 + 19$

8. Lesen Sie den Scheitelpunkt der quadratischen Funktion ab und skizzieren Sie den Graphen. Zeichnen Sie als Hilfe die Symmetrieachse ein.
   a) $y = 0{,}5(x+1)^2 + 1{,}5$ b) $y = -(x-2)^2$ c) $y = -2 \cdot (x+2)^2 + 4$
   d) $y = \frac{1}{4}(x-2)^2 + 3$ e) $y = 2 \cdot (x-5)^2 - 2$ f) $y = -\frac{1}{2}(x+1)^2 + 4$

9. Bestimmen Sie die Nullstellen, die Scheitelstelle und den Scheitelwert. Skizzieren Sie die Parabeln in ein gemeinsames Koordinatensystem.
   a) $y = (x-4)(x-6)$ b) $y = \frac{1}{2}(x+5)(x-1)$ c) $y = 2x \cdot (x-6)$

10. Berechnen Sie die den Scheitelpunkt der zugehörigen Parabel.
    a) $y = x^2 - 3x - 4$ b) $y = -\frac{1}{4}x^2 - \frac{1}{2}x + \frac{15}{4}$ c) $y = 2x^2 + 4x - \frac{5}{2}$

11. Eine Parabel hat die Nullstellen x_1 und x_2 und geht durch den Punkt P. Skizzieren Sie die Parabel und bestimmen Sie eine Funktionsgleichung. Anleitung: Verwenden Sie den Ansatz $y = a \cdot (x - x_1)(x - x_2)$.
    a) $x_1 = 1$; $x_2 = 3$; $P(2|-2)$ b) $x_1 = 0$; $x_2 = 4$; $P(1|1)$
    c) $x_1 = -2$; $x_2 = 1$; $P(0|-3)$ d) $x_1 = -4$; $x_2 = 3$; $P(2|-2)$

12. Stellen gesucht.
    a) Die Funktion f hat die Gleichung $f(x) = 8x^2$. An welchen Stellen nimmt die Funktion den Wert 2 an?
    b) Die Funktion g hat die Gleichung $g(x) = -\frac{1}{3}x^2$. An welchen Stellen nimmt die Funktion den Wert –27 an?

13. Untersuchen Sie, ob die Punkte P und Q auf einer Parabel mit dem Scheitelpunkt $(0 \mid 0)$ liegen.
    Falls ja: Wie lautet eine Gleichung der zugehörigen Funktion?
    a) $P(3 \mid 4)$ und $Q(-6 \mid 16)$ b) $P(\sqrt{6} \mid -1)$ und $Q(-4 \mid -\frac{8}{3})$
    c) $P(\sqrt{2} \mid -2)$ und $Q(-4 \mid 16)$

14. Ordnen Sie dem Graphen die richtige Gleichung aus der angegebenen Liste von Funktionsgleichungen zu. Begründen Sie Ihre Entscheidung.

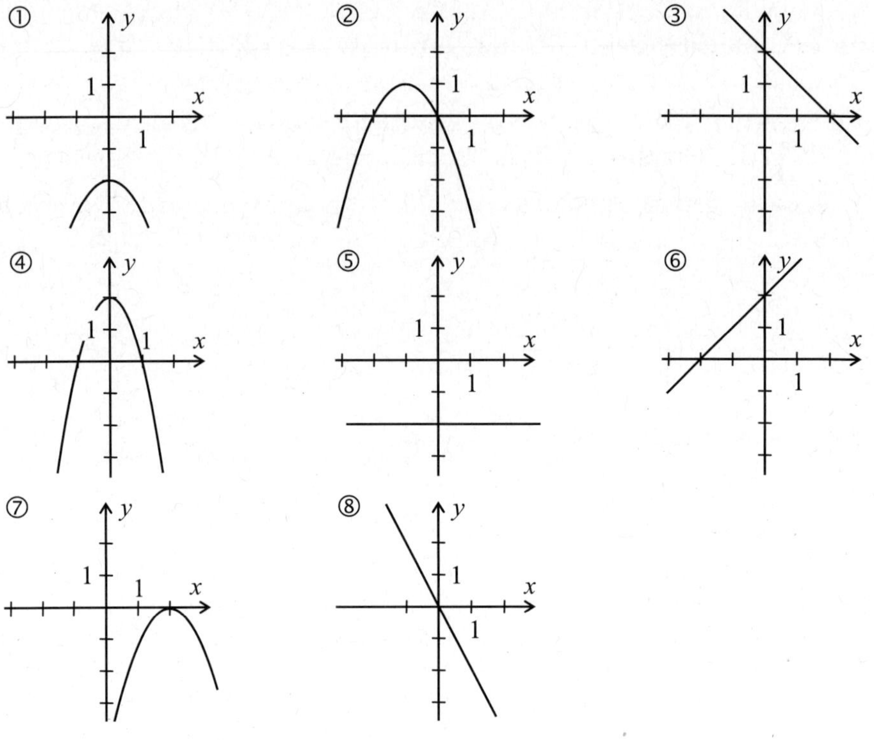

a) $y=-x^2+2$	b) $y=-(x-2)$	c) $y=-x^2-2x$	d) $y=-2x$
e) $y=-(x^2+2)$	f) $y=x^2-2x$	g) $y=x+2$	h) $y=-(x-2)^2$
i) $y=-2$	j) $y=-2x^2+2$	k) $y=x^2-2$	l) $y=x^2+2x$

A 1.3 Potenzfunktionen

Potenzfunktionen mit positiven Exponenten

Die Betrachtung der Quadratfunktion lässt sich auf Funktionen der Form

$$f:\mathbb{R}\to\mathbb{R},\, x\mapsto x^n \quad \text{mit} \quad n\in\mathbb{N}^*$$

verallgemeinern. Man spricht von **Potenzfunktionen**. Der Exponent n bestimmt den Verlauf des Graphen. Wir unterscheiden folgende Fälle:

positive gerade Exponenten

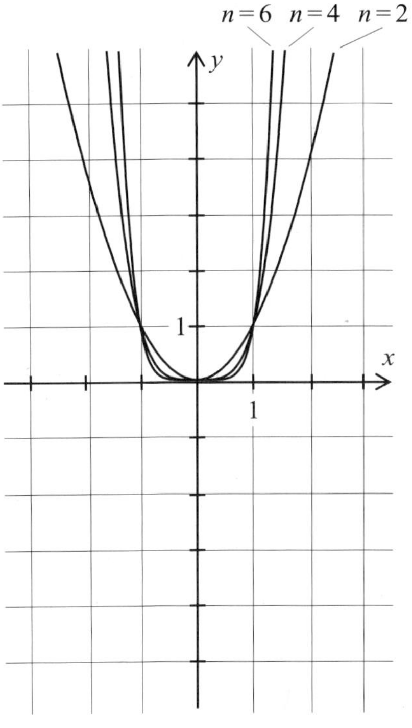

Definitionsmenge: $D=\mathbb{R}$

Wertemenge: $W=\mathbb{R}_0^+$

Symmetrie: zur y-Achse

Grenzwerte für $x\to\pm\infty$: $f(x)\to+\infty$

Alle Graphen haben U-Form

positive ungerade Exponenten

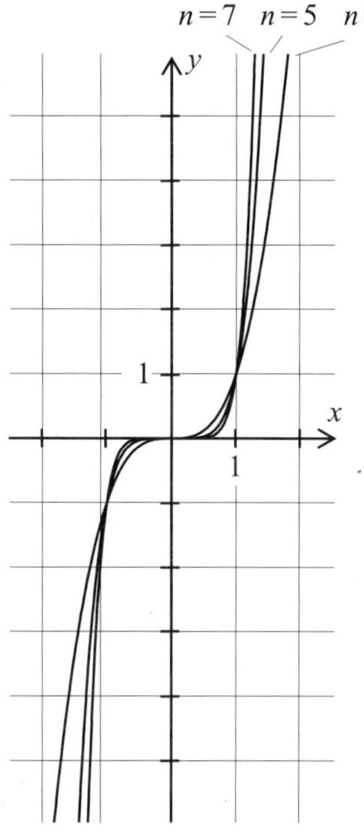

Definitionsmenge: $D=\mathbb{R}$

Wertemenge: $W=\mathbb{R}$

Symmetrie: zum Ursprung

Grenzwerte für $x\to\pm\infty$: $f(x)\to\pm\infty$

Alle Graphen haben S-Form

Potenzfunktionen mit negativen Exponenten

Wir betrachten die Kehrwertfunktion $f:\mathbb{R}^*\to\mathbb{R},\, x\mapsto\frac{1}{x}$.

Wegen $\frac{1}{x}=x^{-1}$, kann sie als Potenzfunktion mit dem negativen Exponenten -1 interpretiert werden. Der Graph der Kehrwertfunktion wird als **Hyperbel** bezeichnet.

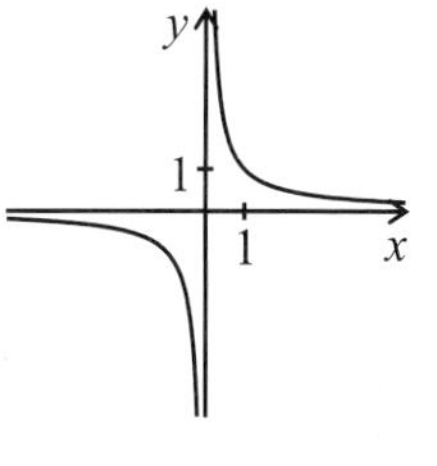

Allgemein lassen sich Potenzfunktionen der Form

$$f: \mathbb{R}^* \to \mathbb{R},\, x \mapsto x^{-n} \quad \text{mit} \quad n \in \mathbb{N}^*$$

betrachten. Dabei sind folgende Fälle zu unterscheiden:

negative gerade Exponenten

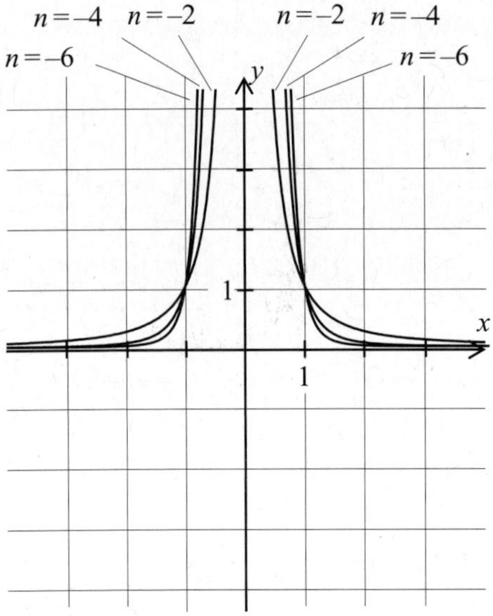

Definitionsmenge: $D = \mathbb{R}^*$

Wertemenge: $W = \mathbb{R}^+$

Symmetrie: zur y-Achse

Grenzwerte: $x^n \to 0^+$ für $x \to \pm\infty$

$x^n \to +\infty$ für $x \to 0^\pm$

negative ungerade Exponenten

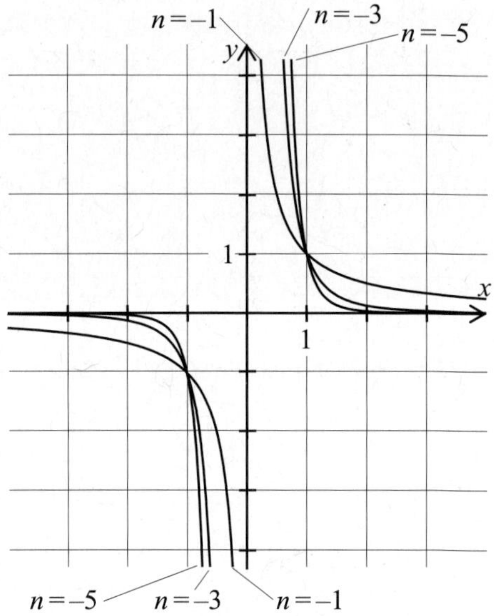

Definitionsmenge: $D = \mathbb{R}^*$

Wertemenge: $W = \mathbb{R}^*$

Symmetrie: zum Ursprung

Grenzwerte: $x^n \to 0^\pm$ für $x \to \pm\infty$

$x^n \to \pm\infty$ für $x \to 0^\pm$

Die Graphen werden auch als **Hyperbeln der Ordnung *n*** bezeichnet.

Die Wurzelfunktion

Potenzfunktionen lassen sich auch auf den Fall gebrochener Exponenten verallgemeinern.

Wir beschränken unsere Betrachtung an dieser Stelle auf die Wurzelfunktion $f: \mathbb{R}_0^+ \to \mathbb{R},\, x \mapsto \sqrt{x}$.

Wegen $f(x) = \sqrt{x} = x^{\frac{1}{2}}$, kann die Wurzelfunktion als Potenzfunktion mit dem Exponenten $\frac{1}{2}$ interpretiert werden.

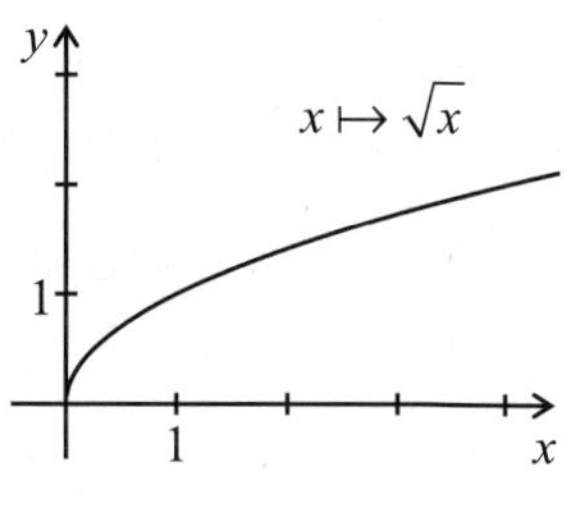

Aufgaben

15. Ordnen Sie den Graphen die richtige Gleichung zu.

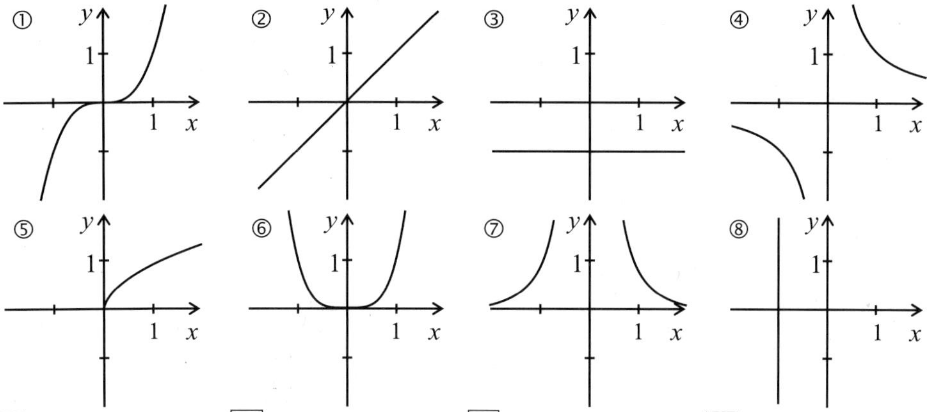

a $y = x^4$	b $y = -1$	c $y = x$	d $x = -1$
e $y = \sqrt{x}$	f $y = x^3$	g $y = \frac{1}{x}$	h $y = \frac{1}{x^2}$

16. Ordnen Sie den Graphen die richtige Funktionsgleichung zu.

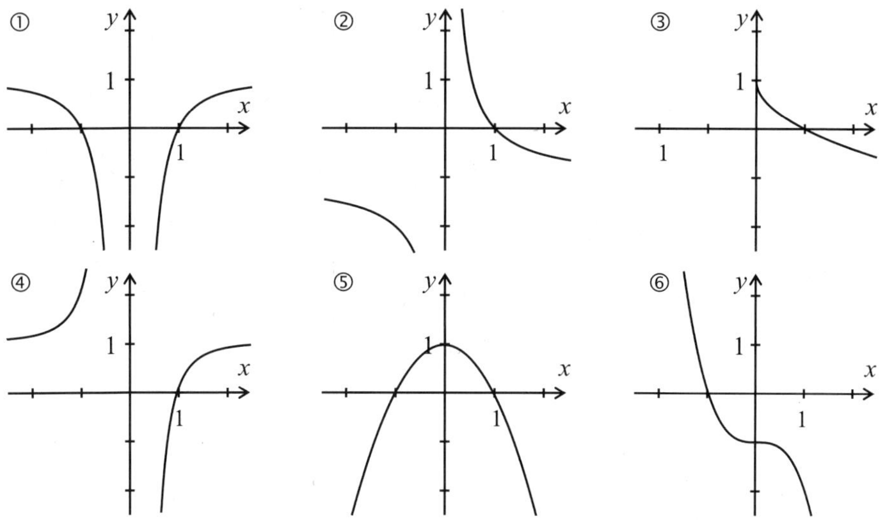

a $y = 1 - \sqrt{x}$	b $y = -x^2 + 1$	c $y = \frac{1}{x} - 1$
d $y = -x^3 - 1$	e $y = -\frac{1}{x^2} + 1$	f $y = -\frac{1}{x^3} + 1$

A 1.4 Abschnittsweise definierte Funktionen

In den Anfängen des Handy-Zeitalters bot eine Telefongesellschaft den folgenden Schülertarif an.

In der monatlichen Grundgebühr von 15 € waren bereits Gesprächskosten für 20 min enthalten. Darüber hinaus betrug der Minutenpreis 0,50 € und es wurde im Sekundentakt abgerechnet.

Die zugehörige Funktion

„Monatliche Gesprächszeit in Minuten → Rechnungsbetrag in EUR"

soll grafisch dargestellt werden.

Das Schaubild setzt sich aus den Teilen zweier Geraden zusammen.

Jeder Teil ist der Graph einer Funktion, und zwar einmal der Funktion

$t \to 15\,€$ für $0 \leq t \leq 20$ min

und zum anderen der Funktion

$t \to 15\,€ + (t - 20 \text{ min}) \cdot 0{,}5\ \frac{\text{EUR}}{\text{min}}$

für $t > 20$ min.

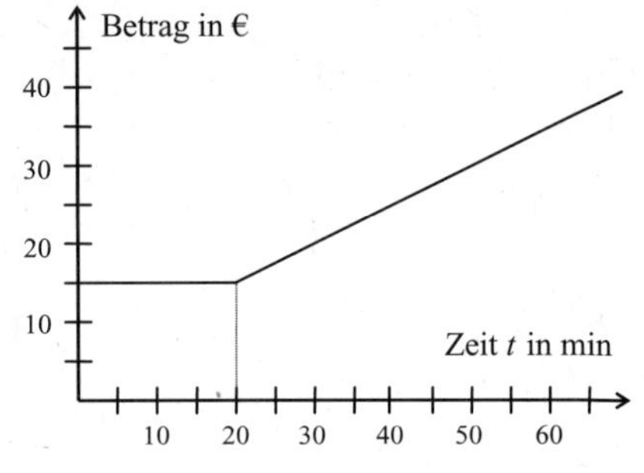

Fasst man beide Funktionen zusammen, so spricht man von einer **abschnittsweise (stückweise) definierten Funktion**.

Ihre Gleichung kann wie folgt (ohne Einheiten) beschrieben werden:

$$f(t) = \begin{cases} 15 & \text{, wenn } 0 \leq t \leq 20 \\ 15 + (t-20) \cdot 0{,}5 & \text{, wenn } t > 20 \end{cases} = \begin{cases} 15 & \text{, wenn } 0 \leq t \leq 20 \\ 0{,}5 \cdot t + 5 & \text{, wenn } t > 20 \end{cases}.$$

Da beide Abschnitte (Stücke) lineare Funktionen sind, spricht man von einer **abschnittsweise (stückweise) linearen Funktion**.

Es gibt auch abschnittweise definierte Funktionen, die sich aus mehr als zwei Abschnitten zusammensetzen. Die Abschnitte müssen dabei nicht linear sein.

Der Graph der obigen abschnittsweise definierten Funktion konnte ohne Absetzen gezeichnet werden.

Es kann aber auch vorkommen, dass das Schaubild eine **Sprungstelle** enthält.

Das bedeutet, dass der Graph keine zusammenhängende Linie ist.

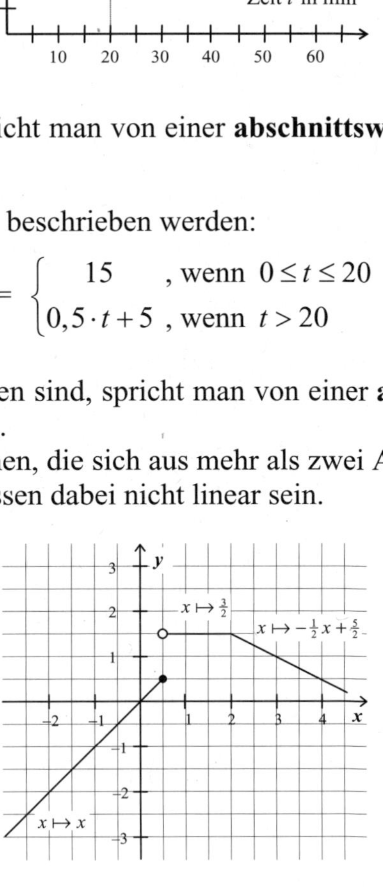

Aufgaben

17. Zeichnen Sie den Graphen der abschnittsweise definierten Funktion und geben Sie die Wertemenge an.

Tipp: Beginnen Sie die Zeichnungen an den Nahtstellen.

a) $f(x) = \begin{cases} 2 & \text{, wenn } x < 0 \\ 2-x & \text{, wenn } x \geq 0 \end{cases}$
b) $f(x) = \begin{cases} -2x+1 & \text{, wenn } x < 1 \\ 0,5x-1,5 & \text{, wenn } x \geq 1 \end{cases}$

c) $f(x) = \begin{cases} x-1 & \text{, wenn } x < 2 \\ 0,25x+0,5 & \text{, wenn } x \geq 2 \end{cases}$
d) $f(x) = \begin{cases} x+2 & \text{, wenn } \quad x < -1 \\ 1 & \text{, wenn } -1 \leq x < 2 \\ 2x-3 & \text{, wenn } \quad x \geq 2 \end{cases}$

18. Gegeben sind Graphen abschnittsweise definierter Funktionen $f: \mathbb{R} \to \mathbb{R}$. Bestimmen Sie die Funktionsgleichungen.

a)
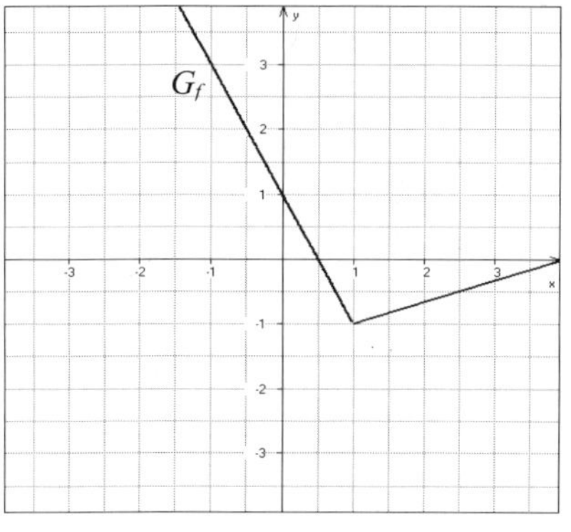

b)
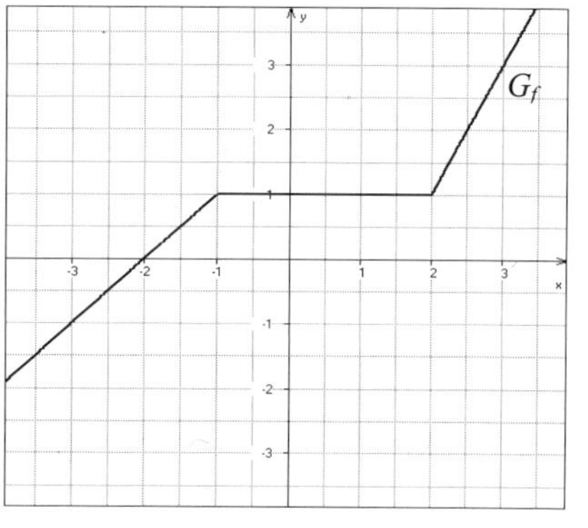

19. Ein Wassertank von 1000 Liter Fassungsvermögen ist zu Beobachtungsbeginn (zum Zeitpunkt 0) zur Hälfte gefüllt. Durch den Abfluss fließen ständig 10 Liter pro Minute ab. Nach 20 Minuten wird für eine halbe Stunde ein Zulauf geöffnet, der pro Minute 15 Liter Wasser liefert.

Die Wassermenge in dem Tank ist eine Funktion der Zeit. Zeichnen Sie das Schaubild in ein geeignetes Koordinatensystem und geben Sie eine Zuordnungsvorschrift an.

A2

Nullstellenberechnung

A 2.1 Polynomdivision

Zur Bestimmung der Nullstellen ganzrationaler Funktionen dritten oder höheren Grades werden wir ein Verfahren verwenden, das aus der schriftlichen Division abgeleitet werden kann. Man bezeichnet es als **Polynomdivision**.

Beispiel 1: Betrachtet wird der Bruchterm $\dfrac{5x^3+7x^2-x-3}{x+1}$.

- *Polynomdivision durch* $(x+1)$:

$$
\begin{array}{l}
(5x^3+7x^2-x-3) \;:\; (x+1) \;=\; 5x^2+2x-3 \\
\underline{-(5x^3+5x^2)\qquad\qquad} \\
\qquad 2x^2-x \\
\qquad \underline{-(2x^2+2x)\quad} \\
\qquad\qquad -3x-3 \\
\qquad\qquad \underline{-(-3x-3)} \\
\qquad\qquad\qquad 0
\end{array}
$$

- *Faktorisierung des Zählerterms*: $5x^3+7x^2-x-3=(5x^2+2x-3)\cdot(x+1)$

Beispiel 2: Betrachtet wird der Bruchterm $\dfrac{x^3-2x^2-5x+6}{x-1}$.

- *Polynomdivision durch* $(x-1)$:

$$
\begin{array}{l}
(x^3-2x^2-5x+6) \;:\; (x-1) \;=\; x^2-x-6 \\
\underline{-(x^3-\;x^2)\qquad\qquad} \\
\qquad -x^2-5x \\
\qquad \underline{-(-x^2+x)\quad} \\
\qquad\qquad -6x+6 \\
\qquad\qquad \underline{-(-6x+6)} \\
\qquad\qquad\qquad 0
\end{array}
$$

Faktorisierung des Zählerterms: $x^3-2x^2-5x+6=(x^2-x-6)\cdot(x-1)$

Wendet man auf den quadratischen Restterm den Satz von Vieta an, so ergibt sich als vollständige Faktorisierung:

$$x^3-2x^2-5x+6=(x+2)\cdot(x-3)\cdot(x-1)\;.$$

In den vorangehenden Beispielen ergab sich bei der Division der Rest 0. Man sagt, dass die Division „aufgeht“. Der Grund hierfür ist, dass der Linearfaktor im Dividend zu einer Nullstelle des Zählerpolynoms gehört.

Das folgende Beispiel zeigt, dass bei einer Polynomdivision auch ein Rest ungleich null auftreten kann.

Beispiel 3: Betrachtet wird der Bruchterm $\frac{x^4+x-1}{x-1}$.

- *Polynomdivision durch* $(x-1)$:

$$
\begin{array}{l}
(x^4 \qquad + \quad x-1) : (x-1) = x^3+x^2+x+2+\frac{1}{x-1} \\
\underline{-(x^4-x^3)} \\
\quad x^3 + \quad x-1 \\
\quad \underline{-(x^3-x^2)} \\
\qquad x^2+x-1 \\
\qquad \underline{-(x^2-x)} \\
\qquad\quad 2x-1 \\
\qquad\quad \underline{-(2x-2)} \\
\qquad\qquad 1
\end{array}
$$

- *Faktorisierung des Zählerterms*:

  In diesem Fall ist keine vollständige Faktorisierung möglich. Man erhält eine Zerlegung mit einem Restterm wie oben angegeben.

Aufgaben

1. Führen Sie eine Polynomdivision durch.

   a) $(x^3+3x^2+5x+3):(x+1)$
   b) $(x^3-4x^2-3x+12):(x-4)$
   c) $(2x^3-7x^2+9):(x-3)$
   d) $(x^4+x-2):(x-1)$

2. Führen Sie eine Polynomdivision durch. Es kann dabei ein Rest bleiben.

   a) $(3x-2):(x+1)$
   b) $(4x^2+4x+1):(2x-1)$
   c) $(x^2-x-2):(2x+1)$
   d) $(x^4+x^3-2):(x-1)$

A 2.2 Hornerschema

William G. HORNER

Begriffsbildung

Wie bisher gesehen ist es sinnvoll, den Funktionsterm eines Polynoms in faktorisierter Form darzustellen. Neben dem gezeigten Vorgehen gibt es noch eine weitere Möglichkeit, die auf den englischen Mathematiker **William George Horner** (1786 – 1837) zurückgeht.

Die Ausgangsform ist ein Polynom n-ten Grades:

$$P_n(x) = a_n x^n + a_{n-1}x^{n-1} + a_{n-2}x^{n-2} + \ldots + a_2x^2 + a_1x + a_0$$

Das Ziel ist es, für einen bekannten Wert x_0 den Linearfaktor $(x - x_0)$ abzuspalten und so ein Polynom (n-1)-ten Grades mit den Koeffizienten $b_0, \ldots, b_{n-1} \in \mathbb{R}$ und einen Rest r_0 zu erhalten:

$$\begin{aligned} P_n(x) &= (x - x_0)(b_{n-1}x^{n-1} + b_{n-2}x^{n-2} + b_{n-3}x^{n-3} + \ldots + b_2x^2 + b_1x + b_0) + r_0 \\ &= (x - x_0)\,P_{n-1}(x) + r_0\,. \end{aligned}$$

Zur Bestimmung der Koeffizienten $b_0, \ldots, b_{n-1}$ und des Restes könnte die Polynomdivision benutzt werden. Horner entwickelte ein rationelleres Verfahren.

Multipliziert man in der letzten Form die rechte Seite aus, so erhält man:

$$\begin{aligned} P_n(x) = b_{n-1}x^n &+ (b_{n-2} - x_0b_{n-1})x^{n-1} + (b_{n-3} - x_0b_{n-2})x^{n-2} + \ldots \\ &+ (b_1 - x_0b_2)x^2 + (b_0 - x_0b_1)x + (r_0 - x_0b_0)\,. \end{aligned}$$

Da die beiden Darstellungen des Polynoms äquivalent sind, müssen die Koeffizienten der entsprechenden Potenzen übereinstimmen:

$$\begin{aligned} a_n &= b_{n-1} && \Leftrightarrow && b_{n-1} = a_n \\ a_{n-1} &= b_{n-2} - x_0b_{n-1} && \Leftrightarrow && b_{n-2} = a_{n-1} + x_0b_{n-1} \\ a_{n-2} &= b_{n-3} - x_0b_{n-2} && \Leftrightarrow && b_{n-3} = a_{n-2} + x_0b_{n-2} \\ &\ldots && && \ldots \\ a_2 &= b_1 - x_0b_2 && \Leftrightarrow && b_1 = a_2 + x_0b_2 \\ a_1 &= b_0 - x_0b_1 && \Leftrightarrow && b_0 = a_1 + x_0b_1 \\ a_0 &= r_0 - x_0b_0 && \Leftrightarrow && r_0 = a_0 + x_0b_0 \end{aligned}$$

Zur Berechnung der Koeffizienten dient eine übersichtliche schematische Darstellung - das **Hornerschema**:

	a_n	a_{n-1}	a_{n-2}	. . .	a_2	a_1	a_0
	$+$	$+$	$+$		$+$	$+$	$+$
x_0		$x_0 b_{n-1}$	$x_0 b_{n-2}$		$x_0 b_2$	$x_0 b_1$	$x_0 b_0$
	b_{n-1}	b_{n-2}	b_{n-3}	. . .	b_1	b_0	r_0

Zu beachten ist, dass für fehlende Potenzen in der Polynomdarstellung der Koeffizient 0 eingesetzt werden muss.

Beispiel 1: Gegeben ist die Polynomfunktion 4. Grades mit der Gleichung

$$P_4(x) = 4x^4 - 15x^3 + 14x^2 - 17x + 9 \ .$$

Gesucht ist für $x_0 = 3$ eine Polynomfunktion P_3 vom Grad 3 und eine Zahl r_0, so dass folgende Darstellung gilt:

$$P_4(x) = (x-3)\,P_3(x) + r_0 \ .$$

Hornerschema:

	4	-15	14	-17	9
		$+$	$+$	$+$	$+$
$x_0 = 3$		$3 \cdot 4$	$3 \cdot (-3)$	$3 \cdot 5$	$3 \cdot (-2)$
	4	-3	5	-2	3
	$\uparrow$	$\uparrow$	$\uparrow$	$\uparrow$	$\uparrow$
	b_3	b_2	b_1	b_0	r_0

Es folgt $P_3(x) = b_3x^3 + b_2x^2 + b_1x + b_0 = 4x^3 - 3x^2 + 5x - 2$ und $r_0 = 3$.

Damit ergibt sich: $P_4(x) = (x-3)(4x^3 - 3x^2 + 5x - 2) + 3$.

Polynomdivision (zum Vergleich):

$$(4x^4 - 15x^3 + 14x^2 - 17x + 9) : (x-3) = 4x^3 - 3x^2 + 5x - 2 + \frac{3}{x-3}$$

$$\begin{array}{l} \underline{-(4x^4 - 12x^3)} \\ \quad -3x^3 + 14x^2 \\ \quad \underline{-(-3x^3 + 9x^2)} \\ \qquad 5x^2 - 17x \\ \qquad \underline{-(5x^2 - 15x)} \\ \qquad\quad -2x + 9 \\ \qquad\quad \underline{-(-2x + 6)} \\ \qquad\qquad 3 \end{array}$$

Beispiel 2: Gegeben ist ein Polynom 3. Grades mit der Gleichung

$$P_3(x) = 4x^3 + 2x - 1 \ .$$

Gesucht ist für $x_0 = -2$ ein Polynom P_2 vom Grad 2 und eine Zahl r_0, so dass die Darstellung gilt: $P_3(x) = (x+2)\, P_2(x) + r_0$.

Hornerschema:

	4	0	2	–1
		+	+	+
$x_0 = -2$		$(-2)\cdot 4$	$(-2)\cdot(-8)$	$(-2)\cdot 18$
	4	–8	18	–37
	↑	↑	↑	↑
	b_2	b_1	b_0	r_0

Damit ergibt sich: $P_3(x) = (x+2)(4x^2 - 8x + 18) - 37$.

Beispiel 3: Gegeben ist ein Polynom 3. Grades mit der Gleichung

$$P_3(x) = x^3 - 3x^2 - 3x + 14 \ .$$

Gesucht ist für $x_0 = -2$ ein Polynom P_2 vom Grad 2 und eine Zahl r_0, so dass die Darstellung gilt: $P_3(x) = (x+2)\, P_2(x) + r_0$.

Hornerschema:

	1	–3	–3	14
		+	+	+
$x_0 = -2$		$(-2)\cdot 1$	$(-2)\cdot(-5)$	$(-2)\cdot 7$
	1	–5	7	0
	↑	↑	↑	↑
	b_2	b_1	b_0	r_0

Damit ergibt sich: $P_3(x) = (x+2)(x^2 - 5x + 7) + 0$.

Zu klären bleibt die Frage welche Bedeutung der Rest 0 hat.

Aufgaben

3. Erzeugen Sie aus dem Polynom P_n die Form $P_n(x) = (x - x_0) \cdot P_{n-1}(x) + r_0$.

   a) $P_3(x) = x^3 + 3x^2 - 8x + 6$ $\qquad x_0 = -5$

   b) $P_4(x) = x^4 + \frac{7}{4}x^2 + \frac{2}{3}x - \frac{13}{6}$ $\qquad x_0 = -\frac{1}{2}$

   c) $P_5(x) = \frac{1}{2}x^5 + 2x^3 - \frac{1}{2}x^2 + x - 2$ $\qquad x_0 = 1$

A 2.3 Lineare Funktionen $f(x) = ax + b$

Die Nullstelle dieser Funktion ergibt sich als Lösung der zugehörigen linearen Gleichung $ax + b = 0$.

Beispiel: Betrachtet wird $f(x) = -\frac{1}{2}x + 1$.

- *Nullstelle*: $-\frac{1}{2}x + 1 = 0$

$$-\frac{1}{2}x = -1$$
$$x = 2$$

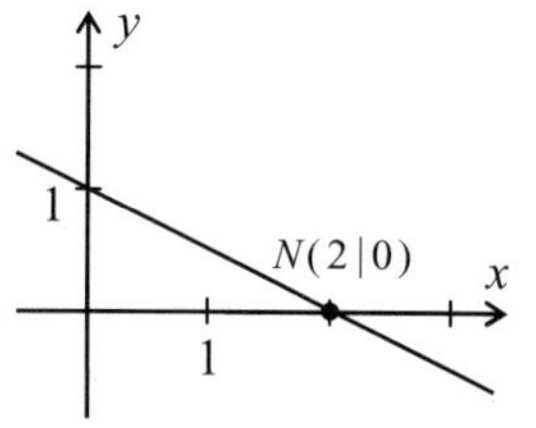

Aufgaben

4. Berechnen Sie die Nullstelle der Funktion f.
   a) $f(x) = -3x - 5$
   b) $f(x) = 6 - 3x$
   c) $f(x) = 8 + 2x$
   d) $f(x) = -\frac{1}{3}x - \frac{3}{4}$
   e) $f(x) = 0{,}25 \cdot (5x - 1)$
   f) $f(x) = 7$

A 2.4 Quadratische Funktionen $f(x) = ax^2 + bx + c$

Man erhält die möglichen Nullstellen durch Lösen der quadratischen Gleichung $ax^2 + bx + c = 0$. Dabei kann es zwei, eine oder aber auch keine Lösung geben.

Faktorisieren des Funktionsterms

Die Nullstellenberechnung gestaltet sich einfach, wenn es gelingt, den Funktionsterm zu faktorisieren.

→ **FAKTORISIEREN DURCH AUSKLAMMERN**

Dies ist für Funktionen möglich, bei denen das absolute Glied null ist ($c = 0$). Dabei ist eine der Nullstellen immer $x = 0$.

Beispiel: Betrachtet wird $f(x) = 2x^2 + 4x$.

- *Faktorisierung*: $f(x) = 2x \cdot (x + 2)$
  (durch Ausklammern von $2x$)
- *Nullstellen*: $x = 0 \vee x = -2$

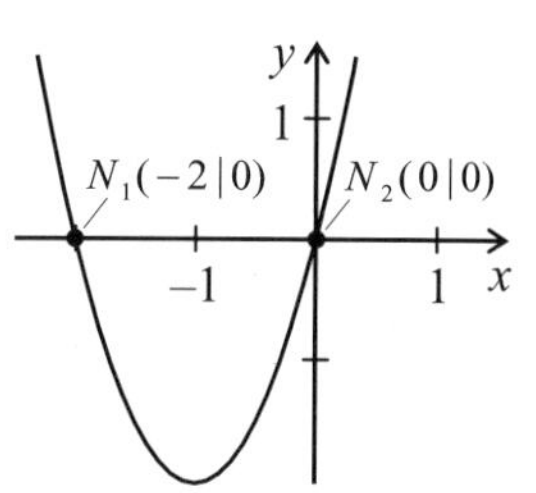

→ FAKTORISIEREN DURCH ANWENDUNG EINER BINOMISCHEN FORMEL

Bestimmte quadratische Funktionsterme lassen sich durch Anwendung einer binomischen Formel faktorisieren.

1. und 2. binomische Formel: $a^2 \pm 2ab + b^2 = (a \pm b)^2$

Es ergibt sich nur eine Nullstelle
(doppelt, Berührstelle des Graphen mit der x-Achse).

Beispiel: Betrachtet wird $f(x) = -x^2 + 2x - 1$.

- *Faktorisierung*: $f(x) = -(x^2 - 2x + 1)$
  $= -(x-1)^2$
- *Nullstelle*: $x = 1$
  (doppelt)

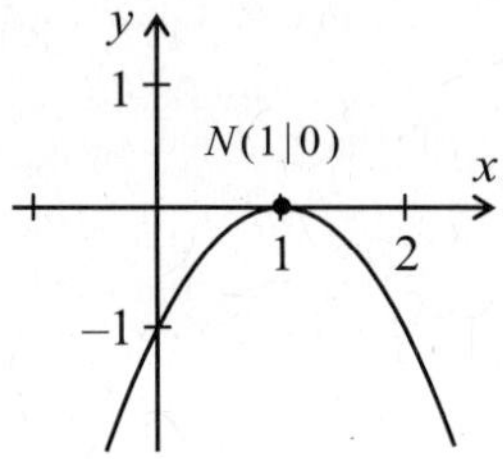

3. binomische Formel: $a^2 - 2ab + b^2 = (a + b) \cdot (a - b)$

Es ergeben sich 2 Nullstellen, die symmetrisch zum Ursprung liegen
(beide einfach, Schnittstellen mit der x-Achse).

Beispiel: Betrachtet wird $f(x) = -\frac{1}{2}x^2 + 2$.

- *Faktorisierung*: $f(x) = -\frac{1}{2}(x^2 - 4)$
  $= -\frac{1}{2} \cdot (x+2) \cdot (x-2)$
- *Nullstellen*: $x = -2 \vee x = 2$
  (beide einfach, mit VzW)

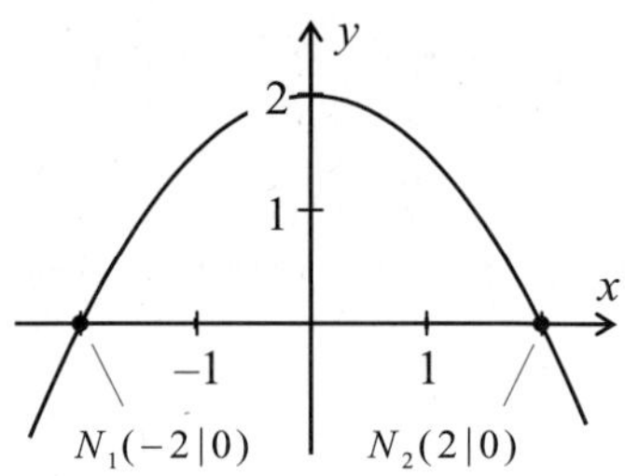

→ FAKTORISIEREN DURCH ANWENDUNG DES SATZES VON VIETA

Die dritte Möglichkeit zur Faktorisierung eines quadratischen Funktionsterms ist die Anwendung des Satzes von Vieta.

Beispiel: Betrachtet wird $f(x) = -\frac{1}{2}x^2 + x + \frac{3}{2}$.

- *Faktorisierung*: $f(x) = -\frac{1}{2}(x^2 - 2x - 3)$
  $= -\frac{1}{2} \cdot (x+1) \cdot (x-3)$
- *Nullstellen*: $x = -1 \vee x = 3$
  (beide einfach)

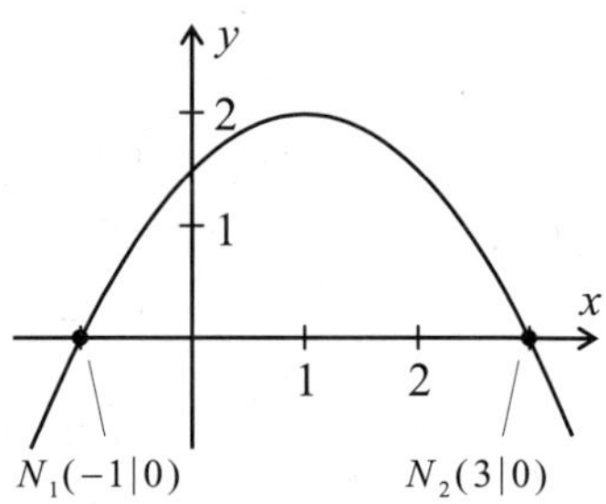

Faktorisieren mit quadratischer Ergänzung

Gelingt es nicht, den Funktionsterm mit den bisher gezeigten Verfahren zu faktorisieren, so bleibt zur Nullstellenuntersuchung das Verfahren der quadratischen Ergänzung.

Beispiel: Betrachtet wird $f(x) = x^2 - 2x - 1$.

- *Quadratische Ergänzung*:

$$x^2 - 2x - 1 = 0$$
$$x^2 - 2x + \mathbf{1^2} - \mathbf{1^2} - 1 = 0$$
$$(x-1)^2 - 2 = 0$$
$$(x - 1 + \sqrt{2})\,(x - 1 - \sqrt{2}) = 0$$
$$x = 1 - \sqrt{2} \;\vee\; x = 1 + \sqrt{2}$$
$$x \approx -0{,}41 \;\vee\; x \approx 2{,}41$$

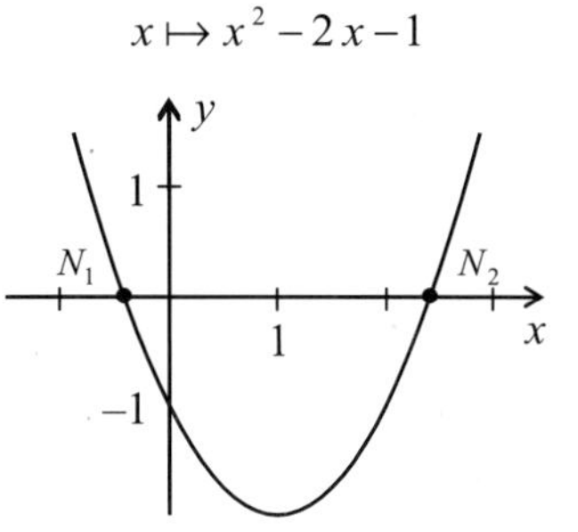

- *Nullstellen*: $x \approx -0{,}41 \vee x \approx 2{,}41$ (beide einfach)

Bei den vorangehenden quadratischen Funktionen gab es zwei oder auch nur eine Nullstelle. Es kann aber auch der Fall auftreten, dass es keine Nullstelle gibt. In diesem Fall besitzt die zugehörige quadratische Gleichung keine Lösung.

Der Nachweis, dass bei einer quadratischen Funktion keine Nullstellen existieren, lässt sich auch mithilfe der quadratischen Ergänzung führen.

Beispiel: Betrachtet wird $f(x) = x^2 - 2x + 2$.

- *Quadratische Ergänzung*:

$$x^2 - 2x + 2 = 0$$
$$x^2 - 2x + \mathbf{1^2} - \mathbf{1^2} + 2 = 0$$
$$(x-1)^2 + 1 > 0$$

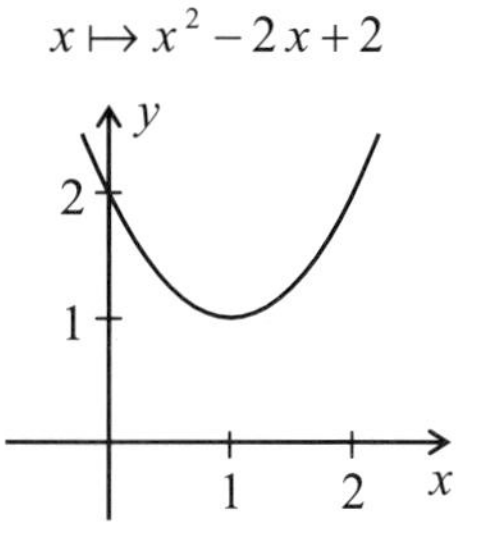

- *Nullstellen*: Es gibt keine Nullstellen.

Aus den Beispielen lässt sich folgende Aussage über die Lösbarkeit quadratischer Gleichungen ableiten.

> **Lösbarkeit quadratischer Gleichungen**
> Eine quadratische Gleichung $ax^2 + bx + c = 0$ kann zwei, eine oder aber auch keine Lösung besitzen.

Aufgaben

5. Geben Sie die Nullstellen ohne Rechnung an.
   a) $f(x) = x \cdot (x - 5)$ b) $f(x) = (x + 9) \cdot x$ c) $f(x) = x \cdot (x + 3{,}5)$
   d) $f(x) = 7x \cdot (x - 8)$ e) $f(x) = -\frac{1}{3} \cdot (x + 6) \cdot x$ f) $f(x) = x \cdot (3x - 5)$

6. Bestimmen Sie die Nullstellen durch Faktorisieren des Funktionsterms.
   a) $f(x) = x^2 + 3x$ b) $f(x) = x^2 - 7x$ c) $f(x) = 2x^2 - 50x$
   d) $f(x) = 5x^2 - 15x$ e) $f(x) = 7x^2 + 28x$ f) $f(x) = 11x^2 - 99x$

7. Bestimmen Sie die Nullstellen durch Anwendung einer binomischen Formel.
   a) $f(x) = x^2 - 6x + 9$ b) $f(x) = x^2 - 144$ c) $f(x) = x^2 + 8x + 16$
   d) $f(x) = x^2 - 8x + 16$ e) $f(x) = x^2 - 1{,}8x + 0{,}81$ f) $f(x) = x^2 - 2{,}89$
   g) $f(x) = x^2 - x + 0{,}25$ h) $f(x) = x^2 - \frac{16}{9}$ i) $f(x) = x^2 - 5x + 6{,}25$

8. Bestimmen Sie die Nullstellen durch Anwendung des Satzes von Vieta.
   a) $f(x) = x^2 + 8x + 15$ b) $f(x) = x^2 - 10x + 21$ c) $f(x) = x^2 + 2x - 24$
   d) $f(x) = x^2 - 8x - 20$ e) $f(x) = x^2 + 3x - 10$ f) $f(x) = x^2 + x - 12$
   g) $f(x) = x^2 - 3x - 18$ h) $f(x) = x^2 - x - 20$ i) $f(x) = x^2 - 2x - 15$

9. Bestimmen Sie die Nullstellen durch quadratische Ergänzung.
   a) $f(x) = x^2 - 2x - 1$ b) $f(x) = x^2 + 4x - 7$ c) $f(x) = x^2 + x - \frac{11}{4}$

10. Bestimmen Sie die Nullstellen, indem Sie den Funktionsterm faktorisieren.
    a) $f(x) = 5x - x^2$ b) $f(x) = 5x^2 - x$
    c) $f(x) = x^3 + 3x^2$ d) $f(x) = x^4 + 7x^2$

11. Faktorisieren Sie den Funktionsterm und geben Sie die Nullstellen an.
    a) $f(x) = x^2 + x - 6$ b) $f(x) = x^2 + 4x + 3$
    c) $f(x) = x^2 + 7x - 18$ d) $f(x) = 2x^2 - 20x + 42$

12. Bestimmen Sie die Nullstellen durch Faktorisieren. Klammern Sie auch aus.
    a) $f(x) = 2x^2 + 20x + 48$ b) $f(x) = 3x^2 + 36x + 105$ c) $f(x) = -2x^2 + 4x + 30$
    d) $f(x) = 7x^2 + 14x$ e) $f(x) = 5x^2 + 45x + 70$ f) $f(x) = \frac{1}{2}x^2 + 7x + 24$

13. Bestimmen Sie die Nullstellen durch Faktorisieren.
    a) $f(x) = 4x^2 - 36$ b) $f(x) = 3x^2 - 12x + 12$ c) $f(x) = 4x^2 + 16x + 12$
    d) $f(x) = 2x^2 - 20x + 42$ e) $f(x) = -x^2 - 7x + 18$ f) $f(x) = \frac{1}{2}x^2 + 4x + 8$

A 2.5 Nullstellenberechnung bei ganzrationalen Funktionen dritten oder höheren Grades

Faktorisieren des Funktionsterms

Die Nullstellenberechnung bei ganzrationalen Funktionen 3. oder höheren Grades ist unproblematisch im Sonderfall, dass sich ein Faktor x, x^2, … ausklammern lässt und ein quadratischer Restterm bleibt.

Beispiel 1: Betrachtet wird $f(x) = -x^3 + x^2 + 6x$.

- *Faktorisierung*: $f(x) = -x^3 + x^2 + 6x$ (Faktor $-x$ ausklammern)
  $= -x \cdot (x^2 - x - 6)$ (Satz von Vieta)
  $= -x \cdot (x-3) \cdot (x+2)$
- *Nullstellen*: $x = 0 \vee x = 3 \vee x = -2$

Beispiel 2: Betrachtet wird $f(x) = x^4 - 4x^3 + 4x^2$.

- *Faktorisierung*: $f(x) = x^4 - 4x^3 + 4x^2$ (Faktor x^2 ausklammern)
  $= x^2 \cdot (x^2 - 4x + 4)$ (2. binom. Formel)
  $= x^2 \cdot (x-2)^2$
- *Nullstellen*: $x = 0 \vee x = 2$

Biquadratische Funktionsterme

Es handelt sich um ganzrationale Funktionen 4. Grades, bei denen keine ungeraden Potenzen der Variablen x auftreten. Sie lassen sich vielfach faktorisieren.

Beispiel 1: Betrachtet wird $f(x) = x^4 - 5x^2 + 4$.

- *Faktorisierung*: $f(x) = (x^2)^2 - 5x^2 + 4$ (x^2 betrachten, Vieta)
  $= (x^2 - 4) \cdot (x^2 - 1)$ (3. binom.Formel)
  $= (x-2) \cdot (x+2) \cdot (x-1) \cdot (x+1)$
- *Nullstellen*: $x = 2 \vee x = -2 \vee x = 1 \vee x = -1$

Beispiel 2: Betrachtet wird $f(x) = x^4 - 6x^2 + 9$.

- *Faktorisierung*: $f(x) = (x^2)^2 - 6x^2 + 9$ (x^2 betrachten, 2. binom. Formel)
  $= (x^2 - 3)^2$ (3. binom. Formel)
  $= \left[(x - \sqrt{3}) \cdot (x + \sqrt{3})\right]^2$
- *Nullstellen*: $x = \sqrt{3} \vee x = -\sqrt{3}$

Aufgaben

14. Lesen Sie die Nullstellen ab.
    a) $f(x) = x \cdot (x+3)$ b) $f(x) = x^2 \cdot (x-4)$
    c) $f(x) = (x-1) \cdot (x+1) \cdot (x-2)$ d) $f(x) = (x+5) \cdot (x-3)^2$

15. Bestimmen Sie die Nullstellen, indem Sie den Funktionsterm faktorisieren.
    a) $f(x) = 5x^2 - x^3$ b) $f(x) = 5x^3 - x^2$
    c) $f(x) = x^3 + 3x^2$ d) $f(x) = x^4 + 7x^2$

16. Faktorisieren Sie den Funktionsterm und geben Sie die Nullstellen an.
    a) $f(x) = x^3 + x^2 - 6x$ b) $f(x) = x^3 + 4x^2 + 3x$
    c) $f(x) = x^4 + 7x^3 - 18x^2$ d) $f(x) = 2x^3 - 20x^2 + 42x$

17. Bestimmen Sie die Nullstellen der biquadratischen Funktionsterme.
    a) $f(x) = x^4 - 10x^2 + 9$ b) $f(x) = x^4 - 13x^2 + 36$
    c) $f(x) = x^4 - 10x^2 + 25$ d) $f(x) = x^4 - 1$

18. Bestimmen Sie die Nullstellen.
    a) $f(x) = 5x^2 - x$ b) $f(x) = 4x^3 - x$
    c) $f(x) = 32x - 8x^2$ d) $f(x) = x^2 + 2x - 8$
    e) $f(x) = x^3 + 6x^2 + 8x$ f) $f(x) = x^3 - 9x^2 + 14x$
    g) $f(x) = x^3 + 5x^2 + 4x$ h) $f(x) = 21x^2 + 4x^3 - x^4$

A 2.6 Nullstellen raten und Linearfaktor abspalten

Anzahl möglicher Nullstellen

Ist P_n eine ganzrationale Funktion n-ten Grades und ist x_0 eine Nullstelle, dann existiert ein Polynom (n-1)-ten Grades mit $P_n(x) = (x - x_0)\,P_{n-1}(x)$.

Besitzt P_n eine zweite, von x_0 verschiedene Nullstelle x_1, so muss $P_{n-1}(x_1) = 0$ sein, da $(x - x_0)$ nur für $x = x_0$ Null wird. Man erhält daher die Darstellung:

$$P_n(x) = (x - x_0)\,P_{n-1}(x) = (x - x_0)(x - x_1)\,P_{n-2}(x).$$

Die Argumentation lässt sich auf den Fall n verschiedener Nullstellen fortsetzen. Ist P_n eine ganzrationale Funktion n-ten Grades und sind $x_0, \ldots, x_{n-1}$ verschiedene Nullstellen von P_n, dann gilt:

$$P_n(x) = a_n x^n + a_{n-1}x^{n-1} + \ldots + a_1 x + a_0 = a_n (x - x_0)(x - x_1)\ldots(x - x_{n-1}).$$

Eine ganzrationale Funktion vom Grad n kann höchstens n verschiedene Nullstellen besitzen. Die Faktoren $(x - x_i)$ heißen **Linearfaktoren**.

Eine ganzrationale Funktion vom Grad n kann aber durchaus auch weniger als n verschiedene Nullstellen besitzen. Über die Anzahl der Nullstellen lassen sich auf Grund einer Grenzwertbetrachtung weitere Aussagen machen.

- Ist n eine gerade Zahl, so liegt die Zahl der Nullstellen von 0 bis n.

Begründung:

Das Grenzverhalten von P_n für $x \to -\infty$ stimmt mit dem Verhalten für $x \to +\infty$ überein.

Nullstellen sind möglich, aber nicht zwingend vorhanden.

Beispiel: $f(x) = (x + 1)^2 \cdot (x - 1)^2$

Grad von f: 4

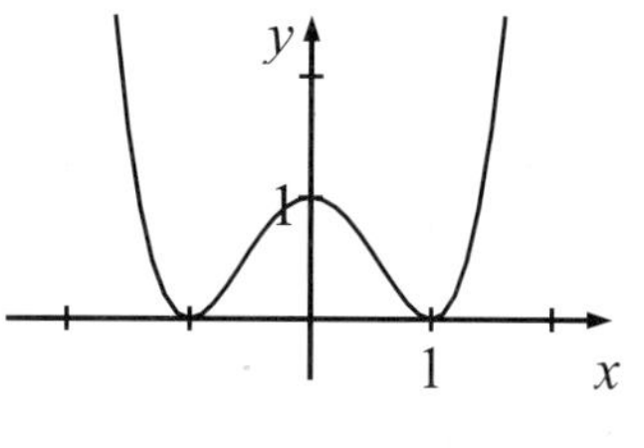

- Ist n eine ungerade Zahl, so liegt die Zahl der Nullstellen von 1 bis n.

Begründung:

Das Grenzverhalten von P_n für $x \to -\infty$ ist verschieden von dem Verhalten für $x \to +\infty$.

Der Funktionsgraph muss mindestens einmal die x-Achse schneiden.

Beispiel: $f(x) = (x + 1) \cdot (x - 1)^2$

Grad von f: 3

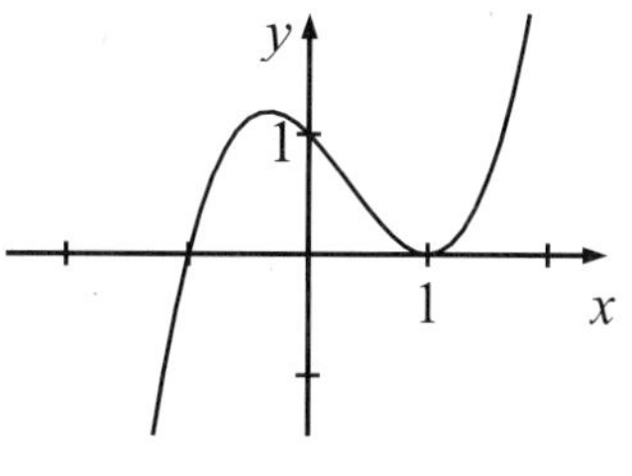

Nullstelle raten und anschließende Polynomdivision

Zur Bestimmung der Nullstellen ganzrationaler Funktionen 3. oder höheren Grades haben wir kein allgemeines Lösungsschema zur Verfügung.

Gelingt keine direkte Faktorisierung des Funktionsterms mit den bisher erläuterten Verfahren, so bleibt lediglich folgende Vorgehensweise:

- Nullstelle x_0 raten (in der Regel ganzzahlig),
- Abspalten des Linearfaktors $(x - x_0)$ durch Polynomdivision oder mithilfe des Hornerschemas,
- Untersuchung des Restterms auf weitere Nullstellen.

Für das Raten einer ganzzahligen Nullstelle gibt es folgende Ratehilfe:

Hilfe für das Raten ganzzahliger Nullstellen ganzrationaler Funktionen

Es sei $f: \mathbb{R} \to \mathbb{R}, x \mapsto a_n x^n + a_{n-1} x^{n-1} + ... + a_1 x + a_0$ eine ganzrationale Funktion mit ganzzahligen Koeffizienten $a_n, a_{n-1}, ..., a_0 \in \mathbb{Z}$ und $a_0 \neq 0$.

Jede ganzzahlige Nullstelle $x_0 \neq 0$ ist dann Teiler von a_0.

Beispiel 1: Betrachtet wird $f(x) = x^3 + 2x^2 - 5x - 6$.

- *Geratene Nullstelle*: (mögliche ganzzahlige Nullstellen: ±1, ±2, ±3, ±6)
  $x_0 = -1$, denn: $f(-1) = (-1)^3 + 2 \cdot (-1)^2 - 5 \cdot (-1) - 6 = 0$
- *Polynomdivision durch* $(x + 1)$:
  $(x^3 + 2x^2 - 5x - 6) : (x + 1) = x^2 + x - 6$

  Rechnung:
  $$\begin{array}{l}
  (x^3 + 2x^2 - 5x - 6) : (x+1) = x^2 + x - 6 \\
  \underline{-(x^3 + x^2)} \\
  \quad x^2 - 5x \\
  \quad \underline{-(x^2 + x)} \\
  \qquad -6x - 6 \\
  \qquad \underline{-(-6x - 6)} \\
  \qquad\qquad 0
  \end{array}$$
- *Faktorisierung des Restterms*:
  Der Restterm lässt sich als quadratischer Term nach dem Satz von Vieta weiter faktorisieren: $(x^2 + x - 6) = (x - 2) \cdot (x + 3)$.
  Insgesamt ergibt sich damit als vollständige Faktorisierung:
  $f(x) = (x + 1) \cdot (x - 2) \cdot (x + 3)$.
- *Nullstellen*: $x = -1 \vee x = 2 \vee x = -3$ (alle einfach)

Beispiel 2: Betrachtet wird $f(x)=x^3-3x^2+3x-2$.

- *Geratene Nullstelle*: (mögliche ganzzahlige Nullstellen: ±1, ±2)
  $x_0=2$, denn: $f(2)=2^3-3\cdot 2^2+3\cdot 2-2=0$
- *Polynomdivision durch* $(x-2)$:
  $(x^3-3x^2+3x-2):(x-2)=x^2-x+1$

  Rechnung:

$$
\begin{array}{l}
(x^3-3x^2\ +3x-2)\ :\ (x-2)\ =\ x^2-x+1 \\
\underline{-(x^3-2x^2)} \\
\qquad -x^2+3x \\
\qquad \underline{-(-x^2+2x)} \\
\qquad\qquad x-2 \\
\qquad\qquad \underline{-(x-2)} \\
\qquad\qquad\quad 0
\end{array}
$$

- *Untersuchung des Restterms*:
  Der Restterm liefert keine weiteren Nullstellen. Dies lässt sich mithilfe quadratischer Ergänzung nachweisen:

$$x^2-x+1=0$$
$$x^2-x+(\tfrac{1}{2})^2-(\tfrac{1}{2})^2+1=0$$
$$(x-\tfrac{1}{2})^2+\tfrac{3}{4}>0$$

- *Nullstelle*: Es liegt nur die Nullstelle $x=2$ (einfach) vor.

Aufgaben

19. Zeigen Sie, dass x_0 Nullstelle von f ist. Bringen Sie den Funktionsterm auf die Form $f(x)=(x-x_0)\cdot g(x)$.

    a) $f(x)=3x^3-5x^2-x-2;\ x_0=2$ b) $f(x)=2x^3-x+1;\ x_0=-1$

20. Berechnen Sie die Nullstellen von f.

    a) $f(x)=x^3-2x^2-3x+6$ b) $f(x)=6x^3+x^2-4x+1$

    c) $f(x)=12-10x+5x^2-x^3$ d) $f(x)=4x^3+8x^2-3x-9$

21. Lösen Sie die Gleichungen.

    a) $x^4-3x^3+6x-4=0$ b) $x^4-5x-6=0$

    c) $x^4-3x^3-7x+21=0$ d) $x^4+2x^3-5x^2-12x-4=0$

    e) $x^4-4x^3+4x-1=0$ f) $x^5-2x^4-9x+18=0$

Nullstelle raten und Anwendung des Hornerschemas

Ist x_0 Nullstelle eines Polynoms P_n, d. h. gilt $P_n(x_0)=0$, dann wird bei einem Durchlauf des Hornerschemas der Rest $r_0=0$. Das Hornerschema eignet sich somit auch zum Überprüfen, ob eine Stelle x_0 Nullstelle eines Polynoms P_n ist. Darüber hinaus liefert es die Faktorisierung des Polynoms.

Auch bei der Anwendung des Hornerschemas macht man von der Tatsache Gebrauch, dass bei einem Polynom mit ganzzahligen Koeffizienten $a_n,\dots,a_0$ eine ganzzahlige Nullstelle Teiler des absoluten Gliedes a_0 ist.

Beispiel 1: Gesucht sind alle Nullstellen des Polynoms
$$P_3(x)=x^3-3x^2-3x+14 .$$

Die Teiler von 14 sind: $\pm1, \pm2, \pm7, \pm14$.
Mit diesen Werten wird jeweils das Hornerschema gestartet. Hat man eine Nullstelle gefunden, wird der entstandene Ausdruck mit Hilfe quadratischer Ergänzung weiter faktorisiert.

- *Hornerschema für* $x_0 = 1$:

	1	−3	−3	14
		+	+	+
$x_0=1$		$1\cdot1$	$1\cdot(-2)$	$1\cdot(-5)$
	1	−2	−5	$9=r_0$

Dies bedeutet, dass 1 keine Nullstelle ist.

- *Hornerschema für* $x_0 = -2$:

	1	−3	−3	14
		+	+	+
$x_0=-2$		$(-2)\cdot1$	$(-2)\cdot(-5)$	$(-2)\cdot7$
	1	−5	7	$0=r_0$

Damit ist nachgewiesen, dass –2 Nullstelle ist. Damit ergibt sich die Faktorisierung: $P_3(x)=x^3-3x^2-3x+14=(x+2)(x^2-5x+7)$.

Für den Restterm ergibt sich durch quadratische Ergänzung:
$$x^2-5x+7=(x^2-5x+6{,}25)+0{,}75=(x-2{,}5)^2+0{,}75>0 .$$
Es gibt keine weitere Nullstelle, (–2) ist somit die einzige Nullstelle.

Ist der Grad des Polynoms größer als 3, müssen diese Schritte entsprechend oft durchgeführt werden.

Beispiel 2: Gesucht sind alle Nullstellen von $P_4(x) = x^4 - 5x^3 + 5x^2 + 5x - 6$.

Die Teiler von 6 sind: $\pm 1, \pm 2, \pm 3, \pm 6$.

Das Hornerschema wird für $x_0 = 1$ und anschließend für $x_0 = -1$ durchgeführt.

Hornerschema für $x_0 = 1$ und $x_0 = -1$:

	1	−5	5	5	−6
		+	+	+	+
$x_0 = 1$		1	−4	1	6
	1	−4	1	6	$0 = r_0$
		+	+	+	
$x_0 = -1$		−1	5	−6	
	1	−5	6	$0 = r_0$	

Damit gilt: $P_4(x) = (x-1)(x+1)(x^2 - 5x + 6) = (x-1)(x+1)(x-2)(x-3)$.

Die gesuchten Nullstellen sind: −1, 1, 2 und 3.

Diese Vorgehensweise kann auch bei nicht ganzzahligen Koeffizienten zum Ziel führen. Geschicktes Ausklammern liefert ganzzahlige Koeffizienten.

Beispiel 3: Gesucht sind die Nullstellen von

$$f(x) = x^3 + \tfrac{5}{2}x^2 + \tfrac{1}{2}x - 1 = \tfrac{1}{2}(2x^3 + 5x^2 + x - 2).$$

Hornerschema für $x_0 = -1$:

	2	5	1	−2
		+	+	+
$x_0 = -1$		−2	−3	2
	2	3	−2	$0 = r_0$

Damit gilt: $f(x) = \tfrac{1}{2}(2x^3 + 5x^2 + x - 2) = \tfrac{1}{2}(x+1)(2x^2 + 3x - 2)$

$$= \tfrac{1}{2} \cdot (x+1) \cdot (x+2) \cdot (2x-1) = (x+1)(x+2)(x - \tfrac{1}{2}).$$

Die Nullstellen sind: −2, −1 und $\tfrac{1}{2}$.

Vielfachheit von Nullstellen

Ein Polynom n-ten Grades P_n hat an der Stelle x_0 eine k-fache Nullstelle, wenn ein Polynom $(n-k)$-ten Grades P_{n-k} mit $P_{n-k}(x_0) \neq 0$ existiert, so dass gilt:

$$P_n(x) = (x - x_0)^k P_{n-k}(x) \quad \text{für alle } x \in \mathbb{R}.$$

Offensichtlich ist x_0 genau dann eine k-fache Nullstelle eines Polynoms, wenn bei der Entwicklung an der Stelle x_0 die Reste $r_0, \ldots, r_{k-1}$ Null werden und r_k der erste von Null verschiedene Rest ist.

Beispiel: Gegeben ist $P_5(x) = x^5 - 15x^3 + 10x^2 + 60x - 72$.
Gesucht ist die Vielfachheit der Nullstelle $x_0 = 2$.

Das Hornerschema wird mehrfach für $x_0 = 2$ angewendet.

	1	0	−15	10	60	−72
		+	+	+	+	+
$x_0 = 2$		2	4	−22	−24	72
	1	2	−11	−12	36	$0 = r_0$
		+	+	+	+	
$x_0 = 2$		2	8	−6	−36	
	1	4	−3	−18	$0 = r_1$	
		+	+	+		
$x_0 = 2$		2	12	18		
	1	6	9	$0 = r_2$		
		+	+			
$x_0 = 2$		2	16			
	1	8	$25 = r_3$			

Damit ist $x_0 = 2$ dreifache Nullstelle. Es gilt $P_5(x) = (x-2)^3 \cdot (x^2 + 6x + 9)$.

Durch Anwendung der 1. binomischen Formel ergibt sich die vollständige Faktorisierung: $P_5(x) = (x-2)^3 \cdot (x+3)^2$

Damit ergibt sich $x_1 = -3$ als doppelte Nullstelle.

Aufgaben

22. Ermitteln Sie die Nullstellen der Funktionen und stellen Sie den Funktionsterm als Produkt von Linearfaktoren dar.

a) $f(x) = x^3 + x^2 - 6x$

b) $f(x) = 0{,}25x^3 - 0{,}25x^2 - 2x + 3$

c) $f(x) = -\frac{1}{3}x^3 + 3x^2 - 9x + 9$

d) $f(x) = 2x^4 - 18x^2 - 72$

e) $f(x) = -x^4 + x^3 + 11x^2 - 9x - 18$

23. Bestimmen Sie die Vielfachheit der Nullstellen x_0 mit dem Hornerschema.

a) $f(x) = x^3 + x^2 - 10x + 8$ $\qquad x_0 = 2$

b) $f(x) = x^4 - 4x^3 - 5x^2 + 36x - 36$ $\qquad x_0 = 2$

24. Bestimmen Sie für die ganzrationalen Funktionen alle Nullstellen samt ihrer Vielfachheit.

a) $P_5(x) = -3x^5 + 9x^4 + 39x^3 - 33x^2 - 72x + 60$

b) $P_3(x) = -\frac{1}{9}x^3 - \frac{1}{6}x^2 + 2x - \frac{31}{18}$

c) $f(x) = x^5 - 3x^4 - x^3 + 7x^2 - 4$

A3

Eigenschaften von Funktionen

A 3.1 Symmetrie von Funktionen

Eine wichtige Eigenschaft von Funktionen ist ein mögliches Symmetrieverhalten.

$f: \mathbb{R} \to \mathbb{R}, x \mapsto x^2$

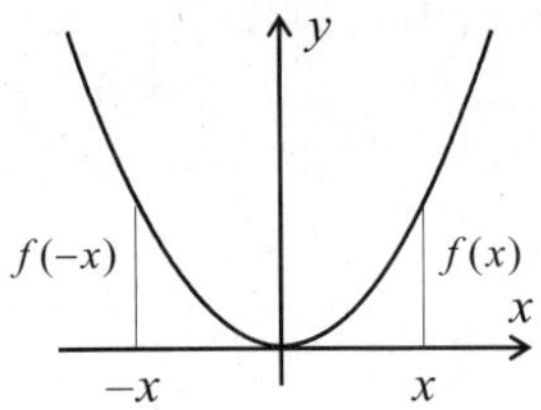

symmetrisch zur y-Achse

$f: \mathbb{R} \to \mathbb{R}, x \mapsto x^3$

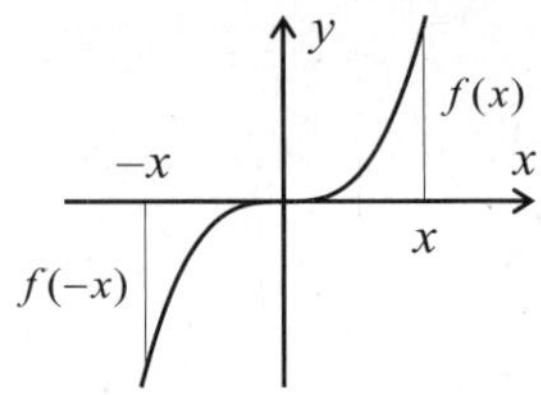

symmetrisch zum Ursprung

Allgemein legt man für beliebige Funktionen $f: D \to \mathbb{R}$ fest:

Symmetrie von Funktionsgraphen

Der Graph einer Funktion $f: D \to \mathbb{R}$ heißt

symmetrisch zur y-Achse, wenn

1) D eine zum Ursprung symmetrische Teilmenge von $\mathbb{R}$ ist

und

2) $f(-x) = f(x)$ für alle $x \in D$.

symmetrisch zum Ursprung, wenn

1) D eine zum Ursprung symmetrische Teilmenge von $\mathbb{R}$ ist

und

2) $f(-x) = -f(x)$ für alle $x \in D$.

Als Negation ergibt sich:

- Der Graph von $f: D \to \mathbb{R}$ ist *nicht symmetrisch zur y-Achse*,
  - wenn D nicht symmetrisch zum Ursprung ist oder
  - wenn es ein $x \in D$ mit $f(-x) \neq f(x)$ gibt.
- Der Graph von $f: D \to \mathbb{R}$ ist *nicht symmetrisch zum Ursprung*,
  - wenn D nicht symmetrisch zum Ursprung ist oder
  - wenn es ein $x \in D$ mit $f(-x) \neq -f(x)$ gibt.

Beispiel (Rechnerischer Nachweis der Symmetrieeigenschaft)

Wir betrachten die Funktion $f: \mathbb{R} \to \mathbb{R}, x \mapsto -3x^3 + 2x$.

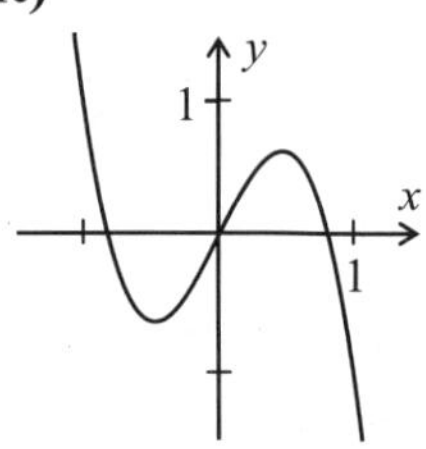

Die Definitionsmenge $\mathbb{R}$ ist symmetrisch zum Ursprung und für alle $x \in \mathbb{R}$ gilt:

$$f(-x) = -3 \cdot (-x)^3 + 2 \cdot (-x) = 3x^3 - 2x$$

$$= -(-3x^3 + 2x) = -f(x).$$

Der Funktionsgraph von f ist daher symmetrisch zum Ursprung.

A 3.2 Monotonie von Funktionen

Begriff der Monotonie

Eine wichtige weitere Eigenschaft von Funktionen ist das Monotonieverhalten.

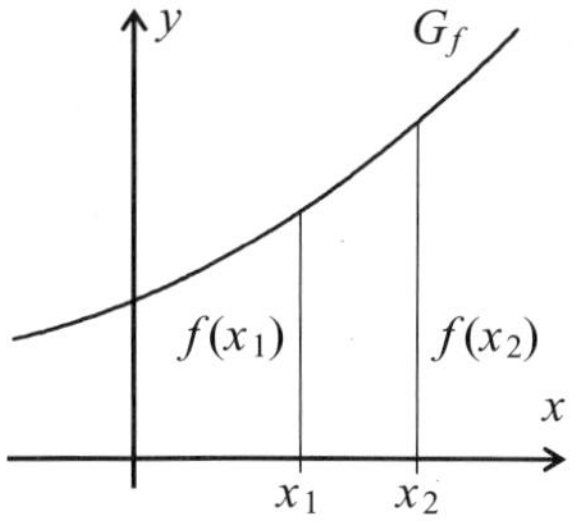

Die Funktionswerte werden mit wachsendem x immer größer.

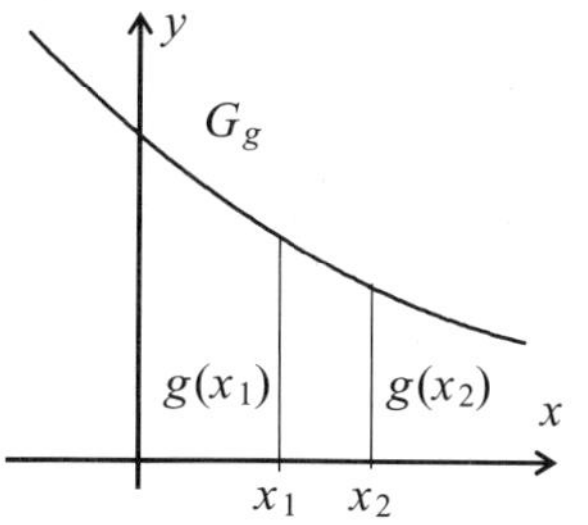

Die Funktionswerte werden mit wachsendem x immer kleiner.

Monotonie von Funktionsgraphen

Eine Funktion $f: D \to \mathbb{R}$ heißt

streng monoton wachsend, wenn für alle $x_1, x_2 \in D$ mit $x_2 > x_1$ gilt:

$$f(x_2) > f(x_1) .$$

streng monoton fallend, wenn für alle $x_1, x_2 \in D$ mit $x_2 > x_1$ gilt:

$$f(x_2) < f(x_1) .$$

Beispiel (streng monoton wachsender Funktionsgraph)

Die Abbildung zeigt den Graphen einer in der gesamten Definitionsmenge streng monoton wachsenden Funktion.

Zu größeren x-Werten gehören immer auch größere Funktionswerte.

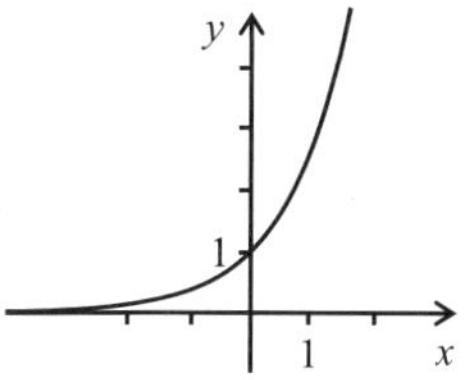

Es geht ständig bergauf!

Beispiel (streng monoton fallender Funktionsgraph)

Die Abbildung zeigt den Graphen einer in der gesamten Definitionsmenge streng monoton fallenden Funktion.

Zu größeren x-Werten gehören immer kleinere Funktionswerte.

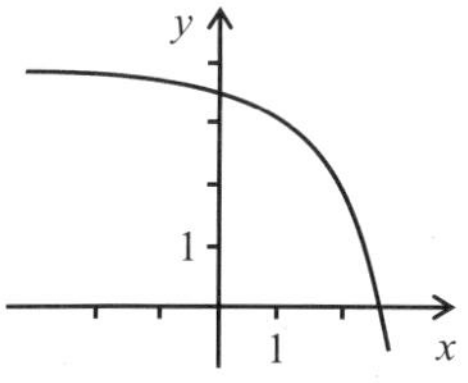

Es geht ständig bergab!

Monotonieintervalle

Viele Funktionen besitzen nicht in ihrer gesamten Definitionsmenge ein einheitliches Monotonieverhalten.

Die in der Abbildung dargestellte Funktion f ist in ihrer Definitionsmenge weder streng monoton wachsend noch streng monoton fallend. Das Monotonieverhalten wechselt an den Stellen x_1 und x_2.

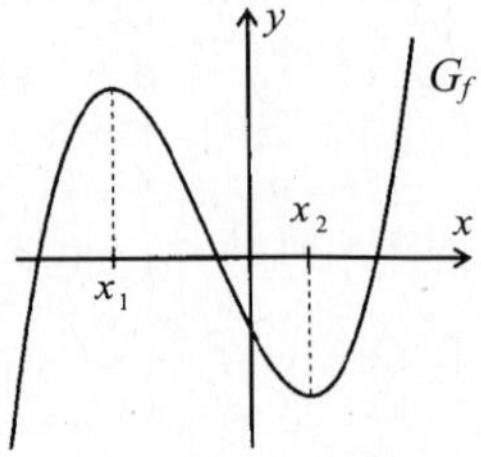

Dies führt zu der Idee, die Definitionsmenge so in (möglichst große) passende Teilintervalle zu zerlegen, dass die Funktion f in diesen Teilintervallen streng monoton ist. Hier gilt:

- f ist in $]-\infty\,;\,x_1]$ streng monoton wachsend (↗),
- f ist in $[x_1\,;\,x_2]$ streng monoton fallend (↘),
- f ist in $[x_2\,;\,+\infty[$ streng monoton wachsend (↗).

Beispiel (Monotonieintervalle an einem Graphen ablesen)

An dem Graphen der Funktion f lassen sich folgende Monotonieintervalle ablesen:

- streng monoton wachsend (↗) in $]-\infty\,;\,-1]$,
- streng monoton fallend (↘) in $[-1\,;\,2]$,
- streng monoton wachsend (↗) in $[2\,;\,+\infty[$.

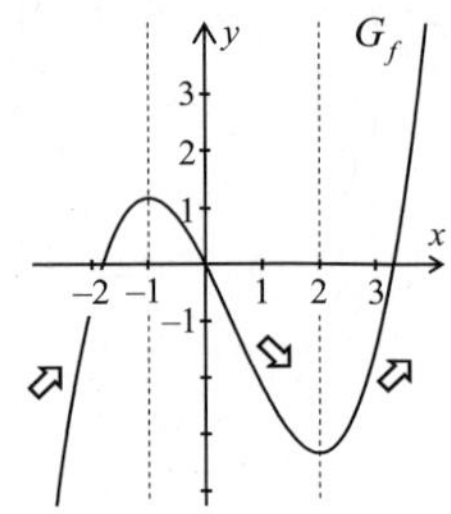

Aufgaben

1. Zeichnen Sie die zugehörigen Geraden. Welche Monotonieart liegt vor?
   a) $f(x) = -x + 3$ b) $f(x) = 2x - 1$

2. Welche der Graphen gehören zu streng monotonen Funktionen. Welche Monotonieart liegt gegebenenfalls vor?

a)
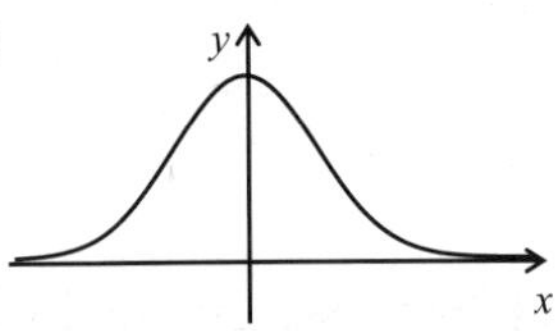

b)
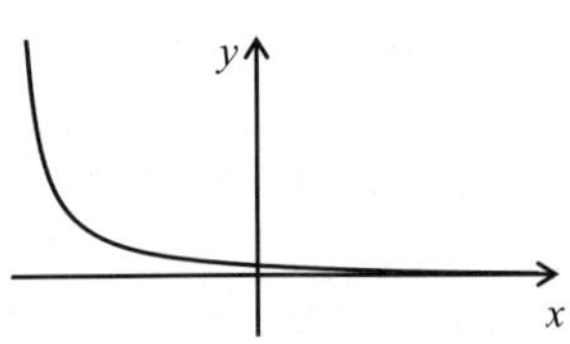

c)
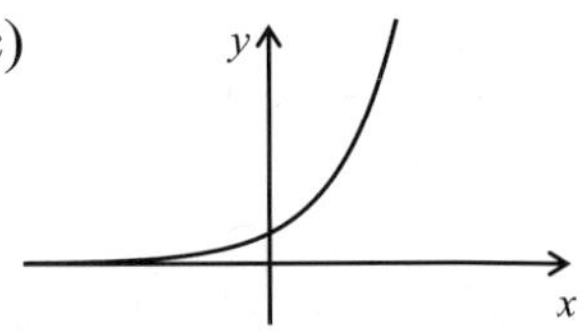

3. Lesen Sie die Monotonieintervalle der dargestellten Funktionen ab.

a)
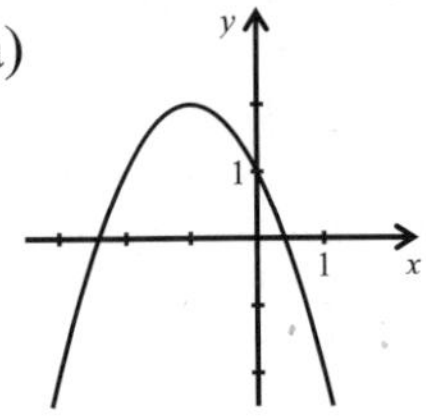

b)
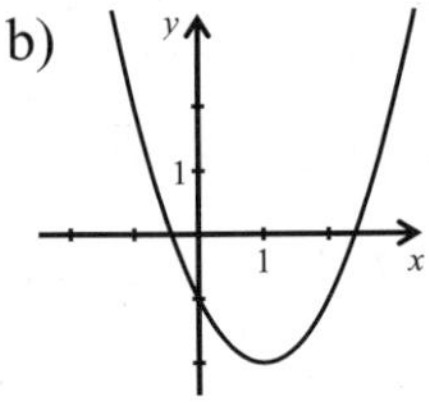

c)
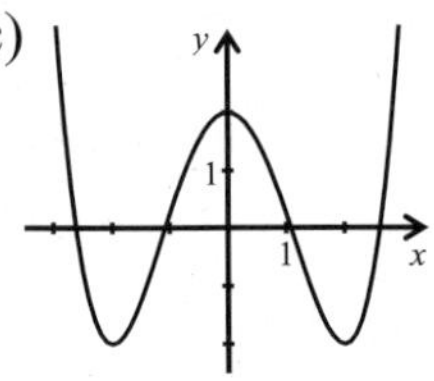

d)
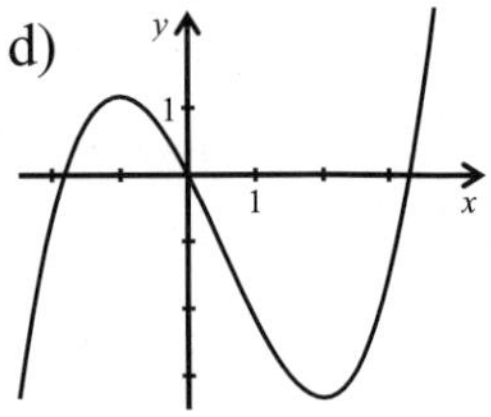

A 3.3 Vorzeichenverhalten

Das Vorzeichen eines Produktes (und auch eines Quotienten) lässt sich sehr einfach ermitteln, wenn die Vorzeichen der einzelnen Faktoren bestimmt werden können. Man fasst dazu den Vorzeichenverlauf der einzelnen Faktoren in einem *Vorzeichendiagramm* zusammen.

Das Erstellen eines Vorzeichendiagramms soll an Hand eines Beispiels erläutert werden.

Beispiel (Vorzeichenverhalten eines Terms bestimmen)

Es soll das Vorzeichen des Terms $T(x) = -x^3 + x^2 + 6x = -x \cdot (x-3) \cdot (x+2)$ in Abhängigkeit von x bestimmt werden.

Im nachstehenden Diagramm sind die negativen Bereiche aller Faktoren des Terms durch einen waagerechten Strich dargestellt. Die Stelle, an der ein Faktor gleich Null ist, ist durch eine senkrechte Linie markiert.

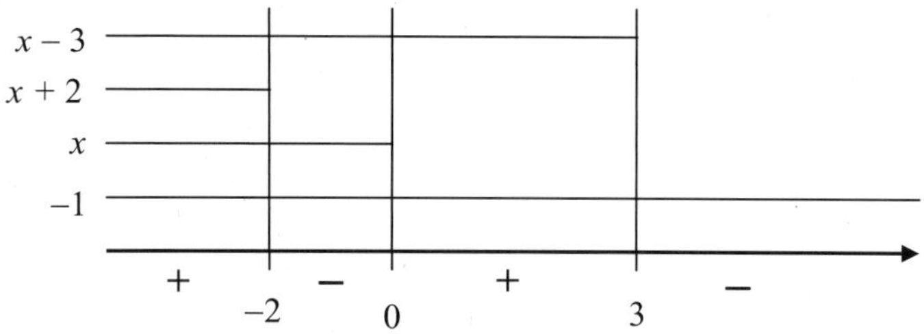

Durch „Abzählen der waagerechten Striche" lassen sich die Intervalle ermitteln, in denen der Term positiv oder negativ ist.

Für den betrachteten Term ergibt sich:

- $T(x)$ ist gleich Null an den Stellen -2, 0 und 3,
- $T(x)$ ist positiv im Intervall $]-\infty\,;\,-2[$ und im Intervall $]0\,;\,3[$,
- $T(x)$ ist negativ im Intervall $]-2\,;\,0[$ und im Intervall $]3\,;\,\infty[$.

Bei der Vorzeichenbestimmung des Produktterms in dem Beispiel wurden die folgenden Regeln verwendet:

- Ein Produkt ist genau dann **negativ**, wenn kein Faktor gleich Null ist und die Anzahl der negativen Faktoren **ungerade** ist.
- Ein Produkt ist genau dann **positiv**, wenn kein Faktor gleich Null ist und die Anzahl der negativen Faktoren **gerade** ist.

Aufgabe

4. Bestimmen Sie das Vorzeichenverhalten der Terms.

   a) $T(x) = -x^2 + 9$ b) $T(x) = -2x^2 + 4x$ c) $T(x) = -x^3 + 4x$

   d) $T(x) = -x^2 + 6x - 5$ e) $T(x) = (x^2 + 1)(x-1)^2$ f) $T(x) = -2(x+1)^4(x+2)^3$

A4

Profil des Schlussanstiegs nach Alpe d'Huez

Grafik zu Aufgabe 28, Abschnitt 11.7, Seite 59

Alpe d'Huez - 1 850 m
km 110,5 – (13,8 km à 8,1%)

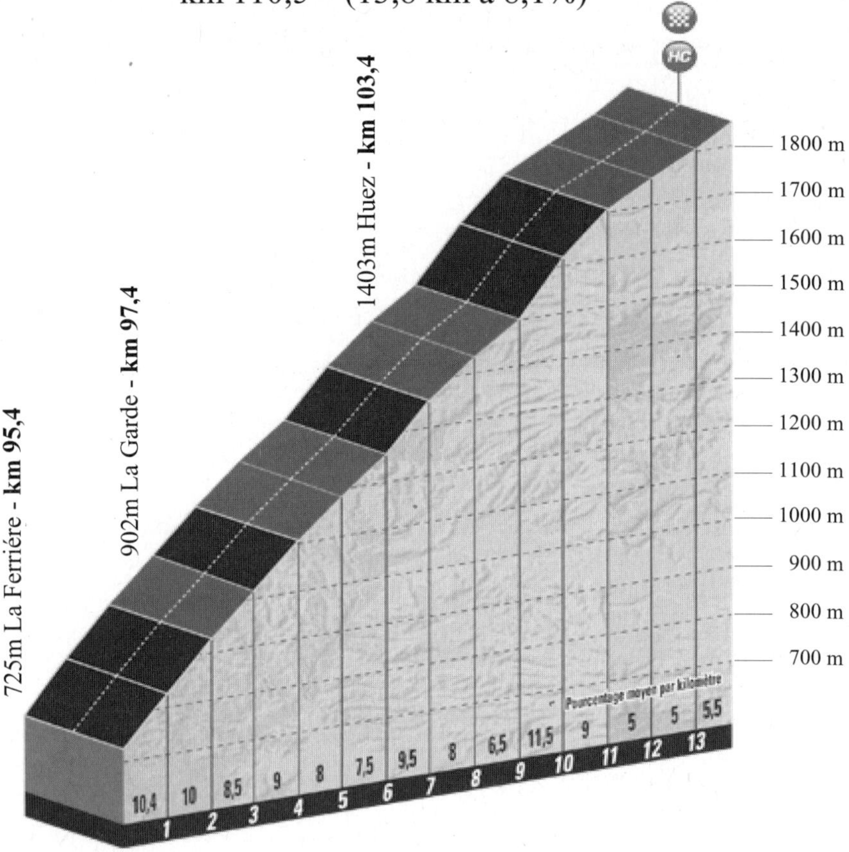

Stichwortverzeichnis